环境微生物学

Environmental Microbiology

主编 张甲耀 宋碧玉 陈兰洲 郑连爽

上册

U0249822

WUHAN UNIVERSITY PRESS
武汉大学出版社

图书在版编目(CIP)数据

环境微生物学(上、下册)/张甲耀,宋碧玉,陈兰洲,郑连爽主编.—武汉:
武汉大学出版社,2008.12
ISBN 978-7-307-06577-2

Ⅰ.环… Ⅱ.①张… ②宋… ③陈… ④郑… Ⅲ.环境生物学:微生
物学 Ⅳ.X172

中国版本图书馆 CIP 数据核字(2008)第 158029 号

责任编辑:黄汉平 责任校对:刘 欣 黄添生 版式设计:马 佳

出版发行:**武汉大学出版社** (430072 武昌 珞珈山)
(电子邮件:cbs22@whu.edu.cn 网址:www.wdp.com.cn)
印刷:武汉中远印务有限公司
开本:787×1092 1/16 印张:37.75 字数:911 千字 插页:2
版次:2008 年 12 月第 1 版 2008 年 12 月第 1 次印刷
ISBN 978-7-307-06577-2/X·24 定价:56.00 元(上、下册)

编 者 的 话

进入 20 世纪，人类面临许多新的挑战，如新的水和食品传播的病原体对人类及其他生物体健康所造成的威胁；各种污染物进入生态环境所造成的污染物通过各种途径进入人类所生存的大气、土壤和水体等环境中；不适当的人类活动所造成的生态破坏对人类生存环境的影响，森林的覆盖率骤减、土壤沙漠化和荒漠化也不断加剧等重大环境问题。在治理污染和恢复受损生态环境中，科学家越来越认识到微生物通过它们对有机和无机化合物的代谢能力而在整个生态系统的有序物质和能量流动中占据关键的位置，并展开了各项研究。为人类利用微生物并造福社会，特别是消除污染、保护环境、提高人类生活质量提供了强有力的保证。

在依赖于环境微生物基础理论的处理污水、废弃物、废气的生物技术基础上，开发了许多新菌剂并接种到其发挥功能的生境，促进植物的生长，有助于受损生态系统的恢复。在难降解有机物的生物降解与处理的研究中产生了生物修复的新概念，形成了生物修复的新技术，把传统生物治理技术大大往前推进了一步。而研究方法和技术的创新，也促进了环境微生物学的发展。如各种电镜技术、同位素测定仪和微分析技术、现代分子生物技术等，为人类开辟了更加光明的前景；而基因工程菌的构建为利用微生物降解能力开辟了新的方向，为提高污水、固体废弃物和废气的处理效率提供了新的技术支持。

目前，环境微生物已经成为一门有相对独立理论框架、研究方法和应用领域的微生物学的重要分支学科。《环境微生物学》在 20 世纪的 70 年代成为一门新学科。我们在 2004 年翻译出版的《环境微生物学》(《Environmental Microbiology》, Raina M. Maier) 对微生物的基础知识、微生物的分布、微生物的检测方法、微生物作用下有机物和金属的归宿、微生物活动对环境的影响、病原微生物的传播等做了介绍。本书介绍了当前环境微生物学的一些前沿性的研究内容，内容丰富、覆盖面广，对微生物学基础知识则没有介绍，在阅读本书前，需要了解有关方面的基础知识。因此，本书适于环境微生物学专业高年级本科生或研究生使用，同时也可作为对这一领域感兴趣的科研人员的参考书。

本书是张甲耀教授、宋碧玉教授、陈兰洲博士和郑连爽教授所编。由于该门科学涉及的面比较广，作者水平有限，缺点错误在所难免，恳请广大专家学者及读者批评指正。

目　　录

绪　论

一、微生物和人类的生存环境

进入 21 世纪，人类越来越关心自身的生存环境，需要洁净的饮水，清新的空气，卫生的环境，可口的食品，高品质的药品……所有这一切都离不开微生物和人类对微生物生理活性的利用。

工业革命后城市化过程加剧，城市人口猛增，城市污水、废弃物也成倍增加。污水横流使饮用水受到污染，水传播的病原微生物所引起的疾病大幅度增加。对污水处理的迫切要求也随之增加，污水处理厂在世界各地普遍建立，污水处理使城市污水不再对水源水造成直接污染，这就为我们的清洁饮水提供了保证。生活垃圾遍地堆放导致卫生条件恶化，苍蝇乱飞，厌气发酵所产生的 H_2S、CH_4 等气体使空气质量下降，生活垃圾的集中堆肥、填埋处理大大改善了人类的环境。微生物也可以为你提供可口的酸奶，美味的面包和馒头，人们喜爱的奶酪，清醇美酒。微生物产生的抗生素把人类从劫难中解救出来，过去许多令人恐惧的传染病，如肺结核、疟疾、霍乱等已得到控制，位于造成人类死亡第一位的传染病现已退到第三位。许多新的微生物药物、生化药物也正源源不断被开发出来，为人类的未来开辟美好的前景。

现在生物学已发展到分子生物学水平，现代分子生物技术为人类开辟了更加光明的前景。基因工程菌的构建为利用微生物降解能力开辟了新的方向，为提高污水、固体废弃物和废气的处理效率提供新的技术支持。转基因（微生物提供）植物、转基因动物具有更多的人类所希望的品质，是人类认识世界，改造自然的新的进步。这些植物、动物品种比传统品种有更强的抗病能力，从而减少了农药的使用量，大大降低农药对环境的污染，农产品及各种畜产品质量得到大大提高。一些转基因植物具有超常的生长速度，因而可以大大改善自然景观。新的基因药物、微生物制剂（菌苗、疫苗等）将为人类战胜新的瘟疫"艾滋病"开辟新的道路。

二、挑战中成长的环境微生物学

第二次世界大战后，世界范围内的经济繁荣迅速暴露出其阳光下的阴暗，人类对自身生存环境——地球进行了肆无忌惮的践踏，人口剧增、环境污染、资源枯竭的严重问题逐步显现出来，厄运正向人类走来。环境微生物学就在这种挑战中发展起来。

人类对环境中微生物的认识可以追溯到 19 世纪中期，法国的巴斯德（Louis Pastear，1822～1895）所做的著名的曲颈瓶试验无可辩驳地证实空气中存在着微生物。正是空气中的微生物落入瓶中导致有机质的腐败。Sergei Winogradsky（俄国，1855～1953）和 Martimus Beijerinck（荷兰，1851～1931）等早期的微生物学家早就开始研究微生物与其生长环境的相互关系，从土壤中成功分离出硝化细菌、硫化细菌等自养菌，提出了化能自养菌的概念，揭示了微生物在生物地球化学中的重要作用，并建立了富集培养的方法，这可以认为是环境微生物学的早期发展。

进入 20 世纪，人类面临新的挑战。首先是许多新的水和食品传播的病原体对人类及其他生物体健康所造成的威胁。伤寒、霍乱等水传播的人类传染病曾经在世界范围内广泛爆发。对城市生活污水的生化处理以及为居民提供经处理后符合标准的饮用水则使这些传染病戏剧性下降。肉毒梭菌、产气荚膜梭菌、金黄色葡萄球菌等细菌导致的细菌性食物中毒以及其他病原原生动物所造成的食物传播疾病的流行曾使许多人患病。污水生物处理及饮用水的制备方法，就在这个过程中产生和形成，食品灭菌保藏技术也应运而生。而更严峻的是环境问题（环境污染和生态破坏）。污染物进入生态环境所造成的污染物通过食物链的生物富集以及海洋、湖泊、河流水体的富营养化和酸矿水、地表水、地下水的硝酸盐污染、重金属的甲基化、臭氧层的破坏、温室效应日趋严重。不适当的人类活动所造成的生态破坏对人类生存环境的影响更加深远，森林的覆盖率骤减，土壤沙漠化、荒漠化也不断加剧。在治理污染和恢复受损生态环境中，科学家认识到微生物通过它们对有机和无机化合物的代谢能力而在整个生态系统的有序物质和能量流动中占据关键的位置。同时发展了依赖于环境微生物基础理论的处理污水、废弃物、废气的生物技术，开发了许多根际菌、菌根菌、固氮菌、解钾菌、解磷菌的新菌剂并接种到其发挥功能的生境，促进植物的生长，有助于受损生态系统的恢复。在难降解有机物的生物降解与处理的研究中产生了生物修复的新概念，形成了生物修复的新技术，把传统生物治理技术大大往前推进了一步。

研究方法和技术的创新，也促进了环境微生物学的发展。埋片技术基础上的原位观察，扫描电子显微镜、荧光显微镜、聚集扫描激光显微镜的使用使我们可以从三维角度观察微生物，为分析复杂的微生物群落提供技术支持。此外同位素测定仪（radiotracer）和微分析技术有助于对微生物群落的代谢活性的测定。

分子生物学技术的应用开创了环境微生物研究的新时代，RNA、DNA 探针及 PCR 扩增技术对 RNA、DNA 异源性分析使我们能了解微生物群落的多样性，从分子水平上认识微生物的生态分布、相互作用及其功能表达，与环境微生物学密切相关的微生物生态学已进入微生物分子生态学的新时代。

经近半个世纪的发展，环境微生物已经成为一门有相对独立理论框架、研究方法和应用领域的微生物学的重要分支学科。环境微生物学研究在微生物的生态分布与作用、微生物生物降解与生物修复、微生物过程与污染等方面都已有大量深入的研究，为人类利用微生物造福社会，特别是消除污染，保护环境，提高人类生活质量等方面提供了强有力的保证。

三、环境微生物学的主要研究方向

在与其他学科的不断交叉渗透过程中，微生物学的分支环境微生物学在 20 世纪 70 年代成为一门新学科。环境微生物学中的环境既是生态学中生物与环境的环境，也是环境科学中的环境。因此环境微生物学和微生物生态学、环境科学的关系最为密切。尽管微生物生态学和环境微生物学在形成的初期不同义，所侧重的方面有明显的差异，但一开始就联系在一起，历经几十年的变迁扩展，今天这两个学科尽管在某些方向仍有不同，但总体上的内涵和外延是一致的，是微生物学的一对孪生兄弟。环境微生物学可以看成是微生物学和环境科学的交叉学科，环境微生物学可以在解决环境科学两大主要方面——环境污染、生态破坏中发挥重要作用。微生物对污染物的降解转化以及由此而产生的生物治理技术是修复污染环境的强有力工具。微生物对植物生长的促进作用给生态恢复以新的动力。此外新的环境问题的产生也会反过来催生新的环境微生物理论和应用技术。环境微生物学和微生物学的其他分支学科关系密切，既需要分子微生物学、细胞微生物学、微生物基因组学、细菌学、真菌学、病毒学和遗传学、分类学、生理学等方面的知识作为基础，又要与工业微生物学、农业微生物学、食品微生物学、医学微生物学、免疫学、微生物技术学等学科交叉互动。还要借鉴生态学、动物学、植物学等生物学科的研究成果。也需要物理学、化学、地质学、气候学、海洋学、湖沼学、数学、计算机学等学科的知识。例如研究微生物与其生存环境的相互作用，必须有微生物生理学的知识，以便正确完整理解环境因子对微生物的各种影响，要有动物学、植物学的知识，以便了解微生物与其他生物学的关系，要有化学、物理知识，以便了解环境中非生物成分的特征，更需要数学、计算机学知识作数据处理。

环境微生物的研究概括地说有三个主要方面：

（1）微生物在生态环境中的存在及其数量

（2）微生物在生态环境中的代谢活性及其在物质循环及有机和无机污染物归宿中的作用

（3）病原微生物在环境中的迁移、检测及其控制

具体的研究方向有：

（1）生态系统中微生物的组成、分布及其相互作用

（2）极端环境下微生物的分布，适应机理及其应用

（3）微生物在生物地球化学循环中的作用

（4）病原物通过水体、空气、土壤和食品的传播

（5）微生物在人体、动物及植物中的分布及其生态功能

（6）微生物对有机、无机化合物的转化与降解

（7）污水、固化废弃物及废气的处理

（8）污染环境的生物修复

（9）微生物生物活性所造成的环境污染

（10）微生物资源开发及资源的微生物回收

（11）现代分子生物技术在环境微生物学研究中的应用

四、新世纪环境微生物学研究的发展趋势

穿过漫长的时间隧道，人类迎来了新的世纪，环境微生物学研究和应用将会不断深入和扩展，最重要的领域有：

（1）新微生物种的分离鉴定，新微生物资源开发利用

估计微生物约有 100 万种，而已被记录分类鉴定的不足 10 万种，大部分微生物都未被认识，特别是分离鉴定极端环境（如深海、火山、热泉等）中的微生物，研究其适应环境机理是极具挑战性的任务。利用微生物的菌体、代谢物、代谢活性及基因提供更多新的微生物产品以保护环境，保护人类健康，满足人们的消费需求，这特别符合当今世界的绿色生活方式和可持续发展的趋势。

（2）利用微生物回收金属、石油，提高资源的利用率

利用微生物（主要是氧化硫杆菌、铁氧化硫杆菌）的堆浸回收贫矿石、尾矿石中的铜、金、铀等贵金属，微生物的代谢产物（如黄原胶）作为水增稠剂注入难以开采的油层，改善油水的流比度，以提高石油的采收率。这些方面的理论研究和应用实践将会得到进一步的开展。

（3）微生物生物强化的理论研究和应用将会不断深入

把具有良好功能的微生物菌剂接种到某一生境，造成其数量及代谢的相对优势，达到强化其功能的目的，这就是微生物生物强化。这种理论与技术已在病虫害控制，促进生物修复，促进菌根形成和共生固氮，提高生物处理效率中得到广泛应用。进一步研究为接种菌（菌剂：主要是经遗传修饰的微生物种或基因工程菌）提供良好环境条件，提高它们对接种环境的适应性和竞争能力，以便充分发挥我们所希望的功能，达到生物强化的目的，这将是一项极有理论和应用价值的研究工作。

（4）分子生物学技术在环境微生物学中的应用得到进一步发展

分子生物学技术作为生物科学的生长点，也会大大促进环境微生物学的发展。应用分子生物学技术获取遗传修饰菌、遗传工程菌将可以使我们得到更多的高效降解菌用于污水、固体废弃物、废气的处理以及污染环境的修复，同时应用分子生物学技术也会促进对环境中微生物进行快速、准确的跟踪和检测。

第一章 自然生境中的微生物

自然生境中的微生物数量巨大，种类多样，生物活性高，对自然生境的生物地球化学循环和物质转化有重要作用。我们可以从组织层次以及生态功能等不同方面阐述生境中的微生物。本章从一般概念上讨论分布和生理遗传特点，种群、群落及其多样性在第三章讨论，而生境中的数量、生物量、生物活性的测定放在第十五章讨论。

第一节 微生物在生态系统中的地位与作用

一、生态系统

生态系统是现代生态学的主要研究对象，当前全球所面临的重大资源与环境问题的解决都依赖于对生态系统结构与功能，生态系统的平衡与调节，多样性与稳定性，受干扰后的恢复能力和自我调节能力等问题的研究。

生态系统（ecosystem）就是在一定空间中共同栖居着的所有生物（即生物群落）与其环境之间由于不断地进行物质循环、能量流动和信息传递而形成的统一整体。

系统由许多彼此联系，相互作用的成分组成，并具有独立的、特定的功能。生态系统不仅包括生物复合体，而且还包括全部物理因素的复合体，二种复合体有机组合成的生态系统不但表现出二种复合体的特征，更具有整合后的功能特征，而且主要作为一个功能单位。生态系统的范围大小没有严格的限制，小至动物体内消化道，大至湖泊、森林、海洋，甚至整个地球，其范围和边界随研究问题的特征而定。

生态系统包括4种主要组成成分：非生物环境、生产者、消费者和分解者。

非生物环境包括参加循环的无机元素（如 C、N、P、O_2、CO_2、Fe）和化合物，联系生物和非生物成分的有机物质（如蛋白质、糖类、脂类和腐殖质中）、气候或其他物理因素（如温度、光照）。

生产者是能利用简单的无机物质制造食物的自养生物，主要是各类绿色植物，也包括蓝绿藻和一些进行光能自养、化能自养的细菌。

消费者是异养生物，它们不能从无机物质制造有机物质，而是直接或间接依赖于生产者所制造的有机物质。消费者按其营养方式又可分为食草动物、食肉动物和大型食肉动物或顶极食肉动物。食草动物是直接以植物体为营养的动物，如水体中的浮游动物和某些底栖动物、草地上的食草动物，它们可以统称为一级消费者。食肉动物是以食草动物为食的动物，如水体中以浮游动物为食的鱼类、草地上以草食动物为食的捕食鸟兽，它们又称为二级消费者。大型食肉动物或顶极食肉动物是以食肉动物为食者，如水体中的黑鱼或鳜鱼，草地上的鹰等猛禽，它们也被称为三级消费者。

分解者也是异养生物，其作用是把系统中生物残体的复杂有机物分解为生产者能重新利用的简单化合物，并释放出能量。主要是存在于生态系统的细菌、真菌、软体动物、蠕虫、蚯蚓、螨等低等动物。

地球上生态系统各具特色，具体结构千差万别，但从总体上生态系统结构可以概括为三个亚系统：生产者亚系统、消费者亚系统和分解者亚系统（图1-1）。3个亚系统通过物质、能量和信息的传递而联系成一个整体。

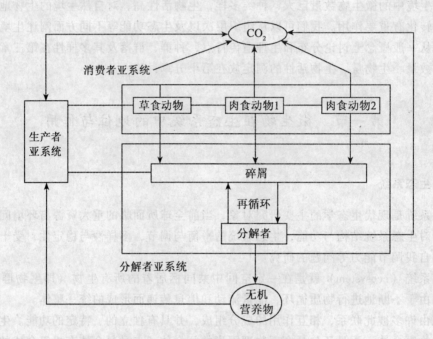

图 1-1　生态系统结构的一般性模型

能量是生态系统的动力，是一切生命活动的基础，能量流动是所有生态系统存在的前提条件。能量流动开始于绿色植物，包括光合细菌通过光合作用所固定的太阳能和化能细菌氧化无机物所固定的化学能。能量在食物链、食物网中从一种生物传递到另一种生物，这就是生态系统的能量流动。

在生态系统中能量不断流动，而供应给生物的各种化学元素则是不断循环。生物（主要是绿色植物）从大气、水体和土壤等环境中获得营养物质，使物质进入生态系统，然后又被其他生物重复利用，最后归还于环境。

生态系统的功能除体现在生产过程、能量流动和物质循环外，还表现在系统中各生命成分之间存在的信息传递。生态系统中包含有多种多样的信息，可分为物理信息、化学信息、行为信息和营养信息。生态系统中环境和生物体都可以成为信息源发出信息，与能量流动、物质循环不同，信息传递往往是双向的，有从输入到输出的传递，也有从输出向输入的信息反馈。生物个体可以从环境中接收信息，也可以向其他生物或环境发出信息，正是这种信息流使生态系统产生自动调节的机制。

二、微生物在生态系统中的地位

生态系统中的生物系统历经亿万年的适应进化已经成为种类繁多，构成非常复杂的生物群体。从 19 世纪以后，生物学研究的先驱及以后的研究者探索从形态、生理、细胞核等多个方面对生物界进行分类，先后有人提出过二界、三界、四界、五界和六界的生物分类系统。六界理论把生物分为病毒界、原核生物界、真核原生物界、真菌界、植物界和动物界。在生物的六界系统中微生物占有四界，它既含无细胞结构的生物，也含具细胞结构的生物，既有原核生物，也有真核生物，显示了微生物在生态系统生物组成中的重要地位。20 世纪 70 年代末，科学家在对生物 rRNA 序列进行广泛对比分析研究的基础上提出了细菌（真细菌 Bacteria）、古菌（古生菌 Archaea）、真核生物（Eukarya）三界（域）理论，并构建出三界（域）生物的系统树。在新的三界理论中微生物占有全部的细菌、古菌和部分的真核生物。

生态系统的三大类群生产者、消费者和分解者相应产生了生态系统的生产者亚系统、消费者亚系统和分解者亚系统。微生物在生态系统中主要作为分解者，在分解者亚系统中发挥重要作用，此外许多微生物在许多特定生态系统中作为生产者，在生产者亚系统中发挥重要作用，而且从利用有机物的角度出发，微生物也是重要的消费者，具有传递系统中能量的作用。从宏观角度看生态系统实际上是一个从生产（生产者系统）、消费（消费者系统）到分解（分解者系统）的闭合环状系统，这个系统的两个最关键的过程是有机物的合成（生产者系统）和有机物的分解（消费者系统），没有了这两个系统生态系统就不能正常运转。可见微生物是生态系统构成和正常运转的必不可少的功能群。

通常生态学家把能量流动、物质循环和信息传递作为生态系统的基本功能。能量流动的基本过程是能量的固定（太阳能、化学能的固定）、能量的传递以及能量的消耗。微生物（特别是水生微型藻类）在某些生态系统（特别是水生态系统）中的能量固定中占有主导地位，而微生物分解植物残体，利用分解过程产生的能量合成细胞物质又使能量得以传递。和其他所有生物一样，微生物在生长繁殖过程中也会由于呼吸等作用而要消耗分解作用所获得的能量。生态系统的物质循环从本质上说是生物组分的合成和分解，代表性的过程是 CO_2 被同化成有机碳化物及其后被矿化成 CO_2。在后一个过程中微生物的作用是其他生物不可替代的。生态系统中的微生物更有动物、植物所不具有的信息接收和传递系统，微生物的趋光性、趋磁性是微生物对环境中的信息反应，研究证明微生物具有由传感蛋白和应答调节蛋白组成的细胞信号系统（也称为二组分系统）来完成信号的接收和应答。通过转化作用（自然感受态细菌摄取自然环境中的 DNA）实现的遗传信息的传递更是其他生物所罕见。

尽管微生物个体微小，遗传信息量少，但种类繁多，易变异、生长速度快，适应能力强，具有对环境变化的高应变能力，因此微生物比其他任何生物在生态系统的分布都更加广泛，这就有了微生物无处不在的概念。微生物能存在于其他生物不能存在的极端环境的生态系统中，高达 100℃ 的热泉，高酸高碱性土壤，南北极低温地带，高压的深海海底，微小的昆虫消化道都存在各种各样的微生物群，发挥其独特的生态功能。

有动物、植物和微生物多种多样种类存在的生态系统，其结构更加完整，功能更加多样，系统更加稳定，生物多样性更加丰富。但只有微生物是必不可少的，实际上有没有动物、植物参与的生态系统，而不可能有没有微生物的生态系统。由此可见微生物作用的不可替代性，因而占有重要地位。

三、微生物在生态系统中的作用

微生物是生态系统中的重要成员，在生态系统的结构组成和功能表达中起重要作用。

1. 微生物是生态系统中的初级生产者

微生物中的光能及化能自养微生物是生态系统中的初级生产者，包括真核微型藻类、蓝细菌、红螺菌、着色菌、绿菌等光合细菌及硝化细菌、硫细菌、铁细菌等化能自养菌。这些微生物具有初级生产者所具有的两个明显特征，即可直接利用太阳能、无机物的化学能作为能量来源，另一方面其积累下来的能量又可以在食物链、食物网中流动，其在水体中的食物链可表示为：

微生物初级生产者（光合细菌等）→浮游动物→较大的无脊椎动物→捕食性鱼类（含混食性鱼类）→食鱼性鱼类

具有初级生产者能力的微生物主要有三个类群：

（1）微型藻类：这里包括原核藻类（蓝细菌、原绿菌目）及真核藻类。大多数藻类是专性光能自养型，利用光能作能源，利用无机碳化合物作碳源，以水作为电子供体进行放氧的光合作用；一些藻类能够选择 H_2 和 H_2S 为电子供体进行不释放氧的光合作用；也有一些藻类在光照条件下能同化简单的有机化合物，并能把它们变成原生质物质，但以有机物作为唯一能源时它们不能生长。

（2）光合细菌：光合细菌利用光作能源，以 CO_2 作碳源，大多利用 H_2S 作还原剂（电子供体）进行光能自养生长，有些是以有机化合物作碳源，进行光能异养生长。它们的生活环境一般是厌氧的，光合细菌主要包括紫色光合细菌、绿色光合细菌及其他光合细菌，光合细菌中大多为不产氧光合作用，但有的能进行产氧光合作用。紫色光合细菌：专性光能利用菌，光合性还原剂是 H_2S、S^0、硫化硫酸盐、H_2，专性厌氧，色素体系是细菌叶绿素 a 或 d，细菌显紫色。绿色光合细菌：专性光能利用菌，光合性还原剂是 H_2S、S^0、硫化硫酸盐、H_2，专性厌氧，色素体系是细菌叶绿素 c 或 d，细菌显绿色。

（3）化能自养细菌：化能自养细菌从无机物氧化中取得能量同化 CO_2。主要包括硫氧化菌、铁锰氧化菌、硝化细菌、甲烷氧化细菌、氢细菌。硫氧化菌：它们能氧化元素硫、硫化物、硫化硫酸盐获得能量，主要是硫杆菌属和硫化叶菌属，广泛分布于水体和土壤中。铁、锰氧化菌：它们通过氧化二价铁和二价锰取得能量，但氧化所取得的能量很少，主要是氧化亚铁硫杆菌。硝化（作用）细菌：它们靠氧化氮的无机物取得能量。包括把铵氧化成亚硝酸的亚硝化菌和把亚硝酸氧化成硝酸的硝化菌。甲烷氧化菌：它们以氧化甲烷作为生长的能源，同时也能氧化其他的有机碳化物。氢细菌：它们从 H_2 的氧化中取得能量。

从能固定太阳能、化学能的微生物初级生产者开始的食物链和从直接固定太阳能的绿色植物开始的食物链一样都属于捕食食物链。微生物在另一类型的食物链即从分解动植物尸体或粪便中有机物颗粒开始的碎屑食物链中更显重要作用。异养微生物在分解动植物残体过程中也同化利用有机物产生大量的微生物生物量，这部分微生物可以成为碎屑食物链的始端。在水体中可以形成和前述光合细菌为起点的类似的食物链。这里的异养微生物实际上也可以看成与光能、化能微生物具同等地位的初级生产者。

2. 微生物是有机物的主要分解者

微生物主要作为生物圈中的分解者而存在，其最大的价值也在于其分解功能。这类微生物称为异养微生物。它们分解生物圈内存在的动物和植物残体等复杂有机物质，并最后将其转变成最简单的无机物，再供初级者使用。我们可以设想，如果地球上没有异养微生物的分解作用，则历年累积下来的生物残体将会堆积成灾，同时也会由于无机物供应的缺乏，使初级生产者无法继续合成有机物质，最终导致生态系统平衡的破坏。

3. 微生物是物质循环中的重要成员

微生物可以参与所有的物质循环，几乎所有的元素及其化合物都受到微生物的作用。微生物在物质循环中的关键作用、主要作用和独特作用尤其值得注意。微生物作为生态系统的主要分解者，它们的分解作用实际上是物质循环中的最关键过程，起关键作用。在一些元素的循环中微生物是主要的成员，起主要作用。而在一些过程中，只有微生物才能进行，起独特作用（参阅第四章微生物与生物地球化学循环）。

4. 微生物是物质和能量的储存者

微生物和动物、植物一样也是生命有机体，是由物质组成和能量维持的生命有机体。在土壤、水体中有大量的微生物生物量，储存着大量的物质和能量。在农业土壤中微生物的 C、N 含量达到总量的 5%、15%，固定在微生物生物量中的 N、P、K 和 Ca 大约是每公顷 100kg、80kg、70kg 和 10kg。

5. 微生物是地球生物演化中的先锋种类

微生物是最早出现的生物体，由微生物分化而进化成后来出现的动、植物。蓝细菌的产氧作用及其他细菌的固 N 作用改变了大气圈中的化学组成，提供可利用 N 源，并为后来的动、植物的出现打下基础。

微生物在生态系统中的作用是微生物的总体表现，微生物在任何区域或微观环境中的代谢功能是整体功能的一个组成部分。利用微生物消除污染，保护环境实际上是对微生物的生态功能的具体应用。

第二节　陆地生境中的微生物

陆地生态系统是地球上最重要，最具活力的生态系统。它为人类提供了居住环境和大部分食物及衣着。许多人常把这个系统称为土壤-植物-微生物系统，土壤是系统的基础，正是土壤支持着庞大的生物系统。生物系统中和植物、动物同等重要的是种类繁多的微生物。陆地生境中微生物在降解进入土壤的污染物、促进物质循环、实现农业的可持续发展中有重要作用。

一、陆地生境的特点

陆地生境是微生物最丰富、最多样、最活跃的自然生境。甚至在地表下数百米深土层、地下水也仍然存在大量微生物。陆地生境水平方向和垂直方向的异质性对微生物的种类、数量、分布具有决定性作用，体现了环境的选择作用与微生物的适应作用，另一方面微生物的代谢活性又从另一个角度改变环境的物理化学状况，形成了土壤和微生物相互作用又相互协调的格局。

土壤从上而下的层次分别是表土层、渗流（滤）层（不饱和层）和饱和层（图 1-2）。

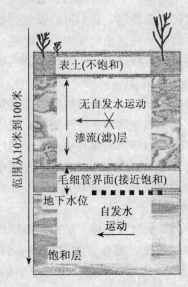

图 1-2　土壤从上而下的层次结构

1. 土壤的构成成分

土壤可以定义为由矿物质、有机物和生命有机体组成的地球层的动态自然复合体。土壤中的不同层次都是由固相、液相和气相三相所构成的，由于这个系统内充满各种孔隙，因此这种系统也被称为多孔基质（porous media）。固相是结合矿物无机物和有机物的固体，液相是土壤中的溶液；气相是土壤中的大气。

（1）固相物质

典型的土壤含有 40%～50% 的固体（按体积计）。固体中 95%～99% 是矿物成分，硅（47%）和氧（27%）是其中的最丰富元素，硅氧及其他元素以不同的方式形成许多不同的矿物质，如云母的主要组分是 SiO_2，而石英是 $K_2Al_2O_5$ [Si_2O_5]$_3Al_4$（OH）$_4$。它们是母岩风化而来，风化产生大小不同的矿物颗粒。

砂粒（直径 2mm，比表面积 $0.000\,3m^2/g$）、粉粒（直径 $50\mu m$，比表面积 $0.12\ m^2/g$）和黏粒（直径 $0.2\mu m$，比表面积 $30\ m^2/g$）这三种颗粒以不同比例组合从而构成不同质地的土壤。主要的质地类型有以砂粒为主的砂质土；以黏粒为主的黏（质）土；含适量的砂粒、粉粒和黏粒的壤（质）土。含适量的砂粒、粉粒和黏粒的壤（质）土土壤结构也称为一级结构。表土中的微生物及其代谢活动所产生的胶、多糖、其他多聚物又可以把土壤颗粒结合在一起，成为土壤的团粒结构，称为土壤团粒（soil aggregate），也有人把这称为土壤的二级结构。

土壤团粒是多孔性的，团粒之间的孔称为团粒间孔（interaggregate pores），而团粒内孔称为团粒内孔（intraaggregate pores）。这些孔隙有助于空气、水和微生物运动。

质地和结构是控制水、污染物和微生物在土壤中运动的重要因素。在构成土壤的成分中，黏土颗粒对决定土壤化学特别重要。黏土（常是硅酸铝 aluminum silicates）增加土壤的表面积和电荷。良好的黏土颗粒的表面积比砂粒高 5 个数量级。黏土不仅影响多孔基质的表面积，也影响平均的孔隙大小。黏土质地（clay texture）的平均孔大小最小，但孔的总体积最大。由于小孔中水的移动速度慢，就会使空气、水和微生物移动缓慢。同样污染物也被束缚于非常小的孔内，从而长时间成为污染物"库"。

黏土矿物表面的功能基团也对土壤的表面电荷产生重大影响。阳离子交换能力（cation-exchange capacity，CEC）是土壤中黏土和有机颗粒所带的负电荷。黏土中的同态取代和电离作用可以导致土壤的负电荷增加。大部分土壤的 CEC 的平均值为每 kg 土壤 150 ~ 200 毫摩尔。

土壤中的有机物是一种结合物，包括活的生物（动物、微生物和植物根等）、死亡和正在腐烂的生物体以及其分解产物腐殖质。腐殖质是植物、动物和微生物腐烂和降解过程中形成的。表土中有类型齐全的有机物，而表土以下的土层仅含少量的腐殖质物质。土壤中的腐殖质可以为微生物的存活、生长提供稳定的、长期的营养。腐殖质有一个三维、海绵式的结构，含有疏水区和亲水区，这种腐殖质能吸附非极性溶质（通过对土壤溶液的吸附过程），这称为疏水键合（hyclrophobic binding）。腐殖质也含有羧基、酚基、羟基等许多功能基团，这些基团也贡献于依赖于 pH 值的土壤 CEC，通过离子交换而参与对溶质和微生物的吸附。

在植物须根和较大的根周围土壤中含有脱落的根组织和释放出来的植物代谢物，这也为微生物生长提供了重要的营养物。

（2）液相成分

土壤溶液构成土壤的液相成分，其性质取决于溶液中的有机和无机溶质。土壤微生物一般被水膜所包围，微生物从水膜中得到营养，并把代谢产物排放到水膜中，这样液相的数量和组成最终控制微生物的生长，并影响植物的生长。

土壤水来源于降雨灌溉，或地下水的运动，水溶液中的溶质来源于矿物风化以及有机物的形成与降解。人为活动也会导致溶质成分的改变，例如灌溉、肥料和农药施用以及化学品的泄漏，土壤溶液中离子的形成会随土壤 pH 值的改变而发生变化（表 1-1）。大部分离子在酸性条件下以更溶解的形态存在。有的离子（如镁、钙）会因增加溶解性造成沥滤流失，导致营养物浓度降低，有毒金属离子溶解度增加会导致金属毒性的提高。在微酸性条件下有助于 Fe 和 P 的生物可利用性。总体来说支持微生物和植物的最大活性的 pH 值范围在 6.0 ~ 6.5 之间。

表 1-1 　　　　　　　　　　　　　　酸性和碱性土壤中一般离子的形态

离子	酸性土壤（低 pH）	碱性土壤（高 pH）
Na^+　　Na^+		Na^+、$NaHCO_3^\circ$、$NaSO$
Mg^{2+}　　Mg^{2+}、	$MgSO_4^\circ$、有机复合物	Mg^{2+}、$MgSO_4^\circ$、$MgCO_3^\circ$
Al^{3+}	有机复合物、AlF^{2+}、$AlOH^{2+}$	$Al(OH)_4^-$、有机复合物
Si^{4+}	$Si(OH)_4^\circ$	$Si(OH)_4^\circ$
K^+	K^+	K^+、KSO_4^-
Ca^{2+}	Ca^{2+}、$CaSO_4^\circ$、有机复合物	Ca^{2+}、$CaSO_4^\circ$、$CaHCO_3^+$

续表

离子	酸性土壤（低 pH）	碱性土壤（高 pH）
Mn^{2+}	Mn^{2+}、$MnSO_4^0$、有机复合物	Mn^{2+}、$MnSO_4^0$、$MnCO_3^0$、$MnHCO_3^+$、$MnB(OH)_4^+$
Fe^{2+}	$FeOH^{2+}$、$MnSO_4^0$、$FeH_2PO_4^+$	$FeCO_3^+$、Fe^{2+}、$FeHCO_3^+$、$FeSO_4^0$
Fe^{3+}	$FeOH^{2+}$、$Fe(OH)_3^0$、有机复合物	$Fe(OH)_3$、有机复合物
Cu^{2+}	有机复合物、Cu^{2+}	$CuCO_3^0$、有机复合物 $CuB(OH)_4^+$ $Cu[B(OH)_4]_4^0$
Zn^{2+}	Zn^{2+}、$ZnSO_4^0$、有机复合物	Zn^{2+}、$ZnSO_4^0$、$ZnB(OH)_4^+$、$ZnHCO_3^+$、有机复合物
Mo^{5+}	H_2MoO_4、$H MoO_4^-$	$H MoO_4^-$、MoO_4^{2-}

土壤水对微生物的有效性可用水势（water potential）表示。水势是一个能量名称，它是土壤水的自由能与纯水自由能相比所得的差值。

水势 = 土壤水自由能 - 纯水自由能

由于水分被土壤吸附而减少其自由能，所以土壤水的势能是一个负数。水势的单位多用巴或大气压表示。最适合于微生物对水的利用的情况是孔隙中水易被利用，但不完全充满。一般最适于微生物的水势是在 -0.1atm（大气压），当水势变成更小的负值时，土壤被水饱和，由于氧在水中的扩散速度慢，当可利用的溶解氧被全部消耗时，就难以补充，所以充满水的环境不利于好氧微生物的生长。一旦当水势降到比 -0.1 大气压值更大的负值时，水由于受到基质吸附和毛细管的束缚而更难被利用。

（3）土壤大气

土壤大气和空气有相同的组成成分，主要是 N_2、O_2 和 CO_2。但在不同土壤中其组成成分的比例会有所不同（表1-2）。通气良好的土壤和大气仅有微小的差异。然而，植物和微生物活性能大大导致氧和 CO_2 的比例改变。在黏土和饱和土壤中，氧可被生物的好氧呼吸完全消耗，在这种呼吸过程中，CO_2 被排出，导致 O_2 量的降低和 CO_2 水平的提高，从而导致土壤氧化还原电位的降低。土壤中的空气可以通过扩散使分子从高浓度向低浓度移动，扩散连续进行，最终达到平衡。然而在大部分土壤多孔基质中由于生物的代谢活动，实际的平衡并不能达到，大部分的土壤大气和实际上的大气在气体组成上的差异始终存在，这就是说土壤中总有一个净的 O_2 输入和净 CO_2 输出。

表1-2 土壤大气组成

地点	组成（体积百分比）		
	N_2	O_2	CO_2
大气	78.1	20.9	0.03
通气良好的土壤表层	>78.1	18~20.5	0.3~3
良好黏土或饱和土壤	>78	0~10	达到10

2. 土壤层次

（1）表土

表土是陆地生境中能够生长植物的疏松表层，它是在形成土壤五种因素的作用下经历千万年的风化形成的。成土母质主要有火成岩、沉积岩和变质岩。母质风化破碎后产生的矿物质成为生物生长的营养物。风化母质上形成的生物系统又促进了成土过程，有机物质的沉积使土地有机物大量形成。

从有机物含量、颜色及组成等，表土层可以从上而下垂直方向区分为 O、A、E、B、C、R 层。O 层是富含有机物的有机层，主要由生物体不同分解阶段的有机物组成，呈黑色。A 层是表土的表层，由各种不同比例的矿物质和有机物组成，颜色较 O 层浅。E 层是淋溶层，A 层的营养物和无机物被淋溶到达 E 层，土层呈灰或灰棕色。B 层是沉积层，富含从 A、E 层沥滤下来的黏土、有机物或碳酸盐等矿物质。C 层是未风化的母质层，从此层母质中可以形成新的土壤。R 层是基岩。虽然一些层对大部分土壤是常见的，但不是所有表土都有全部的层次，而且各层的厚度变化也很大。

除大雨或灌溉造成的淹水外，表土一般是好气不饱和的。表土的生产力水平主要取决于气候。一般凉快、潮湿气候条件下的土壤比干燥、温暖气候可以生产出更多的植物生物量，加之较低温度下较低的降解率导致有机物的较高积累。有机物在表土中的水平从沙中的小于 0.1% 到草地的大约 5%。

陆地生境中的湿地，其表土是终年淹水的饱和层，包括沼泽、湿地和泥沼。湿地是全世界温带地区最重要的生态系统，一方面湿地有很高的植物生产量，另一方面湿地的厌氧条件积累有机物的量以干重计可以超过 20%。

（2）渗滤（流、漏）层

渗滤层是不饱和的贫营养土壤，位于表土和饱和层之间。渗滤层主要是未风化质，含有非常低的有机碳（一般小于 0.1%）。其生物可利用 C 和营养与表土比较是非常有限的。渗滤层的厚度在不同的地区有很大的变化，在潮湿地区饱和层比较浅或接近表面，不饱和区很窄，甚至不存在，相反在干旱地区不饱和层可以达到数百米，来源于表面的污染物必须通过渗滤层后到达地下水，利用渗滤层改变污染物的运动或阻止它们进入潜在的饮用水水源地下水是一个值得研究的问题。

（3）饱和层

饱和层位于渗滤层的下部，像渗滤层一样也是寡营养的（有机 C 含量小于 0.1%）。饱和层和渗滤层之间的边界不十分明确，因为地下水可因降雨而升高，干旱而降低。这个使边界模糊的区域被称为毛细管界面（Capillary fringe）。

二、土壤中的微生物

土壤微生物包括微生物中各种分类和功能类群，涵盖按 16SrRNA 系统发育分类的三界生物。直接抽提的 DNA 研究发现每克土壤有多达 1 000～5 000 种不同的基因型，主要类群包括病毒、细菌、真菌、藻类和原生动物。病毒存在于土壤细菌、真菌、植物和动物中，通过寄生对这些生物产生调控作用，特别是可作为原核生物遗传物质交换的重要载体。细菌是非常重要的土壤生物类群，大部分土壤都有主要的分类类群，DNA 分析表明种类多达 13 000 种。土壤真菌大部分是有机异养菌，它们的形态和生活周期极其多样，在许多生态系统中（如森林）构成土壤生物的最大生物量，种类极为丰富，至今有 70 000 个真菌种被鉴定。由于真菌易于产生抗性结构（如孢子）而能耐受严峻的环境条件，又由于以菌丝状态存在而不易被捕食。藻类能从大部分土壤中培养出来的，在光照强烈，高含水量土壤表面含有大量的藻类群体。

1. 微生物在多孔土壤中的存在状态

土壤中大部分微生物是附着的。研究证明大约 80% ~ 90% 的细胞被吸附在固体表面，其余是游离的。附着的微生物以斑块或集群（pathes or colonies）的方式存在于颗粒表面。附着和生长成集群对微生物（特别是细菌）来说具有许多优点（参阅本章第六节）。

土壤中游离的微生物较少，但这有助于微生物的扩散。当特定表面位点的营养物被消耗时，微生物需要分布到新的位点，并在新的位点得到新的营养并形成菌落。真菌通过从子实体释放出来的孢子传播，或者通过菌丝的延伸而得以散布。细菌通过简单的细胞分裂，释放出新形成的子细胞。

2. 微生物在土壤中的代谢状态

由于土壤中可利用营养易于被代谢而耗尽，因此总体上说土壤中大部分微生物处于饥饿的条件下，并且受到多种因素的影响。首先是低营养物含量的影响，在许多生境中极端低量可利用有机碳仅能支持非常低的微生物活性，此外土壤中湿度、温度的巨大变化以及进入土壤的有机或无机污染物也对微生物的代谢状态产生严重影响。营养缺乏和严峻的物理化学环境使土壤微生物在大部分时间里丧失代谢活性或仅有低的代谢活性，甚至造成微生物的形态圆化（rounding），不平衡生长，亚致死性伤害，直至死亡。土壤环境条件的压迫不利于微生物对有机物的降解，但却可加速进入土壤病原体的死亡。但当新鲜底物被加到土壤或一种特定微生物能利用先前不能利用的底物时会表现出很高的代谢活性。前一种情况如植物废弃物被掘洞动物或昆虫带入土壤而被发酵性微生物降解。后一种情况的例子是微生物发生遗传突变或基因转移而导入一种新酶系统的表达，使先前不能降解的底物被降解。同样当一种特异降解性被导入或加入到土壤环境时，降解特定物质或污染物也可以获得高速的代谢活性，但导入微生物要有一个特殊生态位加以利用，才能与土生微生物竞争，适应土壤环境。

3. 微生物在土壤中的活性

（1）微生物在表土形成中的作用

土壤形成是一个漫长的过程，包括物理、化学风化和生物作用。微生物在表土凝聚形成和稳定中特别重要。微生物从两个方面参与土壤结构的形成，生长在土壤颗粒表面上的微生物，特别是丝状微生物通过其网状菌丝体把相邻颗粒联结在一起，黏土颗粒被重新排列，颗粒之间被挤压，从而形成凝聚性能良好的土壤颗粒。另外微生物通过其产生的胞外多糖，把许多固体颗粒黏聚在一起，形成良好凝聚土壤结构。

（2）微生物在营养物循环及消除污染中的作用

有证据表明微生物最早出现在 36 亿年以前，那时地球大气层温度较现在要高，而且不含氧气。光合微生物进化和形成产氧能力使氧气积累在大气中，2 亿年前这种氧的积累导致使大气从还原性变成氧化性（含氧）。光合微生物（自养）的进化和后来的植物进化提供了碳固定的原理和可再生的以碳为基础的能源资源。另外氧积累使大气产生了臭氧层，臭氧层减少紫外线对地球的照射量，从而保护了地球上的生物。依赖于微生物和更高的生命形式，今天碳、氧、氮、磷和铁等元素的产生和消耗之间达到微妙的平衡。在这些元素的循环中微生物起重要作用（参见第四章）。此外土壤中的微生物通过生物修复消除污染，以及在处理城市废弃物中发挥重要作用（参见第九章）。

4. 微生物在土壤中的分布

土壤中存在着种类丰富的微生物，仅细菌就有 10 000 多种，此外还有大量的真菌、藻类和原生动物。但它们仅构成大部分土壤中总有机碳的小部分和土壤体积的非常小的部分。

（1）表土中的微生物

表土中的微生物种类有细菌（含放线菌）、真菌、藻类和原生动物，还有病毒（含噬菌体）存在。它们大多是土生群体。作为生物调控因子、生物降解因子而接入土壤的细菌，随污泥以及动物粪便带入的微生物，不论其来源如何，一般情况下只能在特定生态位发生作用，而不会对土壤微生物的丰富度和分布产生重要影响。

①细菌　从数量上说细菌是表土中最丰富的微生物，可培养细菌数量达每克土壤 10^7 ~ 10^8 细胞，总群体（包括活但不能培养细菌）可超过每克土壤 10^{10} 细胞。在不饱和土壤中，好氧菌在数量上通常超过厌氧菌 2 到 3 个数量级。厌氧群体随土壤深度增加而增加，但难以成为优势。土壤放线菌具有相当的数量，一般比总细菌群体（含放线菌）少 1 至 2 个数量级。它们在降解昆虫和植物多聚物（如几丁质、纤维素和半纤维素）方面具有优势。

根据生长特色和对碳基质的亲和力，土壤细菌还可以被分为 K 选择生物和 R 选择生物二类。土著细菌利用慢慢释放到土壤中的有机物作为底物，代谢速度慢，成为 K 选择生物；发酵性的细菌在缺乏营养时呈休眠状态，而在向土壤加入大量新鲜可利用底物以后又能快速生长，成为 R 选择生物。

目前研究证明土壤细菌（含不可培养）约有 10 000 种。而所进行的研究工作主要放在可培养细菌。可培养土壤细菌的优势属有节杆菌属（达到可培养土壤细菌的 40%）、链球菌属（达到可培养细菌的 5% ~20%）、假单胞菌属（达到可培养细菌的 10% ~20%）和芽孢杆菌属（达到可培养土壤细菌的 2% ~10%）。重要的自养土壤细菌有亚硝化单胞菌属、硝化杆菌属、硫杆菌属、反硝化硫杆菌和氧化亚铁硫杆菌。表 1-3 列出了重要的异养土壤细菌的代表属种。

表 1-3　　　　　　　　　　重要异养土壤细菌的代表属种

种　属	特　征	功　能
放线菌（如链霉菌）	革兰氏阳性、好氧、丝状	产生抗生素和土腥味
芽孢杆菌属	革兰氏阳性、好氧、形成孢子	碳循环、产生杀虫剂和抗生素
梭菌属	革兰氏阳性、好氧、形成孢子	碳循环（发酵）产生毒素
甲烷营养菌（如甲基弯曲菌属）	好氧	利用甲烷单氧化酶氧化甲烷的同时共代谢 TCE
真养产碱菌	革兰氏阴性、好氧	携带 PJP_4 质粒降解 2、4-D
根瘤菌属	革兰氏阴性、好氧	和豆科植物共生固氮
弗兰克氏菌属	革兰氏阴性、好氧	和非豆科植物共生固氮
土壤杆菌属	革兰氏阴性、好氧	重要的植物病原菌，使植物根须产生虫瘿病

②真菌　表土中含有丰富的丝状真菌，其数量范围通常为 10^5 ~ 10^6 细胞（每克土壤），

尽管数量上低于细菌，但却占土壤中微生物量的大部分（表1-4）。丝状真菌以其菌丝把土壤颗粒物理锚住，因此大多集中分布于土壤凝聚颗粒之间。土壤酵母的数量较少，一般每克土壤达到 10^3 细胞。真菌群体在表土的 O 和 A 层数量最多，随土壤深度增加，其数量迅速减少。

表1-4 典型温带草地土壤生物群的各个主要成分生物量的大致范围

土壤生物群的成分	生物量（吨/公顷）
植物根	高达 90，但一般在 20 左右
细菌	1 ~ 2
放线菌	0 ~ 2
真菌	2 ~ 5
原生动物	0 ~ 0.5
线虫	0 ~ 0.2
蚯蚓	0 ~ 2.5
其他土生动物	0 ~ 0.5
病毒	忽略

土壤真菌在营养物循环，特别在有机物的降解中起重要作用。其分解作用在酸性环境中尤为重要，在干燥、低 pH 值的环境中，真菌可以占优势。土壤真菌除在降解植物多聚物（如纤维素和木质素）中起关键作用，某些真菌在降解污染物中也起重要作用，如白腐真菌的原毛平革菌（phanerochaete chrysosporium）对难降解污染物具有很强的降解能力。其他真菌如镰孢菌（Fusarium spp.）、腐霉菌（pythium spp.）和丝核菌（Rhizoctonia spp.）是重要的植物病原菌。菌根真菌和植物根建立的菌根共生体对植物在恶劣环境下生长具有重要作用（参见第七章）。

③藻类　光合藻类的存活和代谢需要光能源和 CO_2 作为碳源，因而藻类存在于土壤表面太阳光能穿透的地方，一般在 10cm 土壤数量最高，每克土壤的数量范围在 5 000 ~ 10 000 个细胞，在某些特别适合的条件下藻类大量生长时其数量达每克土数亿个藻类细胞。然而由于某些藻类能异养生长，我们在深 1 米的地方也能发现藻类。土壤藻类还有季节性变化，春秋比冬夏的数量多，这是由于夏天高温干燥、冬天寒冷影响藻类生长。常见于土壤的藻类有四个主要类群，绿藻（如衣藻属）在酸性土壤最为常见；硅藻（如舟形藻属）主要见于中性和碱性土壤；黄绿藻（如气球藻属）和红藻（如 Probhyridium）较为少见。蓝藻（蓝细菌）的数量也较多，特别由于某些种具有固氮能力而增加对土壤氮的供应。在温带土壤中主要藻类类群的相对丰富度有下列顺序，绿藻 > 硅藻 > 蓝细菌 > 黄细菌 > 黄绿藻，在热带土壤中蓝藻占优势。

藻类在贫瘠的火山、岩石和荒漠土壤表面大量生长时对土壤的形成和提高土壤肥力有重要作用。其一是藻类通过光合作用提供了碳的输入，代谢过程中产生和释放出碳酸有助于对周围矿物质颗粒的风化。有些藻类的固 N 作用更为环境输入重要的 N 源。其二是藻类产生的大量的胞外多糖，有助于土壤颗粒的凝集，形成良好的土壤结构。

④原生动物　大部分原生动物是异养的，靠捕食细菌、酵母、真菌和藻类而存活生长。由于较大的体积和需要大量的微生物作为食物来源，因此原生动物主要见于 10~20cm 的土壤上层，而且主要集中在有大量细菌的植物根的附近。土生原生动物有三个主要类群，包括鞭毛虫类（flagellates）、变形虫（amoebae）和纤毛虫类（ciliates），其数量从 30000 个/g 土（非农业温带地区土壤）、350 000 个/g 土（玉米地）到 1.6×10^6/g 土（亚热带地区土壤）。土生原生动物的机体比其他原生动物更加柔韧，这使土生原生动物易于在有一层水膜的土壤颗粒表面以及土壤的小孔洞中运动。原生动物除捕食微生物有助土壤的能量流动外，还一定程度上参与土壤有机物的分解。

（2）表土下浅土层中的微生物

表土下浅土层中的微生物尽管在数量及多样性方面低于表土，但实际上仍存在大量的微生物，大部分是细菌，也存在真菌和原生动物。直接计数测定总细菌范围为 10^5~10^7 细胞/g 土（表土范围 10^9~10^{10} 细胞/g 土）。这与有机物、无机物营养的低量直接相关。这个土层中的真核生物数也比表土中数量少几个数量级，造成这种差异的原因除有机物浓度低外，更重要的是下层土壤小孔洞，对生物的物理过滤作用。原核和真核生物在沙质沉积物中的数量比黏土区要高，黏土基质的小孔对微生物具有排斥和物理过滤作用。

可培养细菌数的计数结果比直接计数有更大的变化性，其范围从极少到接近于直接计数的数量。总体上表土下土层直接计数和可培养计数之间的差异要比表土大。下述二点可以对这种结果做出解释，一是表土下土层的营养物含量更低，微生物群体中的大部分属于不可培养的状态。另外虽然知道使用稀释营养培养基培养贫营养菌要比丰富培养基好，但使用的稀释营养培养基的类型仍然不完全合适。

表土下浅土层微生物的类型多样，优势类群是好气异养细菌，但也有少量的厌氧和自养细菌以及真核生物。优势微生物种类随土层深度变化而变化，它们在生理上不同于表土微生物，罕见分裂。含有少量的核糖体或包涵体。它们能降解简单的基质（如葡萄糖）以及更复杂的化合物（如环状化合物、表活剂和农药）。它们也能很快适应高营养，在丰富培养基上生长，说明它们也能代谢各类有机化合物。这些特征表明它们能原位清除进入的各类有机污染物。

（3）表土下深土层中的微生物

表土下深土层是一种极端贫营养的环境，在这种环境中存在极少的微生物。微生物学家从地表下数百米油沉积物水层中分离到硫盐还原菌。有人认为它们是 300 亿年前开始形成石油被埋在那里生物的后代。

（4）深渗滤层中的微生物

研究证明渗滤层中含有少量的微生物，一般微生物数量和活性在古土壤（paleosols）中较高。古土壤是曾经在地球表面的土壤-植物系统。渗滤区含有的微生物对经过渗滤区的环境污染物具有降解作用。

（5）深饱和层土壤中的微生物

饱和层中也存在种类繁多的微生物。科学家对从饱和层土壤中取得的岩芯（近 500 米深处的 7 亿到 13.5 亿年内的白垩纪沉积物）分析表明样品中存在多样和大量的微生物群体，总数范围为 10^6~10^7 细胞/克沉积物。检测到的微生物包括好氧和兼性厌氧化能异养微生物、反硝化菌、甲烷菌、硫酸盐还原菌、硫氧化菌、硝化菌和固氮细菌，还有少量蓝细菌、真菌和原生动物。从样品分离出来的细菌具有多样的代谢能力，不但能代谢简单的糖、有机酸，也能分解复杂多聚物（如细菌储藏产物 β-羟基丁酸，表面活性剂如吐温40、吐温80）。

5. 土壤中微生物的生理、遗传特点

（1）土壤中存在数量巨大的活的不可培养微生物

土壤微生物的计数有间接计数和直接计数。间接计数反映的是可培养微生物（culturable microbes）的数量，直接计数反映的是可培养微生物和活的不可培养微生物（viable but monculturable microbes）之和。表土中微生物直接计数的结果一般高出间接计数 1～2 个数量级，在其他土壤层中这个差异还要大，造成这种巨大差异的原因是土壤中存在大量活的但不可培养微生物，一般认为土壤微生物的 99% 可能是不可培养的。土壤环境条件恶劣，营养贫乏致使大部分土壤微生物亚死亡损伤，受损细菌有非常特殊的营养需要，不能用常规的方法进行培养。由此我们知道目前的研究方法所了解的实际上是这个群体的一个非常小的部分。活的但不可培养的微生物对环境微生物是十分重要的，其一是活的但不可培养病原菌仍能感染和造成疾病，其二许多活的但不可培养微生物是不能被忽视的。

（2）土壤微生物与生境的统一

土壤环境和微生物的长期相互适应使任何一个特定的土壤或生境会产生一个相应的微生物群落，在群落中有丰富的微生物多样性，这是两个方面作用的结果，一方面是特定生境和生态位对微生物的选择，另一方面是微生物对生境和生态位的竞争，确保微生物的"最适的存活"。

（3）不同土层中微生物的同源性

微生物学家对从饱和层土壤样品中分离出来的好氧菌作 16S rRNA 基因序列的系统发育分析，得到一个分类鉴定结果（表1-5）。把饱和层中的细菌属和表土中细菌属（本节二、4（1））比较，可以看到很多共同的属，这说明表土中的细菌和饱和层细菌相类似，也可以说整个土壤细菌同源、组成类似。

表 1-5 饱和层中分离的好氧化能异养菌的 16S rRNA 基因序列系统发育分析的分类鉴定结果

属或其他分类单位	认定的菌珠数
α-变形杆菌（Proteobacteria）	
土壤杆菌属（Agrobacterium）	1
芽生杆菌属（Blastobacter）	1
鞘氨醇单胞菌属（Sphingomonas）	1
未定属	7
β-变杆杆菌	
产碱菌属（Alcaligenes）	6
丛毛单胞菌属（Comamonas）	25
动胶菌属（Zoogloea）	1

续表

属或其他分类单位	认定的菌珠数
未定属	2
γ-变形杆菌	
不动杆菌属（*Acinetobacter*）	25
假单胞属（*Pseudomonas*）	10
未定属	1
高 G＋C 含量的革兰氏阳性细菌	
节杆菌属（*Arthrobacter*）	25
微球菌属（*Micrococcus*）	3
地杆菌属（*Terrabacter*）	6

6. 影响土壤微生物数量、分布、活性的因素

土壤微生物生长要依赖于营养元素（C、N、P 等），在土壤环境中只有有机物，特别是腐殖质能为微生物提供长远和稳定的营养物。因此微生物数量常会随土壤有机物含量的增加而增加。在植物根际，根的脱落组织和释放出来的植物代谢物聚集使那里有机物浓度相对较高，微生物数量也相应较多。

土壤溶液也对土壤微生物的数量活性产生重要影响。微生物含大约 70% 水，微生物代谢需要高水活度。土壤溶液中的有机和无机物质为微生物提供营养物。土壤微生物一般被包围在土壤的水膜中，在水膜中微生物易于取得营养物和把废弃物排放到水膜中，同时也有利于微生物对土壤颗粒的吸附。土壤孔隙中不完全充满的水易被好氧微生物的利用，有利于这部分微生物的生长。当孔隙中水完全充满时，由于氧中扩散较慢，可利用的溶解氧会被全部利用，氧化还原电位降低。这时厌氧微生物就会取代好氧微生物。

微生物附着也受到功能基团的控制。虽然黏土表面和微生物表面带有净负电荷，但黏土表面由于土壤溶液中的正电荷离子（如 K^+、Na^+、Ca^{2+}、Mg^{2+}、Fe^{3+} 和 Al^{3+}）的积累而被中和。正负表面电荷结合在一起被称为电偶层（double layer）。通过阳离子桥使细菌被吸附（图 1-3）。另一方面微生物的负电荷也可以与正电荷形成电偶层。电偶层的厚度取决于土壤溶液中的离子的化学价和浓度。高价和增加离子浓度将拉紧电偶层。由于黏土颗粒和细胞的电偶层相互排斥，黏土和细胞表面之间的层越薄，排斥力就越小。当排斥力减小时，静电力和范得华力这样的吸附力使微生物细胞被吸附到黏土表面。此外微生物表面附属物固着器或菌毛的作用或胞外多糖等黏胶物质的产生，促进了土壤颗粒对微生物的吸附作用。这样大部分微生物都被吸附于黏土表面，而不是游离于土壤溶液中。

pH 值也是制约土壤中微生物数量活性的重要因素。高酸、高碱条件可抑制许多微生物的生长。在低 pH 值土壤中真菌是占优势的群体，而在高 pH 值环境中细菌会占优势。向酸性土壤投加石灰可使土壤碱化，而投加硫粉则使土壤酸化。

温度能影响酶反应速率，因而温度能控制微生物的活性。嗜温菌组成土壤细菌的大部分，真正的嗜冷、嗜热微生物仅为少部分。

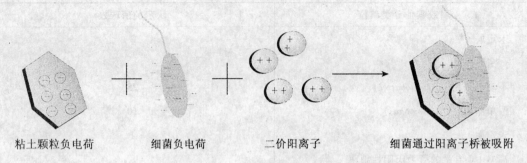

粘土颗粒负电荷　　　细菌负电荷　　　二价阳离子　　细菌通过阳离子桥被吸附

图1-3　通过阳离子桥细菌细胞吸附到黏土颗粒上

第三节　水生境中的微生物

水环境占地球表面的70%以上，种类多样，特征各异。水是生命之源，水体中孕育着庞大的生物系统。从纳米级的病毒到世界上最大的生物体鲸鱼。水及水体中的生物都是人类的最重要资源，人类社会的发展和繁荣都离不开这个巨大的资源。水生生境的异质性为水生微生物的多样性提供了基础，研究水体中微生物的分布、组成及生态功能对认识微生物，利用微生物的资源有重要意义。

一、淡水水体

淡水水体包括泉、河流、溪流、湖泊。一类为流动水（流动水环境），如泉、溪流和河流，另一类是不流动水（不流动水环境），如湖泊、池塘和湖沼。淡水环境有非常不同的组成和相应特征的微生物群落。

1. 泉

泉的种类多样，有冷泉、热泉、矿泉（含硫、镁）、酸泉、放射性泉等。泉水中的微生物主要是细菌和藻类。一般在光合作用群体（光合细菌和藻类群落）占主体的泉环境中，其范围为 $10^2 \sim 10^8$ 细胞/ml。在泉的浅层及岩石表面因有充足的光，无机初级生产者的数量可达 $10^6 \sim 10^9$ 细胞/ml。在泉水中由于营养物特别是 DOM（dissolved organic matter）含量低，异养细菌数量通常相当低（$10 \sim 10^6$ 细胞/ml）。在泉水中有机物最初源于光合群体，可以想象泉水中 DOM 和异养细菌的浓度开始是非常低的。但随着其他有机物的输入（源于其他生物和陆地输入），有机物浓度会进一步提高。此时异养菌数和光合藻类的数量会进一步增加。

2. 溪流与河流

溪流和河流是源于山泉、降雨的流动水体，其物理化学特征（如温度、流量、速度和化学组成等）取决于流经地域的地理和气候条件，例如流经陡峭山区的溪流有快的流速和较低的水温，而流经平原的河流流速较慢和有较高的水温。河流有较浅，但有的地方有50米以上的深潭。溪流和河流的流量高度依赖于降雨量和季节的变化。

溪流中含有主要的生产者群落，特别是当光能穿透到溪流的底部的地方，光合作用群体范围为 $10^6 \sim 10^8$ 细胞/ml，它们大多数以吸附群落的形式存在，少数也存在于流动水体中，但由于恒定的水运动，它们不是空间上的稳定群体。溪流中的异养群体一般处于较低水平。大多是好氧或兼性厌氧菌。

河流较溪流积累更多的 DOM，DOM 的增加限制了光的透性，因此光合作用群体的增加受到限制，而异养群体随着于 DOM 的增加而增加。河流大部分水体整体上通气良好，异养群体中好氧和兼性厌氧菌占优势，其浓度范围大多位于 $10^4 \sim 10^9$ 细胞/ml，随 DOM 浓度增加而增加。在污水注入区域的下游异养群体比其上游增加 2~3 个数量级。河流中的生物膜和沉积物中的群落是河流中的稳定群体。

溪流和河流的微生物群体大多来自土壤，因此河流和土壤的微生物群落同源，其结构有相似的地方。

3. 湖泊

全世界的湖泊种类多样，物理化学特征各异。湖泊深度从数米到 1 000 米以上。湖的表面变化也非常大，从数平方米的小水塘到 $100\,000\,km^2$ 的巨大湖泊。一般认为湖泊是静止或非流动的，但湖水仍有流入和流出，风造成扰动，温度造成混合，所有这些造成了湖泊的动态环境。许多湖泊有特征性化学组成，如盐湖（高盐度）、苦味湖（富含 $MgSO_4$）、Borax 湖（富含 $Na_2B_4O_7$）、Soda 湖（富含 $NaHCO_3$）等。

分层是较深湖泊的重要特征。依形态（深度、宽度、沿岸地学特征、流速等）和化学参数（温度、pH 值、氧含量等）的不同被分为沿岸区（littoral zone）、漂浮层（neuston layer）、浅水区（limnetic zone）、深水区（profundal zone）和湖底区（benthic zone）（图 1-4）。沿岸区为湖泊边沿，阳光能穿透到底部，生长着茂盛的沉水、挺水植物。漂浮层的水化学特

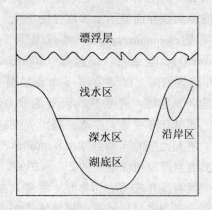

图 1-4 深水湖泊水体的分层

征及微生物参见本章第五节。浅水区是离开沿岸区的开放水域的表层水体，这个区有较强的光照。深水区位于浅水区的下方，光照强度少于阳光的 1%（光补偿点）。湖底区位于湖泊直达沉积物的水体的最下部。湖的最下层是沉积物，也称为底层生境。温度对于湖泊非常重要，由于季节变化导致水温变化还会使较深湖的上下层水体发生翻转混合。从温度变化的角度可分为三个区：上层区或表水层（epilimnion）变温层、下层区或下层滞水带、均温层（hypolimnion）和温跃层（thermocline）（图 1-5）。由于水在 4℃ 时密度最大，温度导致的密

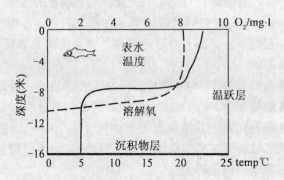

图 1-5　从温度变化划分湖泊层次示意图

度分层发生在中间的温跃层。在夏天上层水被太阳加热，水温高，溶氧量高，有较高的初级生产力。而下层区正好相反，低温和低营养水平，缺乏光照。这种分层使湖泊水体相对静态，但当秋冬来临时，上层水水温降低直至达到下层水的温度及相应的比重，此时温跃层被打破，并使上下二水层混合。在寒冬上层水结冰，温度位于 0～4℃ 之间，而下层水仍然维持 4℃ 或更高，此时温跃层仍形成，不发生混合。在春天当湖的冰雪融化，上下层水又达到同样的温度，混合再度发生。实际上这二层水的翻转和混合使下层水再充氧和上层水的矿物营养再次得到补偿。较浅的湖泊可只具有深水湖泊的部分特征。

湖泊水体有大量初级和次级生产群体，有最为复杂、相互作用的微生物群落。光合群体主要分布于沿岸区及浅水区。在沿岸区有大量的初级生产者，有较高的初级生产力。浮游群落中藻类是主要的，而蓝细菌是次要的，而附着群落中的优势种类则是丝状和附生藻类。浅水区也能为光合作用生物提供良好的生态环境，也有处于优势地位的大量浮游藻类，而且其组成因光达到水体的深度和波长的差异而显示出梯度性的变化。图 1-6 显示了代表性光合生物及其光吸收光谱。从上至下是 chlorophycophyta、紫球藻属（*Porphyridium*）（*Rhodophycophyta*）、聚球藻属（*Synechococcas*）、蓝细菌、绿菌属（*Chlorobium*）、绿硫细菌、红假单胞菌属（*Rhodopseudomonas*）非硫紫细菌。以绿菌属（绿硫细菌）为例，它们比其他光营养菌更能利用长波长的光，也是厌氧生物，需要 H_2S 而不是 H_2O 进行光合作用。这样它们分布在较深水体或沉积物表面，那里只有少量光穿透，很少或没有氧存在，但有 H_2S 可利用。

湖泊中除有光合群体外，还有大量的异养群体，异养群体产生的次级生产量和初级生产量直接相关。一般在透光区次级生产为初级生产的 2%～20%。在水体中异养群体的密度随深度的增加而增加，但有三个区明显有较高的异养群体数量。在漂浮层由于积累了大量的蛋白质、脂肪酸而创造了一种富营养条件，从而有大量的异养群体。另一个区是温跃层，形成于漂浮层及上层的有机碎屑会沉积到那里，因而造就大量异养生物的生境条件。第三个是邻接底泥的底层水体，那里有大量沉降和从底泥中释放出来的有机物供微生物利用，但这些微生物主要是厌氧的。

寡营养和富营养湖泊中由于生物可利用营养物的差异造成水体细菌群体数量及垂直分布上的差异（图 1-7）。从图中可见寡营养湖泊上层水中蓝细菌是优势菌，而异养细菌的浓度较低，而在有机物积累位于上层和下层之间的温跃层异养细菌数量大量增加。在富营养化湖泊中尽管分布格局基本一致，但光合作用细菌和异养细菌数量均较前者要高，而且由于富营

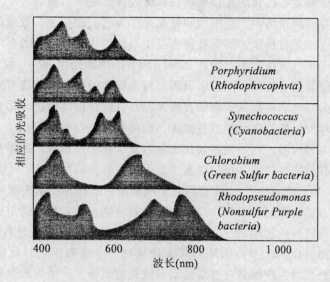

图 1-6　不同浮游藻类和光合细菌的光吸收谱

养湖泊有高得多的有机物，造成混浊，阻碍光透过，使光合细菌的位置上移。其生产力（1～30mgc/m³·day）也低于寡营养湖泊（20～120 mgc/m³·day），相反富营养湖泊的次级生产力速率（190～220 mgc/m³·day）却比寡营养湖泊高得多（1～80mgc/m³·day）。

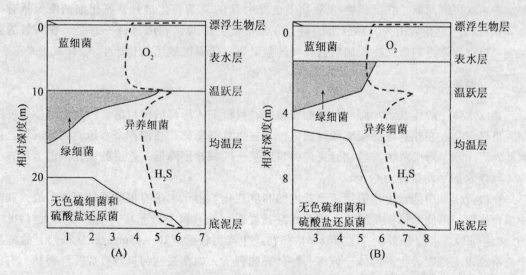

图 1-7　（A）典型寡营养湖泊中细菌分布示意图。特别注意光合生物群体的分布和浓度（丰富度），也标明了上层水中异养生物浓度较低，但那里蓝细菌占优势。在湖上层和湖下层之间，异养菌大量生长，这与这个带的有机物积累有关。（B）典型富营养湖泊细菌分布示意图，光合和异养群体都存在相当高的比例。

除了细菌和藻类群体外，淡水水体的溪流、河流和湖泊中也有真菌、原生动物和病毒。它们相互作用并形成水体的微生物群落和食物网。真菌罕见悬浮生长，多作为浮游藻类、原生动物及其他生物的寄生物，有的可以聚集在固体表面形成真菌菌苔。

淡水环境中病毒能利用细菌、蓝细菌和微型藻作为它们的宿主，数量可能非常庞大，总体上能超过浮游细菌二个数量级，病毒群体密度随细菌群体波动，有的有广泛的宿主，有的为专一性宿主。病毒导致的细菌裂解能使 20%～50%的细菌死亡。

原生动物是细菌和藻类的重要捕食者，因而对水体中的微生物群落有重要影响。当细菌和藻类的数量增加为原生动物提供丰富的食物来源时，这时群体增加。如食物源消耗尽，原生动物数量会急剧减少。如原生动物数量减少，细菌和藻类会再度增加。一般每个原生动物每天捕食数百个细菌和藻类，其数量一般比细菌数量少几个数量级。病毒和原生动物都有助于控制细菌和藻类群落的生物量，保持淡水生态系统中群体间的平衡。

底层生境（benthic habiat）是水体底层的沉积物层、水柱和土壤表面间的过渡区。沉积层是一个由有机物、矿物颗粒材料和水组成的疏松复合物。该区复杂的组成成分和特殊的生态环境特征，特别是氧的可利用性造成了微生物区系组成和生化反应过程的错综复杂现象。沉积层中基本营养物（C、N、S）循环和好氧微生物、厌氧微生物转化的结合如图 1-8 所示。富含有机物的表面微生物的氧化分解活动导致氧的消耗，产生厌氧微环境，这种微环境能支持兼性和严格的厌氧微生物的活性。沉积物中好氧-厌氧界面是异质性最大的特殊生境，这种生境支持着一个生理上最为多样的微生物群落。对 C 元素我们可以发现这样的转化环，发酵性细菌代谢 DOM 成有机酸（如乙酸和 CO_2），严格的厌氧细菌又可以进一步利用乙酸、CO_2，并产生甲烷（CH_4）。但在好氧条件下甲烷氧化菌又能利用甲烷和其他一碳化合物作为能源，再产生 CO_2。甲烷营养活性位于沉积物-水界面区以便利用厌氧区释放出来的 CH_4 和水柱中的可利用氧。在沉积物-水界面上也发生 N 的复杂转化过程，氨化细菌使氨从有机物（沉积物）中释放出来。释放出的氨一方面被微生物同化利用，另一方面又在有氧的微生境中被自养微生物氧化生成硝酸盐，硝酸盐又可以厌氧区被反硝化产生 N_2 释放出来。

二、微咸水体

微咸水体一般指淡水和海洋水体的连接区，河流汇入海洋的河口湾。河口湾水体盐度的空间格局多样，在相当短的距离和时间内也会发生急剧变化。在潮汐海水运动到的区域盐度增加，而洪水、降雨或冰雪融化时又使河口湾某一区域盐度降低，盐度的变化范围为10%～32%（淡水的平均盐度为0.5%）。

在微咸水体中的微生物能适应于盐度的高度变化。由于大量有机物通过河流的流入和潮汐混合作用，因此水体显得混浊，结果光穿透受阻，光合藻类数量少，变动范围大（10^0～10^7 细胞/ml），主要分布在表水和沿岸区。初级生产力较低（10～45mgc/m^3·day），这样生产力不足以支持次级生产群体。但有一些例外的例子，如在某些河口湾有成片红树林，有很高生产力。红树林有重要的适应微咸水体的机能，红树林在净化水体，稳定沉积物，保护岸边以防侵蚀，提供鸟类生境上有重要作用。虽然初级生产力较低，但由于河口湾有大量稳定而丰富的碳供应，有大量可利用的有机物，因此异养活性较高，范围为150～230mgc/m^3·day，异养细菌数达 10^6～10^8 细胞/ml。

三、海洋水

海洋水环境同湖泊一样具有高度多样性。海水盐度为33%～37%，海洋最深处可达

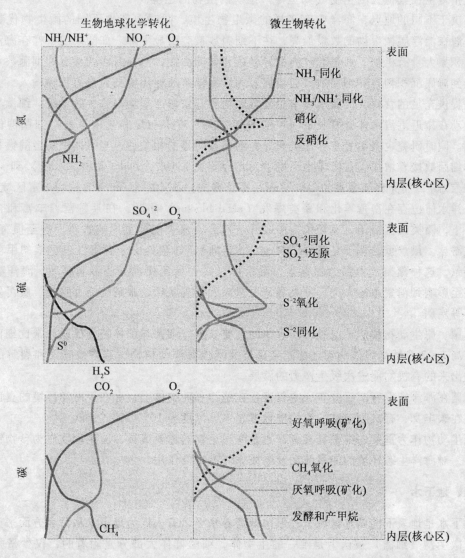

图 1-8　环境状况导致的生物地球化学循环和碳、氮和硫的主要转化，
环境表面层是高氧的，而内层因微生物活动而成为厌氧环境

11000 米。海洋表面积巨大，潮汐、海流、风浪还能不时改变海洋的边界。从光照特征海洋可分为日光能达到的光照区（photic zone）和光照区以下的非光照区（aphotic zone）。光照区的深度因不同的水浊度而变化，最深可达 200 米，但在有大量悬浮颗粒物的沿岸区光穿透深度甚至少于 1 米。从生境特征海洋被分为漂浮区（neuston zone）、远洋区（pelagic zone）、表面生物生境（epibiotic habitat）和内生物生境（endobiotic habitat）。漂浮区是海洋的表面（水-气界面），远洋区是海洋的水柱或浮游生境。远洋区又可以划分为若干区，水柱中 100 米以上的生境称为表层区（epipelayic zone）或光照区；再往下分别为中层区（mesopelagyc zone）、深海区（bathypelapic zone）、深渊区（abyssopelagic zone），最下面是海水-沉积物面上的海底区（benthopelagic zone）。表面生物生境是生长在表面的吸附群落生境。内生生物

生境是指寄生在其他大的生物（如鱼等）组织内生物的生境。

取决于不同的地点，海洋中有多样的微生物生境，同时也产生不同的微生物优势菌群体。一般在漂浮层微生物的数量最高，往下细菌数量会明显下降。如同湖泊一样在海洋的温跃层因积累大量有机物，那里有较高的异养菌和异养活性，但在海洋的最深处细菌数量非常低，但到海底沉积物异养细菌数又会增加。海岸水体有陆地环境的大量有机物输入，为细菌的生长提供充足的营养，因此水体中总菌数平均比开放海洋平均高一个数量级。细菌数的季节性波动在靠近港湾水体是常见的，一般每年二次（春末初夏和夏末早秋）细菌群体数量会增加。同时研究也表明光营养藻类和异养细菌有明显的相关性，当水体中前者的数量增加后异养细菌数接着增加。在海洋水环境中，光合藻类从 10^0 个/ml（某些深水区）到 10^8 个/ml（表层水），而异养细菌数为 10 个/ml（寡营养的）到 10^8 个/ml（有机物丰富区域）。

海洋水体也存在富营养化和藻类爆发（algal blooms）问题，在某些营养丰富和合适环境条件下，藻类或蓝细菌迅速繁殖，形成开花现象。藻类能严重影响水质，甚至损害养殖、航运或游泳。最严重的例子是海洋"红潮"（赤潮），红潮是由于含有红色色素的甲藻大量繁殖所致，这种藻类产生强大的毒素，毒素可造成大量鱼死亡，还影响海鸟、海洋哺乳动物，甚至影响到消费鱼的人类。藻类毒素可造成人类皮肤疹、眼睛疼痛、呕吐、腹泻发烧和关节疼等疾病。

真菌、原生动物和病毒也是海洋水体的重要成分。细菌噬菌体特别活跃，常比细菌群体的浓度高 1~2 个数量级。病毒还能感染藻类及其他海洋动植物，这些被感染和裂解的生物体释放出来的有机物促进次级生产力的发展。

真菌在海洋中也有广泛分布，主要寄生在植物和动物体上，存在于海洋环境的真菌属较少，但在碳丰富、有机物丰富的生境中数量较多，浓度为 10^3~10^4 个/ml。

原生动物作为重要的细菌捕食者，也是海洋生物的重要成员，原生动物作为食物链的重要一环，对海洋生态环境的能量流动及物质循环有重要作用。

四、地下水

地下水是地表下的储水区域，一般为低营养水平，有人认为地下水从营养方面来说是极端的。微生物（细菌）被认为是唯一的生物体，细菌群体大部分是附着的，仅少量是悬浮的，一般其活性水平极低，比其他水生境低几个数量级。

第四节　大气生境中的微生物

一、大气中的微生物

大气对微生物来说是一种不友善环境。大气中的化学和物理因素不利于微生物的生长和存活。在对流层中随高度增加而温度降低，顶部温度为 -43~83℃，远低于微生物的最低生长温度。随大气层高度增加，大气压陡降，可利用氧的浓度降低到排除好氧呼吸。大气中没有可为微生物直接利用的营养物质和足够的水分，加上高强度的光辐射，特别是紫外辐射对微生物的致死作用，因此空气中没有像土壤、水体那样适于微生物生长的生态位，没有固定的微生物种类。但由于微生物能产生各种抗不良环境的抗性组织，有各种修复不良因素所致伤害的机理，这样有许多微生物可以在大气中存活一段时间，甚至存活相当长时间，实现长距离迁移，而不致死亡。有些研究还表明，对流层中的特定位置可为微生物生长提供临时生境，云有较高含水量，光照和 CO_2 足以支持光自养微生物生长，固体颗粒可提供矿质营养，在工业区甚至有充足有机物支持异养生长。所以在空气中仍然可发现许多不同种类的微生物。由于大气生境中的微生物与公共健康、环境科学、生物战争，以及遗传工程菌的生物安全等学科有密切关系，目前这个学科的研究越来越受到重视，引起了众多学科学者的关注。

大气生境中的微生物一般都以生物气溶胶（bioaerosols）形式存在，因此大气生境中的微生物本质上是大气中的生物气溶胶。生物气溶胶由微生物与液态、固态或两者复合物的颗粒组成，可以认为是与悬浮在空气中的颗粒结合在一起的微生物，或带有微生物的悬浮在空气中的颗粒。生物气溶胶因不同的组成成分（微生物和固、液颗粒）而有很大的不同，其直径一般范围从 $0.02 \sim 100\mu m$，$2\mu m$ 以下的为微小颗粒，而 $2\mu m$ 以上的为粗大颗粒，一般病毒形成的气溶胶属前者，而细菌、真菌和原生动物气溶胶属后者。

空气中的微生物来源于土壤、水体和其他微生物。进入大气的土壤尘埃，水面吹起的小水滴，污水处理厂曝气产生的水沫，人和动物体表的干燥脱落物，呼吸道呼出的气雾等，都是大气微生物的来源。大气中大部分微生物是腐生型的，也有少数自养型的，还有病原菌，尤其在医院或患者居室附近，空气中常有较多的病原微生物。

真菌和细菌是空气中的主要微生物种类，霉菌很容易从空气中分离，其中曲霉、木霉、青霉、根霉、毛霉、白地霉和色串孢（Torula sp.）等都是常见的真菌种类。枝孢属（*cladosporium*）是常报道的大气真菌种类。最常见的细菌是枯草芽孢杆菌、肠道芽孢杆菌等芽孢杆菌和微球菌、八叠球菌等球菌。此外还有经大气传播的病原菌，如结核杆菌、白喉杆菌、肺炎双球菌、溶血链球菌、流感病毒和脊髓灰质炎病毒等。

微生物在空气中的分布很不均匀，所含数量取决于所处环境飞扬的尘埃量，凡是尘埃多的空气，其中的微生物也多。一般在畜舍、公共场所、医院、宿舍、城市街道的空气中，微生物的数量最多；在海洋、高山、森林地带和终年积雪的山脉或高纬度地带的空气中，微生物数量则甚少（表1-6）。数量也随季节而变化，在北半球真菌一般在6、7、8月比其他时间更丰富，细菌在春天和秋天更丰富。大气微生物的取样计数一般有活菌平板计数法（viable plate count procedure）和改进的接触玻片的直接计数法（direct count procedure）。现在常用的方法是使一定体积的空气通过孔径 $0.5\mu m$ 或更小孔径的滤膜，然后再培养计数。

空气的温度和湿度对微生物的生存及种类、数量产生很大的影响，一般温度适宜（30℃左右）、湿度大，微生物的存量大，活性高。因此在梅雨季节各种物品最易受到空气微生物的污染而发霉腐烂。

空气中的微生物数量，特别是病原菌的数量与大气污染（特别是粉尘污染）和人群的活动有密切关系。研究表明粉尘污染严重，人员密集的商场（特别是空气不畅通的地下商场）、戏院可以检出高数量的微生物，这种空气微生物的数量一般认为可以作为大气污染的一种指示物。

由于气流的运动以及有的尘埃颗粒可以长期悬浮在大气中，因此微生物不但见于低空中，在高空空气中也可以分离出各种微生物（表1-7）。

表 1-6   不同地点近地空气中的微生物数量

地点	微生物数量/个/m^3 空气
北极（北纬 80°）	0
海洋上空	1~2
市区公园	200
城市街道	5000
宿舍	20000
畜舍	1000000~2000000

表 1-7   自高空中分离出的细菌和霉菌

高度/m	细菌属	霉菌属
460~1400	产碱菌属 芽孢杆菌属	曲霉属 青霉属 链格孢属
1400~2300	芽孢杆菌属	曲霉属 枝孢属
2300~3200	芽孢杆菌属 八叠杆菌属	曲霉属 单孢枝霉属
3200~4100	芽孢杆菌属 库特氏菌属	曲霉属 单孢枝霉属
4100~5000	微球菌属 芽孢杆菌属	青霉属

二、影响大气微生物存活的因素

  大气中的许多因素能使微生物生物活性丧失，但许多微生物同时又具有抵抗恶劣环境，修复损伤，保持活性的机理。有些微生物的失活并不是致死性，而可能是亚致死性的损伤，而这种亚致死的压力使微生物生长在不同培养基（选择和非选择的）上的能力失去。这说明许多一般的检测方法不能使它们从损伤和开始的病态中恢复过来。大气压迫对微生物的作用位点主要是外膜、细胞壁、细胞质膜、RNA、DNA 和核糖体。失活和存活是微生物在大气中生存的两个对立统一的方面。

  许多大气环境因子已被证明能影响微生物的存活能力，这些因素中最重要的是相对湿度、温度、氧量、特殊离子、紫外辐射，各种污染物和 OAF 等。对人工产生的气溶胶，影响因素包括气溶胶的产生方法、气溶胶中的组成液体、取样方法、计数培养基。

  相对湿度（RH）或空气中的相对水含量对大气中的微生物存活和气溶胶稳定性有重要影响，一般来说微生物在低相对湿度时易于失活，很低相应水活度导致的活性的失去是细胞膜脂双层膜的结构改变，研究表明当水从细胞失去时，细胞膜双层膜从典型的液晶结构（crystaline）改变成胶状结构（gel phase）。这种结构相改变影响细胞表面蛋白的构象，最终导致细胞失活。许多研究工作证明，具有外被的病毒粒子（如流感病毒）在相对湿度低于50%时仍能在空气中存活很长时间，而裸露病毒粒子（如肠病毒）在相对湿度高于50%时才能稳定。一般有外被的病毒粒子比没有外膜的毒粒在大气中有更强的存活能力。

温度也是一个使微生物失活的主要因素。一般高温促进失活，主要和失水、蛋白质变性有关，而低温则可使微生物存活更长的时间。但当温度低到接近冰点时，微生物的表面形成冰晶而造成微生物的失活。在温度的影响效应中还受到相对湿度等其他环境因素的制约。

短波长的紫外线、离子辐射（X射线）、高强度的光照都可以造成气溶胶中微生物的损伤。紫外线、离子辐射损伤的主要目标是生物的遗传物质。X射线产生的DNA损伤包括单链断裂（single strand breaks）、双链断裂（double strand breaks）、核酸碱基结构改变。紫外辐射（短波长紫外光）造成的损伤主要在于DNA链上的相邻碱基形成二聚体，阻碍碱基的正常配位而导致碱基的置换突变，最终抑制基因组复制、转录和翻译等生物活性。

大气中的氧经光、辐射污染等因素的作用转化成可造微生物失活的化合物，包括过氧化基团（superoxide radicals）、过氧化氢和氢自由基（hydrogen radicals）。这些化合物通过其致突变作用造成DNA损伤。OAF（open air factor）是影响大气中的微生物的一种复合大气因素。这种因素主要来源于臭氧和烃（一般和乙烯有关）的反应。研究证明高水平的烃和臭氧增加微生物的失活速率，失活的原因可能是酶和核酸的损伤效应。光照及各种形式辐射作用产生的含氯、氧和硫的各种阴、阳离子，也对微生物的失活产生重要影响，正负离子可以造成细胞表面蛋白质和DNA的内部损伤。某些大气污染物（如NO_2、SO_2、O_3、$HCOH$、CO、HCl、HF、C_2H_2、C_2H_4 和 C_2H_8 等）也可以造成气溶胶中微生物的失活，这些物质所造成的微生物的失活，在很大程度上受相对湿度的影响和制约。

气溶胶中的微生物在各种因素的作用下损伤失活，但微生物也有各种修复损伤、保持稳定和生物活性的能力以及多种适应于大气环境的机制。

微生物复杂的结构和组成成分有助于保持它们在大气中的稳定，这一点对病毒尤为明显。研究表明有脂类外膜或外壳的病毒在低pH值时比没有脂类的更加稳定，它们在气溶胶中的存活和脂类的数量相关。

大气中微生物以抗性组织的形式出现是微生物对大气环境的重要结构适应，包括孢子、胞囊、粉芽和其他非营养性组织。它们的低代谢速率意味着它们不需要外来的营养物和水仍可存活一个长的时期。孢子有极端厚的壁，其保护它们抵抗严厉的干燥，有些孢子是有色的，这可以增加对UV辐射的保护。微生物的色素也有保护作用，暴露在空气中时（有氧）有色的野生型菌株比无色的突变株有强得多的抗性，如黄色的藤黄微球菌（*Micrococcus luteus*）、有色（含类胡萝卜素）的盐沼盐杆菌（*Halobacter salinarium*）在强光照射下有较强的抗性。

尘埃和土壤颗粒是气溶胶中微生物的载体，又有为微生物遮风挡雨的作用，可以保护微生物免受紫外辐射的伤害。

许多化合物已被证明可以给气溶胶中的微生物提供保护，提高微生物的稳定性。液相添加剂（如肌醇、牛血清蛋白）、多羟化合物（如棉子糖、葡聚糖、甘油、谷氨酸）可与膜蛋白结合，并且保持稳定以增强抗失活能力。甜菜碱、海藻糖被证明能稳定脂类、蛋白质和磷脂，加到大气微生物的收集液中时，能大大提高微生物回收率。

大气中的微生物在各种因素作用下大部分不断死亡，仅能短时间存活，但某些细菌和古菌仍能长时间存活，如某些棒状杆菌、G^+不形成芽孢杆菌、球菌甚至可存活 10^6 年。

活性模型：气溶胶中的微生物失活是一个复杂的物理、气候和细胞相互作用过程。早期解释气溶胶活性的尝试依赖于指数衰减模型。

$$V_t = V_0 e^{-k}$$

这里 V_t 是时间为 t 时的活性，V_0 是在时间为零时的活性，k 是衰减速率常数。

在指数衰减模型的基础上又有人提出动力学模型。动力学模型假设气溶胶中的微生物暴露在低水活度（或低 RH）时以一级过程（一级反应）自发失活。

$$- dx/dt = kx$$

这里 x 是失活微生物的浓度。

如果把微生物简单看成一个含水的分子（B (n) H_2O），则模型可以改变成：

$$B (n) H_2O \longleftrightarrow B (n\text{-}x) H_2O \overset{K^+}{\underset{K^-}{\longleftrightarrow}} O$$

$$B (n\text{-}x\text{-}y) H_2O \longleftrightarrow + xH_2O + y + H_2OB + iH_2O$$

这里 B (n-x) H_2O 是速率常数 Kx 的失活形式，B (n-x-y) H_2O 是速率常数 Ky 的失活形式。

当失活按一级反应模式时，等式的最后形式可以写成：

$$\ln V = K_1[B(n\text{-}x)H_2O]o(e^{-kt} - 1) + \ln 100$$

这里 K 是一级失活常数，t 是时间，K_1 是概率常数，V 为活性。

三、大气中微生物（气溶胶）的运动与迁移

大气中微生物存在着源于表面（气液界面、气固界面）又回到表面的两个过程，前者可以称为释放或离开过程（take-off processes），后者则为沉降、吸附或着陆过程（landing on surface）。离开表面的微生物可以在大气中迁移扩散。

对流层中有热的梯度、空气的快速混合。空气的运动是微生物释放、扩散的主要动力。微生物从表面的释放需要克服表面对微生物的吸附力。当水量增加时，表面变得更加亲水，就保证了微生物表面的极性亲水基因和水的水合作用，使吸附力稳定性增加。另外接触时间也是一个重要因素，接触时间越短，被吸附的颗粒越容易被释放出来。由此可见在干燥环境条件下有助于生物气溶胶的释放和飞扬。

许多微生物还进化出独特的有利于释放、扩散的适应机制。某些微生物可以产生大量孢子（有的成熟个体产生超过 10^{12} 个孢子）。尽管大部分的孢子不能通过大气迁移到新的生态环境中，但仍有少数孢子能成功存活和传播。孢子的长时间存活能力，相应较小、较轻，有的甚至含有气泡，这有利于通过大气扩散迁移。

孢子被动释放到大气中随气流运动在许多微生物中是普遍的，微生物（放线菌和许多真菌）可以在气生菌丝中产生干燥的孢子，孢子可被运动的气流做垂直或水平运动，越高的风速、越低的湿度，孢子就会运动得越远。风造成的运动在微生物的传播中尤其重要。许多植物病原真菌靠这种原理从一种植物传到另一种植物。

除了被动的原理使微生物进入大气，也有许多主动的原理释放微生物孢子到大气中。有

的孢子接连一个气泡，气泡炸裂可把孢子弹射出去。在大部分的子囊菌纲真菌中，子囊孢子可主动释放。

大气微生物可因各种因素而从大气中被去除。可因地球引力而沉降，因雨水和其他形式的沉降而去除，雨后大气中的微生物浓度明显降低。

尽管使微生物从大气中移去的各种因素及其他环境条件都不断降低迁移过程中的微生物活性，但很多微生物能完成它们在空气中的旅程，具有极强的迁移能力。例如禾柄锈菌（*puccinia graminis*）能长距离迁移而能维持活性，这使小麦锈病真菌（*wheat rust fungus*）易于扩散（表 1-8）。某些病毒、细菌和真菌能长时间存活，甚至跨越海洋。许多微生物普遍存在于自然界的事实正是空气迁移的效应。而微生物群体分布的地理学不连续性主要是由于合适生境的不同定位。

表 1-8　　　　　　　　　　　　　　　　禾柄锈菌的扩散

离源的距离/km	相应于源的浓度/%
0	100
300	5
560	6
840	2
970	0.2

第五节　其他特殊生境下的微生物

一、气-水界面上的微生物

气水界面是一种独特生境，常被认为是一种极端环境。其特点是界面上积累大量的营养物和有毒物质，有毒物质主要是非极性有机物（如 DDT 类农药、石油烃）和金属（如 Cd、Cu、Mn、Hg、Pb、Se 和 Cr）。此外界面上还有高水平的太阳辐射及高的温度、pH 值、盐度的波动。气-水界面是水环境的上层，深度为 $1 \sim 10\,\mu m$（图 1-9）。这层水层被称为漂浮层（neuston）。最上层是水气界面，由水脂混合物组成，为水脂层（water lipid layer）；其下是积累大量来源于水柱有机物的蛋白质-多糖层（protein-polysaccharide layer），这样就在气-水界面形成了凝胶状复合物。细菌以可逆但牢固的方式被吸附到这个有机物层，这样我们可以想象漂浮层实际上是生物膜。

大量研究证明漂浮层与浮游生境相比细菌数量较高，但其代谢活性较低。而且界面上的微生物已经发展出独特的代谢、遗传和功能的适应变化，这些变化使它们能存活于这种极端环境中。适应变化包括进化出降解有毒化合物的代谢途径、抗金属毒性的能力，某些微生物还发展出有效的因暴露在紫外辐射下所引起的 DNA 伤害的 DNA 修复机理和快速适应环境条件变化的机制。

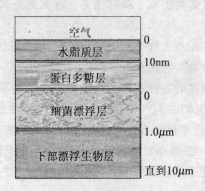

图 1-9　漂浮生物层示意图

二、低营养环境中的微生物

地球上生命出现的早期，营养物含量极为贫乏，细菌是地球上最早的生物，它们在漫长的进化过程中如何适应地球的早期环境呢？现在地球生物圈的大部分也是低营养的，微生物在这些区域的生物地球化学循环中起关键作用。微生物在低营养条件下的生理适应和状态为微生物的生理生态研究提出新的问题。对低营养环境微生物的研究有助于加深我们对低营养条件微生物生理代谢特性及生物进化过程的认识。

1. 低营养环境

缺乏异养细菌生长所需的有机物（主要是有机碳，也包括 N、P 营养）的环境称为低营养环境。造成环境低营养的原因可以有：①微生物的代谢短时间内耗尽生态系统中的有机物，特别是在那些有机物不能被光合生物所补偿的地方。②易于分解的有机物被快速利用，余下的是很难利用的有机物；有的有机物可被络合到腐殖质和黏壤，使微生物利用的敏感性降低。③许多土壤来源于风化的岩石，形成后天的营养物贫乏。地球上的生态系统的有机物水平一般较低，土壤的平均值是每克肥沃的土壤 25mg 有机碳，水系中每升水含 10mg 有机碳，而且碳的大部分不被微生物利用。这些数值远远低于一般营养肉汤溶解碳（3400mg/L）的含量。一般生态系统是贫营养的，富营养的情况罕见。生态系统能量供应严重限制微生物群体，并使群体的代谢处于不活跃的状态。

2. 低营养环境的微生物

地球生境的大部分是低营养的，那里存在着大量适应于低营养物的微生物。在低营养的海湾水域中已分离到鞘细菌、假单胞菌、弧菌、棒状杆菌、生丝微菌等，此外在低营养海洋生态系统中还存在大量滤过性细菌。在低营养湖泊中分离到柄细菌、鞘细菌、微环菌、假单胞菌，甚至在蒸馏水中也分离到鞘细菌。在贫瘠的土壤中分离到柄细菌、生丝微菌、节杆菌等。现在有人使用一个不够确切的概念"寡营养细菌"（oligotrophic bacteria）来表征这部分微生物。一般寡营养细菌被定义为第一次培养时能在含碳 1～15mg/L 的培养基上生长的细菌。如果它们不能在富营养培养基上生长则称为专性寡营养菌，否则称为兼性寡营养菌。在营养物浓度达到分离这种细菌 100 倍的培养基上生长的细菌称为富营养细菌（copiotrophic bacteria）。但许多研究表明分离到的寡营养细菌在合适的条件下其对营养的敏感性会发生变化，因此寡营养细菌的概念是有争议的。这样低（寡）营养更多用于描述环境，而不是定义微生物，要更多关注的是处于低营养生境的微生物活性及其生理状态。

（1）持久的存活和保持代谢活性能力

许多微生物具有低营养条件下的持久的存活和保持代谢活性的能力，微生物学家已经从历史久远的物质（如琥珀（amber）、远古岩石、地球的深层、盐岩等），中分离到活的细菌。最新的资料表明永久冻土中也存在活的细菌。为此人们认同了远古物质有活细胞的说法，并把经培养使濒于死亡的细菌转成活细胞的过程称为复生（anabiosis）。在把细菌置于蒸馏水饥饿的实验研究中，浓度达 $10^7 \sim 10^9$ 细胞/ml 的一种假单胞菌（*Pseudomonas syringae*）保存 24 年后仍维持在 $10^5 \sim 10^6$ 细胞/ml 浓度。大肠杆菌、克雷伯化菌和假单胞菌（*Pseudomonas cepacia*）置于蒸馏水中经历 624 天的饥饿，浓度从 10^7 细胞/ml 下降到 $10^4 \sim 10^5$ 细胞/ml。硫氧化菌保藏在土壤中 54 年仍可分离到。微生物的长寿报告经常可见，低营养条件下的细菌经历长期的饥饿仍具有活性。研究证明饥饿细胞仍然含有一定量的 ATP，ATP 可为有机物进入细胞提供能量，因此在它们接触到新的底物时仍有分解底物的能力。

（2）低代谢活性

在低营养环境中，许多微生物处于休眠状态，微生物活性极低。一般土壤微生物生物量碳的倍增时间在 66.35 ~ 912.5 天（0.4 倍/年 ~ 5.5 倍/年）。在等温线（thermocline）以下的深海中氧消耗仅为 0.002 ~ 0.004ml/L·年。低营养条件下低代谢活性对微生物的存活有重要意义。如果深海中的异养细菌有高的代谢速率，则那里的有机物就会很快耗尽，因此低代谢速率对微生物来说不是祸而是福。存在于岩石、盐矿的微生物不能快速利用存在的能源正是它们能长时间存活的重要原因。

（3）低营养条件下饥饿存活的生理状态

在低营养条件下，由于缺乏生长和繁殖所需的充分的能量供应，微生物处于饥饿存活的生理状态，但微生物在各种低营养生态系统中的原位饥饿过程还难以彻底研究和详细阐明，因此现以模拟实验来研究低营养环境下微生物的生理状况的变化。第一种实验研究是把海洋细菌培养于营养物（有机物质（能源物质）或无机物）含量比任何生态系统都高得多的培养液中，然后离心收集细胞，洗涤（一般两次），再把细胞投入饥饿溶液中。以一定时间间隔取样的平板计数结果揭示饥饿存活的模式。实验结果可以概括为四种模式（图1-10）：

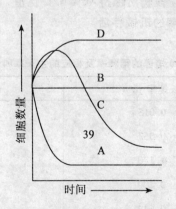

图 1-10　微生物的饥饿存活模式

（A）在数量上立即陡然下降，（B）数量不发生改变，（C）数量增加又下降，（D）数量增加。大部分饥饿研究证明（C）模式最为常见，耐冷亚硝化单胞菌（*Nitrosomonas cryotolerans*）为（B）模式（化能无机营养菌不一定都是（B）模式），（A）、（D）两种模式较为少见。这说明在饥饿低营养环境条件下仍然可以利用内源能量生长，但总体上生长速率不断降低，数量下降。第二种实验研究用一种海洋嗜冷弧菌 ANT-300 进行，细菌先用丰富培养液（Lib-x 培养液）在恒化器中培养达到一定的浓度（对数生长期），离心收集并洗涤细胞。设四种饥饿培养模式，其一是批式培养（batch culture），即按设定浓度把细胞悬浮在无菌的 Lib-x 中静态培养，取样时摇动均匀。其余三种是以不同的稀释率（D = 0.015, 0.057, 0.170）连续培养设定浓度的细菌细胞，培养液（SLX）的有机物浓度为丰富培养液（Lib-x）的十分之一，其有机物浓度接近低营养环境。四种培养的时间均为 98 天。相应的生长速率、倍增时间如表 1-9。以总细胞数（acridine orange direct count AODC）、活细胞数（CFU）、光密度（OD$_{600}$）表征饥饿存活过程中的生长情况。测定结果如图 1-11 所示。从图可见四种培养均显示出同样的趋势。活菌数在其数量增加到峰值水平后下降，最后数量为 10^5 细胞/ml，约为开始数量（3×10^7 细胞/ml）的 0.3%。总细菌数在达到其峰值水平后仍然持平。活细胞数和细菌总数的差异说明细胞总数中有很大一部分未能在培养基上表现为 CFU。实验证明 INT（reduction of 2-(p-iodophenyl)-3-cp-Nitro-phenyl-5-phenyl-tetrazolium）细胞计数比 CFU 数大 10 倍，但不如直接计数那样高，INT 还原说明细胞代谢发生，但不形成 CFU。这部分细胞是活的但不可培养。这部分细菌并不是永远不可培养，提供合适的复生条件可使其可培养。细胞总数不变而光密度随时间不降，这说明细胞已经微型化。对细胞体积的实际测定也说明饥饿条件下的细胞体积的明显减小（表 1-10）。从表可见饥饿过程，正常的细胞变成超微细胞（ultramicrocells）是主流、正常的情况。体积降低都在 70% 以上，分批培养的降低尤为突出。稀释率越小，细胞越小。这也为低营养的自然环境中微生物细胞的微型化提供了依据。此外细胞的 DNA 含量也发生了相应的变化（表 1-11）。从表中可以看到：①总体上饥饿以后各类细胞的核苷酸的体积明显下降。携带相对较少量 DNA 的海洋细菌具有生存下去的能力，其基因组相对非饥饿的培养物或细胞有更高的效率。②核苷酸体积与细胞体积（N/C）的比值可以作为饥饿阶段健康程度的一种指标，D = 0.015h^{-1} 的细胞群体在饥饿存活的第三阶段仍然保持 40% N/C 比值，批式培养的饥饿细胞仅为 6% 的 N/C 比值，而后者不能适应长期的饥饿存活。

表 1-9　　　　　　　　　ANT-300 培养的稀释率及相应的生长率和倍增时间

稀释率[①] D/h^{-1}	生长速率 μ/h^{-1}	倍增时间 Td/h
0.015	0.015	46.2
0.057	0.057	12.2
0.170	0.170	4.1
0.200	0.200	3.5
分批培养[②]	0.144	4.8

①细胞用 SLx 培养液连续培养
②细胞用 Lib-x 培养

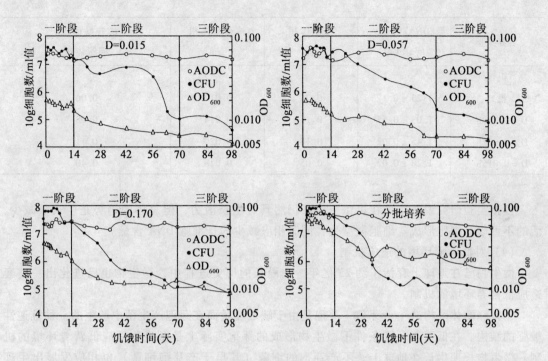

图 1-11 不同稀释速率和分批培养条件下总细胞数、活细胞数和光密度随饥饿时间的变化

表 1-10 饥饿和非饥饿 ANT-300 细胞的平均细胞体积

稀释速率	细胞体积/μm^3 ± SEM		体积降低百分比
D/h^{-1}	非饥饿	饥饿	
分批培养	5.94 ± 0.465	0.275 ± 0.053	95.4
0.170	1.16 ± 0.156	0.189 ± 0.030	83.7
0.057	0.585 ± 0.038	0.181 ± 0.033	69.1
0.015	0.478 ± 0.060	0.046 ± 0.010	90.4

注：饥饿细胞取自饥饿存活期的第三阶段。

表 1-11 饥饿和非饥饿 ANT-300 细胞的 DNA 含量

培养类型	DNA/细胞 (fg ± SEM)	细胞体积 /μm^3	核苷酸体积 /μm^3	核苷酸体积/ 细胞体积
未饥饿				
批式	23.66 ± 0.01	5.94	0.33	0.06
D = 0.170h^{-1}	24.69 ± 0.01	1.16	0.35	0.3
D = 0.057h^{-1}	20.12 ± 0.06	0.59	0.28	0.48
D = 0.015h^{-1}	15.33 ± 0.27	0.48	0.21	0.45

续表

培养类型	DNA/细胞 （fg ± SEM）	细胞体积 /μm³	核苷酸体积 /μm³	核苷酸体积/ 细胞体积
饥饿				
批式	1.23 ± 0.17	0.28	0.017	0.06
D = 0.170h⁻¹	1.03 ± 0.35	0.19	0.014	0.08
D = 0.057h⁻¹	1.45 ± 0.02	0.18	0.020	0.11
D = 0.015h⁻¹	1.28 ± 0.02	0.05	0.018	0.40

模拟实验研究说明细菌在饥饿压迫下仍然具有生长潜力，但总体的趋势是生长量减少，活的不可培养细胞形成。细胞微型化，同时相应减少的是细胞 DNA 含量。

（4）对低营养环境的适应机制

微生物已在地球上存活了约 23 亿年，在漫长的历史进程中，微生物也已进化出一整套适应低营养环境的机制。

①特殊的休眠构造——芽孢　芽孢是由于缺乏能量而在芽孢产生菌中产生的一种抗逆性极强的结构。在低营养环境条件下微生物形成的芽孢实际上是微生物适应低营养环境的机制。微生物长期生长在地球上，不产芽孢的细菌（其早于产芽孢细菌）也相应发展出生理上适应饥饿的能力，但这一点尚未得到充分阐明。

②饥饿蛋白的合成　在实验研究的几个不同类型的培养中都可见在饥饿存活的第二阶段有蛋白质含量降低又升高的现象，这可以解释为进入饥饿存活阶段后由于缺乏能量来源，微生物降解体内蛋白质，然后合成的蛋白称为饥饿蛋白，这些饥饿蛋白对处于低营养环境下的微生物生存是极为重要的，但其机理并未得到阐明。

③超微细胞　土壤、水、海洋水体的大部分细菌是超微细胞，一般在 0.4 ~ 0.8 μm 之间，某些甚至更小，小到可以通过 0.2 μm 的膜。越小的细胞有越大的表面/体积比，这有助于生物从环境中取得营养，这对于在低营养环境中的存活是重要的。

④附着效应　自然环境中的有机物易于被吸附到各种表面，饥饿存活状态的细菌也可以产生纤毛状的结构，以便使细菌能吸附到表面，从而比浮游的细菌更易获取能量。生长在自然环境中的细菌还有一些独特的器官，如鞘细菌的固定器，一些细菌的鞭毛都有助于细菌的附着。

第六节　微生物在生境中的行为

微生物在土壤中的行为与它们在生境中所起的作用关系密切，并为它们的生态功能表达提供基础。微生物行为概念界定不够明确，本节把微生物行为界定为迁移、趋化性、吸附及生物膜等方面。微生物的迁移包括主动运动和被动运动。被动运动可以藉外力在大气、水、土环境中长距离运动迁移及散布。主动运动通过运动器官运动，但运动速度较慢，距离也短。趋化性是微生物对其生长环境中的化学物所做出的运动反应。吸附及生物膜的形成可以看成是微生物占据新的生态环境的一种方式，也是微生物迁移，运动的结果。经过迁移微生物可以在新的生境中发挥生物净化作用，但也会为病源微生物造成新的致病因素，影响人类的身体健康。微生物所处的生态环境复杂多变，其行为受诸多因素制约。

一、微生物的迁移

微生物在生态环境中的迁移可对生态环境产生重要的影响。微生物通过地下土层进入地下水可以造成对地下水的污染，降解微生物到达污染地可以加速污染物的降解，修复污染环境。微生物进入新生态环境的存活和活性，以及生态功能的表达成为一个重要研究课题。

1. 主动运动和被动运动

（1）主动运动

微生物的主动运动包括藉鞭毛、纤毛的泳动和滑动，主要运动一般仅在短距离内发生，对总的迁移作用很小。

①有鞭毛细菌的游泳　大肠埃希菌和鼠伤寒沙门氏菌（*Salmonella typhimurium*）等有鞭毛细菌可以依靠运动器官鞭毛平衡地游泳，泳动方向可以随意改变，而在瞬时改变方向时使它们呈翻筋斗状。它们的游泳速度可达每秒钟 20～30 微米。有鞭毛的螺旋体也藉鞭毛使细胞产生相似的游泳运动。

②有鞭毛和有纤毛真核微生物的游泳　在真核微生物中，有鞭毛的藉一根或少数鞭毛推动进行游泳式运动；有纤毛的藉众多纤毛推动进行游泳运动。有鞭毛真核微生物游泳速度每秒超过 100 微米，而有纤毛的游泳速度较快，某些种类每秒超过 1 毫米。真核微生物比细菌大得多，具有准确定向能力，其运动为缓和的螺旋线状游动。

③在表面的滑动　蓝细菌、黏细菌和硅藻、鼓藻与坚硬基质接触时的运动以滑行为主，这是无运动器官微生物运动的唯一方式。但有的有鞭毛的原核微生物和螺旋体在坚硬基质表面也有滑行运动。滑行运动的速率一般较低，如巨颤藻（*Oscillatoria princeps*）和某些硅藻的滑行速度每秒钟仅稍多于 10 微米。

④细胞的极性生长　很多真核有机体表现出高极性的细胞生长，在真菌菌丝内原生质流动可将生长需要的物质从几毫米的距离带到菌丝顶端，使菌丝尖端快速伸展。同时，在营养被耗尽的环境内原生质又可以从菌丝缩回，于是实际上有效地出现了有机体的运动。粗糙脉孢菌（*Neurospora crassa*）的菌丝体的好气孢囊梗可出现每秒钟 1 微米的伸展速度，但大多数真菌伸展的速度是这个值的 1/40～1/4。

（2）被动运动

微生物在大气、水体、土壤和食品中的被动迁移及传播主要取决于气体、水体的流动和液体、固体的搬运，一般称为水平迁移（advective transport）（详细参阅本章第五节和第五章）。

2. 影响迁移的因素

微生物在生境中的移动受多种非生物和生物因素的制约，主要有吸附过程、过滤效应、细胞的生理状态、多孔基质的特性、水流速率、捕食和细胞的内在运动。但概括起来主要是水文和微生物特征，前者是非生物因素，如土壤特征和水流，后者主要是微生物的内在特征。然而最终是水文和微生物因素的相互作用，相互作用决定着微生物的迁移和程度。

（1）过滤效应

过滤效应是对微生物细胞的阻挡作用，可以明显影响它所在多孔土壤基质中的迁移。过滤作用与土壤颗粒的直径密切相关。当微生物的大小大于土壤颗粒平均直径的 5% 时，微生物可以明显被截留。颗粒直径为 0.05～2.0mm 的沙质土对微生物的截留作用很小，但颗粒直径为 0.2～50μm 的粉砂或黏土土壤则能有效截留大部分微生物。而直径更小的病毒颗粒（小于 50nm）则难以被过滤截留。微生物细胞的形状（细胞长宽比）也对过滤产生影响，一般来说较小的和较圆的易于通过过滤滤料。

多孔基质过滤作用的另一个原因是微孔截留（micropore exclusion），微生物可以被多孔基质的微孔区（domain）所物理截留，这包括三种情况，不能穿越微孔，不能进入太小的微孔，或不能从太小的孔口进入孔内。微孔截留造成微生物在微孔区分布不均匀，研究表明这可以降低土壤的硝化-反硝化速率，从而减少 NH_4^+ 的流失，增加氮肥的效率，但由于微生物不能进入微孔内，而使扩散到微孔内的污染物老龄化（contaminant aging），导致较慢的污染物降解速率，一些农药的长期残留与此相关。

（2）生理状态

微生物的生理状态可以改变微生物的大小形态，因而也影响它们的迁移潜力。当营养物不受限制时，大部分微生物可以产生胞外多聚物。胞外多聚物包裹在细胞表面而使细胞的有效直径增加，从而直接降低了微生物的迁移能力，另一方面胞外多聚物还促进了细胞的吸附作用，吸附细胞及其后形成的群落又会进一步造成微孔的堵塞，从而间接增强了过滤的效应。而在饥饿条件下，微生物（特别是细菌）消耗它们的多糖外被或夹膜层，可使体积减少到 0.3μm，甚至更小，变成超微细菌。实验研究证明超微细菌比正常营养条件下的细菌有更强的迁移能力。超微细菌的这种高迁移能力在生物修复中有重要的利用价值。

（3）吸附作用

在多种生物和非生物因素的相互作用下，微生物被吸附到多孔基质的表面，进而定殖并形成生物膜。微生物的这种吸附作用可以明显降低微生物的滤过能力，从而大大降低它们在生态环境中的迁移，生物膜的形成又造成新的过滤屏障，进一步加强过滤截留作用。

（4）pH 值与微生物迁移

多孔基质中基质溶液的 pH 值对真菌、细菌迁移的影响，远小于病毒。真菌、细菌有化学上非常多样的表面，它们的等电点（pI）范围从 2.5 到 3.5，在中性 pH 值时大部分细胞是带负电荷的。当 pH 值比等电点更偏向酸性时，微生物细胞带上正电荷，就会增加吸附，减少迁移潜力。然而使溶液 pH 值低于 pI 的情况不易发生。限制细菌迁移的主要反应是过滤而不是吸附。因此不管 pH 值如何变化都不会对它们的迁移产生影响。与细菌相反，病毒有较广的等电点范围（pH3.3～8.2），因此它们的净表面电荷更加依赖于 pH 值的改变。pH 值是影响病毒吸附的重要因素，一般 pH 值小于 5 的土壤倾向于有利于病毒的吸附，降低迁移潜力。

（5）离子强度与微生物迁移

溶液中阴离子和阳离子的浓度被称为离子强度。土壤溶液强度主要通过改变扩散性双层的厚度和影响土壤结构两种原理影响微生物迁移。土壤中矿物颗粒表面的负离子吸附溶液中的阳离子，这样邻接表面的区域内有过量的阳离子和少量的阴离子，离开表面阳离子浓度降低直至达到土壤溶液的浓度，这就是扩散性的双层。如土壤溶液总体离子强度增加，则富含阳离子层和外层的阳离子浓度的差异会随之减少，同时产生了阳离子从颗粒或细胞表面扩散的趋势，而由于扩散双层中阴阳离子的相互作用造成扩散双层的压紧。压紧的结果是减少电势，从而增加了细胞被表面吸附的可能性。有人在柱研究（用柱研究微生物迁移能力）中用 2m mol/LNaCl 作渗透液时比用人工地下水（低离子强度）时回收较少的细胞。除了总的离子强度，组成离子强度的类型也是重要的。一般一价阳离子与二价阳离子的相比表面电荷密度较低，但水合半径较大。这样一种阳离子（如 Na^+）以高浓度存在时，黏土的土壤结构受到破坏，会形成一种孔隙更小，结构紧密的土壤，降低土壤通气和通水能力，从而降低微生物迁移的能力。相反二价阳离子（如 Ca^{2+}、Mg^{2+}）的存在会导致絮凝土壤（flocculated soil）的形成，会增加孔空间，有利于微生物的迁移。

（6）细胞附属物

微生物细胞的附属物，如鞭毛、纤毛和菌毛等与运动及吸附有密切关系，从而可以影响微生物的迁移。一般来说鞭毛有助于运动迁移，实验研究证明，有鞭毛的大肠杆菌比鞭毛缺陷型菌株通过柱的迁移速度快4倍。与鞭毛相比，纤毛和菌毛（pili and fimbriae）更多的是促进吸附降低微生物的迁移能力。细胞表面上的菌毛、纤毛能穿透静电屏障，促进远离表面的吸附，其上的功能基团（疏水基团或正电荷位点）可以促进和表面相互作用导致提高吸附能力。实验证明没有菌毛的突变体吸附能力下降。

（7）沉积作用

如微生物密度比悬浮液体大，而流速又相当慢，这时会使微生物沉积到基质表面。沉积作用可以影响微生物的迁移。

（8）水文地质因素

生境中土壤质地、结构、多孔性、水量、水势和通过时的水运动都可以影响微生物的迁移。微生物在水体中的被动迁移和一般的溶解性、颗粒性物质的流动迁移具有基本相同的特点。平流（advection）和弥散（dispersion）是微生物随水流迁移的主要方式，体积最小的病毒最易于通过水流迁移。但表面对微生物的可逆性和不可逆吸附作用可以使它们从溶液中去除。由于微生物通过土壤水溶液主要以平流的方式迁移，因此流速和饱和度是决定迁移潜力的两个主要因素，一般较高水量和流速可以大大提高迁移能力。在不饱和土壤中微生物的迁移仅通过基质表面的水膜，而这就有利于土壤颗粒的近距离吸附，从而降低迁移的潜力。

3. 迁入微生物的存活与活性

把有益微生物接入一个新的环境系统，并发挥其功能，这是当前环境微生物领域有重要理论和实践价值的课题——生物强化（bioaugmentation）。一般来说进入一个新环境的微生物种群（或群落）会面临营养缺乏、不适宜环境条件压迫的不利条件，随后迁入（或接入）的外源微生物会出现数量、活性快速降低的情况。

迁入（包括人工接种的）微生物能否在一个新的生境中达到有效浓度和有较高的活性主要取决于所提供的环境条件和能否建立合适的生态位。现在的实验研究表明固定化微生物细胞，改善微生物的微环境，提高抗拒外界恶劣条件的能力，进而建立一个合适的生态位可以提高迁入微生物的存活时间和活性水平。

4. 遗传信息 DNA 的迁移

死亡或失活的微生物裂解以后释放出来的遗传物质会进入环境，游离和被吸附到基质上的核酸可以通过转化作用再进入到其他微生物中，使基因得以表达，并伴随受体细胞获得再迁移的能力。但是吸附作用可以明显阻碍这种 DNA 的迁移。游离 DNA 吸附的影响因素包括基质材料的特征、土壤溶液的 pH 值和 DNA 多聚物的长度等因素。DNA 的 pKa 值接近 5，在 pH 值和 pKa 相等时，DNA 是中性的。在较低 pH 值时，其会带正电荷，这种情况下 DNA 可被吸附到胶体或嵌入到某些矿物质中。然而在较高的 pH 值时，DNA 带负电荷，受到负性电荷表面的排斥。在许多自然环境土壤溶液中 pH 值接近中性或更高 pH 值时大量的 DNA 不被吸附而存在水相中。较高分子量的 DNA 可被快速吸附。

5. 促进微生物迁移的方法

生物修复技术的应用需要提高微生物的迁移能力。获得超微细菌，加入生物表面活性剂和基因转移是最有潜力的促进方法。超微细菌，没有多糖外被层，比正常代谢细菌要小得多，因此较难过滤除去，而可在生境中迁移到更远的距离。把超微细菌注射到多孔含油层，然后注入营养物使细菌正常生长，形成生物填料，使地表下的油流受到挤压，从而改善油的回收。生物表面活性剂（如阴离子单鼠李脂生物表面活性剂）由于能增加表面负电荷密度，对微生物胞外多聚 glue（exctracellular polymericglue）的溶解作用及减少多孔表面的吸附位点，从而阻止微生物细胞的不可逆吸附，因而强化了微生物的迁移。向一个污染环境导入外源降解微生物强化生物降解活性会遇到多种问题。通过基因转移我们可以绕过某些限制微生物迁移的因素，实现携带某些基因的微生物的迁移。研究表明土生细菌可以接收导入供体菌的质粒而产生转移接合子，而且转移接合子可以在生境中存活更长时间（土生菌更适应生境条件），迁移到更远的地方（比供体菌更小，更具运动性时）。

6. 微生物迁移的研究方法。

具体的研究方法包括：①柱和土壤渗滤仪，②野外研究，③示踪物模拟研究。微生物的原位迁移研究难以进行，而且有些微生物（如遗传工程菌）释放到自然环境中会出现不确定的生物安全问题，这样，大部分迁移研究在实验室中进行，包括柱和土壤渗滤仪。常用的研究柱是适于迁移研究的层析柱和低成本的适用土柱。柱的设计（长度与宽度等）、填充的基质材料以及水饱和度取决于研究者目标。渗滤仪是研究监测迁移的另一种方法，其研究规模介于实验柱和野外研究之间，其中又有重力渗滤仪（weighing lysimeters）和非重力渗滤仪（nonweighing lysimeters）。为了实际评价环境中微生物的迁移潜力，需要原位研究迁移。这种野外研究可以看成是实验室研究的一种扩展。一般通过对原位采集的土样、水样的分析来实际监测微生物的迁移能力，例如采集地下水评价由于污水灌溉而造成的指示微生物的迁移和存活能力，以此评价微生物的迁移。利用迁移行为与微生物相似的化学或自然中颗粒性示踪物模拟研究微生物迁移，也和其他方法一样被使用。

二、微生物的趋化性

微生物的趋化性是细胞趋向吸附剂化合物或离开排斥剂化合物的行为。实际上每一种运动生物都展现出某些类型的趋化性。趋化性是微生物趋向有利环境，避开不利环境的行为，对微生物在生态环境中的分布有重要意义。大肠杆菌的趋化性被深入研究，这里介绍的基本都是以大肠杆菌为材料的研究成果。

1. 趋化性行为

在一个稳定的环境中，细菌的运动是随机的，其在一个方向作直线运动时会不时随机改变运动方向，一般是向前直线运动几秒钟就停下来翻筋斗，然后又以不同方向做直线运动，循环往复。趋化性行为是这种随机运动的一种偏离，是环境信号对细菌细胞在运动方向上随机改变的一种调整（图 1-12（a））。加入吸附剂使细胞连续做直线运动而减少改变运动方向，平均的直线运动距离要长于随机运动时直线运动的距离。这种情况一直到细胞适应于吸附剂，运动又回到原先的随机行为；移去吸附剂则使细胞频繁改变方向（翻筋斗）而更少直线运动，直至适应新的情况，又回复到随机行为。加入排斥剂会产生和移去吸附剂同样的应答情况，而移去排斥剂和加入吸附剂可以有同样的结果。

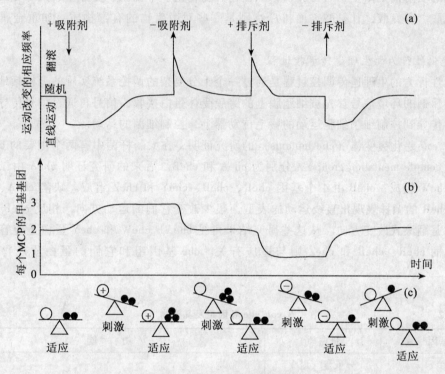

图 1-12 细菌趋化性的刺激与适应

（a）加入吸附剂使细胞连续做直接运动而减少改变运动方向，直到细胞适应于吸附剂，运动又回到原先的随机行为；移去吸附剂则使细胞频繁改变方向（翻筋斗），而减少直线运动，直至适应又回复到随机行为。加入排斥剂会产生和移去吸附剂同样的应答情况，而移去排斥剂和加入吸收剂有同样的结果。

（b）在没有吸附剂或排斥剂时，一个典型的 MCP 中 4 个可能甲基化的谷氨酸中有约 2 个被甲基化，加入一种饱和的吸附剂刺激可增加大约一个甲基基团，移去吸附剂则会失去这个基团，加入饱和的排斥剂刺激会失去一个或一个以上的甲基基团，而移去排斥剂会增加一个甲基基团。

（c）MCP 信号取决于变动（○，没有变动；＋，吸附剂；－，排斥剂）和甲基化水平（○，一个甲基基团；●●两个甲基基团等）之间的平衡。一个突然产生的变动会导致失衡而产生一种刺激，而后甲基化水平的改变又会回复到平衡。

细菌的趋化性行为与细菌对环境条件的适应、记忆以及环境条件改变时的感觉、刺激有关。如细菌种群处于一种稳定环境条件下，它们会逐步适应，并在适应过程中就会产生对这种条件的记忆，适应了环境的运动细菌其运动都是随机的。当向环境投入吸附剂、排斥剂时，细菌就会感知浓度变化，现在的感知和过去的记忆的比较就会产生一种刺激，正是这种刺激改变细菌随机运动的轨迹，产生一种趋化性行为。实际上细菌的这种趋化性行为（因吸附剂、排斥剂引发的）可以看成是一种对环境条件改变的应答。把适应于吸附剂环境的细菌种群（随机运动）移到缺乏吸附剂环境，细胞会以为它们在错误的方向上运动而改变行为，这和暴露在排斥剂下的行为是同样的。当细胞已适应于排斥剂时，相反的情况也会发生。常见的吸附剂是微生物的营养物，如核糖、葡萄糖、半乳糖、麦芽糖、天冬氨酸、丝氨酸、谷氨酸、丙氨酸、甘氨酸，而排斥物则是一些对微生物的有毒物质，如重金属镍和钴等。

2. 趋化性行为的生理遗传调控过程

趋化性行为的生理遗传调控过程是通过一个十分复杂的调控系统实现的。概括地说是吸附剂或排斥剂的环境信号首先被细胞膜上的跨膜受体蛋白接收，信号再通过信号传导系统的蛋白最终传导到控制细菌细胞运动的鞭毛传动器上，控制细菌的运动。

对 *E. coli* 趋化突变体（che mutants）的研究证明，在大肠杆菌中有两个主要的 che 互补基因座（comple mentation group），分别为 cheA 和 cheB。后来的研究证明 cheA 由二个基因 cheA 和 cheW 组成；cheB 由 4 个基因 cheR、cheB、cheY 和 cheZ 组成。缺陷 cheA、cheW、cheY 或 cheR 的菌株表现出直线运动的表型，很少改变它们的运动方向，相反 cheB 和 cheZ 突变体总是翻滚式改变方向。从这些研究结果可见 cheA、cheW 和 cheY 蛋白是应答刺激所必需的，而 cheR、cheB 和 cheZ 则与适应有关。che 基因组和它们的蛋白质产物功能见表 1-12。

表 1-12   ***E. coli* che 基因组及其产物**

基因	蛋白质	功　　能
	分子量（kU）	
cheR	32	MCPs 的甲基化
cheB	36	MCPs 的去甲基化
cheW	18	耦联 cheA 到 MCPs 上
cheA	73	组氨酸激酶
cheY	14	磷酸化 cheY（cheY-P）结合到鞭毛的开合转换器（switch）使运动方向改变
cheZ	24	cheY-P 磷酸（酯）酶

受体蛋白是跨膜的接受甲基趋化性蛋白（methylaccepting chemotaxis proteins MCPs），其具有对吸附剂、排斥剂的专一性。这些蛋白是 Tar、Tsr、Trg 和 Tap 基因的产物，也称为 MCP 受体或 Tar、Tsr、Trg 和 Tap 受体。它们可以直接刺激配位体或通过周质结合天冬氨酸、谷氨酸、排斥剂（如镍、钴），还可以通过麦芽糖结合蛋白（MBP, maltose binding protein）与麦芽糖结合。已知的大肠杆菌的趋化性受体蛋白如图 1-13 所示。Tar 和 Tsr 在细胞中的水平比 Trg、Tap 高 10 倍，因此 Tar 和 Tsr 被称为主要受体，而 Trg、Tap 为稀有受体。

受体 MCP 同时有感觉和信号结构，具有 N-末端的胞质外感觉区，通过一个疏水性跨膜序列连接胞内的信号区。感觉区具有专一性，其专一性等同于 MCP 受体的专一性，这是由 N-末端决定的。对 Tar MCP 感觉区的 X 射线结晶结构分析证明感觉区有两个 α-螺旋束（α-helical bundles）的二聚体，当存在天冬氨酸时，天冬氨酸可以结合到二聚体的亚单位的表面。信号区也是 α 螺旋占优势，有高度保守的中心区，这个区域的 α 螺旋两侧有 4 个或更多的谷氨酸甲基化和去甲基化结合位点。中心区结合 cheW、cheA，从而把受体和趋化信号系统连接起来。

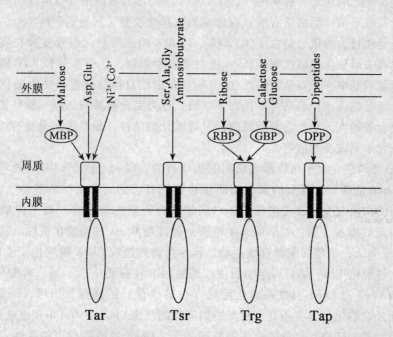

图 1-13 大肠杆菌趋化性受体。四种 MCP 受体：Tar、Tsr（taxis to serine and repellent）、Trg（taxis to Ribose and galactose）、Tap（taxis to dipeptide）。RBP：核糖结合蛋白（ribose binding protein）。GBP：半乳糖结合蛋白（galactose binding protein）。DPP：二肽结合蛋白（dipeptide binding protein）。

细菌的趋化性与 MCP 的甲基化有密切关系。细菌的趋化性需要甲硫氨酸，需甲硫氨酸生长的 *E. coli* 突变株对吸附剂的趋化反应受到抑制，失去趋化行为能力。甲硫氨酸的作用是变成 S-腺苷甲硫氨酸，并为趋化性受体提供甲基。

$$ATP + Methionine \longrightarrow Adomet + ppi + pi$$

甲硫氨酸   S-腺苷甲硫氨酸

吸附剂使甲基水平增加，排斥物使甲基化减少，这种改变是对吸附剂物和排斥物刺激的适应（图 1-12（b））。

MCP 的甲基化反应受依赖于 AdoMet 的甲基转移酶（cheR 基因编码）的调节，同时也可被特异性的甲基酯酶（cheB 基因编码）移去，CheR 和 CheB 是两个溶解性单体蛋白。

CheR 通过与 Tar、Tsr 的 C-末端 4 个氨基酸结合而连接在一起。CheR 可以直接使主要受体直接甲基化，而使稀有受体甲基化的反应则更为复杂，酶被分泌到一定位置间接使受体甲基化。CheB 的活性位点有一个丝氨酸-组氨酸-天冬氨酸催化三联体，催化丝氨酸的水解。一个 N-末端调控区可阻断（occlude）活性位点使相应的酶失活。细菌应答排斥剂的加入会产生一个信号，这种信号使 CheB 主动消除受体的甲基基团，使甲基基团减少，又使细胞适应了排斥剂而进入一个适应期，也造成细胞运动方向的改变。排斥剂的加入和吸附剂的移去降低甲基化，吸附剂的加入或移去排斥剂又提高甲基化水平。受体蛋白的信号系统功能是使刺激配位体和甲基化之间达到一种平衡（图 1-12（c））。加入吸附剂或排斥剂所产生的正的或负的刺激信号打破平衡，而由于有效适应造成的甲基化改变又回复到平衡。

　　控制细胞趋化行为的信号是由受体 CheW 和 CheA 组成的趋化信号复合物发出的，通过一系列磷酸化和去磷酸化得以实现。CheA 蛋白是一种激酶，这种激酶和 ATP 结合，并催化它自身的组氨酸残基中一个残基的磷酸化。CheA 蛋白的自磷酸化速率受甲基化水平及与刺激配位体结合情况的调控，最高可以提高 100 倍，也可完全被抑制，但一般是非常慢的。因此这个信号复合物的实际功能是调控激酶以及磷酸化的活性，最终的结果是对结合刺激配位体和受体甲基化水平改变的应答。

　　CheY 蛋白的磷酸化水平可以影响细胞的运动行为。CheY 是一个 14kU 的单体酶，其催化作用是把 CheA 的磷酸组氨酸的磷酸基团转移到它自己的天冬氨酸的残基上。CheY 磷酸化诱导蛋白质的构象改变，改变构象的蛋白质被结合到鞭毛运动源（鞭毛传动器）的开关蛋白上。吸附剂的加入（如色氨酸或天冬氨酸）能抑制 CheA 的磷酸化活性。结合到运动源的 CheY-P 水平降低，细菌细胞做直线运动。排斥剂诱导造成 CheA 磷酸化产生能提高 CheY 磷酸化水平，磷酸化-CheY 结合到运动源使细胞做翻滚（翻筋斗）运动。磷酸化-CheY 自发的去磷酸化和 CheZ 对 CheY 自发磷酸化反应（去磷酸化）的增强作用可以降低 CheY 的磷酸化水平。此外在趋化行为中还有一种反馈调节功能。像 CheY 一样 CheB 也能把 CheA 的磷酸组氨酸的磷酸基团转移到自身的天冬氨酸残基上。CheB 的磷酸化可使受体去甲基化活性戏剧性增加，使受体甲基化和 CheA 自磷酸化速率同时降低，就造成了一种反馈调节。低 CheA 磷酸化（加入吸附剂）使 CheB 磷酸化活性降低，反过来又使受体甲基化活性提高，这导致 CheA 磷酸化水平提高，这就是趋化行为中的适应，细菌细胞又从直线运动回复到随机运动。同样高 CheA 磷酸化（加入排斥剂）使 CheB 磷酸化活性提高，反过来又使受体甲基化活性降低，又导致 CheA 磷酸化水平降低，趋化行为又进入适应阶段，细菌细胞又从翻滚运动回复到随机运动。细菌（E. coli）的趋化性的调控系统可以概括为图 1-14。

　　目前细菌趋化性的研究成果主要源于大肠杆菌，其他细菌趋化性研究也在不断进行，研究结果说明细菌的趋化性有种系的差异性，值得进一步研究。

三、微生物的吸附及生物膜

　　微生物的吸附及微生物生物膜（microbial biofilms）的形成是微生物的一种聚集性行为。微生物生物膜是众多微生物按一定结构功能组合起来的自然集合的互助式菌群（cooperative consortium）或微生物群落。微生物能独立游离存在，但存在于一个相互依存的生命系统（生物膜形式）则更加典型，更加普遍。在这个生命系统中每种微生物的功能是这个系统功能的一个组成部分，而各个部分的总汇则构成系统的总体功能。

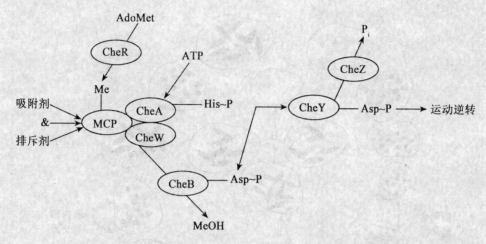

图 1-14　调控大肠杆菌趋化性应答的 Che 蛋白之间相互作用系统图

1. 生物膜的基础

正如人类要组成社会一样，微生物也有自己的社会，这就是生物膜。微生物大多数以群体形式存在，生物膜和生物絮体是微生物存在的主要方式。生物絮体类似于生物膜，可以认为是悬浮的生物膜。生物膜的形式普遍存在，不但存在于自然环境，也存在于大多数其他生物无法栖居的极端环境中。微生物聚集性行为是微生物自身的一种基本特征。微生物是最简单的生命形式，生命脆弱，其比任何其他生物都更需要联合和集合。微生物细胞吸附的有机物，分泌的多聚物以及它们之间的信息交流都有助于它们的聚集倾向，而自发地形成一个群体性的聚集。微生物在漫长的进化历史中已经形成一系列的改变自己，适应环境的能力。微生物适应环境，占据一定的生态位，抵抗外部环境的压力，也需要聚集成为一个群体。微生物具有完成重要生态功能的能力，如自然有机物、环境污染物的降解和地球生物化学循环，这些都是极为复杂的生物化学过程，这就需要众多微生物的联合行为，一个个具体的生化反应构成完整的生化过程。微生物的相互作用是群落中微生物共存的基础。这种相互作用既有物质的循环、能量的流动，又有胞内与胞间的信息交流，既有互利互惠，又有拮抗寄生等。例如在把糖加入到产生甲烷的生物膜中（图 1-15），发酵菌分解糖成为有机酸，有机酸被氢产生菌利用产氢，氢再被氢利用菌转化成甲烷。在这个生物膜中除了上述三类细菌的相互作用外，在糖分解菌中也有不同的种类，也有代谢的相互作用，而且胞外和胞间的信息交流也是不可缺少的。

2. 生物膜的形成

生物膜的形成是一个复杂的生理过程，始于细菌对表面的吸附，止于形成成熟稳定的生物膜，这个过程可以分为可逆吸附、不可逆吸附和形成成熟生物膜三个阶段，这个过程如图 1-16 所示。

在水体及空气中可以存在溶解性或颗粒性的各类不同源的有机物，有的是有机物的分解产物，有的是活生物体的分泌物，而有的则是死亡生物残体的分解产物，在固液、固气（潮湿）界面上，固体表面可以吸附有机物，从而形成一层可以滞留微生物的条件膜（conditioning film）。水流、沉降及微生物运动使它们接近固体表面而开始了可逆阶段。可逆吸附

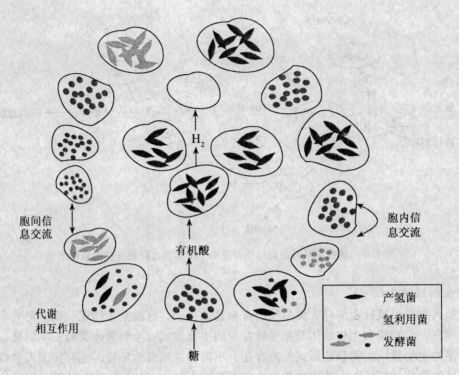

图 1-15 一个产甲烷微生物群落的生态关系

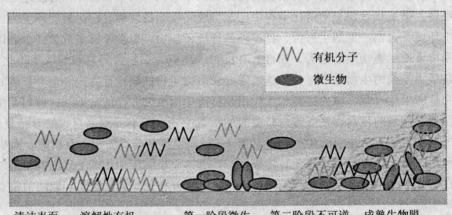

图 1-16 生物膜形成过程示意图

是一种短暂的物理化学吸附，是对表面最开始的吸附功能。疏水性、静电和范德华力对可逆吸附起重要作用，范德华力吸引一个物体到达固体表面，而疏水性和静电力的作用因细菌和固体表面的特性的不同可以使微生物被吸附到固体表面或受表面排斥。固体表面的条件膜具有促进微生物附着的作用，在特定情况下微生物和固体表面条件膜的接触是通过微生物的附属物（如菌毛、鞭毛、纤毛）实现的。可逆吸附于固体表面的微生物分泌的胞外多聚物把细胞锚住在固体表面就开始了不可逆吸附阶段。胞外多聚物形成的基质包裹着细胞，并形成一座连接到固体表面的化学桥，使更多的微生物可以融入这个系统。不可逆阶段使微生物定殖于固体表面，吸附细胞的不断生长增殖，液相及空气中悬浮细胞的沉积使已定殖的菌落不断增厚，而微生物生长又使相互隔离的菌落连接起来，以形成更大面积厚度不断增加的生物膜，这就是成熟的生物膜。

3. 生物膜结构与功能

生物膜是多种微生物相互协调，相互作用的生物系统，这个系统是结构复杂、协调、功能完善的群落。现在用共焦扫描激光显微镜（CSLM confocal scanning laser microscopes）已能对充分含水的样品进行直观的观察，揭示出生物膜的三维结构。固体表面的生物膜呈斑块分布，有多层结构，不同的生物膜都有一定水平的异质性。但总体上不管由单种或多种形成的生物膜都有大致相似的生物膜结构。生物膜由微菌落、胞外多聚物基质和间质空间（分隔基质的空隙）组成。微菌落被有序地包埋在多聚物中，周围又有大量空间作为通道。微菌落可由单种或多种成员所组成，其组成取决于完成生物化学过程所要求参与的微生物群落。其空间位置是有序的。例如有机物被厌氧降解成甲烷和 CO_2 这样一个群落水平的过程中，经历发酵、产酸、产 H_2 和产甲烷阶段，每一个阶段由多种同生群（guilds）所完成，而且它们在生物膜结构中的位置是有序的，产甲烷菌一般都位于氧化还原电位最低的厌氧位置。在纤维表面形成的降解纤维素生物膜也说明了这一点，具有降解纤维素能力的直接附在纤维表面，而利用其降解产物的则在其周围。胞外多聚物基质（主要是胞外多糖）是维系、固定微生物菌落的基质，这些基质在密度上是变化的。间质空间是生物膜结构的通道，利用颗粒追踪技术已经证明水流、营养物质和代谢产物可以通过这些通道，微电极原位测定证明生物膜内的氧可直达生物膜的固体表面，也发现降解甲苯的生物膜在其深部仍有降解活性。生物膜的结构特征主要取决于生物学过程，但也受到诸如表面、表面特征、营养可利用性和水力学等多种环境因素的制约。例如在咀嚼时牙齿表面由于受到高剪切作用，其生物膜（牙斑）是呈层和紧密的。水流的不同形式也对生物膜的存在形式产生影响，在层流、湍流水环境中的生物膜是拼缀的，层流条件下多为圆形，而湍流时多为长条形。

生物膜的结构与功能相辅相成，特别是微生物群落和功能之间是一种辩证的关系，有什么样的组成就表现出什么样的功能，而要求一定的功能必须由一定的群落来保证。许多研究结果都证明发酵细菌、产氢产乙酸细菌和产甲烷细菌共存于厌氧发酵反应的生物膜中。

4. 生物膜的生态优势

游离分散的微生物个体聚集成一个集合体，可以产生单个微生物所没有的集合优势，这里称为生物膜的生态优势。这种优势包括：①生物膜中的胞外多糖（EPS）对生物膜内微生物群落的生理保护作用，一是基质作为一种离子交换树脂过滤限制周围物质扩散到生物膜内部，通过物理阻隔阻碍金属、有毒物质的进入。二是减缓各种环境压力，如 UV 射线、pH 值变化、渗透压和干燥，并且具有更强的耐饥饿能力。三是保护来自原生动物的捕食。②提高营养物的可利用性和代谢上的协同性。生物膜群落中细菌的代谢特征明显不同于它们游离时的代谢特征。在一系列的严格的环境信号的作用下，不同种类的细菌占据不同的空间生态位，这个结构非常合理的生物膜就提供了代谢上协同作用的良好机会。生物膜中多种微生物菌群（microconsortia）是代谢上相互协同的生物相互作用形成的结果。也为各种生理类群落提供了明显的优势。它们的亲近促进了种间的基质交换和代谢产物的移去。例如在厌氧消化中复杂的有机降解成甲烷和CO_2的过程中至少需要三个同资源种团。发酵细菌开始代谢产生酸和醇，然后作为基质被产乙酸细菌利用，最后甲烷菌把乙酸、二氧化碳和氢转化成甲烷，并取得能量生长。非常有效的协作和相互依赖常见于生物膜中，实际上生物膜为共生生物的相互作用提供了一个理想的环境。③促进新遗传性状的产生。基因的水平转移对自然微生物群落的进化和遗传多样性是十分重要的。通过接合作用的基因（质粒）转移，由此使遗传信息弥散传播，生物膜中"束缚"紧密的邻居肯定有助于接合的发生。生物膜中基因转移可在不同的细菌中进行，同种细菌的基因可以通过病毒控制的转导来进行。④有助于对营养物的吸收，有利于生物的生长存活。生物膜截留的营养物可以提供给微生物。吸附和生物膜的形成可以看成是微生物的一种存活策略，生长在营养贫乏水流（高山溪流）所形成的生物膜特别能说明这一点。

5. 生物膜与环境保护及人类健康

形成生物膜是微生物聚集特性的体现，自然环境中的大部分微生物都以生物膜的形式存在。生物膜对元素的地球生物化学循环、水体净化有十分重要的作用。污水处理、废气生物处理中降解污染物的微生物大多也以生物膜的形式存在。有时生物膜的存在也有有害的一面，生物膜在工业上使用的管线（或冷却塔、热交换路等）上的形成则降低流动和热交换能力，这样就要控制生物膜的生长。和游离细胞比较，生物膜有更强的对抗菌物质（抗生素、消毒剂）的抗性。降低这些药剂的效能是由于这些物质不能穿透胞外基质或改变吸附细胞的生理状态。控制饮用水供水系统生物膜的生长被认为是一个重要的问题，吸附细菌通过利用供水中存在的低浓度溶解性有机物（DOM）生长，生物膜可能携带机会病原体，这样就需要高剂量消毒剂来控制，高浓度消毒剂反过来又会造成公共健康和环境问题。

小　结

1. 生态系统是微生物表演的舞台，主要作为分解者在生态系统生物组成和维持生态功能方面占有重要地位，其重要作用主要表现为生态系统的初级生产者、有机物的主要分解者、物质循环的重要成员、物质和能量的储存者和生物演化中的先锋种类。

2. 陆地生境对微生物来说是一个极其异质的适于生存的环境，土壤中的微生物具有与其生境条件相适应的存在状态、代谢状态、生理活性及生态分布，在其中的微生物种类极其多样，数量极其丰富。

3. 从淡水水体的泉、河流、湖泊到咸水的海洋都存在着与其生境特征相适应的微生物，它们的数量、分布、活性和存在状态是生境对微生物的选择以及微生物自身适应的结果。

4. 大气环境不适于微生物的生长和存活，但许多微生物很强的抗逆性和气溶胶的存在方式却使许多微生物可以顽强生存下去。多种环境因素都对它们的存活产生重要影响。

5. 许多特殊生境下的微生物存在特定的适应机制，它们的存在对特殊生境可以产生重要的影响。

6. 微生物在生境中的行为是微生物的存在和功能表达的前提条件，行为模式取决于环境条件和自身的生理特点，深入研究微生物的行为特点可为我们利用环境中的微生物提供理论指导。

思　考　题

1. 从宏观和微观两个角度分析微生物在生态系统中的分布及其在维持生态系统功能中的重要作用。

2. 决定土壤中微生物数量的主要生境因子是什么？

3. 存在于土壤中微生物的特点有哪些？

4. 湖泊是生态关系十分复杂的淡水水体，试分析湖泊水体中微生物和其他生物的重要相互关系。

5. 试分析影响大气微生物存活的因素。

6. 低营养环境中微生物的生理特点是什么？

7. 如何提高微生物的迁移能力？

第二章 极端环境微生物

极端环境微生物又称嗜极菌（extremophiles），是指那些以极端环境为最适生长条件的微生物。那么，极端环境如何界定呢？极端环境在此是一相对术语，仅与人们熟知的环境条件比较而言，是指条件为两个极端（高和低）之一或微生物多样性极低的环境。由此可知，极端环境微生物实际上是一些"喜欢"或"嗜好"诸如高温、高 pH 值、高压或高盐度以及低温、低 pH 值、低营养或低水活度的微生物。此外，极端环境微生物还包括那些能耐受其他极端条件的微生物，这些极端条件包括高辐射和高浓度毒性化合物，还包括人们认为异常的生存条件，例如，离地表 1.5km 的岩石层。需要指出的是一些极端环境微生物可以适应双重极端环境条件，如高温和低 pH 值、高压和低温。

极端环境微生物的研究在 20 世纪 90 年代取得了重大进展，这主要源于从早先认为生命不能生存的环境中分离到大量的极端环境微生物。这一领域研究的新发现促使人们重新评估微生物的多样性和地球上生命的起源与进化。此外，极端环境微生物产生的一些性能独特的酶和代谢产物也为生物技术产业的发展提供了新的生长点。

第一节 环境因素对微生物生长的影响

微生物除了需要营养外，还需要合适的环境因素才能生长。环境因素包括温度、pH 值、氧气、压力、氧化还原电位、辐射等因素。环境因素对不同微生物有不同的影响，在同一环境条件下，一些微生物可以大量生长繁殖，而另一些微生物则产生变异或死亡。

一、温度

任何微生物只能在一定的温度范围内生存，超出这一温度范围，则微生物生长受抑制，甚至死亡。

温度影响细胞内的许多生化反应，因而影响微生物的代谢活动。此外，温度也影响细胞质膜的流动性和物质的溶解性，进而影响微生物对营养物质的吸收与代谢产物的分泌。

不同微生物有其生长的最适温度、最高温度和最低温度。根据其生长温度范围，可将微生物分为嗜冷菌（psychrophiles）、嗜温菌（mesophiles）、嗜热菌（thermophiles）和极端嗜热菌（extreme thermophiles）四种类型。无论是何种微生物，其生长总是从最低温度到最适温度逐渐加快，而从最适温度到最高温度则急剧趋缓。

高温是指超过微生物生长的最高温度，即致死温度。高温使微生物致死，通常叫杀菌。高温的杀菌效果与微生物的种类、数量、生理状态，芽孢有无及 pH 值都有关系。此外，高温杀菌与其对微生物的作用时间长短有关，还与菌龄有关。

高温致死微生物，该作用广泛用于消毒和灭菌。在微生物科研、教学实验及发酵工业中，培养基和所用一切器皿都需要先灭菌后才能使用。

实践中常用的高温灭菌方法归纳如下：

$$
\text{高温灭菌}
\begin{cases}
\text{消毒}
\begin{cases}
\text{煮沸消毒法} & 100\text{℃}，15\text{min} \\
\text{巴氏消毒法} & 65\text{℃}，15\sim30\text{min}
\end{cases} \\
\text{高温灭菌}
\begin{cases}
\text{干热灭菌法}
\begin{cases}
\text{火焰焚烧} \\
\text{烘箱烘烤} & 160\sim170\text{℃}，1\sim2\text{h}
\end{cases} \\
\text{湿热灭菌法}
\begin{cases}
\text{高压蒸汽灭菌} & 121\text{℃}，15\sim20\text{min} \\
\text{常压间歇灭菌} & 2\sim3\text{次反复}
\end{cases}
\end{cases}
\end{cases}
$$

微生物对低温的抵抗力较强，低温一般只能抑制其生长繁殖，很少有致死作用。细菌芽孢和霉菌孢子可在 -190℃下存活半年。

低温对中温和高温微生物生长都不利，使其机体代谢活动降低，生长繁殖停滞。低温广泛应用于保藏菌种。

低温并不对一切微生物有害，嗜冷微生物尤其是专性嗜冷性微生物能在0℃生长，有的在零下几度甚至更低也能生长。在低温下冷藏的食物仍有可能变质甚至腐烂。只有使食物冻结时，微生物才不会生长。

二、酸碱度（pH 值）

环境 pH 值对微生物的影响表现在：①pH 值的改变可影响细胞膜的通透性和稳定性，以及营养物质的溶解性和电离性，从而影响微生物对营养物的吸收。②酶只有在最适宜的 pH 值时才能发挥其最大活性，不适宜的 pH 值使酶的活性降低，进而影响微生物细胞的代谢。③过高或过低的 pH 值通常会降低微生物对高温的抵抗力。④介质的 pH 值不仅影响微生物的生长，甚至影响微生物的形态。

强酸强碱对一般微生物有致死作用。不同微生物要求不同的 pH 值（表 2-1）。

表 2-1　　　　　　　　各种微生物生长的最适 pH 值和 pH 值范围

微生物种类	最低	pH 值 最适	最高
圆褐固氮菌 Azotobacter chnoococcium	4.5	7.4~7.6	9.0
大肠埃希氏菌 Escherichia coli	4.5	7.2	9.0
氧化硫硫杆菌 Thiobacillas thiooxidans	1.5	3.0	
放线菌 Actinomyce sp	5.0	7.0~8.0	10.0
酵母菌 Yeast	2.5	3.8~6.0	8.0
霉菌	1.5	3.0~6.0	10.0

表 2-2 常用缓冲剂

pH 值要求	缓冲剂
6.5 ~ 7.5	磷酸盐
微碱性	硼酸盐/甘氨酸
>9	重碳酸盐、碳酸盐
微酸性	柠檬酸盐
<4.5	柠檬酸盐、乙酸盐或二甲基戊酸盐

微生物代谢活动会改变环境的 pH 值，所以培养基中往往要加缓冲剂。常用缓冲剂见表 2-2。

尽管不同微生物对环境 pH 值有不同要求，但各种微生物细胞内的 pH 值都接近中性。

三、氧和氧化还原电位

氧对微生物生长有重要影响。根据对氧的不同需求，微生物可分为好氧、厌氧、兼性厌氧、微好氧和耐氧五种类型。

好氧菌（aerobes）：包括大多数细菌、几乎全部的放线菌、蓝细菌、藻类和丝状真菌，它们在呼吸中以氧作为终端电子受体，还原态氧最后与氢离子结合成水。在呼吸链的电子传递过程中，释放出大量能量，以满足细胞生长和合成反应的需要。氧还参与一些生化反应。好氧菌必须在有氧的条件下才能生长。

厌氧菌（anaerobes）：主要包括细菌和原生动物中的少数类群。它们进行发酵或无氧呼吸。由于缺少 H_2O_2 酶、过氧化物酶和超氧化物歧化酶，故它们不能将在有氧条件下产生的单一态氧、超氧化物游离基和过氧化物等有害化合物清除。专性厌氧微生物在有氧时是绝对不能生存的。

兼性厌氧菌（facultative anaerobes）：包括许多细菌、酵母菌和病原微生物中的一些类群。它们具有脱氢酶，也具有氧化酶，所以在有氧或无氧条件下都能生存。有氧时，氧化酶活性强，以氧作为受氢体进行呼吸作用；无氧时，以代谢的中间产物为受氢体进行发酵作用，细胞色素和电子传递体系的其他部分减少或全部丧失，氧化酶活性低，一旦通入氧气，这些组分的合成很快回复。兼性厌氧菌通常在有氧时生长得更好些。

微好氧菌（microaerobes）：在充分通气或严格厌氧的环境中不能生长，它们最适生长的 O_2 体积分数为 2% ~ 10%。

耐氧菌：最适生长的 O_2 体积分数为 2% 以下，与兼性厌氧菌类似，只是在无氧时生长得更好些。

氧化还原电位（Eh）：各种微生物要求 Eh 是不同的，如一般好氧微生物要求 Eh 为 0.3 ~ 0.4V 为宜，Eh0.1V 以上均可生长；兼性厌氧微生物在 Eh 为 0.1V 以上时进行好氧呼吸，0.1V 以下进行无氧呼吸，代谢途径不同，产物因此而异；专性厌氧细菌要求 Eh 为 -0.2 ~ -0.25V；产甲烷菌要求 Eh 更低，为 -0.3 ~ -0.6V。Eh 受氧分压及 pH 值的影响：氧分压高，或 pH 值低时，Eh 高；氧分压低或 pH 值高时，Eh 低。Eh 可用一些还原剂（如抗坏血酸、谷胱甘肽）加以控制，使之维持在低水平上。微生物代谢过程产生的 H_2S、半胱氨酸等还原物质均可使 Eh 降低。

四、水活度与渗透压、干燥

一切有机物的生长都离不开水，水对微生物的生长有以下影响：①影响细胞的吸收和运输；②水参与细胞内的一系列化学反应和代谢热的传导；③生物大分子天然构象及细胞正常形态的维持均需要水。不同环境中水的可利用性是有差异的。水的可利用性不仅取决于水的含量，还取决于水吸附的紧密程度和细胞质含水量的高低。溶质变成水合物的程度也影响水的可利用性。水的可利用性常以水活度（water activity，缩写为 a_w）表示，水活度是指在一定的温度和压力条件下，溶液与纯水的蒸汽压之比，即 $a_w = P_w/P_w0$，式中 P_w 为溶液蒸汽压，P_w0 为纯水蒸气压。纯水的 a_w 为 1.00，溶液的 a_w 随溶质的增加而降低。

微生物一般在 a_w 为 0.60 ~ 0.99 条件下生长，不同微生物有不同的生长最适 a_w（表 2-3）。一般而言，真菌生长最适 a_w 较细菌低，而嗜盐微生物生长最适 a_w 更低。

渗透压的大小与溶液浓度成正比，即溶液中的溶质愈多，溶液的渗透压愈高。

表 2-3　　　　　　　　　　　　　　几类微生物生长最适 a_w

微生物	a_w
一般细菌	0.91
酵母菌	0.88
霉菌	0.80
嗜盐细菌	0.76
嗜盐真菌	0.65
嗜高渗酵母	0.60

微生物生长对环境的渗透压有一定的要求。如果环境介质的渗透压力高，原生质中的水向胞外扩散，这样会导致细胞质壁分离，使微生物生长受到抑制。因此，提高环境的渗透压可抑制微生物的生长。在低渗环境中，介质中水分子大量渗入细胞内，使微生物细胞发生膨胀，甚至导致细胞质膜破裂。

微生物往往对渗透压有一定的适应能力。突然改变渗透压，将使细菌失去活性，但逐渐改变渗透压，则细菌常能适应这种改变。

大多数微生物能通过胞内积累某些调整胞内渗透的相容性溶质来适应介质渗透压的变化，这类相容性溶质可以是某些阳离子（如 K^+）、糖、氨基酸及其衍生物等，这类物质亦被称为渗透压保护剂或渗透压调节剂或渗透压稳定剂。

微生物在干燥环境中将引起代谢活动停止以致死亡。因为水是微生物细胞的重要成分，它参与细胞内各种生理活动。降低物质的含水量直至干燥，就可以抑制微生物生长。因此干燥是保存各种物品的重要手段之一。

五、辐射

除光合细菌外，一般微生物的生长不需要辐射，辐射往往对微生物有害。辐射灭菌是利用电离辐射产生的电磁波杀死微生物的有效方法。电磁波携带的能量与波长有关，波长愈短，能量愈高。不同波长的辐射对微生物生长的影响不同。

微波（1mm～1m）：可以通过热杀死细菌，但需要水的介导。微波不能杀死细菌芽孢，也不适于干燥物品的灭菌。

紫外线（10～390nm）：紫外线为非电离辐射。紫外线对细胞的有害作用是由于细胞中很多物质对紫外线的吸收。紫外线损伤DNA，形成胸腺嘧啶二聚体，从而抑制DNA复制，引起突变或死亡。波长为260nm左右的紫外线具有最高杀菌效应。由于紫外线穿透力弱，不易透过不透明物质，一薄层玻璃也可将其滤掉大部分，所以通常只用于空气及物体表面的杀菌。

电离辐射（0.1～40nm）：包括X射线，γ射线、α射线和β射线等。它们波长短，能量大。电离辐射对微生物的致死作用主要在于它们引起物质电离产生的自由基，再与细胞内的大分子化合物作用使之变性失活。常用于土样、食品、药物等的杀菌。

可见光（397～800nm）：可见光对微生物的作用是多方面的。①作为光能自养和光异氧型微生物的唯一或主要能源。非光合微生物有少数类群，如闪光须霉能表现趋光性，另一些真菌（如蘑菇和灵芝等）在子实体和色素形成时需要散射光。②伤害作用：所有光合生物都含有叶绿素（或细菌叶绿素）、细胞色素、黄素蛋白等光敏感色素，能被光能活化为能量较高的形态，当其失能恢复正常状态时，放出的能量可被菌体的有机分子或氧气所吸收。若被有机分子吸收，菌体受伤害程度较小。若被空气中的氧气吸收，原来活性较低的基态氧变成高能量的活性态氧，由于强氧化作用而使细菌很快失去活力。这种伤害作用能被猝灭剂所遏制。菌体色素为自然猝灭剂。所以强烈可见光只在有氧时对不含色素的细菌起伤害作用。③光复活作用：若将经紫外线处理的菌体放置在可见光下，胞内的光解酶利用光能将嘧啶二聚体解体，使其恢复原状。

第二节　嗜热微生物

通常将最高生长温度≥55℃的生物体称之为嗜热微生物（thermophilic microorganisms）。由于真核生物几乎不能在高于这一界定温度条件下生长，因此，嗜热微生物实际上是指那些适应高温环境的原核生物。

嗜热微生物仍可以进一步划分，一种较方便的划分如下：其最适生长温度为55～60℃称为嗜热菌；其最适生长温度≥75℃称为极端嗜热菌，其中又将最适生长温度>80～85℃的生物体称为超嗜热菌。根据这一界定，所有已知的嗜热细菌（除 *Thermotogales* 和 *Aquifiales* 外）归属于嗜热菌，而多数嗜热古生菌归属于超嗜热菌。

一、高温生境

1. 地热生境

地热活动主要与地球板块的运动有关，即板块的漂离和碰撞，这些区域往往存在火山活动，并在一些地方形成地表地热区。地热区主要有两类：一类为硫磺热泉，其特点是含硫高，酸性土壤，酸性热泉和沸泥浆喷口；另一类为淡水热泉和间歇泉，其pH值为中性或碱性。

　　天然地热区分布于全球各地，但通常集中于很小的区域内。最为熟知并进行了较为详尽生物学研究的地热区是美国的黄石国家公园，该园中有多处热泉和地热喷口。

　　地热区又可根据其热源分为两类，一类称之为高温区，位于活动火山地带，由距地表2～5km的岩浆腔供热。其特点是在深度500～3000m处水温达到150～350℃，并以蒸汽或火山气体的形式喷到地表。气体主要是由 N_2 和 CO_2 组成的，但 H_2S 和 H_2 的含量分别可达到总量的10%。此外，还常伴有微量的 CH_4、NH_3 和 CO。由于弱酸性 CO_2（pK = 6.3）和 H_2S（pK = 7.2），地下蒸汽的 pH 值接近中性。H_2S 在地表进行化学和生物氧化，生成的硫酸导致 pH 值降低，从而形成典型的硫磺热泉酸性泥浆。由于硫酸（$pK_2 = 1.92$）是一种高效缓冲剂，该泥浆的 pH 值通常稳定在2.0～2.5。

　　另一类地热区称为低温区，位于火山活动区外，由深层熔岩流或死岩浆腔供热，其深度300～5000m处的水温一般在150℃以下。地下水滤过该区域后被加热，然后返回到地表。地下水流含有溶解的矿物（如硅）和某些气体（以 CO_2 为主），但几乎不含 H_2S，其 pH 值接近中性。这是由于水中硫化物的浓度极低，因而其表面氧化对 pH 值无影响。但是，水流到达地表后，由于 CO_2 的逸出和硅的沉积，导致 pH 值上升。地表水 pH 值一般稳定在9.0～10.0，在此 pH 值范围内，硅酸（$pK_n = 9.7$）和硫酸（$pK_2 = 10.25$）具有很强的缓冲作用。

　　上述两类地热区也存在于海底。与陆地地热区相比，海底地热区有两大特点，其一是水中的盐分较高，其二是具有很高的静水压。在海底地热区，硫化物也同样被氧化成硫和硫酸，但由于海水量大，对其 pH 值的影响不像陆地地热那样显著，但仍可形成低 pH 值的微生境。

　　2. 人为热生境

　　堆肥、干草和垃圾的生物自热可导致温度上升，并可引起自燃。但是，这些都是非常短暂的生态系统，主要是一些形成孢子的微生物能适应这类生境。人为恒热环境包括家庭和工厂的热水管道和热交换器、燃煤垃圾堆和嗜热废弃物处理场。在食品和化学工业中，有许多工艺采用加热蒸发和提取，这也为嗜热微生物的生长提供了理想的条件。

　　二、嗜热微生物的多样性

　　已知嗜热微生物能在55～113℃范围内生长，研究表明，在此温度范围内，嗜热微生物在系统发育、生理代谢和生态分布方面均呈现明显的多样性。

　　1. 系统发育的多样性

　　在16srRNA系统发育树中，嗜热微生物主要分布在三界系统中的细菌界和古生菌界。

　　嗜热细菌分布于细菌发育树中的所有主要类群（表2-4）。值得注意的是，嗜热细菌通常是各个类群中最古老的类型，同时也是整个细菌界中最古老的谱系。产液杆菌属（*Aquifex*）、栖热孢菌属（*Thermotoga*）、高温微菌属（*Thermomicrobium*）、绿曲挠菌属（*Chloroflexus*）和嗜热菌属（*Thermus*）在细菌系统发育树中都靠近起点，这表明这些属的细菌在进化历程中出现很早。据此可以推断，始祖细菌很可能是一种嗜热菌。

　　虽然古生菌与细菌在细胞结构方面基本一致，同属原核生物，但两者在系统发育上却为两种完全不同的生物类群。古生菌有其共同特征，不同类型的古生菌又有各自的独特之处。表2-5是古生菌与细菌的主要特征比较，这些特征看来不仅仅是古生菌对特殊环境的适应，而且还与古生菌的系统发育有关。

表 2-4 最适生长温度 ≥55℃的嗜热细菌

属	种	T_{opt}/℃	T_{max}/℃
专性和兼性好氧菌			
Bicillus	*acidocaldarius*	58	65
Chloroflexus	*auranticus*	56	70
Synehococcus	*lividus*	65	73
Thermothrix	*thiopara*	72	80
Thermus	*aquaticus*	70	80
Thermomicrobium	*raseum*	73	80
Hydrogenobacter	*thermophilus*	72	77
Calderobacteium	*hydrogenophilum*	75	82
Saccharococcus	*thermophilus*	70	78
Rhodothermus	*marinus*	65	72
Thermoleophlum	*album*	60	70
Acidothermus	*cellulolyticus*	55	65
专性厌氧菌			
Clostridium	*thermocellum*	60	68
Desulfofomaculum	*nigrificans*	57	65
Desulfovibrio	*thermophilus*	65	85
Thermoanaerobium	*brockii*	67	76
Thermoanaerobacter	*ethanolicus*	69	78
Thermodesulfobacterium	*commune*	70	85
Acetogenium	*kuvui*	66	72
Thermobacteroides	*acetoethylicus*	65	75
Dyctioglomus	*thermophilum*	78	80
Thermoanaerobaterium	*llactoethylicum*	65	75
Fervidobaterium	*nodosum*	67	80
Thermosipho	*africanus*	75	77
Acetomicrobium	*faecalis*	72	77
Thermotoga	*maritime*	80	90
Aquifex	*pyrophilus*	85	95

表 2-5 细菌与古生菌的比较

特征	细菌	古生菌
细胞壁组成	胞壁质	假胞壁质、蛋白质、多糖
膜脂	甘油脂肪酸酯	甘油类异戊烷（isopranyl）醚
方形或扁形细胞	−	+
内生孢子	+	−
tRNA "共同臂" 含有	胸腺嘧啶核苷	假尿嘧啶或 1-甲基假尿嘧啶
蛋氨酰起始 tRNA 甲酰化	+	−
内含子	−	+
真核类 RNA 聚合酶	−	+
专一性辅酶	−	+
最高生长温度	90℃	113℃
完整的光合作用	+	−
产甲烷	−	+
卡尔文循环固定 CO_2	+	−

　　嗜热古生菌在系统发育方面也呈多样性。在古生菌系统发育树的根部，是目前尚不可培养的超嗜热古生菌——古生古菌界（Korarchaeota）。在泉古生菌界（Crenarchaeota），靠近发育树根部的类群是甲烷嗜热菌以及能还原硫的超嗜热古生菌。在广古生菌界（Euryarchaeota），较原始的类群也是嗜热菌或极端嗜热菌。表 2-6 列举了 26 个嗜热古生菌属的典型种类，其中 20 个属为超嗜热古生菌。在嗜热细菌中，其最适生长温度≥80～85℃的超嗜热菌仅在两个属（产液菌属和栖热孢菌属）中发现。这表明嗜热古生菌对高温具有更强的耐受性。需要指出的是，并非所有的古生菌都具有嗜热性，许多甲烷古生菌和嗜盐古生菌只有在常温或低温环境条件下才能生长繁殖。

表 2-6 最适生长温度≥55℃的嗜热古生菌

属	种	T_{opt}/℃	T_{max}/℃
	专性厌氧甲烷菌		
Methanobacterium	*thermoautrophicum*	65	75
Methanothermus	*fervidus*	83	97
Methanococcus	*jannaschii*	85	86
Methanogenium	*thermophilicum*	55	65
Methanothrix	*thermoacetophila*	65	65
Methanopyrus	*kandleri*	98	110

属	种	T_{opt}/℃	T_{max}/℃
嗜热嗜酸菌——专性或兼性好氧菌			
Aeropyrum	penix	90 ~ 95	100
Acidianus	infernus	90	96
Desulfurolobus	ambivalens	80	87
Metallospaera	sedula	75	80
Sulfurococcus	mirabilis	73	85
Sulfolobus	solfataricus	87	87
Thermoplasma	acidophilum	60	65
嗜热中性菌——专性厌氧菌			
Thermococcus	celer	88	97
Caldocoddus	litoralis	88	100
Pyrocoddus	furiosus	100	103
Thermoproteus	tenax	88	96
Thermofilum	pendens	88	100
Desulfurococcus	mobilis	85	90
Stygiolobus	azoricus	80	89
Staphylothermus	marinus	92	98
Pyrodictium	occultum	105	110
Thermodiscus	maritimus	90	98
pyrobaculum	islandicum	100	102
Hyperthermus	butylicus	98	108
Archaeoglobus	fulgidus	83	92

2. 生理代谢的多样性

基于嗜热细菌系统发育的多样性，它们生理代谢的多样性是不言而喻的。尽管在有些类群中仅发现一种或少数几种嗜热细菌，然而，在绝大多数细菌代谢类群中都有嗜热细菌存在。

绝大多数嗜热细菌菌株的最适生长温度都低于75℃，仅有 Thermotoga 和 Aquifex 属菌株的最适生长温度≥80℃。此外，有些嗜热细菌还能进行光合作用和利用卡尔文循环固定CO_2，而嗜热古生菌不具备这些代谢特征。

嗜热古生菌包括两大主要代谢类群——产甲烷古生菌和硫代谢古生菌。迄今所知的产甲烷菌均为专性厌氧古生菌，嗜热产甲烷古生菌是其中比较原始的类群。产甲烷古生菌在进行自养生长时，以CO_2作为电子受体氧化H_2，并生成甲烷。这是古生菌特有的代谢类型，尚未发现产甲烷的细菌。

硫代谢古生菌是最具代谢多样性的一类古生菌。实际上，它们中的一些种类（如有机厌氧发酵型）并不将硫化物作为能源。*Thermoplasma* 为兼性厌氧古生菌，异养型，中度嗜热和极端嗜酸，在好氧条件下，它们不利用任何硫化物；但在厌氧条件下，它们通过还原硫获得能量。极端嗜热古生菌具有多种硫代谢类型，如好氧异养型、好氧硫氧化自养型、异养厌氧发酵型等。某些硫氧化自养菌也能通过氧化金属离子（如金属硫化物）生长。此外，古生菌 *Archaeoglobus* 属的菌株还能还原硫酸盐、亚硫酸盐和硫代硫酸盐，但不能还原元素硫。

3. 生态分布的多样性

（1）嗜热细菌的生态

由于在代谢和生境方面更具多样性，嗜热细菌的生态比嗜热古生菌复杂得多。好氧芽孢杆菌能在 pH2～4 的条件下生长，故很容易从热泉中分离，但也分布在短暂热生境或低温环境中。有些嗜热芽孢杆菌为兼性厌氧型，在厌氧条件下，能进行发酵或以磷酸盐作为电子受体。

尽管无孢子好氧菌能从某些人为高温环境中分离到，但它们的主要生境是中性和碱性热泉。有的无孢子好氧菌为兼性好氧型，在厌氧条件下，能以硝酸盐为电子受体，生成亚硝酸盐或 N_2。这类嗜热细菌最适于在中性或碱性条件下生长，尚未发现真正的嗜酸类群。这类嗜热细菌一般不能从酸性硫磺热泉中分离到，但 *Acidothermus cellulyticus* 为一例外。

形成孢子和无孢子的嗜热细菌都存在厌氧型。获能方式主要为发酵。有的也能通过还原硫酸和硫获得能量。形成孢子的 *Clostridia* 不仅能从热泉中分离到，而且也能存在于其他类型的生境中。所有嗜热厌氧细菌都适应于在接近中性或微酸性条件下生长，无极端嗜酸的种类。

Thermotoga 和 *Aquifex* 都是极端嗜热细菌，能在 85℃ 以上的生境中生长繁殖。*Thermotoga* 为专性厌氧发酵型嗜中性细菌，*Aquifex* 为化能无机自养型细菌，能耐受 6% O_2。这两类极端嗜热细菌可以从海底地热区分离到。

在高温生境中，pH 值是仅次于温度的一个重要物理因子。在迄今研究过的嗜热细菌中，绝大多数的最适生长 pH 值在 5.0～8.0 范围内，极端嗜酸或嗜碱的嗜热细菌十分罕见。

（2）热古生菌的生态

绝大多数嗜热产甲烷古生菌仅能从热泉中分离到，只有少数几种是从污水处理系统中分离的。超嗜热甲烷菌（如 *Methanothermus fervidus*）是嗜中性自养菌，依赖 CO_2 和 H_2 生长。这类超嗜热甲烷菌已经从 pH 值约为 6.5 的热泉中分离到，在 pH 值约为 6.0，深度为 30cm 的地热土层区中也可分离到。

除中度嗜热菌 *Thermoplasma acidophicum* 外，其他利用硫的古生菌都是从地热区分离的。好氧 *Sulfolubus* 和 *Acidianus* 属的菌株同时也具有嗜酸型，其最适生长 pH 值为 2.0～3.0。嗜酸性与其氧化硫成硫酸的代谢相适应，也与其酸性热泉和土壤的天然生境相适应。热源体最初仅从燃煤渣堆中分离到，但随后也从地热区分离到。另一方面，利用硫的厌氧古生菌呈中度嗜酸性或嗜中性，绝大多数菌株的最适生长 pH 值为 5.5，有的可以达到 2.0。由于它们是专性或兼性硫还原菌，故只有在近地表的土层中才能生长繁殖。该生境的地表层由于 H_2S 的氧化而积累了元素硫，元素硫可被进一步氧化成硫酸。部分硫酸向地下扩散，致使近地表的土层中度酸化。另外，还可以从地下油层中分离到利用硫的超嗜热古生菌。由此可知，硫氧化和硫还原嗜热古生菌有不同的生态分布，硫氧化类群为嗜强酸性的好氧古生菌，而硫还原类群为嗜中度酸性或嗜中性的厌氧古生菌。

需要指出的是，嗜热细菌和嗜热古生菌不仅分布于高温生境中，而且还可以从常温和低温生境中分离。从花园土壤中可以分离到嗜热细菌，甚至从冷海水中也能分离到超嗜热古生菌。嗜热微生物在低温条件下不能生长，但可以存活多年。

三、嗜热机制

嗜热微生物细胞大小在微米级范围内，不具备隔热功能，因此，所有的细胞组分必须对热具有耐受性。嗜热微生物呈现明显的多样性，不同类群的嗜热微生物对热很可能有不同的适应方式，以下主要介绍超嗜微生物耐热的分子基础。

1. 膜脂

细胞膜的热稳定性是超嗜热微生物在高温条件下生存的基础。所有古生菌的质膜中都含有二植烷基甘油二醚（diphytanylglycerol diether）或其衍生物，而超嗜热古生菌的质膜中两分子甘油二醚还可以通过其植烷基共价连接成双植烷基二甘油四醚（dicbiphytanyl diglycerol tetraether）。这种甘油四醚能形成单层质膜，与其他生物细胞的双层质膜相比，这种两面亲水，中间交联的单层质膜具有显著的热稳定性。较原始的古生菌 Methanopyrus kawdleri 能在高达110℃的条件下生长，其质膜中核心脂类为 2，3-O-二联牻牛儿基甘油（2，3-Di-O-geranylgeranyl-sn-glycerol），这是一种含类萜的不饱和二醚脂，被认为是合成古生菌其他脂类的前体，即能还原成二植烷基甘油二醚。膜脂的组分还随环境温度的升高而变化，例如，超嗜热古生菌 Methanococcus Jannaschii 在45℃生长时，80%的脂质是阿克醇（archaeol），而在75℃生长时，卡克醇（caldarchaeol）和马克醇（macrocyclic archaeol）占总脂质的80%。

超嗜热细菌的质膜除含甘油酯外，还含有一种独特的甘油醚脂，这种长链结构的醚脂能明显提高质膜的热稳定性。

2. 核酸

DNA的热稳定性可通过提高 G-C 的摩尔含量而增强。然而，一些超嗜热微生物的 G-C 含量在30% ~ 40%范围内，而嗜温细菌 E. coli 的 G-C 含量却达到了50%。在超嗜热古生菌细胞中存在一种类组蛋白，DNA 很可能由这种类组蛋白保护，从而确保转录的进行而不导致 DNA 的熔解。此外，超嗜热微生物还含有一种独特的逆解旋酶（reverse gyrase）——I 型拓扑异构酶，该酶催化 DNA 形成正超螺旋，因而可以进一步稳定 DNA 分子。

超嗜热微生物主要通过两种方式增加其 RNA 的热稳定性，其一是提高 RNA 双螺旋区的 G-C 含量，其二是转录后对其碱基和糖基进行修饰。

3. 蛋白质和酶

超嗜热微生物的蛋白质和酶对热具有耐受性，这种耐受性取决于以下两方面：①内在的分子结构；②胞内的热稳定辅因子。

蛋白质和酶的一级结构对其热稳定性具有重要作用。源于超嗜热微生物的蛋白质本身就比嗜热、嗜温和嗜冷微生物的相应蛋白质稳定，结构分析显示，同源蛋白质中个别氨基酸的替换就可显著提高其热稳定性。热稳定性与蛋白质的刚性增加有关，某些结构蛋白和酶具有致密的疏水结构域，较多的氢键和盐桥，较高比例的嗜热氨基酸（如脯氨基酸具有较小的自由度）。结果，超嗜热微生物的蛋白质和酶对热极端稳定，例如，由 Pyrococcus 属超嗜热古生菌产生的蛋白酶在 95℃ 的半衰期 >96h，而一种淀粉酶在 130℃ 仍保持活性。

热稳定辅因子主要有热休克蛋白和某些细胞溶质。热休克蛋白（包括伴侣分子，chaperone）可稳定和回复开始变性的蛋白质，*Pyrodictum occultum* 在 100℃ 的热胁迫下，胞内累积的分子伴侣占总蛋白质 80%，这种分子伴侣对蛋白质高级结构的形成和维持十分重要。蛋白质的热稳定性还可以通过某些细胞溶质来维持。对超嗜热甲烷古生菌而言，钾对酶在高温条件下保持活性是必需的，而 2，3-二磷酸甘油的钾盐可作为一种热稳定剂。

四、嗜热微生物与地球化学演化

一般认为，微生物在生物圈的演化和地壳形成过程中起重要作用。据推断，地球起源于 46 亿年前的一次陨星碰撞或太空尘埃的聚集。随后，这类物质获取能量并熔化，可能导致地表气体和水的释放。地球的初始气体可能含还原性组分，如氢气、甲烷和氮气。此外还含有 CO_2，但不含 O_2。原始地球的表面温度很高，随后逐渐冷却下来。

早在 40 亿年前，地球上就出现了生命，迄今所知最古老的微生物化石大约为 31～32 亿年。目前多数学者认为嗜热微生物是地球上最原始的生物，因为迄今还没有找到相悖于这一推论的地质学证据。事实上，许多地质学家认为，即使是在 30 亿年前，地球的温度也比现在高得多。

目前，地球上不同区域的平均温差至少为 80℃。因此，完全有理由认为，在 30 亿年前，地球的温度是 80℃ 而不是 40℃。此外需要指出的是，热泉一直存在于地球上，其分布在地球演化早期可能比现在更广。因此，生命很可能就起源于热泉。硫磺热泉场的高温土壤呈还原性，非常类似于早期地球的土壤。并且，发酵型和利用硫的厌氧古生菌的代谢完全与早期地球的环境相符。上述这些证据似乎都支持以下假说，即地球上先有古生菌和细菌的嗜热始祖，然后才出现真核生物的始祖。

第三节　嗜冷微生物

在低温环境（0℃左右）中生活的微生物可分为两类，嗜冷微生物（Psychrophilic microorganisms 或 Psychrphiles）和耐冷微生物（Psychrotolerant microorganisms）。嗜冷微生物的最适生长温度 ≤15℃，并且在 20℃ 不能生长；耐冷微生物亦称适冷微生物（Psychrotrophic mirroorganisms），能在接近冰点的条件下正常生长，但其最适生长温度 >20℃。嗜冷微生物种类繁多，包括细菌、古生菌、酵母、丝状真菌和微藻。

一、低温生境及微生物

在地球生物圈中，80% 以上面积常年温度低于 5℃。低温生境主要为深海（约占地球面积的 75%）和南北两极地区，还包括高山、冰川和冻土域。此外，还有一类昼夜和季节性低温区域。人为的低温环境包括一些制冷设备和冷藏装置。

1. 自然环境中的嗜冷微生物

深海水温常年低于 5℃，从深海水中已分离到多种嗜冷微生物。深海海底有大量的沉积物，其深度可以达到 1 000 米。已经证实在海底 500 米以下的沉积物中有嗜冷细菌种群，并发现了独特的嗜冷细菌。由于海底的巨大压力，从这种环境中分离的嗜冷细菌多数也是嗜压或耐压菌。

南极由于其独特的地理及气候特征，孕育了丰富的低温微生物资源。已经从南极冰、雪、水、土壤及岩石样品中分离到各种类型的微生物，其中包括大量的嗜冷和耐冷微生物，如从南极土样中筛选到具有溶菌和利用琼脂的嗜冷型黏细菌，从南极湖底分离到一株无细胞壁的专性厌氧嗜冷细菌，它对青霉素具有抗性，能改变其细胞形态。此外，从湖中还分离到一株无细胞壁的螺旋状嗜冷古细菌。南极蕴藏着巨大的冰川，其中封藏着大量的微生物。通过对取自南极 3 590m 处的一支冰芯（冰龄约 1 万年）的分析证实该冰层是一有微生物活性的生态系统，从中分离出多种微生物。应该指出的是，即使是在上述常年低温的环境中，分离到的微生物大多数是耐冷菌，嗜冷菌只占很小比例。

在昼夜和季节性低温环境中，能分离到几乎所有类型的微生物。生活在这种环境下，嗜冷微生物对温度波动具有较强的耐受性，只在温度适宜的条件下才生长繁衍。

在低温环境中，革兰氏阳性细菌为优势类群。常见的有假单胞菌属、无色菌属、黄杆菌属、产碱杆菌属、噬细胞菌属、产气单胞菌属、弧菌属、锯杆菌属、埃希氏菌属、变性菌属和嗜冷杆菌属。然而革兰氏阳性细菌中的真细菌、芽孢杆菌和微球菌却比较少见。虽然许多土样和水样的 16srRNA 分析都显示古生菌为低温生境中的优势菌群，但是迄今分离到的菌株数量很少，主要为产甲烷和极端嗜盐的古生菌。嗜冷酵母主要是假丝酵母属和球拟酵母属的一些种类。嗜冷丝状真菌主要包括青霉属、分枝芽孢菌属、Phoma 和曲霉属中的一些种类。最为熟知的嗜冷微藻是一种雪藻（*Chlamydomonas nivalis*），这种藻产生鲜红的孢子，从而使得其栖息地与白雪背景形成鲜明对照。

2. 人为环境中的嗜冷微生物

冷藏食品可延长储存时间，同时也为嗜冷微生物的生长繁衍提供了营养丰富的生境。已经证实许多冷藏食品的变质和毒化与嗜冷菌和耐冷菌有关，如乳制品的变质与假单胞菌属、不动杆菌属、产碱菌属、产色细菌属和黄杆菌属的一些细菌有关，而肉制品的污染常与乳酸杆菌属和 *Brochothrix* 属的某些种类相关。此外，一些耐冷细菌，如梭菌属、耶森氏菌属和产气单胞菌属的某些菌株还产生毒素，可导致人畜食物中毒。

单细胞生物不能调节自身的温度，因此，嗜冷和耐冷微生物必须改变其细胞组分和结构，主要是细胞膜、蛋白质、酶分子组成和结构，以适应在低温条件下生长的需要。

3. 质膜

当生长温度改变时，微生物细胞质膜最重要的应答反应是改变其磷脂的脂肪酸组成。细胞正常发挥功能要求其质膜中的脂质有较大的流动性。当温度下降时，双层脂质中的脂肪酸链的排列发生变化，从流动的无序态变为有序的结晶排列。在低温环境中，嗜冷微生物可通过改变其质膜中脂肪酸的组成，从而降低质膜从无序到有序的相变温度。这类改变涉及脂肪酸的下述一种或多种变化：①不饱和性增加；②平均链长下降；③甲基支链增加；④反式支链/顺式支链的比例上升；⑤sn-1 和 sn-2 位置上脂酰链的异构变化。最常见的改变是饱和度和链长，甲基支链的数量和构型改变绝大多数发生于革兰氏阳性细菌。多数细菌仅含单不饱和脂肪酸，并且其含量随温度下降而增加。多不饱和脂肪酸可提高质膜的流动性。

通过去饱和酶可增加脂肪酸的不饱和性，这是改变质膜组成的一种快速方式。相比之下，脂肪酸链长和甲基支链的数量及结构改变则需要重新合成，因而是一个相对缓慢的过程。

4. 蛋白质结构与酶活性

嗜冷微生物产生的酶在低温下具有很高的催化活性，这种高催化效率与其蛋白质结构的柔性相关。柔性大的酶蛋白易于产生具有催化效能的构象变化，因而使其与底物集合的活化能降低。通过比较嗜冷微生物与相应嗜温微生物的同种蛋白质序列，已鉴定出一些与嗜冷酶柔性相关的结构基础，包括盐桥和氢键减少、芳香基相互作用减弱、疏水簇减少、脯氨酸含量降低、分子表面亲水性增强等。不同的酶可以不同的方式来提高其结构的柔性。

另一方面，嗜冷微生物产生的酶一般对热不稳定，在室温条件下容易失活。酶的稳定性、活性和柔性是紧密相关的，嗜冷酶的高催化活性要求其分子具有较高的柔性，而分子柔性的增加又往往降低其稳定性。事实上，酶的稳定性、活性和柔性三者之间的关系是错综复杂的。酶的活性中心只占整个酶分子的很小部分，其中只有少数几个氨基酸残基参与底物的结合和催化作用，而酶的稳定性在很大程度上是靠其非活性中心的氨基酸序列来维持的。由此可知，在低温环境中生活的微生物有可能产生既有高催化活性又有较高热稳定性的嗜冷酶，即具有局部柔性的酶。采用定点突变已经获得一种枯草杆菌蛋白酶，它的热稳定性有明显提高，但仍保留了原有的催化特性。

通过测定活化热力学参数可证实嗜冷酶局部柔性的构象。表 2-7 比较了几种嗜冷和嗜温酶活化的热力学参数，如自由能（ΔG）、焓（ΔH）和熵（ΔS），显示嗜冷酶的主要适应方式是大幅度降低其 ΔH，从而获得较高的转换数（K_{cat}）。这种现象在低温条件下特别明显。然而，嗜冷酶的 ΔS 却较小，一方面，这意味系统的有序性较高，不利于酶与底物的有效碰撞；另一方面，这表明酶分子保持了某些结构域的稳定性，而这种相对稳定的构象往往对酶催化活性是必需的。

表 2-7　　　　　　　　　嗜冷和嗜温酶的活化参数

酶	来源	T（℃）	K_{cat}（S^{-1}）	ΔG（kJ/mol）	ΔH（kJ/mol）	ΔS（kJ/mol）	$\Delta(\Delta G)$（kJ/mol）	$\Delta(\Delta H)$（kJ/mol）	$\Delta(\Delta S)$（kJ/mol）
蛋白酶	嗜冷芽孢杆菌	15	25.4	62.7	36.0	-26.7	-3.7	-10.0	-6.3
	嗜温枯草杆菌		5.4	66.4	46.0	-20.4			
木聚糖酶	嗜冷南极酵母	5	14.8	61.7	45.4	-16.6	-2.6	-4.5	-2.2
	嗜温酵母		4.9	64.3	49.9	-14.4			
壳聚二糖酶	嗜冷真细菌	15	98.0	59.5	44.7	-14.8	4.0	-26.8	-22.8
	嗜温沙雷氏菌		18.0	63.5	71.5	8.0			
几丁质酶	嗜冷真细菌	15	1.7	69.2	60.2	-9.0	-2.0	-14.1	-16.1
	嗜温沙雷氏菌		3.9	67.2	74.3	7.1			

5. 冷休克和冷适应

当生长温度突然下降（冷休克）时，微生物细胞会诱导产生一组冷休克蛋白（cold shock proteins，CSPs）。CSPs 是一组小分子量（7~8kU）的酸性蛋白，它们在微生物对低温的生理适应过程中起重要作用。在某些情况下，CSPs 具有转录增强子和 RNA 结合蛋白的功能。在 *S. cerevisiae* 细胞中，温度休克诱导蛋白 I 是一种主要的 CSP。该蛋白合成后被运送到质膜外周，并进行大量的 D-甘露糖糖基化修饰。由此看来，在低温适应过程中，这种温度休克诱导蛋白对质膜具有保护作用。

除 CSPs 外，还发现了一组与嗜冷微生物在恒低温条件下生长有关的蛋白——冷适应蛋白（cold acclimation proteins，CAPs）。与 CSPs 相比，CAPs 的一个明显特征是能在低温生长过程中持续合成。但两者没有绝对界限，有些 CSPs 本身就是 CAPs。

一般而言，蛋白质合成对温度敏感。因此，嗜冷微生物必须有独特的冷适应核糖体和辅因子（如起始和延长因子）。此外，一些嗜冷和耐冷微生物也要经受环境温度的突然下降。冷休克应答已经在许多嗜冷和耐冷微生物中得到证实，包括 *Trichosporom pullubans*、嗜冷芽孢杆菌、*Aquaspirrillum arcticum* 和 *Arthrobacter globiformis*。已知冷应答反应（如诱导蛋白的种类和数量）在这些菌株中依赖于温度下降的幅度，但还不清楚其调控机理。

二、生态作用

由于地球生物圈中的大部分面积都是常年低温，因此，嗜冷微生物的重要生态功能是不言而喻的。嗜冷微生物是地球化学循环的主要参与者，与碳、氮、磷和硫的化学循环密切相关。如低温环境中存在嗜冷固氮根瘤菌，嗜冷菌还产生大量的胞外酶，降解蛋白质、多糖等大分子化合物和小分子量的环境污染物。由此可见，嗜冷微生物不仅在有机碳循环中起重要作用，而且还与天然和合成污染物的清除关系紧密。另一方面，嗜冷微生物又是食物链中的重要成员，其本身是低温环境中许多原生动物、浮游动物和底栖动物的食物。

由于嗜冷微生物不能在中温条件下生长，故通常将它们看做人畜的非病原菌。值得注意的是，耐冷菌 *Listeria monocytogenes* 能在接近 0℃ 到 40℃ 以上的范围内生长，故在自然环境中分布广泛，同时它也是人畜共生菌，通常通过污染冷藏食物而致病。对植物而言，一些耐冷假单胞菌和欧文氏菌为致病菌，能引起植物根腐、枯萎等多种病症。此外，假单胞菌还产生冰核蛋白，导致植物的冻害。

第四节　嗜酸微生物

任何种类的微生物都只能在一定的 pH 值范围内生长和繁殖。通常将最适生长 pH0.1～4.5 的微生物称为嗜酸微生物（acidophilic microorganisms）。其中又将最适生长 pH≤3.0 的种类称为极端嗜酸微生物。自然环境的酸化往往是由嗜酸微生物的代谢活动引起的，这一过程主要与硫或硫化物被氧化成硫酸有关。嗜酸微生物在生物冶金方面有重要价值，但生物冶金过程会产生酸性矿废水，导致有毒重金属的溶解，从而引起水体污染。耐酸微生物（acidotolerant microorganisms）也能在低 pH 值（＜4.5）条件下生长，但其最适生长 pH 值却接近中性。

一、酸性环境

地球上中度酸性（pH3.0～5.5）的自然环境较为常见，如某些湖泊、泥炭土和酸性的沼泽。极端酸性环境（pH < 3.0）包括硫热泉、火山湖、含硫矿床等。在地热区，二氧化硫和硫化氢可缩合成元素硫（$SO_2 + 2H_2S \rightarrow 2H_2O + 3SO$），随后，自养或异养微生物将元素硫氧化成硫酸（$SO + H_2O + 1.5O_2 \rightarrow H_2SO_4$）。已知所有适于微生物生长的极端酸性环境均是以$SO_4^{2-}$为主要阴离子，并且可溶性有机物含量低。研究显示，仅有SO_4^{2-}和其类似物SeO_4^{2-}能满足极端嗜酸微生物生长和繁殖的需要。

大多数人为极端酸性环境都与金属和煤矿的开采有关，即微生物浸矿导致环境的酸化。微生物浸矿的机理是硫化矿物的异质氧化，硫化矿物的种类包括硫化铁、铜、铅和锌。微生物浸矿可用下列简式表示：

$$Me_2 + S^{2-}（不溶金属化合物）+ 2O_2 \rightarrow Me^{2+} + SO_4^{2-}$$

这一过程导致浸矿场环境的极端酸化，从而溶解一些金属阳离子和非金属元素（如砷）。

此外，微生物的硝化反应和一些产有机酸的代谢也可引起环境的极端酸化，但这类极端酸性环境不在本节讨论之列。

二、极端酸性环境中微生物的多样性

极端酸性环境中的微生物呈多样性。原核嗜酸微生物（细菌和古生菌）是这类极端环境中的优势菌群（表2-8），但同时也发现了一些专性嗜酸的真核微生物，包括真菌、酵母、藻和原生动物。它们可与原核嗜酸微生物构成稳定的微生物群落。

极端酸性环境中微生物的营养类型呈多样性。这类极端环境中的初级生产主要由化能自养型原核微生物（铁和硫氧化菌）完成，光能自养真核微生物（微藻）起辅助作用。异养型微生物也很容易从极端酸性环境中分离到，它们的多数为食腐类，在一定程度上依赖化能自养嗜酸微生物分泌或裂解释放的碳源生长。专性嗜酸异养微生物包括古生菌、细菌、酵母和原生动物。一些原核类嗜酸异养菌对铁的氧化-还原有直接影响。此外，极端酸性环境中还可以分离到混合营养型微生物。一些铁氧化细菌和硫氧化古生菌既能营化能自养型生活，又能利用有机物生长。光能自养型红藻 *Galdieria sulphuraria* 在黑暗中也可营异养型生活。

嗜酸微生物对温度具有广泛的适应性，根据其最适生长温度的差异，嗜酸微生物可分为三类：嗜温（Topt20~40℃）、嗜热（Topt40~60℃）和极端嗜热（Topt > 60℃）。极端嗜热嗜酸菌几乎均为古生菌，嗜热嗜酸菌既有古生菌，又有细菌（主要为G^+细菌），而嗜温嗜酸菌则主要是一些杆状的G^-细菌。对低温环境中的嗜酸微生物目前还知之甚少，但有证据显示，在0℃条件下，嗜酸细菌可加速矿物的氧化。

不同嗜酸微生物对氧有不同的需求，大多数嗜酸菌被认为是专性好氧型，但也分离到一些专性或兼性厌氧型嗜酸菌，它们能以有机物或无机物的氧化去还原三价铁。Fe^{2+}/Fe^{3+}的氧化还原电势为770mV（pH2.0），对那些以Fe^{2+}的氧化为唯一能源的嗜酸菌而言，氧是唯一可利用的电子受体。但是，对那些以SO为电子供体的化能自养或混合营养型嗜酸菌而言，可通过下述反应还原Fe^{3+}：

$$S + 6Fe^{3+} + 4H_2O \rightarrow HSO_4^- + 6Fe^{2+} + 7H^+$$

该反应的自由能为314kJ/mol，可为菌体的生长代谢提供能量。

表 2-8　　　　　　　　　　　　　嗜酸原核微生物

菌种	G + C（mol%）	分类群	特性
铁氧化菌			
（a）嗜温			
Thiobacillus ferrooxidans	58 ~ 59	γ-变形杆菌	兼性厌氧
Leptospirillum ferrooxidans	51 ~ 56	Nitrospira phylum	Fe^{2+} 为唯一电子供体
Ferromicrobium acidophilus	51 ~ 55	放线杆菌	异养
（b）嗜热			
Sulfobacillus acidophilus	55 ~ 57	G^+ 细菌	自养、混合营养
Acidomicrobium ferrooxidans	67 ~ 68.5	G^+ 细菌	自养、混合营养
（c）极端嗜热			
Acidionus brierleyi	31	古生菌	兼性厌氧
Metallosphaera sedula	45	古生菌	专性好氧
Sulfurococcus yellowstonii	44.5	古生菌	专性好氧
硫氧化（非铁氧化）菌			
（a）嗜温			
Thiobacillus thiooxidans	50 ~ 52	γ-变形杆菌	自养
Thiomomas cuprinus	66 ~ 69	不详	混合营养
Sulfobacillus disulfidooxidans	53	G^+ 细菌	混合营养
（b）嗜热			
Thiobacillus caldus	62 ~ 64	γ-变形杆菌	20 ~ 55℃
（c）极端嗜热			
Sulfolobus shibitae	35	古生菌	混合营养
Metallosphaera prunae	46	古生菌	混合营养
Sulfurococcus mirabilis	43 ~ 46	古生菌	混合营养
异养型			
（a）嗜温			
Acidiphilium spp.	59 ~ 70	α-变形杆菌	还原 Fe^{3+}
Acidocella spp.	59 ~ 65	α-变形杆菌	甲基营养型
Acidomomas methanolica	63 ~ 65	α-变形杆菌	甲基营养型
Acidobacterium capsulatum	60		
（b）嗜热			
Alicyclobacillus spp.	51 ~ 62	G^+ 细菌	还原 Fe^{3+}

续表

菌种	G + C（mol%）	分类群	特性
Thermoplasma volcanium	38	古生菌	兼性厌氧
Picrophilus oshimae	36	古生菌	专性好氧
（c）极端嗜热			
Sulfolobus acidocaldarius	37	古生菌	
其他			
Stygiolobus azoricus	38	古生菌	专性厌氧、自养

三、嗜酸机理

嗜酸微生物尽管在低 pH 值条件下生长，但其细胞质 pH 值却接近中性。大多数极端嗜酸菌能维持胞内 pH 值在 6.0 以上。*Picrophilus* 属古生菌在 pH 0.5 ~ 4.0 条件下生长时，其胞内 pH 值也能维持在 4.6。结果，极端嗜酸菌细胞形成了很大的跨膜质子化学梯度（ΔpH = pHout-pHin）。这种 ΔpH 和跨膜电势（ΔΨ）共同组成质子电化学势（ΔP）。根据米切尔（P. Mitchell）提出的化学渗透耦联假说（chemiosmotic-coupling hypothese），这种 ΔP 能驱动 F1-F0ATP 酶合成 ATP。ΔP、ΔΨ 和 ΔpH 之间的关系可用下式表示：$\Delta P = \Delta \Psi - 59\Delta pH$。对嗜中性菌细胞而言，由于其胞内外 pH 值均接近 7.0，因而 ΔpH 差值很小，但是，嗜中性菌细胞内却有较多的负电荷，致使形成了较大的 ΔΨ，因此细胞可维持足够高的 ΔP。然而，在嗜酸菌细胞中，由于其 ΔpH 较大，因此，必须相应降低其 ΔΨ。实验证实，嗜酸菌细胞内有较多的正电荷，其内膜电势为阳性。这是因为蛋白质的氨基酸侧链和核酸及代谢中间产物的磷酸化基团为可滴定基，在低 pH 值条件下，由这类基团的质子化而产生胞内净正电荷。这种净正电荷能弱化胞外质子向膜内运动。除这种被动作用外，某些嗜酸菌（如 *Bacillus coagulans*）形成一种主动质子扩散势能，该势能对膜电势阻断剂（如离子载体）敏感。

从古生菌 *Picrophilus oshimae* 分离的脂质在中性 pH 值条件下不能形成囊泡。这表明这类古生菌的质膜不仅适应于低 pH 值，而且其稳定性和完整性还依赖于低 pH 值。进一步研究显示，古生菌质膜对质子的通透性与其组分甘油四醚有关，这种甘油四醚能形成一层坚固的单层质膜，在低 pH 值条件下，质子几乎不能透过这种单层质膜。

蛋白质的稳定性和活性受其微环境 pH 值的影响。尽管嗜酸菌能维持接近中性的胞内 pH 值，但其外膜和分泌蛋白不可避免要受到低 pH 值介质的影响。在 *Thiobacillus ferrooxidans* 的细胞质膜中存在一种酸稳定电子载体-铁质兰素（rusticyanin），这种载体蛋白的酸稳定性源于其内在的二级结构和微环境的疏水性。从 *Thiobacillus acidophilus* 中分离到一种硫代硫酸脱氢酶，该酶的最适 pH 值为 3.0，这与其周质间腔定位相吻合。*Sulfolobus acidocaldarius* 分泌一种蛋白酶——thermopsin，该酶对酸的稳定性与其本身正电荷数量相对较少有关。

第五节　嗜碱微生物

通常将最适生长 pH > 9.0 的微生物称之嗜碱微生物（alkalophilic microorganisms），其

中，兼性嗜碱微生物能在中性 pH 值条件下生长，而专性嗜碱微生物不能在中性 pH 值条件下生长。耐碱微生物（alkalitolerant microorganisms）也能在高碱性 pH 值条件下生长，但其最适生长 pH 值接近中性。有少数微生物在不同生长条件（营养物质、金属离子）下呈现不同的最适生长 pH 值，因此，同一种微生物有时既可界定为嗜碱微生物，又可界定为耐碱微生物。

一、碱性环境

天然碱性环境在地球上比较少见，稳定的碱性环境是由独特的地形、地理和气候条件共同作用的结果。碱湖和碱性沙漠是这类高碱性环境的典型代表，其特征是含大量的碳酸钠（Na_2CO_3），通常是以天然碳酸钠（$Na_2CO_3 \cdot 10H_2O$）或二碳酸氢三钠（$Na_2CO_3 \cdot NaHCO_3 \cdot 2H_2O$）的形式存在。这类环境具有很大的缓冲能力，因而十分稳定。其 pH 值可高达 12 或更高，这可能是地球上碱性最高的生境。碱湖的形成与盐湖十分相似，彼此都需要通过大量蒸发来浓缩盐。但形成碱湖需要周围环境岩石中的 Na^+，并且缺乏 Ca^{2+} 和 Mg^{2+}。这样，当表面湖水溶解 CO_2 形成 HCO_3^-/CO_3^{2-} 溶液后，少量的二价阳离子就会形成不溶性碳酸盐，而水体中大量存在的 Na^+ 则可形成碱性碳酸钠，从而提高湖水的 pH 值。由于在这一过程中其他可溶性盐（如 NaCl）也被浓缩了，因而形成了含盐碱湖。这类碱湖主要分布在热带和亚热带干旱地区，我国西北地区也有不少碱湖。

除碱湖外，偶尔还可自然形成碱性地下水和碱泉。这是由于含钙矿在还原条件下进行低温风化，释放 Ca^{2+} 和 OH^- 到溶液中，从而形成含 $Ca(OH)_2$ 的地下水。由于 $Ca(OH)_2$ 的低溶解性，这类地下水只有很低的缓冲能力。此外，某些微生物的代谢（如氧化和硫酸盐还原）也可导致环境或微环境的碱化。

人为碱性环境的形成往往与工业生产相关，如采矿、印染、造纸和食品加工都可能将废碱排到环境中，从而引起环境 pH 值的上升。

嗜碱微生物主要分布于碱性环境中，但从其他类型的环境中，甚至酸性环境中也可分离到嗜碱微生物。这可能与生物活动形成短暂的碱性小生境有关，这种小生境能维持少量嗜碱微生物的有限生长。

二、嗜碱微生物的多样性

在碱湖和碱性土壤中存在众多嗜碱微生物，其优势种群为原核生物——细菌和古生菌。从碱性环境中也可分离到酵母和丝状真菌，但大多数为耐碱菌，嗜碱真菌比较少见。值得注意的是许多嗜碱微生物能适应多重极端环境因子的胁迫。一些嗜热碱、嗜冷碱和嗜盐碱菌已经相继被分离和鉴定。

1. 嗜碱细菌

嗜碱细菌种类繁多，在细菌主要类群中几乎都存在嗜碱性（表 2-9）。嗜碱光合细菌是碱湖生态系统中的主要初级生产者，其优势类群为螺旋藻（*Spirulina*）和拟鱼腥藻（*Anabaenopsis*），此外还有色球藻（*Chrococcus*）、聚球藻（*Synechococcus*）、集球藻（*Synechocystis*）等偶尔也可能成为一些碱湖中的优势类群。厌氧光合细菌在碱湖中也大量存在，但多数种类为耐碱细菌，仅有少数是嗜碱细菌。外硫红螺菌（*Ectothiorhodospira sp*）在有醋酸盐存在时，其最适生长 pH 值在 9.0~10.0 范围内。尽管厌氧光合细菌在碱湖中的作用还不完全清楚，但由于这些细菌代谢硫，所以在硫循环中起重要作用。

嗜碱异养细菌主要分布在陆地和弱碱湖中，大多数为芽孢杆菌属、梭菌属、放线菌属和变形杆菌属的成员。在碱湖的底泥中存在硫酸盐还原细菌，*Desulfonatronovibrio* 是新发现的一个属，该属的菌株比较适应在低盐度（3%）的湖底生长。

2. 嗜碱古生菌

嗜碱古生菌广泛分布于产甲烷菌、嗜盐菌、嗜热菌等古生菌主要类群中。一些嗜碱产甲烷菌已经从碱湖中分离到，其中大多数为 *Methanosalsus* 属的成员。它们优先利用甲基化合物（甲醇和甲胺），其生长不需要 Cl^-，但依赖于 Na^+ 和 HCO_3^-。

许多碱湖同时也含高浓度的盐，这种极端环境中的优势类群为既嗜碱又嗜盐的古生菌。这些嗜盐碱古生菌早先被划分为嗜盐碱球菌（*Natronococcus*）和嗜盐碱杆菌（*Natronobacterium*），现在又重新划分并增加三个属：*Natronoccus*、*Natronobacterium*、*Natronomonas* 和 *Halorubrum*。嗜碱超热古生菌 *Thermococcus alcaliphilus* 能利用多硫化合物生长，其生长温度为 $56 \sim 90\,^{\circ}\mathrm{C}$，生长 pH 值范围为 $6.5 \sim 10.0$，最适生长 pH 值在 9.0 左右（表2-9）。

表2-9　　　　　　　　　　　　　　　嗜碱原核微生物

菌种	pH$_{min}$	pH$_{max}$	pH$_{opt}$
光合细菌			
Gloothece linaris			10
Microcystis aeruginosa			10
Spirulina sp.	8	>11	
Ectothiorhodospira sp.	6	11.0	8~9.5
非光合细菌			
Flavobacterium sp.	8	11.4	9~10
Pseudomonas spp.	7.3	10.6	9
Vibrio spp, e. g. alginolyticus	10	10.6	≤9
Micrococcus sp.	7	11.0	9~10
Arthrobacter sp.	6	12.5	9
Bacillus alcalophilus, firmus	>8	11.5	9~10
Bacillus pasteurii	9	11	
Methylobacter alcalophilus	7.0		9.0~9.5
Halomonas pantelleriense			9.0
Desulfonatronovibrio hydrogenovorans	>7.0	>10.0	9.5~9.7
Nocardiopsis dassonvillei	7.0	11.0	9~10
Streptomyces sp.	7.0		9~9.5
Clostridium paradokum	7.0	11.1	10.1

续表

菌种	pH$_{min}$	pH$_{max}$	pH$_{opt}$
Bogoriella caseilytica			9.0 ~ 10.0
古生菌			
Halobacterium sp.			9 ~ 10
Natronorubrum sp.	8.0	11.0	9.0 ~ 9.5
Thermococcus alkaliphilus	6.5	10.5	9.0
Methanosalsus zhilinaeae	8.0	10.0	

三、适应机制

嗜碱细菌生存最为突出的问题是在高 pH 值条件下，细胞如何维持其细胞质 pH 值的相对衡稳，因为在 pH 10.0 ~ 11.0 条件下，RNA 不稳定，蛋白质的合成也不能进行。实际上，嗜碱细菌细胞质 pH 值不超过 9.5，这表明嗜碱细菌能建立一个逆向的跨膜质子梯度，以维持细胞质 pH 值在正常生理范围内。同时，嗜碱细菌的细胞壁也显现出对高 pH 值条件的适应。此外，嗜碱细菌在营养物质的运输、鞭毛运动以及能量转换方面都与嗜中性细菌有明显的差异。

由于嗜碱细菌呈现明显的多样性，它们各自的适应方式很可能不尽相同，下面主要介绍嗜碱芽孢杆菌的适应机制。

1. 细胞质 pH 值稳定的维持

中性细菌通过呼吸作用泵出质子，从而导致细胞质相对碱化。然而，对嗜碱细菌而言，在最适生长 pH 值条件下其细胞质却要保持相对酸化。

嗜碱细菌细胞膜上的 Na$^+$/H$^+$ 反向载体在调节细胞质 pH 值方面起关键作用。细胞通过这一载体排出 Na$^+$ 和摄入 H$^+$，使 H$^+$ 净积累到细胞质中，以保证细胞质 pH 值的相对衡稳。Na$^+$/H$^+$ 反向载体有两个基本特征：①对 Na$^+$ 有专一性，其他一价阳离子（除 Li$^+$ 外）不能替代 Na$^+$；②依赖于呼吸作用建立一种耗能次级载体。

嗜碱细菌细胞膜上的 Na$^+$/H$^+$ 反向载体可以由呼吸链向胞外泵出的质子供给能量，也可通过 ATP 水解提供能量。

尽管 Na$^+$/H$^+$ 反向载体在维持嗜碱细菌细胞质稳定方面的作用已确认无疑，但嗜碱细菌也可通过其他途径稳定细胞质 pH 值。嗜碱细菌细胞质中存在一些起保护作用的碱性蛋白和胺类化合物，因而在碱性范围内有非常高的缓冲能力。此外，嗜碱细菌细胞壁中含有大量酸性组分，主要是以糖醛酸磷壁质和富含谷氨酸的肽聚糖的形式存在。在碱性 pH 值条件下，这些酸性组分在细胞壁表面形成大量负电荷，从而限制 OH$^-$ 进入胞内。

2. 物质运输与细胞运动

嗜碱细菌的离子运输依赖于细胞膜中一些不同的载体，除普遍存在的 Na$^+$/H$^+$ 反向载体外，还发现了 K$^+$/H$^+$ 反向载体和 Na$^+$/Ca^{2+} 反向载体。嗜碱细菌的主要阳离子运输如图 2-1 所示。

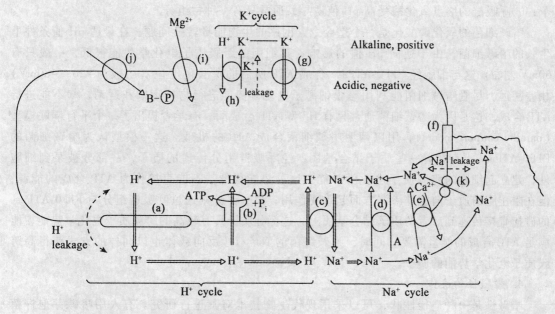

图 2-1 嗜碱芽孢杆菌细胞中主要阳离子的跨膜运输

同向运输是细菌摄入溶质的一种主要方式，通常是质子与溶质耦联运输。对嗜碱细菌而言，其依赖于耦联质子的溶质摄入受到限制。然而在另一方面，由于 Na^+/H^+ 反向载体不断向胞外排出 Na^+，其结果使嗜碱细菌细胞建立起一个向内的跨膜钠离子电化学势能，这种电化学势能可以为细胞摄入溶质提供能量。已经证实嗜碱细菌细胞膜中存在一类 Na^+/溶质同向载体，这类载体由跨膜钠离子电化学势能供能进行某些氨基酸、有机酸和葡萄糖的主动运输。值得注意的是 Li^+ 不能替代 Na^+，这是与 Na^+/H^+ 反向载体最明显的差异。Na^+/溶质同向载体在输送溶质进入细胞的同时，也使部分被 Na^+/H^+ 反向载体排出的 Na^+ 返回细胞，从而保证了 Na^+ 循环的连续性和 Na^+/H^+ 反向载体的正常运转。

与部分溶质的主动运输一样，嗜碱细菌的鞭毛运动也依赖于跨膜钠离子电化学势能。测定结果表明，嗜碱细菌运动的阈值为 100mV，当介质中 Na^+ 浓度为 100m mol/L 时，细胞内的 Na^+ 浓度为 30m mol/L。由此可知，跨膜钠离子电化学势能在嗜碱细菌细胞中确实存在，并且足以驱动细胞的运动。

嗜碱细菌鞭毛运动的能源与中性细菌有根本区别，后者依赖于跨膜质子电化学势能供能。虽然目前还不清楚这种区别的分子基础，但已经知道嗜碱细菌的运动方式和速度与中性细菌基本相同。此外，已知嗜碱细菌鞭毛蛋白中的碱性氨基酸含量较低，这可能使得鞭毛在碱性条件下更稳定。

3. 呼吸链与氧化磷酸化

嗜碱细菌的呼吸链能利用电子传递过程中释放的能量泵出质子，其功能与其他生物的呼吸链完全相同。但是，由于嗜碱细菌在维持细胞质 pH 值衡稳等方面需要额外的能量，并且呼吸过程是在逆向 pH 值条件下进行，因此，嗜碱细菌呼吸链必须具有与之相适应的特性。其主要特征是：①细胞质膜中的细胞色素和其他呼吸链组分含量高，并且同型色素呈不均一性；②呼吸链在碱性条件下能更有效地进行能量转换，每消耗一个氧原子能泵出较多的质子；③呼吸链的终点氧化酶受高 pH 值诱导，通常只有一种主组分。

嗜碱细菌的氧化磷酸化是一个迄今令人困惑的生物能量转换问题。在最适 pH 值条件下生长的嗜碱细菌，由于逆向 pH 值的影响，其细胞的跨膜质子电化学势能很低，一般只有 60mV 左右。这与细胞经 F1F0-ATPase 合成 ATP 所需的磷酸化电位（一般为 420～480mV）相差甚远。尽管嗜碱细菌能利用跨膜钠离子电化学势能进行物质运输和运动，却不能进行 ATP 合成，这是因为嗜碱细菌通常只有 H^+ 型 ATP 合成酶。有学者提出了一个平行耦联模型（parallel couping model），用以阐明嗜碱细菌合成 ATP 的机理。这一模型认为嗜碱细菌的 F1F0-ATPase 上存在着一些质子结合基团，经呼吸链组分传递的质子，一部分被泵到细胞外，建立起细胞的跨膜质子电化学势能。这种势能很低，不能直接作为 ATP 合成的能源，但在阻止胞内质子向胞外渗漏方面起重要作用；另一部分则通过呼吸链组分与 F1F0-ATPase 的碰撞直接传递到后者的质子结合基团上。这部分质子具有较高的跨膜质子电化学势能，能满足 ATP 合成的能量需要。同时，嗜碱细菌的 Na^+/H^+ 反向载体也以同样的方式获得高跨膜质子电化学势能的质子。

4. 嗜碱性的遗传

嗜碱性是一种遗传性状，可以采用现代生物技术对其进行研究。有人用嗜碱芽孢杆菌 YN-1 和 YN-2 的 DNA 转化限制修饰系统缺陷型枯草杆菌，然后用 pH 10.0 的平板选择转化子。鉴定结果表明，转化子在获得嗜碱性的同时，还将受体菌株中两个营养缺陷型标记中的一个转化成原养型，并保留受体菌株的另一个营养缺陷型标记和对噬菌体的敏感性。这一结果表明，至少部分嗜碱性状只涉及 1～2 个基因。

碱敏感突变株的回复实验显示，嗜碱芽孢杆菌 C-125 的嗜碱性状与其染色体 DNA 相关。进一步分析表明，该菌株的碱敏感突变仅涉及 Na^+/H^+ 反向载体编码基因的一个点突变。

第六节　嗜盐微生物

最早有关适应高盐环境微生物的文字记载可追溯到公元前 2500 年，那时我国劳动人民就记录了饱和盐田泛出红色的现象。他们所观察到的很可能是具有红（或橙）色类胡萝卜素的极端嗜盐古生菌大量繁殖的结果。

自 20 世纪 20 年代证实一些微生物能在高盐生境中生长以来，人们对这类极端微生物的生态、生理和遗传进行了深入系统的研究，同时对其在生物电子、能源开发、环境治理等领域的应用也进行了广泛研究。

一、高盐生境

高盐生境是指那些高于海水盐度（3.5% W/V）的环境。对水体环境而言，其盐组分在很大程度上取决于该环境的演化史，因而通常将这类环境划分为海盐型和非海盐型。海盐型水体源于海洋，因而至少在形成的初始与海水组分相同，然而，由于海水不断蒸发，盐分被浓缩，各种盐浓度的改变取决于不同矿物的结晶和沉积阈值。非海盐型水体也可受海水流入的影响，但其化学组成主要由地质、地理和地形因素决定（表 2-10）。大盐湖和死海是典型的非海盐型水体。

表 2-10   海盐型和非海盐型水体中各种离子的浓度

离子	浓度（g/L）					
	海水	NaCl 饱和海水	K+盐饱和海水	大盐湖	死海	典型 Na₂CO₃ 湖
Na^+	10.8	98.4	61.4	105.0	39.7	142
Mg^{2+}	1.3	14.5	39.3	11.1	42.4	< 0.1
Ca^{2+}	0.4	0.4	0.2	0.3	17.2	< 0.1
K^+	0.4	4.9	12.8	6.7	7.6	2.3
Cl^-	19.4	187.0	189.0	181.0	219.0	155
SO_4^{2-}	2.7	19.3	51.2	27.0	0.4	23
CO_3^{2-}						
HCO_3^-	0.34	0.14	0.14	0.72	0.2	67
pH	8.2	7.3	6.8	7.7	6.3	11

除由蒸发形成的盐湖外，在南极，由于霜冻和干燥，也能形成高盐湖。此外，含盐为20% ~30%（W/V）的土壤也是自然高盐生境。地下盐矿也可作为极端嗜盐古生菌的天然生境。

高盐湖中的有机化合物绝大部分是由蓝细菌、厌氧光养菌和某些种类的绿藻合成的，其含量可达 1g/L。由于氧在盐溶液中的溶解性低，因而高盐湖容易成为厌氧生境，好氧生长仅局限于盐湖的表层。

人为高盐环境主要包括盐场和高盐废水，盐腌制食品也可作为一类短暂的高盐生境。

二、嗜盐微生物的多样性

在含盐生境中生活的微生物对盐呈现不同的适应性，根据对盐的耐受性不同，可将它们划分为六类（见表 2-11）。

表 2-11   基于盐耐受性的微生物分类

分类	盐浓度（mol/L）	
	范围	最适
耐盐	0 ~ 1.0	< 0.2
轻度嗜盐	0.2 ~ 2.0	0.2 ~ 0.5
中度嗜盐	0.4 ~ 3.5	0.5 ~ 2.0
边界极端嗜盐	1.4 ~ 4.0	2.0 ~ 3.0
极端嗜盐	2.0 ~ 5.2	> 3.0
多能盐生	0 ~ 3.0	0.2 ~ 0.5

耐盐微生物（halotolerant microorganisms）是指能在浓盐条件下生长，但其最适生长盐度 <0.2 mol/L 的微生物，实际上泛指所有的非嗜盐微生物。嗜盐微生物（halophilic microorganisms）是指必须在一定盐度条件下才能生长的微生物，根据其最适生长的盐度不同，可将它们分为轻度嗜盐、中度嗜盐、极端嗜盐等类群。多能盐生微生物（haloversatile microorganisms）能在很宽的盐度范围（0~3.0 mol/L）内生长，但其最适生长盐度却较低（0.2~0.5 mol/L）。

在中等盐度的盐水中，好氧、G$^-$、有机化能型细菌种类繁多，包括弧菌属、*Alteromonas*、不动杆菌属、*Deleya*、*Marinomonas*、假单胞菌属、黄杆菌属、*Halomonas* 和盐弧菌属的一些成员。G$^+$ 的好氧细菌能从含盐土壤和盐场中分离到，主要包括 *Marinococcus*、芽孢八叠球菌属、*Salinococcus* 和芽孢杆菌属的一些菌株。

在高盐度盐水的缺氧层，厌氧光养菌如 *Chromatium salexigens*、*Thiocapsa halophila*、*Rhodospirillum salinarum* 和 *Ecctothiorhodospira* 为优势菌群，它们是这类环境中的初级生产者。在盐湖的沉积物中，已经分离到硫酸盐还原细菌，它们能将硫酸盐还原成 H_2S，而 H_2S 又可被绝大多数厌氧光养菌利用。

大多数嗜盐细菌只适于在盐度 ≤2.0mol/L 的环境中生长，在更高盐度的环境中，极端嗜盐古生菌成为优势菌群。极端嗜盐古生菌可划分为 8 个属：盐杆菌属（*Halobacterium*）、盐生红菌属（*Halorubrum*）、*Halobaculum*、富盐菌属（*Haloferax*）、盐盒菌属（*Haloarcula*）、盐球菌属（*Haloferax*）、嗜盐碱杆菌属（*Natronobacterium*）和嗜盐碱球菌属（*Natronococcus*）。对这些极端嗜盐古菌中的大多数而言，至少需要 1.5mol/L 的盐度才能维持其生长和细胞结构的完整性。值得一提的是真核藻类杜氏藻（*Dunaliella*）对盐度有很强的适应性，盐度适应范围从 <100m mol/L 到饱和（5.5mol/L）。

三、适应机理

当介质的盐度大于细胞质时，细胞由于脱水而导致质壁分离。生活在较高盐度环境中的嗜盐微生物，必须采用某种方式调节其细胞质的溶质浓度，以保持细胞内外的渗透压平衡。此外，高盐胁迫因子还致使极端嗜盐微生物在分子水平产生一系列适应。

1. 细胞内外渗透压平衡的维持

在嗜盐微生物中，维持细胞内外渗透压平衡有两种不同的方式，一种是在其细胞质中积累相容性溶质；另一种是提高其细胞质的盐浓度。对一种嗜盐微生物而言，通常只采用其中一种方式。

大多数轻度和中度嗜盐微生物都能在细胞内积累一定浓度的小分子有机物，这类有机物具有调节渗透压的功能，同时也利于细胞正常代谢的进行，因而被称为相容性溶质（compatible solute）。这类化合物能在细胞内合成，也能从细胞外摄入。从不同嗜盐微生物中已经鉴定出多种相容性溶质（见表 2-12），主要包括多元醇、甜菜碱、氨基酸及其衍生物。所有这些化合物都具有极性，易溶并且在生理 pH 值条件下不带电荷，或呈两性电离。由于其构造特点，相容性溶质存在于蛋白质的水合层外，因而既能起稳定作用，又不会干扰蛋白质的生理活性。由于这类溶质能被迅速合成和降解，因而使微生物对渗透压的改变有较强的适应能力。

表 2-12		嗜盐微生物的相容性溶质
类别	相容性溶质	微生物类群
多元醇	甘油和阿糖醇	藻类、酵母、真菌
	葡萄糖基-甘油	蓝细菌
甜菜碱	甘氨酸-甜菜碱	蓝细菌、厌氧光养细菌
	二甲基甲氨酸	嗜盐甲烷菌
氨基酸	脯氨酸	芽孢杆菌
	α-谷氨酰胺	棒状杆菌
	β-谷氨酰胺	嗜盐甲烷菌
氨基酸衍生物	N-α-氨甲酰-谷氨酰胺	*Ectothiorhodospira marismortui*
	N-α-乙酰-谷氨酰胺基-谷氨酰胺	厌氧光养变形杆菌、假单胞菌芽孢杆菌和嗜盐
	N-δ-乙酰鸟氨酸和 N-ε 乙酰-α	芽孢八叠球菌
	赖氨酸	

　　极端嗜盐古生菌和厌氧嗜盐细菌采用在细胞内积累盐的方式适应高盐度环境，其过程涉及阳离子的跨膜运输。古生菌在细胞内积累 K^+ 并排出 Na^+，而细菌在细胞内积累 Na^+ 而不是 K^+。古生菌细胞内的 K^+ 浓度可高达 $4 \sim 5mol/L$，然而，正是由于胞内高浓度的 K^+ 存在，使得这类微生物对环境中盐度的降低缺乏有效的适应能力。

　　2. 质膜

　　虽然嗜盐微生物细胞质膜的内表面能受到相容性溶质的保护，但其外表面却要长期暴露在高盐度介质中。嗜盐细菌采用改变质膜组分的方式适应高盐度环境，其质膜中阴离子磷脂（常为磷脂酰甘油和糖脂）的比例随盐度的上升而增加。这类改变使质膜表面形成更多的电荷，从而有利于维持质膜的水合态。

　　大多数嗜盐古生菌的质膜外都具有由硫酸化糖蛋白构成的 S-层（细胞表面层）。糖蛋白上的硫酸基团使得 S-层带负电荷，从而使其在高盐度条件下能保持结构的完整性。此外，古生菌的质膜由醚型脂构成，这类醚脂比细菌质膜中的酯脂在高盐度（达到 5 mol/L）下更稳定。

　　3. 蛋白质与酶

　　极端嗜盐古生菌的蛋白质和酶对高盐度的适应方式之一是分子酸化。极端嗜盐古生菌的核糖体能在 3 mol/L KCl 条件下保持稳定，并且具有功能活性，而细菌的核糖体在上述条件下却要解体和变性。氨基酸组成分析表明，极端嗜盐古生菌的核糖体蛋白含有较多的酸性氨基酸和较少的碱性氨基酸。

　　从极端嗜盐古生菌细胞内分离到一种苹果酸脱氢酶，其分子中酸性氨基酸残基比碱性氨基酸残基高出 20%。结构分析显示，酸性残基主要分布于酶蛋白的表面，从而既可形成稳定的盐桥，又可吸附水和盐形成水合层。极端嗜盐菌古生菌胞内酶的活性需要高盐度介质，同样，它们的胞外酶也在高盐度条件下显示最大反应活性。事实上，极端嗜盐古生菌的酶活性依赖于高盐度。在低盐度条件下，丧失了阳离子对蛋白质的屏蔽作用，从而导致其高级结构的迅速破坏。

第七节　嗜压微生物

嗜压微生物（barophilic 或 piezophilic microdrganisms）是指那些适于在高压环境中生长繁衍的生物有机体。由于温度（T）和压力（P）均影响微生物的生长速率（k），故通常用 P-T-k 图来描述三者之间的关系。当其他条件保持不变时，一种微生物的最大生长速率（K_{max}）总是与一组特定的压力（$P_{K_{max}}$）和温度（$T_{K_{max}}$）相对应。根据对压力的耐受性不同，可进一步将适应高压的微生物划分为嗜压微生物（$0.1MPa < P_{K_{max}} < 50MPa$）和超嗜压微生物（$P_{K_{max}} > 50MPa$）。另一组常采用的术语是专性嗜压微生物和耐压微生物，前者是指无论什么温度都不能在常压条件下生长的生物有机体，后者则是指最适于在常压下生长，但也能在小于 40MPa 条件下生长的生物有机体。

一、高压环境

地球表面的压力源于地球与其大气之间的重力吸引，其大小为 $0.101\ 325 \times 10^{6}Pa = 0.101\ 325MPa$。对于海洋而言，由于水的密度远远大于空气，故海水的压力随其深度迅速上升，在最深的海沟中，其压力达到 110MPa 左右。海水压力和深度的关系可用下式表示：

$$dP = g\rho dz$$

式中 g 是重力常数，ρ 是海水的密度，z 是海水的深度。在海平面，$g = 9.8m \cdot s^{-2}$，海水的密度略高于淡水。尽管海水的 g 和 ρ 值随其经纬度和深度变化，但这种变化可忽略不计，因此，海水的压力（MPa）可以用 0.010 13 乘上其深度（m）计算。

高压生境占地球生物圈的很大比例。有 77% 以上海洋的水深超过 3 000m，因而压力大于 30MPa 的生境在海洋中有广泛的分布。更高压力的生境包括深海盆地、海沟、海底沉积层和陆地深层。上述高压生境可随温度、盐度、含氧量、pH 值和营养物可用性的变化而改变，因此，高压生境呈现明显的多样性。

表 2-13 列举了一些典型的高压生境。深海和深海沟的典型特征是高压、低温（2℃左右）、黑暗和营养缺乏。然而，在某些被浅盐床环抱的深海盆地，由于海底的水环流被阻断，因而能保持相对高的水温。地中海和苏鲁海的水温分别可达到 13.5℃ 和 10℃ 左右，明显高于其他深海域的水温。另一类深海高压生境是海底热液喷口，由于喷出的热液不断地与周围的冷海水混合，因而能形成一个温度梯度范围很大的热液喷口区域。这类区域的另一个特征是富含还原性化合物，可为化能自养型微生物提供营养物质。

陆地深部也是高压环境。由于地下空隙大部分被水充填，因此通常可以用标准静水压表示陆地深部的压力。在正常情况下，深度每增加 100m，相应的压力增加 1MPa，温度增加 2～3℃。在陆地深部可供微生物利用的营养物质十分有限，因此大部分陆地深部都是寡养环境。

表 2-13 地球上典型的高压环境

类型		温度/℃	压力/MPa	深度/m
海洋	威德尔海盆地	-0.5	45.6	4 500
	南太平洋中心	1.2	50.7	5 000
	北太平洋中心	1.5	50.7	5 000
	秘鲁-智利海沟	1.9	60.8	6 000
	汤加海沟	1.8	96.3	9 500
	菲律宾海沟	2.48	101.3	10 000
	马里亚纳海沟	2.46	110.4	10 913
	西利伯斯海	3.26	63.0	6 300
	哈马黑拉海盆地	7.45	20.7	2 043
	苏鲁湾	9.84	56.5	5 576
	地中海	13.5	50.7	5 000
	红海	44.6	22.3	2 200
热液喷口		2~380	25.3	2 500
淡水湖	贝加尔湖	3~5	16	>1 600
陆地地下	Kola井（俄罗斯）	>155	88.3~205.9	8 000
海底地下	Nankai海槽沉积层30m	~5	45.9	4 530

二、高压环境中的微生物

微生物在海洋中无处不在，即使是在压力为 110 MPa 的海底深处，也发现了嗜压细菌和古生菌。据推测，如果地球上存在压力为 200 MPa、温度为 2℃ 左右的海洋环境，嗜压微生物也能生存。在海床地下和陆地深部都发现了嗜压细菌，限制微生物在地下分布的主要因素是缺乏扩散通道以及温度 >115℃。

根据 P-T-k 图，可将嗜压微生物进一步划分为 8 种主要类群（见表 2-14）。其中，嗜压嗜冷微生物是迄今已经进行了比较深入系统研究的类群。从低温深海中分离到的嗜压嗜冷微生物多数是变形杆菌，主要归属于光合杆菌属（*Photobacterium*）、*Shewanella*、*Colwellia*、*Moritella*。也分离到芽孢杆菌属的嗜压嗜冷细菌。超嗜热嗜压古生菌可以从深海热液喷口周围分离到，大部分是火球菌属（*Pyrococcus*）的一些种类。超嗜压微生物迄今仅分离到嗜冷类群，其他类群（嗜温、嗜热和超嗜热）的超嗜压微生物还有待于进一步发现。

表 2-14 基于 P-T-k 的微生物分类

（℃）	$P_{K_{max}}$ （MPa）		
	~0.1	>0.1~50	>50
≤15	嗜冷	嗜压嗜冷	超嗜压嗜冷
>15~55	嗜温	嗜压嗜温	超嗜压嗜温（待发现）
>55~80	嗜热	嗜压嗜热	超嗜压嗜热（待发现）
>80	超嗜热	嗜压超嗜热	超嗜压超嗜热（待发现）

三、嗜压机理

若将在常压条件下生长的单细胞微生物放置在 20 ～ 50MPa 的环境中，细胞形态和生理就会出现异常，压力对微生物的生长有重要影响。嗜压微生物的适应机制是目前正在研究的一个热点，以下介绍这一领域的部分研究结果。

1. 生长速率

在不同深度海洋中生长的微生物是否具有不同的生长速率？这是一个难以回答的问题。这是因为微生物的生长不仅与压力和温度有关，而且还与其他许多因素密不可分。然而，若将不同深度分离的嗜压细菌接种到同样的富营养培养基上，通过比较它们各自在其最适温度和压力条件下的生长速率，可以发现，从 5 000m 以上海水层中分离到的菌株具有较快的生长速率，而从 10 000m 深海层中分离的菌株具有最慢的生长速率。从深度为 2 000 ～ 11 000m 的海洋中分离的细菌的代时为 3 ～ 35h，而从陆地深部发现的一种超微型细菌可能需要 100 年才分裂一次。

2. 质膜

在高压生境中，嗜压微生物应答环境压力的方式之一是增加其质膜中单不饱和及多不饱和脂肪酸的含量。脂肪酸不饱和性的增加能提高质膜的流动性，从而抵消了由高压导致的质膜黏度增大的影响。然而，并非所有的嗜压微生物都产生了这种方式的适应，有的嗜压微生物的质膜中并没有发现脂肪酸不饱和性的增加。

深海细菌能合成多不饱和脂肪酸，常见的多不饱和脂肪酸为二十碳五烯酸和二十二碳六烯酸。一些深海动物体内也发现存在多不饱和脂肪酸。通常认为动物不能合成多不饱和脂肪酸，只能从食物中摄入，而嗜压细菌就是深海食物的主要来源。

3. 基因与蛋白质表达

压力调控深海细菌的基因与蛋白质表达。在不同的压力下，深海光合杆菌 SP. SS9 表达两种不同的外膜蛋白，即 28MPa 时为 OmpH 蛋白，而 0.1MPa 时为 OmpL 蛋白。

在嗜压细菌 DB6705 中发现了一种压力调控操纵子。在三个开放阅码框（ORFs）的上游，已测到一个复杂的启动子序列，该启动子由多种调控蛋白调节，而这些调控蛋白又是在不同压力条件下表达的。

许多嗜压细菌对 UV 光非常敏感，这可能是对黑暗深海的一种适应。然而迄今为止，还不清楚这些细菌是否缺失修复 UV 损伤 DNA 的基因。

第八节　抗辐射微生物

太阳辐射为光合作用提供能源，从而驱动了全球生态系统的初级生产。虽然如此，可见光和其他部分的电磁波（特别是短波）也导致细胞的直接或间接损伤，如 UV 直接导致 DNA 形成胸腺嘧啶二聚体和链断裂。间接损伤是通过产生活性氧（如 H_2O_2、O_2^- 等），进而引起脂质、蛋白质和核酸分子的损伤。由于自然界中辐射无处不在，因此许多生物体在进化中都形成了 DNA 修复和其他保护机制。

尽管许多种类的微生物都具有抵御自然界中低水平辐射的能力，但能耐受高剂量 γ-辐射（^{60}Co 和 ^{137}Cs）的微生物种类却极为罕见。迄今为止只发现了少数几种细菌能在高剂量 γ-辐射条件下生存，称之为抗辐射微生物（radiation resistant microorganisms）。本节主要介绍这类极端抗辐射细菌。

一、抗辐射异常球菌的特征

抗辐射异常球菌（*Deincoccus radiodurans*）是一种好氧异养的 G$^+$菌。1956 年首次从 γ 辐射灭菌的肉制品中分离到，当时被命名为抗辐射微小球菌（*Microcoddus radiodurans*）。1981 年才将 *Micrococcus* 改为 *Deinococcus*（希腊文中 Deino—意为"不寻常"、"奇异"）。该菌在生长过程中能产生色素，并能形成二联体和四叠体，但不形成孢子。

D. radiodurans 最显著的特征是对电离辐射有极强的抗性。该菌不仅能在急性 γ 辐照 > 1.50 万拉德的条件下存活和不发生突变，而且能在 0.6 万拉德/h 的慢性辐照下正常生长和表达外源基因。相比之下，*E. coli* 在急性剂量 10～20 万拉德或慢性辐照（0.6 万拉德/h）条件下被杀死；同样，芽孢杆菌的细胞在 0.6 万拉德/h 条件下不能生长，其孢子经 20～100 万拉德的辐照后，存活率下降了五个数量级；而人对 γ 辐射更敏感，其致死剂量约为 500 拉德。*D. radiodurans* 除抗电离辐射外，对 UV、H$_2$O$_2$、化学诱变剂（亚硝基胍类除外）和干燥均具有很强的抗性。

D. radiodurans 的细胞外被在结构与组成上也十分独特。尽管其外被的结构类似于 G$^-$细菌，但 *D. radiodurans* 通常染成 G$^+$，这可能与其较厚的肽聚糖层（14～20nm）不易脱色有关。肽聚糖中的二氨基庚二酸被鸟氨酸替代，这与其近邻栖热菌属（*Thermus*）细菌的肽聚糖完全相同。*D. radiodurans* 的外膜和质膜具有相同的脂质组分。其脂肪酸为 15-碳、16-碳、17-碳和 18-碳饱和和单不饱和酸的混合物，膜中缺乏其他细菌中常见的磷脂。在 *D. radiodurans* 的质膜质中，43% 为含烷基胺的磷糖脂，是 *D. radiodurans* 的特征性脂质。

二、能量的产生与转换

D. radiodurans 细胞采用液泡型（V-型）而不是 F、F0 型 H$^+$-ATPase 产能，这在营自养生活的细菌中十分少见。V-型 H$^+$-ATPase 广泛存在于真核生物和古生菌中。所有的古生菌都含有一个保守的操纵子，该操纵子由编码 V-型 ATPase 亚基的 8 个基因构成。在罕见的几种具有 V-型 ATPase 的细菌中，编码该酶的操纵子仅部分保留（丧失某些亚基）。另一个有趣的特征是 *D. radiodurans* 具有编码 Na$^+$/H$^+$反向载体的基因，这种反向载体仅在嗜碱菌和少数几种其他细菌中发现，已证实该载体对在碱性条件下生长的细胞是必需的。

三、生态分布

抗辐射微生物的进化是值得注意的，因为在出现生命后，地球上似乎不存在高辐射的生境。近 40 亿年来，地球表面环境（包括含溶解放射性核素的水体）的辐射水平仅为 0.05～20 拉德/年。除电离辐射外还有其他许多理化因子能引起 DNA 损伤，这些理化因子包括 UV 和各种氧化剂。此外，非静态环境，如干燥和水合及高低温循环也能导致 DNA 损伤。研究结果显示，*D. radiodurans* 的辐射抗性很可能是对慢性非辐射引起的 DNA 损伤的应答反应。

尽管地球上不存在高辐射的天然生境，但是抗辐射微生物可以从多种不同的环境中分离到。迄今共分离到七种抗辐射异常球菌（见表 2-15），它们共同组成一个独特的细菌系统发生世系，并与栖热菌属关系密切。异常球菌的天然分布至今还没有系统研究，但可以肯定它们在全球范围内都有分布。除表 2-15 中列出的来源外，它们还可以从土壤、风化的花岗岩、受辐射的医疗器械、空气净化装置和污水中分离到。

除异常球菌外，一些超嗜热古生菌（如 *Thermococcus stetteri* 和 *Pyrococcus furiosus*）也能在高水平 γ 辐射条件下生存。

人为的高辐射环境主要包括核反应堆和核废料。由于抗辐射异常球菌的存在，核反应堆的冷却水中应投放杀菌剂，以防止这类细菌的生长与繁殖。

表 2-15　　　　　　　　　　　已分离到的七种抗辐射异常球菌

种名	来源
D. radiodurans R1	肉制品
D. radiopugnans	鳕鱼组织
D. radiophilus	鸭
D. proteolyticus	动物粪便
D. grandis	动物粪便
D. murrayi	热泉
D. geothermolis	热泉

四、适应机理

生物体抗辐射的方式主要有两种，即防止损害和损害的有效修复。在 *D. radiodurans* 的细胞中，γ 辐射能引起其 DNA 的严重损害。当用 30 万拉德的剂量进行辐照时，每个细胞能产生大约 110 条双链 DNA 断片（DSB），但经 3h 恢复后，细胞中又重新形成基本完整的染色体 DNA。此外，即使细胞的 DNA 被明显降解，也不影响其存活能力。由此可知，DNA 修复是 *D. radiodurans* 抗辐射的重要方式。

D. radiodurans 细胞中的高效 DNA 修复系统另一方面也成为其遗传学研究的障碍，即很难分离到稳定的突变体。然而，通过采用化学诱变和筛选丝裂霉素、UV 和电离辐射敏感菌株，已经鉴定出与核苷剪切修复、碱基剪切修复和重组修复有关的基因。实验表明，*D. radiodurans* 的重组缺陷型菌株对电离辐射十分敏感，这进一步证实了 DNA 修复系统的重要性。此外，*D. radiodurans* 为多拷贝基因组，因生长期不同，其拷贝数在 2.5 ~ 10 范围内。多拷贝基因组使得染色体间的重组成为可能，从而有利于从 DNA 断片重新组装成完整和连续的染色体。

从 *D. radiodurans* R1 的基因组中已经鉴定出 3 187 个开放阅读框（open reading frame, ORF），通过与蛋白质文库中现存的基因产物比较，确定了 1 493 个 ORF 的功能，在剩下的 1 694 种未知功能的蛋白质中，目前知道有 1 002 种为 *D. radiodurans* 所特有。*D. radiodurans* 的抗辐射秘密很可能从这些未知功能的蛋白质中发现。

小　　结

极端微生物是指那些以极端环境为最适生长条件的微生物。主要是一些"喜欢"或

"嗜好"诸如高温、高 pH 值、高压或高盐度以及低温、低 pH 值、低营养或低水活度的微生物，此外，还包括那些能耐受高辐射和高浓度毒性化合物的微生物。

影响微生物生长的环境因素包括温度、pH 值、氧气、压力、氧化还原电位、辐射等。温度影响微生物的代谢活动。高温使微生物致死，该作用广泛用于消毒和灭菌。低温一般只能抑制微生物的生长繁殖，可应用于保藏菌种。pH 值对微生物有多重影响，强酸强碱对一般微生物有致死作用。根据对氧的不同需求，微生物可分为好氧、厌氧、兼性厌氧、微好氧和耐氧五种类型。不同微生物对 Eh 有不同要求，好氧微生物的生长要求 Eh 在 0.1V 以上，而厌氧微生物的生长要求较低的 Eh。不同微生物有不同的生长最适 a_w，高渗环境会导致细胞质壁分离，低渗环境会使微生物细胞发生膨胀，而干燥环境将导致微生物代谢活动停止甚至死亡。不同波长的辐射对微生物生长的影响不同，除可见光外，其他辐射（微波、紫外线、电离辐射）对微生物有害。

嗜热微生物是指那些适应高温环境的原核生物。所有已知的嗜热细菌（除 *Thermotogales* 和 *Aquifiales* 外）归属于嗜热菌，而多数嗜热古生菌归属于超嗜热菌。嗜热微生物能在 55 ~ 113℃范围内生长，广泛分布于地热生境和人为热生境，在系统发育、生理代谢、生态分布和适应机制方面均呈现明显的多样性。

嗜冷微生物的最适生长温度≤15℃，并且在 20℃不能生长。嗜冷微生物种类繁多，包括细菌、古生菌、酵母、丝状真菌和微藻。适于嗜冷微生物生长的低温生境主要为深海和南北两极地区，人为的低温环境包括一些制冷设备和冷藏装置。嗜冷微生物在其细胞组分和结构方面都发生了适应于低温条件下生长的改变。

通常将最适生长于 pH0.1 ~ 4.5 的微生物称之嗜酸微生物，其中又将最适生长 pH≤3.0 的种类称之极端嗜酸微生物。自然环境的酸化往往是由嗜酸微生物的代谢活动引起的，这一过程主要与硫或硫化物被氧化成硫酸有关。大多数人为极端酸性环境都与微生物浸矿有关。原核嗜酸微生物是极端酸性环境中的优势菌群，它们可与一些专性嗜酸真核微生物构成稳定的微生物群落。

通常将其最适生长 pH > 9.0 的微生物称之嗜碱微生物。天然碱性环境的典型代表是碱湖和碱性沙漠，人为碱性环境的形成往往与工业生产相关。在碱湖和碱性土壤中，嗜碱微生物的优势种群为细菌和古生菌，嗜碱真菌比较少见。嗜碱细菌生存最为突出的问题是在高 pH 值条件下维持其细胞质 pH 值的相对衡稳，细胞膜上的 Na^+/H^+ 反向载体在这一调控过程中起关键作用。

嗜盐微生物是指必须在一定盐度条件下才能生长的微生物，根据其最适生长的盐度不同，可将它们分为轻度嗜盐、中度嗜盐、极端嗜盐等类群。适于嗜盐微生物生长的高盐生境是指那些高于海水盐度（3.5% W/V）的环境。高盐水体环境可划分为海盐型和非海盐型，地下盐矿和含盐为 20% ~ 30%（W/V）的土壤也是天然高盐生境。生活在较高盐度环境中的嗜盐微生物，通常可分别采用两种不同的方式调节其细胞质的溶质浓度，一种是在其细胞质中积累相容性溶质；另一种是提高其细胞质的盐浓度。

嗜压微生物是指那些适于在高压环境中生长繁衍的生物有机体。高压生境在海洋中有广泛的分布，并且在温度、盐度、含氧量、pH 值和营养物可用性方面呈现明显的多样性。陆地深部也是高压环境，大部分陆地深部都是寡营养环境。嗜压微生物通常具有较慢的生长速率，其质膜中含有较高的单不饱和及多不饱和脂肪酸。

能在高剂量 γ 辐射条件下生存的生物有机体称之为抗辐射微生物。迄今只发现了少数几种细菌能耐受高剂量 γ 辐射，其典型菌株为抗辐射异常球菌。尽管地球上不存在高辐射的天然生境，但是抗辐射微生物可以从多种不同的环境中分离到。生物体抗辐射的方式主要有两种，即防止损害和损害的有效修复。DNA 修复是抗辐射异常球菌抗辐射的重要方式。

思 考 题

1. 何谓极端环境？列举极端环境的主要类型。

2. 试分析影响微生物生长的主要环境因素及其作用机制。

3. 列举日常生活中高温消毒和灭菌的实例，并说明两者的区别。

4. 简述嗜热微生物的多样性。

5. 试述嗜冷微生物的适应机制。

6. 地球上的极端酸性环境是怎样形成的？

7. 简述嗜碱芽孢杆菌的适应机制。

8. 嗜盐微生物采用什么方式维持其细胞内外的渗透压平衡？

9. 深海和陆地深部都是高压环境，但是前者的微生物多样性通常高于后者，试分析其原因。

10. 抗辐射异常球菌采用何种方式维持其在高剂量 γ 辐射环境中的生长？

第三章　微生物种群、群落及其多样性

现代生态学研究以种群、群落和生态系统为中心。微生物生态学与普通生态学一样也存在个体、种群、群落和生态系统从低到高的组织层次，与动物、植物相比，微生物具有更强的群体性。在个体、种群、群落、生态系统的层次上，群落处在关键的位置上，种群的相互作用是特定群落形成和结构的基础，生态系统所表现出来的作用及其调控也取决于群落的功能。因此把重点放在群落水平上有助于了解微生物在特定生态位的作用，揭示微生物代谢功能，说明环境压迫对微生物的影响和微生物的应答。

第一节　微生物种群及其相互作用

英文 Population 一词可译为种群或群体。生态学上的种群是同种个体的集合，微生物种群同样也指分类学上的同种微生物个体的集合，这是严格意义上的种群；但许多人也把同一科、属、门，甚至一大类微生物（如细菌、古生菌、藻类）也称为一个 Population，这则是相对意义上的种群，或者说更倾向于是一种群体。

一、种群内的相互作用

单一种群中的相互作用有正相互作用和负相互作用，正相互作用是使种群生长率增加，而负相互作用则使生长率降低（图3-1）。一般正相互作用（协同作用）主要发生在低群体密度，而负相互作用（竞争）发生在高群体密度。在合适的低种群密度条件下种群密度增加直至达到某一临界值，然后高密度又导致强烈的负相互作用而减少速率（图3-2）。

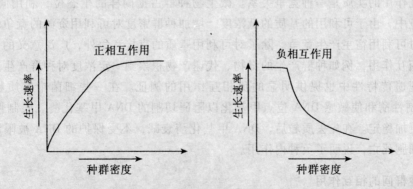

图3-1　在一个密度不断增加的种群中对生长速率所产生的正和负的相互作用效应

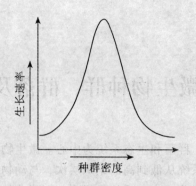

图3-2　一个种群中正和负相互作用的综合效应，生长速率指示种群密度的适合性

正相互作用的实质是一种协同作用。在微生物培养和工业发酵中具有适宜的初始种群密度的培养物的生长明显优于初始种群密度较低的培养物。较低种群密度时会有较长的迟缓期，如果密度很低微生物可能不能生长。这对于在合成培养上不易生长，有复杂生长生理需要的微生物尤其如此。中间密度种群一般要比单个生物在自然生境中更易成功定殖，微生物感染中的"最小感染剂量"也说明了这个问题，一般成千成万个病原体才能引起疾病，而单个病原体是不能够克服宿主的防御的。微生物生长对协同作用的需要主要源于微生物生长过程中的相互需要，微生物半透性的细胞膜需要不断把分解代谢产物排出，又要不断吸收代谢产物进行新的合成。而一个细胞或非常低浓度的种群是做不到的。

正相互作用有助于微生物利用营养资源、适应和抵抗恶劣环境以形成菌落。种群的协同相互作用对微生物利用不易利用的基质（如纤维素、木质素等）尤其重要，在很低种群密度条件下，微生物产生的胞外酶和酶解基质的产物会迅速在环境中稀释，不能为种群所利用。而较高种群密度则可以使基质被高效利用。生物膜中的微生物种群对抗微生物剂的抗性比悬浮的高出一个数量级。微生物种群之间的遗传信息交换也被看成是一个协同相互作用，微生物对抗生素、重金属的抗性、利用不常见有机物的能力可以从种群中的一个个体转移到其他个体中，但这种遗传交换需要较高的种群密度（大于 10^5 个/ml）才能进行，低密度条件下的遗传交换是很罕见的。

负相互作用的实质是一种竞争关系。微生物种群占据同样的生态位，利用同样的基质。在自然生境中，由于可利用的基质的低浓度，增加种群密度对可利用资源的竞争增加，寄生微生物会对可利用宿主产生竞争。除了对可利用基质的直接竞争外，广泛意义的竞争还包括其他的负相互作用，例如种群产生的毒物、代谢产物积累到一定浓度对种群产生的作用。微生物的生理遗传特性中也提供明显的负相互作用的例证。在一些细菌中有质粒编码切割DNA 的限制性酶和使敏感 DNA 位点甲基化以阻碍切割的 DNA 甲基化酶。限制性酶比 DNA甲基化酶更加稳定。在先去质粒后，DNA 甲基化酶衰减，不受保护的 DNA 被限制性酶的切割，造成细胞死亡，说明了负种内作用。

二、种群间的相互作用

众多的微生物种群之间存在方式多样的相互作用。传统上共生的概念被用于描述两个种群之间的密切的关系。总体上所有的共生关系都可以看成是有益的，因为这种共生关系可以维持生态平衡。微生物种群之间的相互作用和种群内一样也可以区分为负相互作用、正相互作用、中立作用等。正相互作用可使微生物更有效利用资源,并占领原先所不能占领的生境,增加生长速率、存活时间和抗环境压迫的能力;而负相互作用则会降低某些种群的生长速率、存活数量,但负相互作用作为一种反馈调控调整种群密度,从长远看也有利于种群的生长和存活。

种群之间的相互作用是群落结构形成的基础,也是推动群落演替的动力。在成熟的群落结构中,多种种群之间的关系十分复杂,多种方式的相互关系共存。为了便于分析,这里把多种群多边的复杂关系简化为两个种群之间的相互关系加以阐述,从两种种群间的相互关系出发进而能剖析更加复杂的群落中种群之间的复杂关系。按照相互作用的特点,我们可以把两种群间的相互作用概括为八种类型(表3-1)。

表 3-1　　　　　　　　　　　　微生物种群之间相互作用类型

相互作用类型	相互作用效应	
	种群 A	种群 B
中立作用（neutralism）	○	○
偏利作用（commensalism）	○	+
协同作用（synergism）	+	+
互惠共生（mutualism）	+	+
竞争作用（competition）	—	—
偏害作用（amensalism）	+	—
捕食作用（predation）	+	—
寄生作用（parasitism）	+	—

注:○:无效应　　　+:正效应　　　-:负效应。

1. 中立作用

中立作用是两个微生物种群之间互不干扰、互不影响的相互关系。空间上相互隔离是使两个种群之间表现出中立现象的主要原因。空间上的相互隔离在自然生境中普遍存在,如种群密度极低的寡营养水体,不同种群占据不同微生境的土壤环境。但空间上的隔离也不能绝对排除两种种群之间的联系,例如植物根病原体造成的植物死亡也对以叶为生境的微生物造成影响。此外极低的代谢活性(如冷冻和大气中的微生物)、休眠状态(如抗环境压力产生的芽孢、胞囊等)也是中立作用产生的条件。

2. 偏利作用

偏利作用是一种种群因另一种种群的存在或活性而得利,而后者没有从前者受益或受害。在自然生境中偏利作用是极普遍的相互作用,是导致群落演替的重要因素。通过改变生境条件,产生可利用基质或生长因子,移走有毒物质,降低可产生抑制作用的物质和共代谢作用等都导致产生偏利作用。例如嗜高渗酵母菌在高浓度糖溶液中生长时能降低糖浓度,改变生境的水活度,使那些不能耐受高渗透压的微生物能够生长。某些真菌产生的纤维素酶转化复杂的多聚化合物（如纤维素）成为简单化合物，如葡萄糖，而葡萄糖则可为缺乏纤维素分解能力的微生物所利用。

3. 协同作用

协同作用是非专一性的松散联合的两种种群都从这种群合中受益的相互关系。联合双方可以单独存在，而且任何一方都可以被另外的种群所替代。具有协同作用的两种群联合它们的代谢活性，使它们能更好进行单个种群所不能完成（或不能很好完成）的化合物分解转化过程。有的两种种群协同作用使有机物被彻底分解，两者都从分解过程中取得能量和生物合成的代谢产物（图3-3）。有时两个种群可以促进物质循环、相互提供营养物质（图3-4）。种群的协同作用可因细菌的更加紧密接触（如絮凝成为絮凝体）而得到促进，并可成为三种群组成的协同共生体（图3-5）。

$$\text{化合物 A} \xrightarrow[\text{种群 1}]{} \text{化合物 B} \xrightarrow[\text{种群 2}]{} \text{化合物 C} \xrightarrow[\text{种群 1 和 2}]{} \text{能量 + 末端产物}$$

图 3-3　交互利用的协同作用

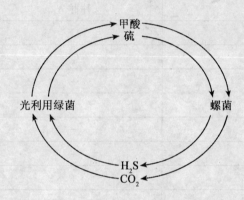

图 3-4　建立在 C 和 S 循环基础上的绿菌和螺菌的协同作用

在絮凝体中 DV（普通脱硫弧菌，*Desulfovibrio vulgaris*）转化乙醇成乙酸，耦联还原 HCO_3^- 成甲酸盐。甲酸盐被转移到 MF（甲酸甲烷杆菌，*Methanobacterium formicicum*）释放出甲烷。乙酸盐被乙酸盐产甲烷菌（如巴氏甲烷八叠球菌，*Methanosarcina barkeri MB*）裂解成甲烷和 CO_2。

4. 互惠共生

互惠共生是专一性紧密结合的两种种群都从这种联合中受益的相互关系。互惠共生是协同作用的进一步延伸和完善，联合的种群可以单独存在，但在一定条件下趋向于结合成一个共生体，共生体可以表现出独特的特性，有单个种群所没有的代谢活性、生理耐受性和生态功能，有利于它们占据限制单个种群存在的生境。互惠共生关系是专一性的，共生体中的一种成员通常不能被另外相应的种群所替代。历史上互惠共生也被称为共生，这种概念现在仍然用于描述互惠共生关系，例如固氮细菌和某些植物根的联合固氮被认为是固氮共生，而不是固氮互惠共生，实际上后者是一个更准确的概念。地衣是互惠共生的典型例子。地衣由藻类（包括蓝细菌）和真菌形成异层型结构，包括上下皮层、藻层（藻类）、髓层（真菌）。组合而成的共生体无论在功能上还是形态上都已整合成一个完整的整体。藻类利用空气、

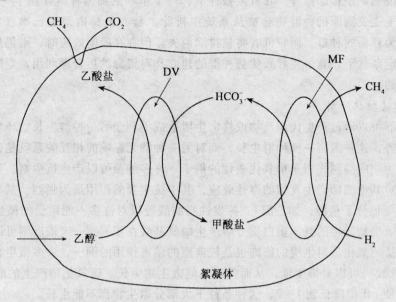

图 3-5　三种群共生体在厌氧消化乳水排放水过程中把乙醇转化成甲烷和 CO_2 作用模式图

水，通过光合作用产生有机物，其中部分供真菌为营养。而真菌为藻类提供保护，并固定在固体表面，真菌可以供给藻类所需要的矿物营养及生长因子。地衣中藻类包括蓝藻、绿藻和黄藻，绿藻中共球藻属（*Trebouxia*）和蓝藻中的念球藻属（*Nostoc*）是地衣中的常见藻类。而子囊菌纲（ascomycete）、担子菌纲（basidiomycete）、接合菌纲（zygomycetes）中的真菌是地衣中的主要真菌种。地衣中的藻类和真菌的专一性是相对的，一种藻类可以和几种相容的真菌，一种真菌也可以和几种相容的藻类相结合，在某些地衣中可以有多种藻类、真菌共存。

地衣生长非常缓慢，但能稳定定殖在其他生物不能生长的严峻生境中，如低温、干燥的岩石表面。地衣也能产生有机酸以溶解岩石矿物质，有助于它们在岩石上的生长。一些地衣能固定大气中的氮供应地衣作氮源，森林中的地衣固定的氮也供给那里的植物。地衣共生体也有非常脆弱的一面，易于受到环境改变的影响，大气污染，特别是 SO_2，可以抑制地衣中藻类的生长，降低光合作用活性，甚至使地衣消亡。

除地衣外，原生动物和藻类、细菌的内共生也是重要的互惠共生关系。

此外，有的学者也把温和噬菌体和细菌种群所建立的溶源状态看成一种互惠共生关系。噬菌体的 DNA 插入细菌的基因组而得以遗传保存，而携带有溶源噬菌体的细菌具有更大的抗感染能力，有的甚至可以产生新的酶。

5. 竞争作用

竞争是需要相同生长基质、环境因子、占据同一生态位的两种种群在一定条件下产生的负相互关系。这种关系对两个种群的存活和生长都产生有害效应。竞争的结果因竞争双方的不同遗传生理特性及环境条件会有不同的结果，但一般都会使紧密相关的种群产生生态分离，这被称为竞争排除原理。一种种群将在竞争中胜出，而另一种将被削弱甚至被排除；然而如果种群在不同时间使用同一资源，那么绝对的直接竞争可以避免。微生物在恒化器中的培养也可以说明竞争排除原理。在有限条件下，一个单一的细菌种群存在于一个恒化器中，而其他的竞争主要资源的种群将会被从系统中排除。具有最高内禀生长率（实验条件下）的种群将成为存活的种群，而较低者将被排除消失。但存在吸附效应时，则仍然可留存在系统中。在一定条件下，竞争将导致优势种群的建立和对资源的更合理利用，竞争是生物生存和进化的基础。

6. 偏害（拮抗）作用

一种种群可以通过产生代谢产物或修饰生境造成不利于另一种群生长的环境条件，从而取得竞争优势，这种阻碍一种种群生长，而对另一种群无影响的相互关系就是偏害作用。代谢产物对微生物的抑制作用是最具代表性的例子。许多细菌可以产生抗生素、生物毒素、细菌素，可以对其他细菌产生直接的毒性效应，其中抗生素的作用最为强烈。某些微生物产生的醇类（主要低分子量醇，如乙醇）、挥发性脂肪酸可以对许多不能耐受的微生物产生抑制作用。氨化微生物产生的氨、蛋白质分解产生的氨基酸在积累到一定浓度则可以抑制硝化细菌对亚硝酸盐的氧化。对生境的修饰也是较典型的偏害作用的例子，许多微生物产生的弱酸（如乙酸、乳酸）可以修饰生境，从而抑制其他微生物生长。硫氧化菌产生的酸矿水（主要是硫酸）可使 pH 值降低到 1~2，这种条件下大部分微生物都不能生长。

偏害作用可以导致某些种群在生境中的优先定殖。一种生物确定了在一个生境中的地位，它就可以阻碍其他种群在那个生境中的存活。皮肤表面的土生微生物产生的脂肪酸可以防止其他微生物的定殖。偏害作用也可以导致多种微生物的共存。在新西兰刺猬（hedgehog）皮肤上的须发癣菌（*Trichophyton mentagrophytes*）可以产生青霉素，这对青霉素敏感菌是偏害的。但这种偏害作用也导致了抗性菌的产生，抗青霉素的葡萄球菌也见于这种动物皮肤表面。

7. 寄生

寄生是一种种群对另一种群的直接侵入，寄生者从寄主生活细胞或生活组织中获得营养和生存环境，而对寄主产生不利影响。根据寄生部位可有内寄生、外寄生，根据寄生关系又有专性寄生、非专性寄生。在寄生过程中寄主细胞常被裂解。噬菌体与细菌、放线菌之间的寄生关系是微生物间寄生关系的最典型例子，噬菌体侵入被感染菌后利用胞内的条件复制出新的噬菌体，导致寄主被裂解。真菌之间的寄生现象比较普遍。细菌间的寄生现象比较少见，但蛭弧菌的寄生引人注目，蛭弧菌可寄生在细菌胞内，一般侵入革兰氏阴性细菌。在微生物中还可出现连环寄生的现象，蛭弧菌寄生在细菌胞内，而噬菌体又寄生在蛭弧菌胞内，在蛭弧菌裂解寄主细胞时，它自身也会被裂解。

寄生是控制种群密度的一种机制，对寄主种群具有长远的利益。我们可以利用寄生来控制农业病原菌，利用噬蓝藻体来控制蓝藻的生长，达到控制水体水华的目的。

8. 捕食

捕食是一种群被另一种群完全吞食，捕食者种群从被食者中取得营养，而对被食者种群产生不利影响。在微生物中，原生动物之间和原生动物与细菌之间的捕食关系最为典型。前者如环栉毛虫对大草履虫的捕食，后者如纤毛虫、鞭毛虫和阿米巴等对细菌的捕食。捕食关系的理论模式是两种种群的数量表现出有规律的周期性波动，捕食者的数量高峰要比被食者的数量高峰稍后一些（图3-6）。但在实际的捕食关系中两种种群的大小都受到负反馈调控，被食者也可以躲避和产生抗捕食能力（如产生荚膜，有利于附着），所以捕食者和被食者都不会完全从系统中被排除，而是以一个相对稳定、大小不同的种群共存于系统中。四膜虫（*Tetruhymena pyriformis*）（捕食者）和肺炎克雷伯氏菌（*Klebsiela pneumoniae*）（被食者）的共培养试验（图 3-7）就说明了这一点。共存依赖于被食者的躲避能力，这直接导致图 3-7 四膜虫和克雷伯氏菌之间所示的捕食者-被食者关系。

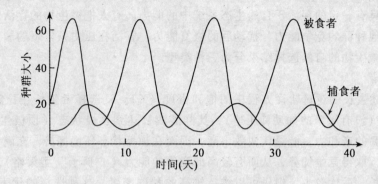

图 3-6　理论上的捕食者-被食者的波动

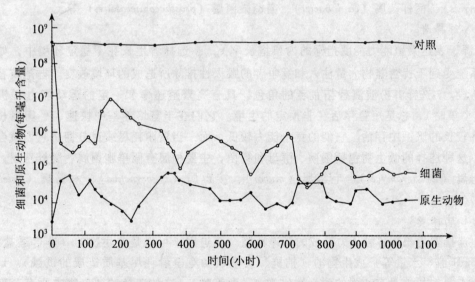

图 3-7　在限制蔗糖的连续培养中，四膜虫和肺炎克雷伯氏菌种群之间
相互作用显出的捕食者-被食者种群周期波动

不同的种占据分离的生态位，由此可见生态环境的异质性、生态位的多样性实际上为这种共存提供了基础。此外捕食者和被食者的物理隔离可以保护被食者免受捕食，研究证明黏土颗粒可以起到保护被食者的隔离作用。纤毛虫等原生动物（如 *Paramecium* 等）的个体大小是被食者细菌（如肠杆菌）的 $10^3 \sim 10^4$ 倍，它们对细菌捕食的策略是滤食（filter feeding），以便消耗最少的能量获取最大的能量。如被食者密度太低，滤食过程处于能量赤字，这样滤食原生动物就会停止滤食。捕食也是控制种群的一种机制，对生态平衡有重要意义。在污水处理中原生动物大量捕食游离的细菌，对于提高污水处理厂出水的水质有重要作用。虽然被食者被捕食者捕食而被消耗，但被食者作为一个整体可以从加速营养循环中得到好

处。通过捕食者死亡分解后产生的基本物质促使被食者的生长，从而补偿由被捕食造成的种群数量的降低。

三、微生物种群在群落中的生存策略

这里的生存策略是表示微生物对它所处生存环境条件的不同适应方式。适应的结果使一个特定的种群具有一定的存活于自然生态系统中的能力。有人把微生物的存活能力分为三个方面，即和其他种群的竞争能力，扰动后的恢复能力，存活在压力条件下的能力。从三种能力出发可以把微生物的自然选择结果分为三种类型。

1. K-选择者

K 源于描述生长的逻辑斯谛方程中的饱和密度（K）。K-选择者生长在稳定和可以预测的环境条件下（没有频繁的扰动和压迫），其群落演替达到顶极状态（顶极生态系统）。它们对基质有较高的亲和力，能量代谢效率高，因而在顶极状态环境拥挤，充满竞争，而营养又有限的条件下取得竞争优势，从而有较高的竞争的能力（"狮子"型策略），尽管它们世代时间相应较长，后代较少，但仍可以维持较高的种群密度。这种选择的代表性微生物有：节杆菌属（*Arthrobacter*）、红球菌属（*Rhodococcus*）、微球菌属（*micrococcus*）、油脂酵母属（*Lipomyces*）、柄杆菌属（*caulobacter*）、突柄微菌属（*prosthecomicrobium*）等。

2. r-选择者

r 源于表达繁殖能力测度指标的内禀增长率 r_m。r-选择者生长在不稳定环境中，如顶极生态系统受到干扰营养物大量注入和竞争者的毁灭性排除所造成的环境改变。群落演替处于初始阶段。r-选择者扮演演替拓荒者的角色，具有高繁殖速率和一定的运动能力（机会或"豺"型策略），总是短暂存活在非预定的生境。它们在丰富培养基中快速、平衡生长，但不能在较长的饥饿中存活。它们的竞争能力较低，而一当资源耗尽或过分拥挤它们就会迁移他处。这种选择的微生物包括细菌、酵母和霉菌，主要种属有假单胞菌属、肠杆菌属、德巴利酵母属（*Debaryomyces*）、毛霉属（*mucor*）、接霉属（*zygorynchus*）、木霉属（*Trichodeyma*）。

3. L-选择者

L-选择者生长在各种压力造成的压迫环境。压迫因子可以是非生物的（非合适盐浓度、温度、pH 值、水量等）或生物的（拮抗、大量成功竞争者耗尽基质造成的饥饿）。L-选择者的特点是对压迫具有较强的耐受性（"骆驼"型策略）。这种选择的微生物主要有芽孢产生菌，如芽孢杆菌属、棱菌属（*Clostridium*）和各种极端环境生境中微生物（嗜盐、酸、碱、冷和热的微生物以及抗干旱、辐射、有毒基质的种类）。

第二节 微生物群落及其相互作用

一、群落组成、结构的特点

群落是一定区域内或一定生境中各种微生物种群相互松散结合的一种结构单位。这种结构单位虽然结合松散，但并非是杂乱无章的堆积，而是有序的结合，并由于其组成的种群种

类的特点而显现一定的特性。反刍动物瘤胃、生物膜都被认为是典型的微生物群落。有关生物膜的相关问题参阅第二章。

1. 生态位及生境的选择作用

生态位、生境是生物个体、种群或群落所占据的具有时空特点的位置，一般来说种群所占据的位置称为生态位（niche），而群落所占据的空间称为生境（habitat）。

对微生物来说特定生境（生态位）具有特定的营养物状况以及温度、湿度、pH 值等物理、化学特征。动物瘤胃、植物根际都是不同的生境（生态位）。微生物的群落结构受到生境的非生物环境的严格选择，因此群落的组成实际上是生境（生态位）的状况的真实反映。例如在森林的枯枝落叶层，由于存在大量的纤维素，因此那里会含有大量的分解纤维素的细菌群落。

2. 群落的演替

微生物群落的演替过程是微生物种群之间、微生物种群和生境三间相互作用的结果。群落中的单个种群占据某个生态系统的生态位，随时间的变化，一些种群被其他种群替代，这样群落的结构会随时间而变化。

根据演替发生的情况可将演替分为以下几种类型：

（1）初生演替（primary succession）

发生在没有种群占领过的生境中的演替称为初生演替，如发生在新生动物胃肠道的微生物群落的演替。最先占据生境的称为先驱种，先驱种的共同特征是具有有效的传播机制，但是先驱种群一般会被更适合的种群所替代，另外生境中的许多生态位会被其他种群所占据，使生境中种群更丰富，群落中有更加多样的相互关系及相互合作，并使相互关系达到一种平衡。

（2）次生演替（secondary succession）

演替发生在被群落占据的生境，或具有演替历史的生境，这过程称为次生演替。次生演替一般在某些灾变事件发生之后发生，如向一个土壤生境导入污染物，致使污染物的降解菌大量增加，而发生群落的次生演替。

（3）自源演替（autogenic succession）

在某些演替过程中，微生物修饰生境，因此新种群可能得以发展。这种由群落机能的反作用引起生境改变而产生的演替称为自源演替。如兼性厌氧种群产生的厌氧环境条件，使专性厌氧种群发展。

（4）异源演替（allogenic succession）

由于环境因子改变而发生的演替称为异源演替，是由于群落成员生命活动无联系的环境改变所引起的。某些种群展现的年节律变化就是季节变化引起的群落演替。

（5）自养演替（autortophic succession）

自养演替随着供给非限制性的太阳能而发生。在自养演替中总光合作用（P）超过群落呼吸作用（R）的速率，即 P/R 比率开始时大于 1，如果演替朝着一个稳定群落发展，则 P/R 比率接近 1。自养演替主要在先驱群落内发生。如在新爆发的火山岩和光秃的岩石表面，光合作用先驱有机体对营养的需要很低，并对不利的环境条件有高的耐受能力。蓝细菌和地衣的陆生类型是这种环境内最好的先驱群落。

（6）异养演替（heterotrophic succession）

和自养演替相反，由于消耗大于生产，有机物将不断减少，这时 P/R 的比值要小于 1，这种状态下的演替就是异养演替。在异养演替中，通过系统的能流随时减少，由于输入有机物的不充分，使群落逐渐耗费其所储藏的化学能。异养演替经常是短暂的，因为当储藏的能量耗尽时，就以群落的消失而告终。如果有外来有机物的不断供给，则异养演替可继续进行，并可以导致一个稳定的顶极群落。例如，只要有规律地输入食物，肠道内微生物群落的异养演替能维持一个稳定的顶极群落，假若动物停止进食，肠内的微生物群落就会瓦解和消亡。参与有机物分解过程的很多微生物群落呈现异养演替。

演替导致稳定是群落生物中的共同法测，在一定生境中演替不是无止境的，因为生境最终不再按一定的方向发生显著变化。在这种情况下最后的群落将控制这个生境，这时的群落称为顶极群落。在一定意义上，当一个顶极群落出现时，演替即完成，即达到演替顶极。顶极群落具有高度的自然平衡作用，它们藉群落种群之间的相互作用为基础的调节机制，有能力维护群落的稳定，并抵制打破这个稳定状态的外部影响。

环境扰乱可以对顶极群落产生影响，如果扰乱不很严重时，顶极群落的自我平衡作用能恢复被扰乱的群落。例如，头发的洗涤扰乱了原来生境中的群落，但洗涤没有导致新的群落形成，在洗涤后即开始了返回原来群落的演替。当异己的或外来的微生物进入一个新的生境时，对外来种群的排斥性和竞争性排除外来的种群，维持原来群落的稳定性。但是严重的灾害可以破坏原来群落的自我平衡能力，破坏现有的群落，并引发次生演替过程。例如大量污染物导入水生态系统和陆地生态系统，由于这样的环境扰乱超过了群落的自我平衡的能力，导致次生演替的开始。

在水体、土壤、动物胃肠道等生境中，微生物群落的演替都可以看到。鼠肠道的微生物群落演替（图 3-8）展现了这样一个过程。开始由乳杆菌属、黄杆菌属和肠球菌属的种群组成，黄杆菌属种群大约在前几天增加，在这以后它们从群落中消失；肠球菌属和大肠菌一类的种群随着黄杆菌的消失而显著增加，但在较晚几天降低到较低水平；乳杆菌属种群有规律地增加十天，在这以后成为稳定种群。专性厌氧的拟杆菌属种群，在开始的群落内缺乏，或以非常少的数量存在，可是十几天以后拟杆菌种群显著增加，它变成顶极群落中的优势种群。

3. 群落的多样性和稳定性

生物群落通常是种类数少，种的个体数量大，或种类很多，而每个种的个体数量少。具有复杂结构的群落有高度多样的种类，有丰富的信息。一般演替程度越高的群落就有越复杂的结构，而顶极群落的结构最为复杂多样，群落的多样性和稳定性密切相关。可以有很多的指标来说明多样化，现在一般用种多样性和遗传多样性来说明。

种多样性（species diversity）是指一个群落中种的数量和各个种的个体数量及其均匀度的关系，表示群落中种的丰富度和相对丰盛度（relative abundance）。种多样性可以用"多样性指数"（diversity index）来表示，多样性指数是以群落组成结构中种的数量和各个种的个体数量的分配有一定的特点为依据而设计的一种数值指标，一般种类数越多或各个种的个体数分配越均匀，则种多样性指数值就越大，反之种多样性指数值就越小。目前，广泛用于计算微生物群落种多样性的数学指数是香农多样性指数，表示如下：

$$(H') = C/N(N \lg N - \sum_i n_i \lg n_i)$$

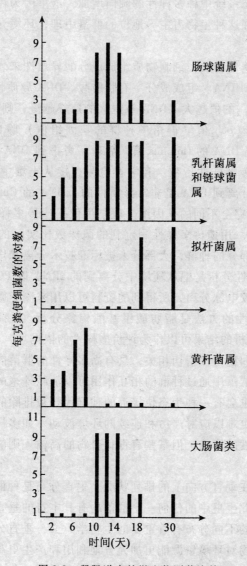

图 3-8　鼠肠道内的微生物群落演替

H'：种多样性指数

$C = 3.3219$

N：所有种的个体总数

n_i：第 i 种的个体数

种多样性指数是一个很有价值的数学指数，能够用来表示施加于群落上的环境压力的程度。多样性指数还是一个敏感的污染指标，能用于评价水质的污染情况，已发现污染物导入水生态系统后，硅藻和细菌群落的多样性指数值减小。多样性指数值还能用于了解群落的演替变化，从低多样性的先驱群落到高多样性的稳顶极群落，多样性指数值增加。在物理因素控制的生态系统中种多样性倾向降低，这是因为物种会优先适应理化因子的压迫，而留给物种的相互作用的空间较少，例如在酸泉、热泉那样由物理因素控制的生境中的种多样性相应较低。而在生物控制的生态系统中种多样性的倾向增加，这里因为种群内的相互作用的重要性比非生物压迫更重要。在这种生物占主导地位的群落中理化环境允许更大的种间适应，导致种的丰富联系。

遗传多样性也可以用遗传物质、细胞物质组成成分的异质性来表示。目前研究使用的遗传物质主要包括 DNA、16SrRNA。组成成分主有脂肪酸。DNA 异质性的指标是 $Cot_{1/2}$（重退火 DNA 一半的时间），$Cot_{1/2}$ 的值越大，DNA 重退火的速率越慢，则说明 DNA 的异质性越大（高遗传多样性）。用平均 $Cot_{1/2}$ 值（群落中种群的基因组值）除以微生物群落中抽提的 DNA 的 $Cot_{1/2}$ 可以得到分离 DNA 的 Cotplots 值，后者还考虑到 DNA 信息及其在种群中的分布，所以是一个更好的遗传多样性指数。有学者检测直接从土壤中抽提的 DNA 的异质性，结果表明大部分从土壤中分离到 DNA 是非常异质性的。DNA 的 $Cot_{1/2}$ 大约是 4600，这等值于 4000 种标准土壤细菌的完全不同的基因组。就是说依据遗传多样性测定土壤微生物群落看来有 4000 个不同的种群。用遗传多样性测定到的菌株数比实际的菌株高 200 倍，这说明通过标准平板技术分离少部分的种群，大部分未被标准技术分离和培养。

16S rRNA 的遗传多样性分析是把从环境中分离到的 rRNA 以 PCR 扩增，再以限制性内切酶消化，消化片段经凝胶电泳分离，所得到的资料可以用来测定微生物群落的多样性。

另一个评价群落多样性的方法是脂肪酸甲基酯构象分析（FAME analysis：an alysis of fatty acid methyl ester）。分析的结果可以作为评价多样性的依据。

微生物群落的多样性和稳定性密切相关，具有高多样性的群落能应对环境波动，具有高的稳定性，在高多样性的群落中通过种群的相互作用可以消除外来的低干扰和影响，即使一个种群被从群落中排除，也会有一种生态位接近的种群代替被排除的种群，维持群落的稳定性。但即使是稳定的群落也难以应对严厉和连续的环境波动。如多样性高稳定的活性污泥能降低许多有毒化合物低浓度的影响，但某些有毒化合物的高输入则能使群落瓦解。

4. 垂直结构

垂直结构是不同种群在垂直方向上的排列状况，垂直分布是种群间及种群与环境间相互关系的一种特定形式，因此生境中的任何一个群落均有其本身的垂直结构。垂直分布相当于成层现象，这种在生态上的不同分布有着重要的生物学意义，垂直分布在利用环境方面至少部分相互补充，以使微生物对环境资源能更加充分地利用和产生更高的生物量。垂直分布通常是种间为了竞争光、氧、温度、营养等的结果，这有利于微生物在自然界更好地发展。在一个湖泊水体中细菌群落的分层现象明显可见，光合作用种群多分布在近水面区域，主要有蓝细菌；化能自养菌种群多分布在湖泊深水层，主要有无色硫细菌和硫酸盐还原细菌；异养细菌在整个垂直水体中都有分布，一般好氧菌集中在光合作用区之下，主要有假单胞菌、柄杆菌、噬纤维菌和浮游球衣菌等；厌氧菌集中在湖底沉积物中，主要是脱硫弧菌、甲烷杆菌、甲烷球菌等。

5. 水平结构

水平结构主要反映随着纬度的变化而产生的大气温度的变化，微生物在不同温度环境下形成不同的结构。例如在热带地区的微生物一般是中温微生物，而在温带地区主要微生物则是广温性的，可以适应很广的温度范围，而在寒带地区嗜冷微生物则成为优势的微生物。

6. 优势种

在任何群落中，组成群落的各个成员所表现的作用是不同的，所以群落中的各种种群具有不同等的群落重要性。其中有部分种群，因其数量、大小或活性而在群落中起着主要的控制作用。这些对群落和环境具有决定性意义的种群称为优势种，例如，在以甲烷为唯一的碳源、能源的培养基中，假单胞菌能氧化利用甲烷取得能量生长繁殖，而其他微生物则只能代谢假单胞菌的代谢产物和细胞裂解物作为自己的碳源和能源。这里假单胞菌就是优势种。

7. 群落生境

群落与环境的关系极为密切，一方面环境影响着群落，环境也受到群落的反作用。任何一个群落均依赖于它的群落生境，任何群落生境也均处于群落的作用之下。每个微生物群落基本上都是生境严格选择的结果，在每个群落生境中都有自己独特的群落。例如盐湖中的细菌群落主要由盐球菌、盐杆菌、肋生弧菌、盐脱氮副球菌、变易微球菌等组成；温泉内的细菌群落由氧化硫硫杆菌、酸热硫化叶菌、酸热芽孢杆菌等组成。另外，群落成员的生命活动可决定生境的许多特性，进而形成特有的群落生境。

二、群落水平的相互作用及其对生态系统的影响

群落水平上的相互作用对它们所处的生态系统的过程及功能有重要的影响。一般微生物群落之间存在着相互依赖、相互促进，又相互抑制、相互制约的关系。例如在稳定塘处理污水过程中，细菌群落的氧化分解作用所产生的 CO_2 和 NO_3^-、PO_4^-，藻类群落在有光条件下利用 CO_2，NO_3^-，PO_4^- 进行光合作用放出 O_2，又提供给细菌群落好氧分解，两个群落的相互作用使稳定塘完成一系列的有机物的净化过程。另一方面我们也要注意到在有强烈光照条件下，藻类群落的光合作用也会得到增强，可以放出更多的氧，这样又对细菌群落的氧化分解起到促进作用，从而提高稳定塘的净化能力，这就体现了光对稳定塘的净化作用的影响。又例如在厌氧发酵过程中，发酵群落发酵过程中产生的酸可以明显酸化环境，造成不适于产甲烷菌群落生长的条件，阻碍甲烷的形成。

三、压迫对群落的影响和选择

生态系统中自然形成的微生物群落是微生物之间、微生物与环境之间长期相互作用的结果。群落内部相对稳定，各个种群之间相互促进，又相互制约。同时受到外部条件的强烈修饰和限制，群落的微生物数量和种群组成是长期适应和选择的结果，并有惊人的多样性。当一个生态系统受到污染，环境条件发生很大的变化时，原来的生态稳定性遭到破坏，所有的生物，首先是微生物产生反应。原系统中的微生物对污染物各有不同的敏感性、不同的适应能力以及突变能力。适应性差的种逐渐消失或少量存在，而适应性强的种得到发展，以致占据整个生境。同时，群落内的种群发生演替，不同的种群在群落中所处的地位也发生变化。

在污染压迫下，微生物的群落结构发生变化。现在一般用异养菌数量、多样性和种群组成等方面的参数表征微生物群落结构的改变。

1. 异养细菌数

污染环境下异养细菌数量的变化因不同种类的污染物而不同。一般来说含有能被细菌利用的有机物的有机污水，如生活污水、食品工业和造纸工业的污水可使异养细菌数量增加。对微生物有毒的物质大量输入或大幅度改变微生物的生长条件，如改变 pH 值使水体偏酸或偏碱，会使异养的细菌数量减少。

2. 种多样性

对于一个特定的生境中的微生物多样性，可以用各种多样性指数来表示。菌落类型也可以表示多样性，菌落类型越多，多样性越大。在正常的生态系统中，微生物种的数量大，而每个种的个体数量相应较少；在受污染的环境中种的数量少，而种的个体数量相对丰富，因而正常生态系统中的种多样指数较污染环境大。

3. 种群组成

环境受污染以后，生境的条件发生激烈变化，对抗性或耐受种群的选择使群落中的种群组成发生变化，群落中优势种群以及各个种群所处的地位都和原来有很大的不同。一般污染物的导入使降解微生物数量及活性提高。有人对受污染的波多黎各岛海水的研究发现，未受污染海水中常见的细菌属是假单胞菌属、弧菌属、黄杆菌属、节杆菌属、柄杆菌属、生丝微菌属、噬纤维菌属、不动杆菌属和发光杆菌属，其中假单胞菌属占优势。而在污染的海水中，弧菌属和气单胞菌属细菌是优势菌，占80%～90%，而假单菌和黄杆菌都很少。

外来污染物的加入对降解模式的改变取决于多种因素，如果原存于环境中的土生细菌可以降解，则不会改变降解格局，如果不存在土生菌的降解，而使外来降解菌成为土生菌，这样就改变了降解格局，改变了微生物群落。

由于土生菌群落的生理潜力相互互补。不同分类地位的细菌可以有相同的生理功能和活性，同样种的不同菌株显示出不同的降解能力（对污染物），然而土生细菌的分类地位主要取决于分离地点的理化因素（土壤结构、pH值、水量等）。换句话说在不改变群落结构的情况下，也可以获得新的生理功能。

第三节 群落的生态功能

一、群落的生态功能

一定生态环境下的微生物群落都具有相应的功能，群落的结构和功能是紧密相连的。一个种群完成多种生理功能，多个种群又可以联合成为完成一种生态功能的群落。例如在污水处理过程中，具有脱磷作用的种群如不动杆菌属、气单胞菌属、假单胞菌属能过量吸收磷，同时它们也能氧化分解有机物，能同时完成去除P和降低BOD物质的双重功能。但另一方面许多不同种群又可以组织起来完成一个功能，例如在厌氧发酵中许多微生物种群如甲烷杆菌属、甲烷球菌属、甲烷短杆菌属、甲烷八叠球菌属、甲烷螺菌属、甲烷微菌属等具有产甲烷的功能。

二、对生境的影响

一定的微生物群落是一定生境物理、化学特征的选择结果，但反过来群落又能能动性地改造环境，群落成员的生命活动可决定生境中的许多特性，对生境产生很大的影响。例如泡菜发酵中的微生物群落主要由肠膜明串珠菌、植物乳杆菌和短乳杆菌等产酸菌组成，在它们的生命活动中产生CO_2、乳酸和乙酸，由此使发酵环境偏酸，泡菜发酵过程在较低pH值的条件下进行，这样的群落生境有利于泡菜发酵的完成，并能抑制腐败微生物的发展。

三、微生物群落中的遗传交换

决定微生物种群在群落中存在的关键因素是它们的遗传适合性，种群中的一种或更多的等位基因贡献于演替世代。微生物群落生境处于受压迫条件下，可以导致遗传交换在群落中的发生，少数病原菌因突变或重组而获得对抗生素的抗性，但抗生素的抗性不会很快在群落中扩散，但当生境有抗生素进入时就会产生一种选择性压力，选择性压力（压迫）使具有抗性的种群占有适应的优势，另一方面也促进抗性基因在群落中迁移，使更多的种群具有抗性能力。

质粒在群落中基因的快速迁移尤其重要。已经证明医院废物、生活污水、淡水和海洋水中都已分离到通过转迁而获得新的基因的细菌（参阅第一章第六节微生物在生境中的行为）。导致新的等位基因的三个基本原理：接合——供体和受体细胞的直接接触过程；转导——通过细菌噬菌体转移供体 DNA 到受体的过程；转化——感受态受体细胞吸收游离 DNA 的过程。这种基因转移已在实际的微生物降解和生物修复中得到应用（参阅第八章）。

第四节　微生物的适应进化与多样性

现存于地球上的生物是地球对生物的选择，也是生物随地球变迁而历经亿万年的进化结果。多样性的微生物既是地球生境异质性的反映，也是在环境及各种因素作用下长期适应进化的标志。

一、微生物的适应进化

地球形成和非生物作用产生的有机化合物为以后生物的出现和进化创造了条件。最早出现的生物是微生物，微生物的生命活动对地球及它的生物圈产生了深刻的影响，某些细菌类群对地球早期的发展尤其起关键的作用。地球化学和化石证据说明大气中氧的产生是由于蓝细菌光合活性造成的。氧的产生具有里程碑式的意义，这是由于氧对所有高等植物和动物生命活动都是基本的。只有微生物率先进化，其他生物才能得到进化。

1. 地球上的最早生命

（1）生物大分子的进化

经过许多科学家的大量研究和推断，现在一般认为最早的生物大分子是 RNA，那时的 RNA 具有携带遗传信息（如现有的 RNA 病毒）和酶催反应能力。以后进化出来的是从 RNA 合成的蛋白质，再后进化出来脂膜，最后 DNA 终于形成，而作为遗传信息的储存物。

（2）微生物的化石证据

美国微体古生物学家 Stanley Tyler 和 Elso Barghoorn 1950 年在用光学显微镜观察发现于南美大湖附近沉积层中的叠层石（stromatolites）时发现了微生物化石。它们清晰的显微照片说服了持怀疑态度的微生物学家，最近微体古生物家又在 3.5 万亿年以前的叠层（石）中发现了微生物化石，这个年代大约在地球形成的 1 万亿年以后，这说明地球形成以后的 1 万亿年后地球上出现了微生物。

2. 微生物的进化和生物地球化学循环

微生物学家对于哪类微生物最先出现在地球上的问题，尚存争议。一般认为简单的异养菌比自养菌更早出现在地球上，这是因为自养菌总体上更加复杂，需要更复杂的生化途径取得能量和固定 CO_2。地球上最早的生命形式最可能是厌氧和嗜热的，这是因为早期的地球环境不仅厌氧，而且环境温度高，尚有火山活动，而且现在的研究证明在真细菌和古生菌中最古老的都是嗜热的。还有人称微生物生命的祖先（progenigor）为前基因生物（progenote）。这种前基因生物仅有 RNA 而没有蛋白质和 DNA，并能进行简单的反应和利用基本的化合物。后来这种前基因生物由于生理、地理上原因而分化成两个主要系统，细胞膜中具有酯键脂的真细菌和具有醚键脂的古生菌。

（1）最早的真细菌和古生菌

最早的真细菌是异养代谢的乳酸细菌，它们厌氧代谢，仅需少量酶即可从酶解途经中取得能量，产能过程是底物水平磷酸化，不需要有腺苷三磷酸酶（ATPases）的电子传递系统，它们不运动，不需要鞭毛。当然也需要厌氧过程的酶。值得注意的是今天的乳酸细菌比它们的祖先可能复杂得多。

另一种早期生命形式是类似于甲烷菌的古生菌。这些微生物，仅需要简单的营养，许多是自养性的，依靠 H_2 的氧化产生能量，利用 CO_2 作为 C 源。而且它们都是厌氧的，能存在于类似地球早期的环境。自养菌中的氢细菌也被认为是早期的微生物。除前述古生菌中的氢细菌外，在真细菌中也有氢细菌，都能从氢的氧化中取得能量。

光合细菌可能不是最早的，却是进化较早的微生物。一般认为在厌氧条件下进行不产氧光合作用的真细菌中的紫硫或绿硫类光合细菌是最早的光合细菌。这些细菌利用 H_2S 作为还原源来固定 CO_2。

（a） $CO_2 + H_2S \rightarrow (CH_2O)_n + S^o$

（b） $CO_2 + S^o \rightarrow (CH_2O)_n + SO_4^{2+}$

早期地球的火山大气提供大量 CO_2 和 H_2S，为这些生物提供良好的环境。

（2）蓝细菌和氧的产生

蓝细菌至少在 2.5 万 ~ 3.0 万亿年以前出现，这时的地球大气中没有氧。蓝细菌的光合作用是产氧光合作用，反应过程中水被作为供氢体。产生的 O_2 来源于水的离解反应。

$CO_2 + H_2O \rightarrow (CH_2O) + O_2$

在 2.5 万 ~ 1.5 万亿年以前大气中有蓝细菌产生的氧。这可以从这个时期海洋中形成的铁的氧化物得到证明。

尽管蓝细菌可以快速产氧，但地球上存在的大量的高度还原性化合物（如亚铁和硫化物）可以与游离氧反应，这可以阻止大气中氧的快速积累，所以大气中的氧浓度逐步提高，经历 2 万 ~ 3 亿万年后达到现在 20% 的水平。

最近有研究表明蓝细菌能进行不产氧的光合作用，这也说明从不产氧到产氧光合作用本身也是一种进化，反映的是一种自然选择，是用更加丰富的水替代短缺的硫化氢作为供氢体。

蓝细菌产生的氧对早期的生命形式是有毒性的，幸运的是环境是高度还原的，这样大气中的游离氧在蓝细菌产生氧以后的亿万年中不会对生物造成危害，这漫长的时间为过氧化（物）酶的选择和进化提供了基础，这类酶可以保护敏感细菌免遭氧化伤害。

（3）前寒武纪的氮循环

氧产生以后的另一个重要的地球生物化学循环事件是氮循环。生物固氮是地球生物圈进化的一个早期过程，有几个理由可以证明这种进化是早期进化。首先这是原核生物所进行的过程，这些原核生物中包括真细菌和古生菌，相信它们是现在原核生物的祖先。虽然只有原核生物才能进行固氮过程，但某些固氮菌、蓝细菌和高等植物（如豆科植物）可以共生固氮。认为固氮是早期过程的另一个理由是固氮的生物见于早期进化的真细菌和古生菌，例如实际上所有的紫和绿硫细菌都能固定大气中的氮。同样许多甲烷菌和蓝细菌都能进行这个过程。此外，固氮最好的条件是厌氧，而这正是早期地球环境条件。看来正是这种进化为生物提供了可利用氮，而以前可利用氮是缺乏的，当然大气中总是含有大量的 N_2。

已经证明细菌通过转化、接合和转导可以把基因从一个种转到另一个种。这种不同种之间的迁移被称为水平基因转移。许多科学家认为早期进化的固氮能力（nif 基因）会通过水平转移从一个种转到另一个种，并传给后代。相反有的认为其是最近进化而且快速通过水平转移从一个种转到另一个种。为此科学家检查了有 16S rRNA 序列的各种真细菌中的 nifH（固氮酶）蛋白。研究证明各种固氮菌的 16S rRNA 序列和 nifH 蛋白有的氨基酸序列的相似性系数的模式是相同的，这说明是早期进化的。实际上固氮酶的进化先于原核真细菌和原核古生菌这两个类群的分化。

在固氮能力进化以前，前寒武纪早期氮循环可能是很简单的，那时的氮循环主要过程是氨基氮（NH_2）经生物氨化作用转化成氨（NH_3）和氨逆向转化成氨基氮。在这以后地球上存在的生物量不断增加，生物利用的氨已显不足，为了为生物提供充分的可利用氮，微生物就适时进化出固氮能力。

（4）微生物在生物进化中的地位

图 3-9 是根据当代科学家的研究成果所列的生物进化的时序。在地球形成近万亿年（10^{12} 年）时出现了最早的微生物，最早的微生物是嗜热和厌氧的细菌，它们利用有机物作为能源。不产氧光合作用细菌进化在 3.0 万～3.5 万亿年以前，这些细菌可能是最早的固氮生物。光合作用对地球生物圈有重要作用，由于产生大量的有机碳，异养微生物的生长也会得到促进。同时产甲烷的古生菌进化出来利用 CO_2 作为碳源而释放出大量的甲烷到大气中。

光合作用细菌蓝细菌分支可能首先出现在 2.5 万～3.0 万亿年以前，氧的产生对生物圈中的许多不同的过程产生影响，首先是使还原性无机化合物（如硫化铁 iron sulfides）氧化，并对早先进化出来的厌氧细菌具有毒性，对固氮作用有有害的影响。同时为好氧呼吸的植物进化提供了基础。此外产氧光合作用导致的臭氧层形成保护层、植物免遭紫外线的损害。依据 16S rRNA 序列分析结果绘制的生物学进化的系统树如图 3-10。从图中可以看出，地球上的生物有共同的祖先，生物最初的进化就从这里开始分成两支，一支发展成今天的细菌（真细菌），另一支是古生菌——真核生物分支，并进一步分化成今天的古生菌和真核生物。

二、微生物的多样性

生物多样性（biodiversity）是近年来生物学和生态学研究的热点问题。生物多样性是指生命形式的多样化（从类病毒、病毒、细菌、支原体、真菌到动物界与植物界），各种生命形式之间及其与环境之间的多种相互作用，以及各种生物群落、生态系统及其生境与生态过程的复杂性。微生物是地球上进化最早，组成最为复杂，生境最为多样的生物，具有丰富的

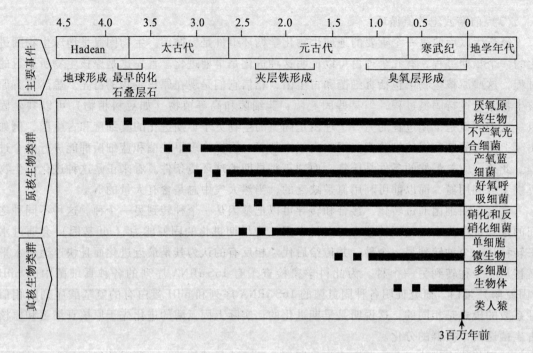

图 3-9　地球形成后 4.5 万亿年开始的主要地学大事年表

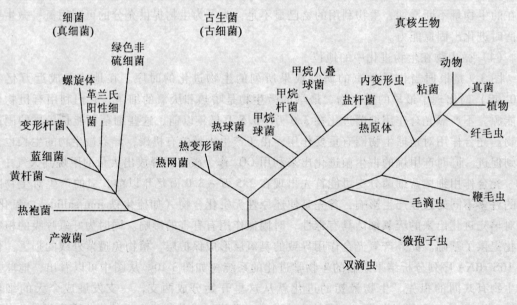

图 3-10　全生命系统树（Olsen 和 Woese1993）

多样性，其多样性可以包括，遗传多样性、物种多样性、代谢多样性、生境多样性。

1. 遗传多样性

遗传多样性（genetic diversity）是指所有生物个体中所包含的各种遗传信息。既包括了同一种的不同菌株的基因变异，也包括了同一种群内的基因差异。复杂的生存环境和多种生物起源是造成遗传多样性的主要原因。目前大肠杆菌、啤酒酵母和詹氏甲烷菌的基因组测序工作已经完成，我们在此基础上讨论微生物遗传多样性。

（1）遗传物质组成的多样性

遗传物质是遗传多样性的基础。微生物的主要类群病毒、真细菌、古生菌和真菌的遗传物质组成有很大的差异。

病毒核酸的主要类型是单、双链 DNA 和单双链 RNA，而核酸的结构主要有线状和环状。细菌一般情况下是一套基因，即单倍体。其双链环状的 DNA 分子以紧密缠绕成的较致密的不规则小体形式存在于细胞中，这种小体称为拟核，没有核仁、核膜。此外很多细菌还有核外二种遗传因子质粒和转座因子。质粒和转座因子的存在可以使细菌适应各种生态环境和产生遗传变异。古生菌和真细菌同属原核生物，其遗传物质的组成类似于真细菌。而真菌的遗传物质存在于染色体中，DNA 和组蛋白结合构成染色质，再结合形成有核仁、核膜的细胞核。

（2）基因组大小差异

微生物基因组的大小差异悬殊，其中最小的大肠杆菌噬菌体 MS2 只有 3000bp，含有 3 个基因，一般来说依赖于宿主生活的病毒基因组都较小。能进行独立生活的微生物中最小基因组是一种生殖道支原体，只含 473 个基因；基因组大小 0.85×10^6 bp，而脉孢菌属的基因数在 5000 个以上，基因组大小达 60×10^6 bp（表 3-2），最大和最小基因数的差异在 1600 倍以上。

表 3-2　　　　　　　　　　　　　　部分微生物种属的基因组

生　物	基因数	基因组大小/bp
MS2 噬菌体（MS2 Phage）	3	3×10^3
λ 噬菌体（λ Phage）	50	5×10^4
T4 噬菌体（T4 Phage）	150	2×10^5
生殖道支原体（*Mycoplasma genitalium*）	473	0.58×10^6
詹氏甲烷球菌（*Methanococcus jannaschii*）	1682	1.66×10^6
幽门螺杆菌（*Helicobacter pylori*）		1.66×10^6
嗜热碱甲烷杆菌*（*Methanobacterium thermoautotrophicum*）		1.75×10^6
流感嗜血菌（*Hacmophilus influenzae*）	1760	1.83×10^6
闪烁古生球菌*（*Archaeoglobus fulgidus*）		2.18×10^6
枯草芽孢杆菌（*Bacillus subtilis*）	3700	4.2×10^6
大肠杆菌（*Escherichia coli*）	4100	4.7×10^6
黄色黏球菌（*Myxococcus xanthus*）	8000	9.4×10^6
啤酒酵母（*Saccharomyces cerevisiae*）	5800	13.5×10^6
脉孢菌属（*Neurospora*）	>5000	60×10^6
果蝇（*Drosophila melanogaster*）	12000	165×10^6
Mus musculus（一种脊索动物）	70000	3300×10^6
Nicotiana tobacum（一种烟草）	43000	4500×10^6
拟南芥菜（*Arabidopsis thaliana*）	16000~33000	$70 \times 10^6 \sim 145 \times 10^6$
人（human）	50000~100000	30×10^9

＊表示古生菌

（3）基因组结构的复杂性

大肠杆菌（真细菌）、啤酒酵母（真菌）和詹氏甲烷球菌（古生菌）的基因组结构复杂。一般大肠杆菌等原核生物基因组为双链环状 DNA 分子，其基因数基本接近它的基因组大小所估计的基因数（通常以 1000～1500 bp 为一个基因计），说明这些微生物基因组 DNA绝大部分用来编码蛋白质、RNA 以及作为复制起点、启动子、终止子和一些由调节蛋白识别和结合的位点等信号序列。功能相关的结构基因组成操纵子结构。操纵子是基因组中的功能单位。在大肠杆菌中，73% 的操纵子只含有一个结构基因，16.6% 含有 2 个基因，4.6%含有 3 个基因，6% 含有 4 个以上的基因。此外有些功能相关的 RNA 基因也串联在一起，如构成核糖核蛋白体的三种 RNA 基因转录产物组成同一转录产物，它们依次是 16S rRNA、23S rRNA、5S rRNA。

结构基因为单拷贝及 rRNA 基因为多拷贝。在大多数情况下，结构基因在基因组中是单拷贝的，但编码 rRNA 的基因 $\gamma\gamma_n$ 往往是多拷贝的，大肠杆菌有 7 个 rRNA 操纵子，枯草杆菌的 $\gamma\gamma_n$ 有 10 个拷贝。

真核生物（啤酒酵母）没有明显的操纵子结构，有间隔区或内含子序列。酵母菌基因组的最显著特点是高重复，其 tRNA 基因在 16 个染色体上都有分布，至少 4 个，多则 30 个，总共约有 250 个拷贝（大肠杆菌约 60 个拷贝）。在其基因组上还发现了许多较高同源性的DNA 重复序列，这称为遗传丰余（genetic redundancy）。酵母基因组的高度重复或遗传丰余可以使生物不会因某些基因的突变而死亡，可以适应更加复杂多样的环境。

古生菌（如詹氏甲烷球菌，*Methanococcus jannaschii*）的基因组是真细菌和真核生物特征的结合体，有的类似于真细菌，有的则类似于真核生物，有的就是二者融合。詹氏甲烷球菌只有 40% 左右的基因与其他二界生物有同源性。一般古生菌的基因组在结构上类似于细菌，但是负责信息传递功能的基因（复制、转录和翻译）则类似于真核生物。

（4）遗传修饰和体外重组大大丰富了遗传多样性

和动物、植物相比，微生物的遗传基因更易发生变化。遗传修饰包括基因突变、染色体畸变、接合作用、转导、遗传转化、细胞融合等造成遗传基因的改变。体外重组指胞外的经基因工程所组成的新的遗传物质。基因突变可以造成一对或少数几对碱基的缺失、插入或置换。染色体畸变包括大段染色体的缺失、重复、倒位。接合作用是细胞与细胞直接接触而产生的遗传信息的转移和重组。转导是由病毒介导的细胞间进行遗传交换的一种方式。遗传转化是同源或异源的游离 DNA 分子被自然或人工感受态细胞摄食，实现水平方向的基因转移。原生质体融合是将遗传性状不同的两种微生物融合为一个新细胞的过程。重组 DNA 技术是把目的基因经改造、插入载体，最后导入宿主细胞，使宿主细胞具有新的 DNA 序列。所有这些遗传修饰和体外重组过程都在一定范围内改变微生物 DNA 的序列，使同一个种具有不同的基因差异而大大丰富了遗传多样性。

2. 物种多样性

微生物物种繁多，是生物多样性的重要组成部分。根据有关资料统计，微生物（含病毒、细菌、真菌）的种类仅次于昆虫，是生命世界中的第二大类群，而已知种所占比例却很小（表3-3）。表中数据说明微生物（尤其是真菌）在地球生物多样性中占有相当重要的地位。

表3-3　　　　　　　　　　　　世界某些生物类群已知种数与估计种数的比较

类群	已知种数（A）（万）	估计种数（B）（万）	A：B %
维管束植物	22	27	81
苔藓	1.7	2.5	68
藻类	4	6	67
鸟类	0.9	1.1	82
鱼类	1.9	2.8	68
昆虫	75	150	50
真菌	6.9	150（50）	5（14）
细菌	0.3	3	10
病毒	0.5	13	4

＊括号内世界真菌50万种是过去保守的估计数。引自陈健斌（1994）

（1）细菌的物种多样性

根据对实验室培养物和从生境分离鉴定的种的16S rRNA序列的比较分析，细菌被分为14个主要类群（图3-11）。系统发育上最古老的细菌类群是水产菌属和相关种属（aquifex and relatives），其所有种都是超嗜热的H_2化能无机营养菌。其他相邻类群热脱硫杆菌属、栖热袍菌属、绿色非硫细菌（绿屈桡菌）也含有嗜热种。主要的细菌种包括革兰氏阳性细菌、蓝细菌和变形细菌。细菌的主要类群及种属列于下面。

类群1：变形细菌（proteobacteria）

①紫色光合细菌、②硝化细菌、③硫和铁氧化细菌、④氢氧化细菌、⑤甲烷和甲基营养菌、⑥假单胞菌属、⑦乙酸细菌、⑧游离好氧固氮细菌、⑨奈瑟氏球菌属、色杆菌属和相关的细菌、⑩肠道细菌、⑪弧菌属及发光杆菌、⑫立克次氏体、⑬螺旋菌、⑭带鞘的变形细菌、球衣菌和纤发菌、⑮出芽和带柄/柄细菌、⑯滑行黏细菌、⑰硫酸盐和硫还原变形细菌

类群2：革兰氏阳性细菌

①不形成芽孢，低GC，革兰氏阳性细菌、②形成内生孢子，低GC，革兰氏阳性细菌、③缺细胞壁，低GC，革兰氏阳性细菌：支原体、④高GC，革兰氏阳性菌：棒状和丙酸细菌、⑤高GC，革兰氏阳性菌：分枝杆菌属、⑥丝状，高GC，革兰氏阳性细菌：放线菌。

类群3：蓝细菌属，原绿蓝细菌目和chloroplasts

类群4：衣原体

类群5：浮霉状菌属/小梨形菌属

类群6：拟杆菌属-黄杆菌

类群7：绿硫细菌 绿菌属和其他绿硫细菌

类群8：螺旋体

类群9：异常球菌：异常球菌属、栖热菌属

类群10：绿色非硫细菌；绿屈桡菌属和螺丝菌属

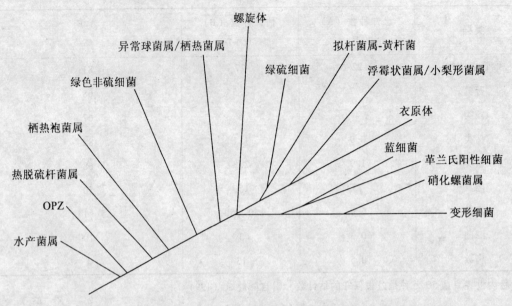

图 3-11　按 16S rRNA 序列比较的细菌主要类群的系统发育树

类群 11、12、13：超嗜热菌：栖热袍菌属、热脱硫杆菌属、产水菌属和相关种属。

OPZ 是未见于培养细菌中的环境序列（DNA）。

（2）古生菌的物种多样性

古生菌的详细的系统树如图 3-12。系统树分成两个主要类群（sublineage 或 kingdoms），分别为泉古生菌（crenarchaeota）和广古生菌（Euryarchaeota）。第三个类群为紧靠根部古生古生菌（dorarchaeota）分支。

在可培养的代表种属中，泉古生菌包括大部分超嗜热种（那些能生长在最高温度上所有已知的种）。许多超嗜热菌是化能无机营养自养菌，由于它们的生境没有光合作用生物，这些生物是在这种严峻环境中的唯一初级生产者。超嗜热的泉古生菌紧密聚集在一起，在 16S rRNA 生命树上分支短，这说明这些生物"进化时钟"走得缓慢，进化程度较低（假设所有生命有共同祖先）。因此这类生物是研究地球上早期生命的重要模式生物。与上述超嗜热菌不同，从系统进化的角度看，海洋水体样品中鉴定出的相关超嗜热泉古生菌进化最快速，并占据系统树的最长的分枝。

广古生菌是生理上最多样的古生菌。这个类群中许多像泉古生菌一样生活在一种或多种极端环境中。类群主要由产甲烷菌、嗜盐菌和超嗜热菌组成。产甲烷菌包括甲烷嗜热菌属、甲烷球菌属，甲烷嗜热菌属、甲烷杆菌属、甲烷八叠球菌属、甲烷螺菌属。嗜盐菌包括盐杆菌属、盐球菌属、嗜盐碱球菌属和嗜盐甲烷菌。而超嗜热菌则包括热球菌属、甲烷嗜热菌属和无细胞壁的热原体属。广古生菌中的超嗜热菌在生命系统树上更接近根部。至今未能培养的海洋广古生菌位于长分支的末端而接近系统树的顶部。

古生古生菌最先见于黄石热泉（yellow stone hot spring）的基因样品，但现在已被成功培养出来。这类古生菌分支最接近于根部，对这类细菌的研究可以展现出古老生物的有意义特征。

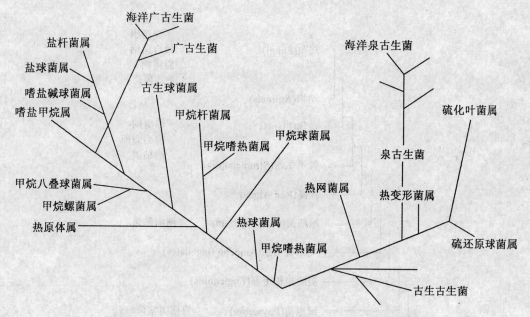

图 3-12 按 16S rRNA 序列比较得到的古生菌的系统发育树

(3) 真菌的物种多样性

Wittaker 最先将真菌从植物界中独立出来称为真菌界，近代分子系统学和超微结构的深入研究证明 Wittaker 的真菌界在系统亲缘关系上是多元的复合类群（polyphyletic group）（图 3-13）。原来处于真菌界中的卵菌、丝壶菌和网黏菌在亲缘关系上远离真菌，它们从真菌中分出；而过去作为真菌界成员的裸菌（黏菌）（包括根肿菌、网柄黏菌、集胞黏菌等）在亲缘关系上也远离真菌。这样 Wittaker 的真菌界实际上只有壶菌、接合菌、子囊菌、担子菌和半知菌类，它们在亲缘关系上被认为是一元的单系类群（monophyletic group）。

根据现有分子生物学和分类研究结果我国学者对真菌界作了如下的分类：

　　　　壶菌门（chytridiomycota）

　　　　　壶菌纲（chytridiomycetes）

附：丝壶菌、根肿菌和卵菌

　　　接合菌门（zygomycota）

　　　　接合菌纲（zygomycetes）

　　　　毛菌纲（Trichomycetes）

　　　子囊菌门（Ascomycota）

　　　　半子囊菌纲（Hemiascomycetes）

　　　　不整囊菌纲（plectomycetes）

　　　　核菌纲（Pyrenorycetes）

　　　　腔菌纲（Leculoascomyeetes）

　　　　盘菌纲（Discomycetes）

　　　　虫囊菌纲（Laboulbeniomycetes）

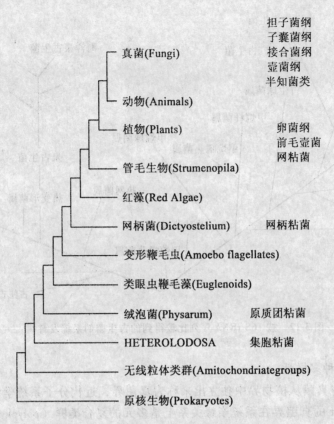

图 3-13　真菌多元状态复系类群的系统树

担子菌门　（Basidiomycota）
　　冬孢纲　（Telimycetes）
　　层菌纲　（Hymenomycetes）
　　腹菌纲　（Gasteromycetes）
半知菌类　（Fungi Imptefecti）
　　芽孢纲　（Blastomycetes）
　　丝孢纲　（Hyphomycetes）
　　腔孢纲　（Coelonvycetes）

3. 生理多样性

微生物在长期的演化过程中，适应不同的环境，因而具有不同的生理代谢特点。生理多样性包括营养和代谢类型的多样性，生长繁殖速度的多样性和生活方式的多样性。

（1）营养和代谢类型的多样性。

取得能源与碳源是微生物代谢的基本目标。依据能源和碳源可以把微生物划为 5 个基本类型（如图 3-14）。而且取得能量和碳架的过程也是多样纷繁的。光合作用的色素有叶绿素、细菌叶绿素、类胡萝卜素、藻胆色素。光合作用又有产氧和不产氧二种。在自养固定 CO_2 成为细胞组分的生化过程包括卡尔文循环、逆柠檬酸（reverse citric acid）循环和羟丙酸循环。化能无机营养中从无机电子供体的氧化中取得能量的方式包括：氢氧化、还原性硫化物氧化、铁氧化、硝化作用、甲醇和甲基氧化。异养微生物利用有机碳的方式也是多种多样的，它们能利用几乎所有的有机碳化合物，如糖、脂、有机酸等。

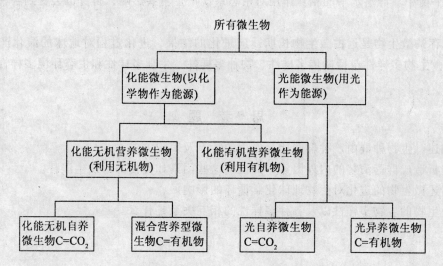

图 3-14 依据能源和碳源对微生物的分类，混合营养型微生物是使用无机
电子供体（donor），用有机碳作碳源的化能无机营养微生物

（2）生长繁殖速度的多样性

微生物的生长繁殖速度受多种因素的影响，不同微生物在同样条件下的生长繁殖速度也是千差万别的。有的微生物的生长速度快得惊人，1 小时内可以 4 代同堂，而有的地衣型真菌的生长速度则慢得出奇，1 年内其地衣体只增长几毫米。但一般来说在生态环境中营养条件及各种环境条件对微生物总体上不是最适，这样微生物的生长是缓慢的。

（3）生活方式的多样性

微生物在长期演化和与环境相互作用过程中，形成了各种不同的生活方式和不同的关系，如互生、共生、寄生、拮抗等。根瘤菌和豆科植物根、放线菌和非豆科植物所形成的固氮根瘤，土壤真菌和植物根形成的菌根都是典型共生关系。病毒、细菌的寄生则更加普遍。

4. 生存环境的多样性

从微观角度说微生物细胞微小，能对微生物产生影响的环境被称为微环境，就是说在一个非常小的空间环境中对微生物来说都是千差万别的环境，例如在一个土壤颗粒中孔隙内外内环境就有很大的差异。从宏观角度来说微生物比任何其他生物的分布都要广，从离地面三千米的高空到一千多米的地下都有微生物的踪迹，在许多一般生物不能生长的极端环境中（如高温、高盐、高碱、高压、低温、低 pH 值、高辐射等）几乎是某些微生物的一统天下。生存环境的多样性为微生物的遗传多样性、生理多样性奠定了基础。

小　　结

1. 微生物种群是同种个体的集合体。种群内和种群间的相互作用是构成群落、生态系统的基础，中立作用、偏利作用、协同作用、互惠共生、竞争作用、偏害作用、捕食作用和寄生作用是种群间作用的最一般形式。

2. 群落在生态学组织层次中占有重要地位。群落占据一定生境，并总是处于变动和稳定的相对平衡中。群落水平的相互作用对生态系统产生重要影响，自身也会受到各种压迫的影响。

3. 现存的微生物是远古微生物长期适应进化的结果，进化过程对地球的演化产生深远的影响。微生物多样性包括遗传多样性、物种多样性、生理多样性和生态环境多样性。

思 考 题

1. 试述微生物种群内、种群间相互作用的特点及表现方式。
2. 分析造成群落演替的内外因素，并说明这些因素如何使群落发生演替。
3. 简述微生物的进化对生物地球化学循环的影响。
4. 微生物的生物多样性以及各种多样性的相互关系是什么？

第四章　微生物与生物地球化学循环

地球孕育了有生命的生物体，生物的生命活动又反过来使地球维持一个更有利于生物的生存和发展的环境条件，这就是生物地球化学循环的历史与未来。我们生活的地球充满着神秘的色彩，而生物地球化学循环也是这种神秘色彩的一个不可缺少的部分。生物地球化学循环（biogeochemical cycling）是指生物圈中各种生命物质的组成元素（biogenic elements），经生物化学作用在生命物质与非生命物质之间的转化和迁移。也可以说各种元素的循环的集合就是生物地球化学循环。这种循环是地球化学循环的重要组成部分。生物地球化学循环周而复始，循环不息，是生物圈得以维持的重要条件。

生物地球化学循环包括物理转换，如溶解、沉淀、挥发和固定；化学转换，如生物合成、生物降解和氧化还原生物转换，以及物理和化学改变的结合。这些转换能造成物质的空间移动——从水柱向沉积物，从土壤向大气。所有活的生物都参与物质的生物地球化学循环，但微生物由于其分布广泛、多样的代谢能力、高酶促活性，因而在生物地球化学循环中起主要作用。理解这种循环可使科学家认识和预测微生物群落在环境中的活动和发展。生物地球化学循环中的许多过程对人类是有益的，如有机物、金属污染物污染环境的修复，各种低品位金属铜和铀的回收，但也有许多有害的方面，这些循环造成地球环境问题，如酸雨和酸矿水的形成、金属的腐蚀过程、形成的氮氧化物对臭氧层的破坏。

能量流动和物质循环都是生态系统的基本功能，生物地球化学循环和能量流动、物质循环密切相关，这种循环直接或间接由太阳的辐射能及还原性物质的化学能所推动，循环的过程体现了能量的流动；而物质循环则是由生物地球化学循环所推动。生物地球化学循环过程的本质是循环，循环导致循环物质的各种形式的动态平衡。没有这种平衡的存在，现在的生物体的生理多样性就不能存在。一般认为生命物质由 26 种元素组成，微生物（如 *E. coli*）的组成如表 4-1 所示。这些元素都以不同的循环速率参与生物地球循环。主要组成元素（C、H、O、N、P 和 S）循环很快，少量元素（Fe、Mg、K、Na、Ca）及卤素元素（F、Cl、I）及痕量元素（B、Co、Cu、Mo、Ni、Si、Mn、Se、Sn、V 和 Zn）则循环较慢。属于少量和迹量元素的 Fe、Mn、Ca、Si 是例外，铁和锰以氧化还原的方式快速循环。钙和硅在原生质中的含量较少，但在某些外部和内部的壳体结构中可以有很高的含量。某些非生物需要，甚至对生物有毒的元素也有某种程度的循环，如放射性同位素锶、铯的生物积累，汞、铅、砷的生物甲基化（参阅第十一章）。

有的学者认为生物地球化学循环这种地球行为更像一种超级生物体（superorganism），这种概念发展成为 Gaia（Gaia 是希腊神话的大地女神）假设。提出这种假设的 James lovelock 认为生物和它们生长的环境紧密耦合在一起成一个系统，这个系统就是一种超级生物，这种生物不断适应、进化并会出现新的特征，就具有自我调控气候和化学的能力，就创造出有利于生物存在和发展的有利条件。而地球目前的适于生物生长的条件为这种假设提供了

表 4-1 　　　　　　　　　　大肠埃希氏菌细胞的化学组成

组成元素		细胞干重的%
主要元素	C	50
	O	20
	H	8
	N	14
	S	1
	P	3
少量元素	K	2
	Ca	0.05
	Mg	0.05
	Cl	0.05
	Fe	0.2
痕量元素	Mn	
	Mo	
	Co	全部痕量元素之和可占细胞干重的 0.3%
	Cu	
	Zn	

引自 Neidnatat et al.（1990）。

表 4-2 　　　　　　　　　　金星、火星和地球的大气组成及温度

气体	星球			
	金星	火星	无生物地球	有生物地球
CO_2	96.5%	95%	98%	0.03%
N_2	3.5%	2.7%	1.9%	9%
O_2	痕量	0.13%	0	21%
氩	70ppm	1.6%	1%	1%
甲烷	0	0	0	1.7ppm
表面温度（℃）	459	−53	290±50	13

引自 Lovelock（1995）

支持。在过去的 4 万~5 万亿年中，太阳的热度上升了 30%，地球出现时，大气中富含 CO_2，如果没有生物的作用，今天的地球会与其邻近的金星（venus）、火星（mars）一样孤寂、荒凉（表 4-2）。正是由于生物的进化（参看第三章第五节）和同时发展起来的生物地球化学循环才改变了地球形成时的恶劣自然环境，经过漫长的演变才形成今天生机勃勃的地球。地球形成时大气是还原性（厌氧）的。在大量照射到地球上的紫外线的作用下形成有机化合物。有机物被早期的厌氧异养微生物利用，接着光合微生物光合作用（3.5 万亿年前）固定 CO_2 能力发展。光合生物的进化开创了对太阳能的利用，开始了最早的 C 循环（图 4-1）。然后 2 万亿年前光合微生物发展出产氧的能力，这种氧积累在大气中，导致大气从还原性变成氧化性，进一步的氧积累形成了大气的臭氧层，就大大减少了有害紫外线辐射

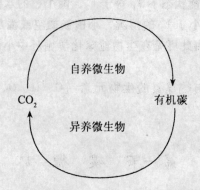

图 4-1　早期由自养微生物和异养微生物推动的碳循环

对地球的照射，这有助于更高的生命形式的发展。在碳循环进化的同时，氮循环也有了突破性发展，微生物进化出了固定大气氮的固氮酶，为需要有机氮化合物和还原性无机氮生物的生长提供了基础。正是伴随生物进化而逐步形成的生物地球化学循环才造成了今天的地球环境。生物地球化学循环调控地球环境的速度是缓慢、长时间的，目前许多人为造成的环境变化（如温室效应、臭氧层破坏等）都超过生物地球化学循环的调控能力，人类活动改变地球环境的行为对人类本身将是危险的。

在研究特定元素的生物地球化学循环时，一般把元素组成的所有化合物或某种化学物在某一空间的全部含量称为"库"，如海洋中的全部含碳化合物可以称为海洋碳库，大气中的全部 CO_2 称为大气 CO_2 库。在特定生境中，各种元素形成规模不同的库，同一元素在不同生境中库的大小也不同。同一元素不同形式的化合物有的循环活跃，有的不活跃，有的在生境中积累，有的则可能完全消耗。

在地球化学循环中，循环系统可能出现的紊乱与库容量的大小有极其重要的关系。我们可以用一个简单的模型说明这个问题（图 4-2）。水从小槽 B 被抽到大槽 A 的速度是 V_1，再

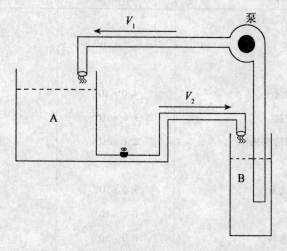

图 4-2　库大小和地球化学循环的关系模型

从 A 以速度 V_2 流回 B，在平衡状态下 V_1 等于 V_2，两个槽的水保持动态的稳定。如果平衡破坏，即出现 V_1 大于 V_2 或 V_1 小于 V_2 的情况，小槽被抽空或溢出，小槽受到明显影响，而大槽所受的影响则相对较小。由此可见在生物地球化学循环中小的活跃的库最易受到自然或人为干扰的影响。

本章主要讨论微生物参与的重要的生物元素（C、H、O、N、S、P、Se 等）的生物地球化学循环。

第一节　碳　循　环

碳素是一切生命有机体的最大组成成分，接近有机物干重的 50%。碳循环是最重要的生物地球化学循环，碳循环和能量流动密切相连，并可推动其他循环。

一、碳库及其循环

地球上的碳库多种多样，而且碳含量及活跃程度差异明显（表 4-3）。最大的碳库是地球沉积层中的碳酸盐，其数量比海洋中的碳酸盐高 4 个数量级，比大气中的 CO_2 高 6 个数量级。最易被光合作用利用的碳是最小的大气 CO_2 库，其最小但循环却最为活跃。正因为其小循环又活跃，因而容易受人类活动的干扰。实际上，19 世纪后半叶工业革命以来，人类活动已对最小的碳库产生影响。矿物燃料的利用和森林砍伐降低了这些库的 C 量，同时增加了大气中的 CO_2（表 4-4）。大气 CO_2 的增加并不像所预料的那样，这是因为海洋中的碳酸盐库可以作为大气和沉积物碳库的缓冲器，其平衡公式如下。

$$H_2CO_3 \Longleftrightarrow HCO_3^- \Longleftrightarrow CO_2$$

表 4-3　　　　　　　　　　　　　　　地球上的碳库

碳　库	数量/吨	活跃循环
大气		
CO_2	6.7×10^{11}	是
海洋		
生物量	4.0×10^9	否
碳酸盐	3.8×10^{13}	否
溶解和沉积的有机物	2.1×10^{12}	是
陆地		
生物区系	5.0×10^{11}	是
腐殖质	1.2×10^{12}	是
矿物燃料	1.0×10^{13}	否
地壳*	1.2×10^{17}	否

* 这个库包括陆地或海洋环境的整个岩石圈。引自 Dobrovolsky（1994）。

这样，部分释放出来的 CO_2 可被海洋所吸收，然而，仍有大约 7×10^9 吨/年的 CO_2 进入大气。这样在过去的 100 年中，大气 CO_2 已经从 0.026% 上升到 0.033%，增加了 28%。CO_2 增加的温室效应（greenhouse effect）导致地球变暖。除 CO_2 外，甲烷、氯氟烷（CFCs）和 N_2O 也具同样作用。

我们可以从三个不同的层次（生物圈、生境和特定的有机碳化合物）来考察碳的循环，生物圈层次是宏观的，生境是具体的，而特定有机物则是循环的基础。

表 4-4　　　　　　　　　　　　　　　不同碳库的净碳输出

碳　库	输出/（吨碳/年）
矿物燃料燃烧的释放	7×10^9
陆地皆伐	3×10^9
森林砍伐和衰减	6×10^9
森林再生	-4×10^9
海洋的净吸收（扩散）	-3×10^9
总年输出	9×10^9

二、碳在生物圈中的循环

碳在生物圈中不同营养级生物的总体循环可用图 4-3 来说明。初级生产者把 CO_2 转化成有机碳，把太阳能转变成储存于有机化合物中的化学能。初级生产的产物为异养消费者利

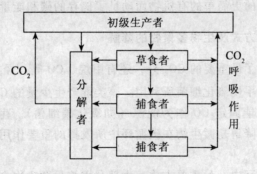

图 4-3　碳在生物圈中的循环

用，并进一步进行循环，部分有机化合物经呼吸作用被转化为 CO_2。初级生产者及其他不同营养级的生物残体（也包括分解者自身）和形成的有机物最终又被分解者分解而转化成 CO_2，供给生产者利用。大部分绿色植物不是被动物消费的，而是死亡后被生物分解。

高等绿色植物是主要的初级生产者，许多微生物也是初级生产者，具有固定太阳能的能力（参见第一章第一节）。最重要的类群包括藻类、蓝细菌和绿色及紫色光合细菌、化能自养微生物。产甲烷古生菌在厌氧 CO_2 还原中起重要作用。仅有限的微生物能利用产生的甲

烷，这些利用甲烷的甲烷营养菌可减少甲烷进入大气的量，在生态上是极为重要的。

三、碳在生境中的循环

生境是生物圈中的一个典型点，通过对发生在这个点循环的研究，我们可以更好地理解碳在整个生物圈的循环。

大部分生境中有机物的降解和循环是由异养大生物和微生物共同完成的，但微生物的活动（无论数量与质量）是至关重要的。在好氧条件下，大生物和微生物共同承担简单有机物和某些生物多聚物（如淀粉、果胶、蛋白质等）的降解任务。但微生物是唯一在厌氧条件下进行有机物分解的。微生物能使非常丰富但难以分解的生物多聚物得到分解。腐殖质、蜡和许多人造化合物只有微生物才能分解。

碳的转化与循环可以发生在好氧、缺氧和厌氧三种不同的环境条件下。生态环境的大部分是好氧的，因此大部分碳转化发生在好氧条件下，少部分发生在缺氧、厌氧环境下。许多有机物可以在不同条件下都得到分解，但也有一些生化过程只能在厌氧或好氧条件才能进行，如甲烷产生只能在厌氧条件下进行。由于生境条件千差万别，因此形成了生境中不同的生物地球化学反应区。

生态环境中的好氧与厌氧条件是相对，相互之间可以转化，好氧环境在氧消耗尽以后会变成厌氧环境，厌氧环境在有机物被完全消除以后会变成好氧环境。在好氧-厌氧的界面上，好氧分解的产物可以扩散到厌氧环境，厌氧环境的发酵产物也可到达好氧环境被氧化。动物瘤胃中的微生物产生的脂肪酸可被转移到瘤胃动物的好氧的血流中，在那里被呼吸转化成 CO_2，并产生能量。当然即使厌氧发酵产物仍然留在这种环境中，也可通过产甲烷作用得到进一步分解。

微生物活动影响有机碳化物和能量进入生物群落、有机碳的某些转化，例如土壤中腐殖酸的产生可以降低循环的速率或固定这部分碳，并储存能量。其他的转化，如纤维素分解由于产生易于被生物利用的更简单的有机物而动员了储存的碳和能量。

四、碳循环的其他方式及生物多聚物的降解

碳的循环转化中除了最重要的 CO_2 外，还有甲烷、CO 等。烃类物质（如甲烷）可由微生物活动产生，也可被甲烷氧化细菌所利用。藻类能产生少量的 CO 并释放到大气中，而一些异养和自养的微生物能固定 CO 作为能源（如氧化碳细菌）。生物多聚物是活跃的碳库，微生物对生物多聚物的降解是微生物在碳循环中所发挥的重要作用。

1. 甲烷

通过甲烷也是碳循环中一种重要方式。大部分甲烷是微生物在厌氧环境下发酵有机物产生的，但自然的火山活动也产生小部分甲烷（表4-5）。与 CO_2 的量（大气为 6.7×10^{11} 吨）相比，甲烷的量（每年向大气释放 $3.5 \times 10^8 \sim 8.2 \times 10^8$ 吨）是微不足道的，因此甲烷在总碳循环中不占重要地位。但甲烷释放可以造成多方面的环境问题，甲烷也是一种温室气体，其截留热的效率是 CO_2 的 22 倍，另外填埋场局部产生的甲烷可以造成安全的问题，甲烷在5%那样低的浓度就可以引起爆炸。如果甲烷浓度超过 35% 就应该收集作为能源，然而一般都未加收集，因此大量甲烷的产生很明显会加剧全球变暖的趋势。

表 4-5 释放到大气中甲烷量的估测

来源	释放的甲烷/(10^6 吨/年)
生物产生的	
反刍动物	80～100
白蚁	25～150
水田	70～120
自然湿地	120～200
填埋场	5～70
海洋和湖泊	1～20
苔原	1～5
非生物的	
采煤业	10～35
天然气燃烧和排放	10～35
工业和管道泄漏	15～45
生物量燃烧	10～40
甲烷水合物	2～4
火山	0.5
汽车	0.5
总计	350～820
全部生物的	302～665（总量的 81%～86%）
全部非生物的	48～155（总量的 13%～19%）

引自 madigan et al. （1997）。

甲烷菌主要通过乙酸脱羧和还原 CO_2 生成甲烷，也能利用其他的一碳化合物甲醇、甲酸形成甲烷。由于只有少量的碳化合物被甲烷菌利用，因此甲烷菌依赖周围环境的其他微生物产生的这些化合物，这样就在厌氧环境中形成相互依赖的微生物群落。在这种群落中更加复杂的有机物被厌氧发酵或呼吸的群体所代谢，产生的简单有机碳化物，然后被甲烷菌所利用。

甲烷在环境中广泛存在，其可被甲烷营养菌利用作为碳源和能源。甲烷营养菌是化能异养和专性好氧的。它们代谢甲烷如下式：

$$CH_4 + O_2 \xrightarrow{\text{甲烷单加氧酶}} \underset{\text{甲醇}}{CH_3OH} \longrightarrow \underset{\text{甲醛}}{HCHO} \longrightarrow \underset{\text{甲酸}}{HCOOH} \longrightarrow CO_2 + H_2O$$

甲烷营养菌利用甲烷的第一个酶是加氧酶，其把 O_2 掺入底物。这种加氧酶是烃开始降解的重要酶，特别值得注意的是这些酶能共代谢高氯化溶剂（如 TCE）。甲烷菌共代谢降解能力可用于 TCE 类化学污染土壤和地下水的生物修复。这个例子说明深入研究自然发生的微生物活动能用于解决污染问题。

2. CO 和其他 C_1 化合物

自然和人为活动可以产生大量的 C_1 化合物（表 4-6）。CO 是 CO_2 以外最重要的 C_1 化合物。CO 的年总量是 $3 \times 10^9 \sim 4 \times 10^9$ 吨/年，非生物来源是主要的，约 1.5×10^9 吨/年产于木材、森林和矿物燃料的燃烧；小部分（0.2×10^9 吨/年）是海洋和土壤中生物活动的结果。CO 与细胞质具有高亲和力，能完全抑制呼吸电子传递链的活性，具有很高的毒性。

表 4-6   环境中重要的 C_1 化合物

化合物	分子式	说 明
一氧化碳	CO	燃烧产物、常见污染物、植物及动物和微生物呼吸产物、高毒性
甲烷	CH_4	厌氧发酵或呼吸的末端产物
甲醇	CH_3OH	半纤维素裂解产生，发酵副产物
甲醛	HCHO	燃烧产物，中间代谢产物
甲酸	HCOOH	见于植物和动物组织中，发酵产物
甲酰胺	$HCONH_2$	从植物氰化物中形成
二甲基醚	CH_3OCH_3	甲烷营养菌利用甲烷时产生，工业污染物
氰化物离子	CN^-	植物、真菌和细菌产生，工业污染物，高毒性
二甲硫	$(CH_3)_2S$	环境中最常见的有机碳化合物，藻类产生
亚砜	$(CH_3)_2SO$	Dimethyl sulfide 厌氧生物过程产生

和 CO 的产生一样，CO 的消除也包括非生物和生物作用两个方面。而且消除也是相当有效的。尽管工业革命以来向大气中排放的 CO 不断增加，但大气中 CO 水平并没有明显提高。陆地环境是 CO 的吸收库，吸收量大约 0.4×10^9 吨/年。

CO 等 C_1 化学物可被许多微生物转化，能够利用还原态 C_1 化合物作唯一碳源和能源生长的特殊微生物群称为甲基营养菌（methylotrophs）。甲基营养菌一词并不确切，因为有些甲基营养菌的底物并不含任何甲基（如甲酸和 CO）。有的学者把甲烷营养菌（methanotrophs）归入甲基营养菌，但有人不赞成这种观点。甲基营养菌的黄碳酸单胞菌（*Pseudomonas carboxydoflava*）、氢碳酸假单胞菌（*Pseudomonas carboxydohydrogena*）等碳酸盐细菌（carboxydobacteria）能利用 CO 作为碳源和能源，它们具有利用 CO 的关键酶 CO-氧化还原酶，催化下列的反应：

$$CO + H_2O \longrightarrow CO_2 + H_2 \qquad 2H_2 + O_2 \longrightarrow 2H_2O$$

这类细菌是化能自养型，并固定反应过程中产生的 CO_2 为有机碳，产生氢的氧化为 CO_2 固定提供能源。但它们利用 CO 的生长是低效率的，生长较慢，被氧化的 CO 中仅 4% ~ 16% 被固定为细胞碳。它们也能利用氢，并且生长较快，当氢与 CO 混合在一起时，氢更易于被利用，而 CO 利用受到抑制。因此碳酸细菌也被称为氢细菌。

厌氧条件下，CO 能被某些甲烷菌如巴氏甲烷八叠球菌（*Methanosarcina barkeri*）用 H_2 还原成 CH_4。

$$CO + 3H_2 \longrightarrow CH_4 + H_2O$$

此外 CO 也被产醋菌如热醋核菌（*Clostridum thermoaceticum*）用 H_2 还原成乙酸

$$2CO + 2H \longrightarrow CH_3COOH$$

甲酸、甲醇、甲醛等 C_1 化合物也可以被甲基营养菌所利用。根据生理特性，可将甲基营养菌分成三类。第一类是异养甲基营养菌（heterotrophic methylotropyhs），它除了利用还原态 C_1 化合物之外，还可利用各种各样多碳化合物生长。第二类为自养甲基营养菌（autortophic methylotrophs），它们先将还原态 C_1 生长基质氧化成 CO_2，然后再利用其生长。第三类是专性甲基营养菌（obigate methylotrophs），其没有可供变通的生存方式，它们只利用还原态 C_1 化合物生长，而且在许多情况下只能利用其中一种或两种。许多甲基营养菌有很强的脱卤能力，从水稻土中分离到的假单胞菌 No 66 能以一氯乙酸和二氯乙酸作唯一碳源生长。除了代谢卤化物外，某些甲基营养菌能利用农药（如甲胺磷）作碳、氮、磷源生长，因此在治理和消除化学农药的污染中起很大的作用。

3. 乙酸等二碳化合物

热醋梭菌和伍氏醋酸杆菌（*Acetobacterium woodii*）等产乙酸菌能按下述反应用 H_2 还原 CO_2 形成乙酸。

$$2CO_2 + 4H_2 \longrightarrow CH_3COOH + 2H_2O \quad (\Delta G'O = -25.6\text{kcal/mol} = -107.5\text{kJ/mol})$$

产乙酸菌除了可用 H_2 还原 CO_2 产生乙酸外，也能发酵 CO、甲酸和甲醇产生乙酸，许多代谢性质类似于甲烷细菌。

与甲烷菌利用 CO_2、H_2 产甲烷的反应相比，产乙酸的反应所产能量较少，是低效率的。在利用 CO_2、H_2 底物中甲烷菌与产乙酸菌存在着竞争，用 CO_2、H_2 富集得到的是甲烷菌而不是乙酸菌。但在自然环境中两类细菌却是共存的，已经在同一生物絮体（floc）和生物膜中分离到这二类细菌，利用乙酸盐的甲烷菌能转化乙酸菌形成的乙酸产生甲烷。这样可以防止它们积累达到抑制浓度。甲烷菌在能量上更加有效，而兼性化能无机营养产乙酸菌能利用广泛范围的底物，且对低 pH 值有更大的耐受性。

4. 生物多聚物的降解

生物多聚物是环境中有机碳的主要组成形式，也是生态环境中异养生物的营养基础。三类最常见的多聚物是植物多聚物——纤维素、半纤维素和木质素（表4-7），还有淀粉、几丁质和肽聚糖等多聚物。从结构上说它们大多是多糖类多聚物，以及以 phenylpropane 为基础的多聚物（木质素）。

表 4-7　　　　　　　　　　　　　　植物有机成分的主要类型

植物成分	植物干量的百分比（%）
纤维素	15 ~ 60
半纤维素	10 ~ 30
木质素	5 ~ 30
蛋白质和核酸	2 ~ 15

（1）纤维素

纤维素不仅是最丰富的植物多聚物，也是地球上最丰富的多聚物。它由 1000 到 10000 个葡萄糖亚单位组成，分子量达 1.8×10^6 U。微生物依靠释放胞外酶来进行胞外的多聚物的降解。有二种胞外酶开始纤维素的降解，这就是 β-1，4-内切葡聚糖酶和 β-1，4 外切葡聚糖酶。内切葡聚糖酶随意水解多聚物纤维素分子，产生越来越小的纤维素分子。外切葡聚糖酶从纤维素的还原端开始连续水解出两个葡萄糖亚单位，释放出两个糖的纤维二糖。第三个酶称为 β-葡萄糖苷酶或纤维二糖酶，水解纤维二糖成葡萄糖。纤维二糖酶可存在于胞内外。纤维二糖和葡萄糖可为微生物的细胞所吸收。

纤维素可在好氧、厌氧、低温、高温、土壤、水体等多种生态环境中被降解。分解纤维素的微生物主要是真菌和细菌。真菌包括曲霉属、镰孢属、茎点霉属和木霉属的成员；细菌包括噬纤维菌属、多囊菌属、纤维单胞菌属、链霉菌属、弧菌属和梭菌的成员。因不同的生境，及不同 pH 值、氧、温度条件降解纤维素的微生物群落组成和优势种群会有所不同。

（2）半纤维素

半纤维素是仅次于纤维素最常见的植物多聚物。这种分子比纤维素更加异质，由几种单糖包括各种己糖、戊糖和糖醛酸组成的复合物。分子量约 40000U。此外多聚物有分支而不是线状。半纤维素的降解过程和纤维素类似，但其分子更加异质性，因此有更多的胞外酶参与。

半纤维素比纤维素易于分解，许多真菌和细菌都可以产生木聚糖酶而能攻击半纤维素，主要有芽孢杆菌属、生孢噬纤维菌属细菌。

（3）其他多糖类多聚物

①淀粉、果胶：其他植物产生的多糖类多聚物包括淀粉、腊和果胶。淀粉可被大量产生 α-淀粉酶的真菌和细菌所降解。好氧条件下米曲霉（真菌）、浸麻芽孢杆菌（细菌）是重要的分解菌。厌氧条件下，核菌是主要的分解菌。果胶可被许多真菌和细菌所分解。某些植物病原性真菌（如葡萄孢）、细菌（如灰胡萝卜软腐欧文氏菌）具有果胶降解活性。在自然环境中能形成芽孢的浸麻芽孢杆菌和多黏芽孢杆菌是活跃的果胶降解菌。

②几丁质：几丁质是乙酰化氨基糖多聚物，见于各种真菌的细胞壁和包括微型甲壳纲在内的节肢动物的骨架结构。海洋和陆地环境中的几丁质总的产量可达数百万 mta（many million mta），这些多聚物的大部分被微生物降解。几丁质酶从还原端或以随意的方式打断多聚物，最终得到的主要是二乙酰壳二糖单位。其可被乙酰氨基葡萄糖苷酶水解成 N-乙酰葡萄糖胺单体。另一种攻击方式是几丁质去乙酰得到壳聚糖，后来用脱乙酰多糖酶解聚这种产物得到壳二糖亚单位。氨基葡萄糖苷酶完成降解成葡萄糖胺单体。许多细菌、放线菌和真菌具有解聚和利用几丁质的能力。此外许多无脊椎动物能产生它们自己的几丁质降解酶，其中肠道微生物对几丁质消化作出重大贡献。

③琼脂：许多海洋藻类可以产生琼脂，其仅为土壤杆菌属、黄杆菌属、芽孢杆菌属、假单胞菌属和弧属的少数细菌种所分解。这些能利用琼脂的细菌附着在藻类表面。由于仅少数微生物能解聚琼脂，因此适合作大部分微生物培养基的固化剂。

（4）木质素

木质素是第三种最常见的植物多聚物，在结构上和所有的糖类多聚物明显不同。木质素基本构架是两种芳香氨基酸酪氨酸和苯丙氨酸。这些被转化成 Phenylpropene 亚单位，如 coumaryl 醇、coniferyl 醇和 sinapyl 醇。500 ~ 600 个 phenylpropene 亚单位随意聚合，而形成无定型芳香环多聚物。

木质素的降解比其他有机多聚物要慢。其降解速度慢是由于其结构上是高度异质性的多聚物，此外含有芳香基（aromatic residues），而不是糖基。分子的巨大异质性阻碍特殊的降解酶（与纤维素相比）的进化（即没有进化出专一性降解酶），代之以非专一性胞外酶，依赖 H_2O_2 木质素过氧化物酶和胞外氧化酶。胞外氧化酶可产生 H_2O_2，过氧化物酶和 H_2O_2 系统产生以氧为基础（oxygen-based）的自由基，自由基和木质素多聚物反应释放出 phenylpropene 亚单位。它们能被微生物细胞吸收和降解（图 4-4）。整体木质素多聚物的降解仅见于

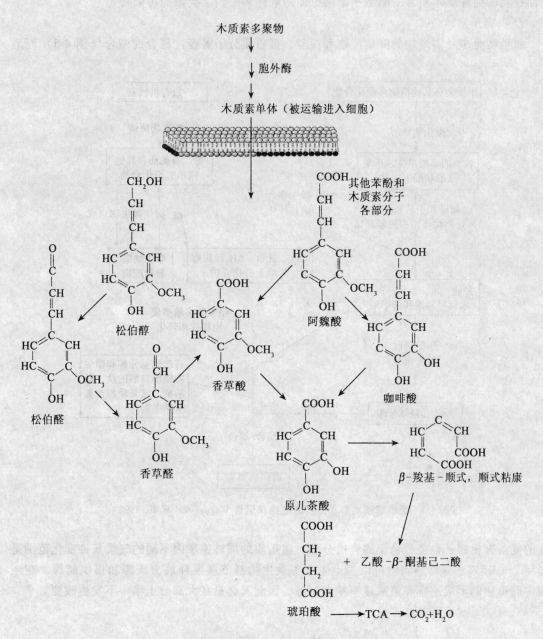

图 4-4　木质素降解过程（引自 Wagner and wolf, 1998）

好氧环境，这是因为释出木质残基的反应是需氧的。但当基团释出时，它们能在厌氧条件下降解。能降解木质素的微生物众多，包括真菌、放线菌和细菌。研究得最多的能降解木质素的微生物是白腐真菌，原毛平革菌（*Phanerochaete chrysosporium*）是代表性菌。

BTEX（benzene、toluene、ethylbenzene、xylene）和多环芳烃化学物等有机污染物在结构上与 phenylpropene 基相似，因此木质素的降解、降解途径和这些污染物的降解、降解途径有许多相同之处，因此研究木质素的降解对理解有机污染物的降解过程有重要理论价值。

上面提到的能降解木质素的原毛平革菌也能降解许多结构上类似的污染物。

（5）腐殖质

腐殖质是多种多聚物的降解产物和核酸、蛋白质分子等经过聚合或缩合（图4-5）而形

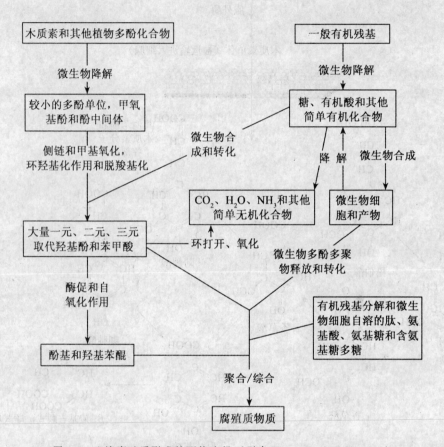

图4-5　土壤腐殖质形成的可能途径（引自 Wagner and Wolf, 1998）

成的复杂有机物，也是最稳定的有机分子。腐殖质的周转速率因不同的气候条件变化范围是每年2%～5%。这样腐殖质可以为土生土著微生物群落缓慢释放出碳源和提供能源。在土壤中腐殖质的形成速率和消减速率基本相等，因此其含量在大部分土壤中不发生改变。

第二节　氢　循　环

最大的全球性氢源是水。水通过光合作用和呼吸作用而活跃循环，光合作用中被光解的水成为供氢体。水的储量巨大，循环的速率相当慢。束缚在岩石晶格中的水不能活跃循环，大量的不活跃氢源是液态和气态的燃料烃。有机物和生命物质是相应小的活跃循环的氢源。游离的氢气仅存于厌氧环境。

人为产生的氢是矿物燃料和生物材料的燃烧，每年达4千万 mta。从海洋中每年产生氢估测是每年为4百万 mta，而在大气中甲烷的光化学分解产生 H_2 为4千万 mta。在异型蓝细

菌和根瘤菌豆科植物共生体中有光合作用和固氮两种系统，两种系统部分或完全不耦联会导致分子氢的释放，根瘤菌——豆科植物共生体在野外的农业条件下能释放出大量的 H_2，但重要的氢循环过程光合作用和呼吸不会导致氢的放出。

生态环境中产生的氢大部分用于还原 NO_3^-、SO_4^{2-}、Fe^{3+}、Mn^{4+} 及 CH_4。H_2 从氧化性土壤或沉积层中放出，即被代谢成水，小部分（大约 7 百万 mta）进入大气。土壤可以吸收 H_2，成为 H_2 的净储库。进入大气的 H_2 可以不受地球引力影响而进入外层空间。

氢利用微生物是兼性化能无机营养氢细菌，产能反应式如：

$$H_2 + \frac{1}{2}O_2 \longrightarrow H_2O \qquad (\Delta G^1 O = -56.7\text{kcal/mol} = -238.1\text{kJ/mol})$$

最有效的氢细菌属于产碱菌，这些细菌除了膜结合氢化酶，还会有溶解性 NAD——连接氢化酶，而属于假单胞菌属、副球菌属（*Paracocus*）、黄色杆菌属、诺卡氏菌属和固氮螺菌属的氢细菌仅含有膜结合氢化酶，它们以较慢的速率生长。氢利用的总反应式：

$$6H_2 + 2O_2 + 2CO_2 \longrightarrow [CH_2O] + 5H_2O$$

氢细菌利用氧化 H_2 所得的能量固定 CO_2，其固定 CO_2 的原理与藻类、植物相一致。氢细菌也能利用各种有机底物，在同时含有 H_2 和有机底物时以混合营养方式生长。

第三节 氧 循 环

氧在地球环境中扮演重要角色，氧的产生和积累是地球上影响最深远的生物地球化学转变。矿物和岩石沉积物中的氧是很大但不活跃的氧"库"，在活跃的循环源中主要是分子氧（大气和溶解性的）和水。硝酸盐是一个小的，快速循环的氧源。硫酸盐和氧化铁、氧化锰的氧量是足够大的，但循环相当慢。活的和死的有机物的氧构成一个相应小的但积极循环的氧源。

大气中的氧最初主要来源于水，光合作用时水被光解。呼吸作用把氧从大气中去除，产生 CO_2，同时重新形成光合作用中被光解的水。分子氧在生境中的存在或缺乏决定着生境中的代谢类型。氧对严格的厌氧菌具有抑制作用。在有氧条件下微生物可以从对有机物的氧化中（用氧作为末端电子受体）取得比发酵有机物多得多的能量。例如一个分子葡萄糖好氧代谢得到 685k cal（2881kJ）的能量，而发酵仅得 50 kcal（210kJ）的能量。

在某些生境中，随着耗氧和产氧过程的变化，好氧和厌氧的状况可以发生改变。微生物对有机化合物的降解时对氧的利用可消耗那里的分子氧，同时又不能得到补充，这时这种生境就会成为一种缺氧状态。当氧被耗尽时，接着就会开始氧化性锰、硝酸盐、三价铁硫酸盐的还原。如果这种电子受体不被利用或耗尽，发酵代谢和产甲烷过程就成了此时的唯一的代谢选择。通过氧的扩散，厌氧环境也可以转变成好氧环境。沉积物和土壤中的土生蚯蚓和其他打洞动物的扰动有助于氧的扩散。植物、藻类和蓝细菌的光合作用产生的分子氧的扩散有利于这种转变。植物光合作用产生的氧还可以通过植物根进入土壤。

矿物燃料的燃烧消耗氧并产生 CO_2，因而对大气中 O_2 和 CO_2 的浓度都产生影响。但由于氧库的量大（21% 的大气），其对数量相对较大的氧库是可以忽略的效应。有人估测即使所有的矿物燃料燃烧也只能减少 3% 的氧含量。然而同样的过程却可以对小的大气 CO_2 库

（0.03％的大气）产生影响，大气 CO_2 含量的相对增加会加剧温室效应，这已成一个全球性的环境问题。

碳、氢和氧的循环密切相关，主要发生在光合作用、发酵和呼吸这三个过程中（图4-6）。提供 C、H、O 的 CO_2、H_2O 和 O_2 积极参与到循环中去，然而它们不同的库体积导致很不同的转换速率（图4-7）。根据库的体积和利用速率，一个大气 CO_2 分子每 300 年或少于300 年有一次通过光合作用被同化的机会，一个大气氧分子每 2000 年有一次被呼吸的机会，而每个水分子每 2000000 年有一次被光合作用裂解的机会。这样光合作用或呼吸作用的总体速率的改变对 CO_2 的影响比对大气 O_2 或水的影响更直接、更富有戏剧性。

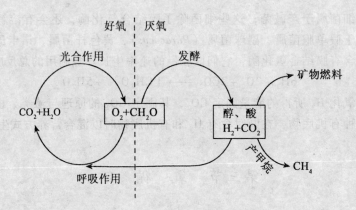

图 4-6　碳、氢、氧生物地球化学循环的相互关系

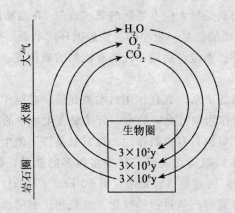

图 4-7　H_2O、CO_2 和 O_2 的循环速率比较

第四节　氮　循　环

氮是生物有机体的主要组成元素，约占细胞干重的 12％。氮循环是重要的生物地球化学循环。

地球氮库的组成如表 4-8 所示。最大的氮库是大气中的氮（N_2）。次大的氮库是地壳，

氮以结合、非交换铵的形态存在。两者都不活跃循环。地壳中的氮不能被利用，而大气中的
N_2 只有少数微生物能利用，并且是一个耗能的缓慢过程。小的氮库包括活着的和死亡生物
体中的有机氮以及可溶性无机氮盐。这些小的库倾向于活跃循环，特别因为氮常常是环境中
的限制性营养，例如，陆地环境中的可溶性无机氮盐每年转换速率可以大于1。植物生物量
中的氮大约每年一次，而有机物中的氮转换一次需几百年。

表 4-8　　　　　　　　　　　　　　　地球上的氮库

氮库	氮量/吨	活跃循环
大气		
N_2	3.9×10^{15}	否
海洋		
生物量	5.2×10^8	是
溶解和颗粒性有机物	3.0×10^{11}	是
可溶性盐（NO_3^-、NO_2^-、NH_4^-）	6.9×10^{11}	是
溶解性 N_2	2.0×10^{13}	否
陆地		
生物群	2.5×10^{10}	是
有机物	1.1×10^{11}	慢
地壳*	7.7×10^{14}	否

* 这个库包括陆地和海洋环境中的全部无机物。引自 Dobrovolsky, 1994。

氮循环（图 4-8）由 5 种氮化合物的转化过程所组成，包括固氮、铵同化作用、氨化作
用、硝化作用（铵氧化）和硝酸盐还原。它们实际上是氮化物的氧化还原反应。参与循环
的氮化合物及其价态是：-3 价（NH_4^+、NH_3、有机氮化物）、0 价（N_2）、$+1$ 价（N_2O）、
$+2$ 价（NO）、$+3$ 价（NO_2^-）和 $+5$ 价（NO_3^-）。

一、固氮

所有固定形式的氮，NH_4^+、NO_3^- 和有机氮都来源于大气氮。把大气中的氮变成可利用
氮的固氮作用对氮在生物圈中的循环有重要作用。陆生和水生生境中微生物的固氮占地球氮
输入的大部分（表 4-9）。每年所固定氮的 65% 来源于包括自然系统和管理农业系统的陆地
环境。海洋生态系统占氮固定的小部分（20%）。

表 4-9　　　　　　　　　　　生物固氮作用对氮输入的贡献

来源	固氮/（公吨/年）
陆地	1.35×10^8
水体	4.0×10^7
肥料制造	3.0×10^7

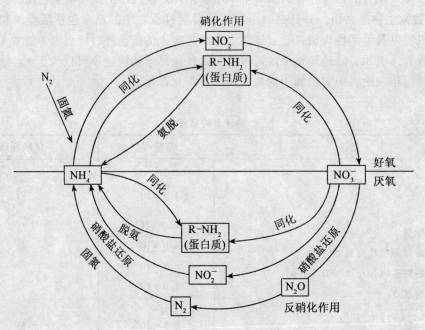

图 4-8　氮的生物地球化学循环

有许多遗传上多样的固氮真细菌，分属 27 科和 80 个属，古生菌中至少有三个嗜热的具固氮能力的属。真细菌中的固氮科、属列于表 4-10。蓝细菌中固氮的科、属列于表 4-11。除固氮菌科外，没有任何科属的全部种都能固氮。固氮微生物是极端异质性的，包括自养的、异养的、好氧的、兼性的、厌氧的、光合作用的、单细胞的、丝状的、游离和共生的。由于所有的生物体都需要固定的氮作为氮源，由此固氮生物分布十分广泛，可见于大部分环境的生态位。

固氮菌的固氮潜力在很大程度上取决于固氮系统以及环境条件的影响（表 4-12）。不和植物根相邻的游离菌只能固定少量的氮，而生长在营养丰富的根际环境中的却能固定较多的氮。蓝细菌是水环境的优势固氮菌，由于能进行光合作用，它们的固氮速率比游离的非光合细菌高出 1~2 个数量级。微生物和植物共生固氮系统的高固氮能力是长期进化的结果，根瘤菌-豆科植物共生体固氮能力特别引人注目（共生固氮的系统和功能参阅第七章）。

表 4-10　　　　　　　　　　　　　　真细菌中固氮的科和属

科和属	科和属	科和属
醋杆菌科	暗网菌属	假单胞菌科
醋杆菌属	绿屈桡菌科	假单胞菌属
固氮菌科	绿屈桡菌属	根瘤菌科
氮单胞菌属	着色菌科	异根瘤菌属
固氮菌属	可变杆菌属	根瘤菌属

续表

科和属	科和属	科和属
固氮球菌属	着色菌属	中华根瘤菌属
拜叶林克氏菌属	外硫红螺菌属	生丝微菌科
德克斯氏菌属	荚硫菌属	固氮根瘤菌属
黄色杆菌属	囊硫菌属	叶杆菌科
芽孢杆菌科	棒杆菌科	中根瘤菌属
类芽孢杆菌属	节杆菌属	慢生根瘤菌科
梭菌属	肠杆菌科	慢生根瘤菌属
脱硫肠状菌属	柠檬酸杆菌属	红螺菌科
贝日阿托氏菌科	肠杆菌属	红微菌属
贝日阿托氏菌属	欧文氏菌属	红假单胞菌属
发硫菌属	埃希氏菌属	红螺菌属
透明颤菌属	克霉伯氏菌属	螺菌科
绿菌科	甲烷单胞菌科	水螺菌属
绿菌属	甲基细菌属	固氮螺菌属
	甲基球菌属	弯曲杆菌属
	甲基孢囊菌属	草螺菌属
	甲基单胞菌属	链霉菌科
	甲基弯曲菌属	弗兰克氏菌属
		硫杆菌科
		硫杆菌属
		弧菌科
		弧菌属
		未定科
		产碱菌属
		脱硫弧菌属

表 4-11   具有固氮能力蓝藻的科属

科和属	科和属	科和属
色球藻科	管链藻属	宽球藻属
绿胶藻属	管孢藻属	胶须藻科
Chroococcidiopis	节球藻属	眉藻属
黏杆菌属	念珠藻属	双须藻属
聚球藻属	*Pseudanabaena*	胶刺藻属
鞭枝藻科	尖头藻属	伪枝藻科

科和属	科和属	科和属
鞭枝藻属	植生藻属	伪枝藻属
Michrochaetaceal	颤藻科	单歧藻属
Michrochaete	鞘丝藻属	真枝藻科
念珠藻科	微藻藻属	飞氏藻属
鱼腥藻属	颤藻属	软管藻属
项圈藻属	席藻属	真枝藻属
束丝藻属	织线藻属	拟惠氏藻属
	宽球藻科	

表 4-12　　　　　　　　　　　　不同固氮系统的固氮潜力

固氮系统	固氮潜力/（kgN/（公顷/年））
根瘤菌-豆科植物	200 ~ 300
鱼腥藻-Azolla	100 ~ 120
蓝细菌-藓类植物	30 ~ 40
根际共生	2 ~ 25
游离	1 ~ 2

固氮过程的总反应式：

$$N_2 + 8e^- + 8H^+ + 16ATP \longrightarrow 2NH_3 + 16ADP + 16Pi + H_2$$

催化反应过程的固氮酶是一种复合酶，这个酶由两个亚基即双固氮酶还原酶（dinitrogenase reductase）（一种铁蛋白）和双固氮酶（dinitrogenase）（一种铁-钼蛋白）组成。固氮过程所需的催化蛋白、辅因子和其他成分都是由 nif 基因组编码的，基因组在有的种中紧密成簇，但在一些种可分散在染色体中及其他的遗传物质中。固氮过程主要受两个因素的制约，这就是固氮的代谢产物铵和氧压。固氮酶对氧极端敏感，某些游离的好氧细菌只能在还原性氧压条件下固氮。其他的细菌（如根瘤菌属、拜叶林克氏菌属）由于已经发展出保护固氮酶酶蛋白的机制，这使它们能在一般氧压条件下固氮。

野外固氮能力受土壤湿度、温度、可利用有机物以及季节的影响，固氮过程是一个要消耗大量能量的过程。因此供应充分的可供利用的营养物才能保证固氮。同时利用遗传工程技术把细菌中的固氮基因转移到植物中也是提高生物固氮能力的新途径。

生物固氮从生态学上说可以维持生物圈中可利用氮的平衡。据测算生物固氮和反硝化过程中所产生的氮大致相等。

二、铵同化

固氮的末端产物和其他来源的铵可被细胞同化成氨基酸并形成蛋白质、细胞壁成分

（如乙酰胞壁酸），同化成嘌呤及嘧啶并形成核酸。这个过程称为铵同化或固定化。微生物同化铵有二种途径。第一种是一个可逆反应，氨掺入或从谷氨酸中移去。

$$谷氨酸 + H_2O \underset{NAD \quad NADH}{\overset{谷aa脱氢酶}{\rightleftharpoons}} \alpha\text{-}酮戊二酸 + NH_3$$

这个反应受铵可利用性所推动，在高铵浓度下（$>0.1\text{mmol/L}$ 或 $>0.5\text{mg mol/L/kg}$ 土壤），在存在还原性等价物时（如 $NADPH_2$），铵被掺入到 α-酮戊二酸并形成谷氨酸。然而，在大部分土壤和许多水环境中，铵以低浓度存在。因此微生物有第二条依赖于能量的铵吸收途径。这种反应被 ATP 和两种酶（谷氨酰胺合成酶和谷氨酸合成酶）所推动。这个反应的第一步把铵加到谷氨酸以形成谷氨酰胺。第二步把铵分子从谷氨酰胺转移到 α-酮戊二酸形成二个谷氨酸分子。铵同化作用可在好氧和厌氧条件下进行，发生在细胞内。

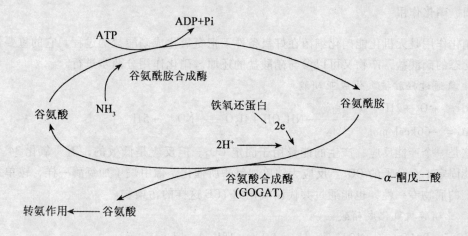

三、氨化作用

铵同化的逆反应过程，死亡和衰亡细胞中氨的释放称为氨化作用或铵的矿化。铵矿化能发生在胞内，其反应如铵同化的第一种反应。谷氨酸在谷氨酸脱氢酶作用下脱氨形成 α-酮戊二酸并放出氨。但矿化作用主要发生在细胞外，微生物能释放出多种胞外酶（蛋白酶、溶菌酶、核酸酸和脲酶）分解细胞外的含氮分子（蛋白质、细胞壁、核酸和脲）。这些单体中的一些可被细胞吸收和被进一步降解，但某些单体被胞外酶作用释放出铵可进入环境，例如尿素可被脲酶水解释放出铵。

$$NH_2\overset{\overset{\displaystyle O}{\|}}{-}C-NH_2 + H_2O \xrightarrow{脲酶} NH_3 + 2CO_2$$
尿素

天冬氨酸在天冬氨酸酶作用下释放出氨

$$天冬氨酸 \xrightarrow{天冬氨酸酶} 延胡索酸 + NH_3$$

微生物、动物和植物都具有氨化能力，可发生在好氧和厌氧的环境中。氨化作用释放出的氨可被生物固定利用和进一步转化，同时也释放到大气中去，这个部分可占总氮损失的15%（其他85%为反硝化损失）。有的氨还可以和其他物质（如土壤胶质、腐殖质等）结合，也可以为硝化细菌所利用。

固定和矿化作用是两个相反的生化过程，哪个过程可在环境中占主导地位呢？这主要取决于氮是否是限制性营养物。如果氨营养受到限制，则固定将成为最重要的过程，而当环境中氮不受限制时，矿化将占主导地位。环境中的 C/N 比可以作为氮限制的指标。一般细菌所需的 C/N 比是 4~5，真菌是 10。土壤微生物生物量的代表性 C/N 比率是 8。这样合乎逻辑的情况是当 C/N 比为 8 时矿化和固定就会达到一个平衡。然而我们必须考虑到有机物中仅有 40% 的碳实际掺入到细胞中（余下的以 CO_2 方式失去）。这样，C/N 比还要乘以 2.5。而氮的循环比碳有更高的效率，而且在吸收后基本上不会失去。因此实际上 C/N 比值 20 是理论上的平衡点，实际观察也证明了这一点。当土壤中 C/N 比低于 20 则发生铵的净矿化，相反当 C/N 比高于 20 则会发生固定。

四、硝化作用

硝化作用是无机化能硝化细菌在好氧条件下把氨氧化成硝酸盐的过程。它的重要性是产生氧化态的硝酸盐，产物又可以参与硝酸盐的还原。硝化作用分两步进行。

1. 氨通过羟胺被氧化成亚硝酸

$$NH_4^+ + O_2 + 2H^+ \xrightarrow{\text{铵单加氧酶}} NH_2OH + H_2O \longrightarrow NO_2^- + 5H^+$$
$$\Delta G = -66kcal/mol$$

这是一个产能反应，产生的能量用于固定 CO_2。但反应是低效的，需要氧化 34 个铵分子才能固定 1 个分子的 CO_2。反应为铵单加氧酶所催化。像甲烷单加氧酶一样，铵单加氧酶有较广的底物专一性，也能通过共代谢氧化如 TCE 这样的污染物。

2. 亚硝酸被氧化成硝酸

$$NO_2^- + 0.5O_2 \longrightarrow NO_3^- \qquad \Delta G = -18kcal/mol$$

和第一步反应相比第二步反应的效率更低，需要氧化大约 100 个分子的亚硝酸才能固定 1 分子 CO_2。

能进行硝化作用的细菌称为硝化细菌（nitrifier，nitrifying bacteria），把铵氧化成亚硝酸的称为亚硝酸细菌或铵氧化菌（nitrite bacteria，ammonium oxidizer），把亚硝酸氧化成硝酸的称为硝酸盐细菌或亚硝酸盐氧化菌（nitrate bacteria，nitrite oxidizer）。

分类学上亚硝酸细菌的属都前缀亚硝化，代表性细菌是亚硝化单胞菌属细菌；硝酸盐细菌也前缀硝化，代表性细菌是硝化杆菌属细菌，主要种属如表4-13。这些化能自养菌在硝化作用中起重要作用，但异养细菌如节杆菌属的一些种，真菌如曲霉的一些种也具有硝化作用能力，但不能从中得到能量。此外一些甲烷营养菌（甲烷氧化菌）也具有把氨氧化成 NO_2^- 的能力，这种氧化可以认为是一种共代谢。

硝化细菌生长缓慢，在实验条件下平均的增代时间是几个小时，在土壤中则需要几天。大肠杆菌利用 2g 葡萄糖合成 1g 生物量，而亚硝化单胞菌要氧化 30g NH_3 才能产生同样的生物量。

表 4-13　　　　　　　　　　　　　　化能自养硝化细菌

属	种
铵氧化菌	
	欧洲亚硝化单胞菌
亚硝化单胞菌属	*Nitrosomonas eutrophus*
	海洋亚硝化单胞菌
	亚硝基亚硝化球菌
亚硝化球菌属	活动亚硝化球菌
	海洋亚硝化球菌
亚硝化螺菌属	白里亚硝化螺菌
亚硝化叶菌属	多形亚硝化叶菌
亚硝化弧菌属	纤细亚硝化弧菌
亚硝酸盐氧化菌	
	维氏硝化杆菌
硝化杆菌属	汉堡硝化杆菌
	Nitrobacter vulgaris
硝化刺菌属	纤维硝化刺菌
硝化球菌属	活动硝化球菌
硝化螺菌属	海洋硝化螺菌

　　硝化作用的两个阶段都是需氧的,而且两类硝化细菌都对氧有很强的亲和力,在 Eh 值低到 $+210mV$ 时仍有硝化活性。但在更低氧条件下硝化杆菌对氧的亲和力要低于亚硝化单胞菌,因此在氧含量极低的条件下亚硝酸氧化成硝酸的速率低于氨氧化成亚硝酸的速率,导致亚硝酸的积累。硝化细菌在厌氧环境中不能生长,但可以长期存活,氧一旦进入厌氧环境,硝化作用即可恢复。这种厌氧条件下的存活能力在污水处理中尤为重要。

　　亚硝化单胞菌在 $30 \sim 36℃$ 生长最好,低于 $5℃$ 不能生长。硝化杆菌在 $34 \sim 35℃$ 生长最好,低于 $4℃$ 不能生长。亚硝酸的氧化速率易于受低温的影响,研究证明在低于 $6℃$ 时亚硝酸会积累。

　　亚硝化单胞菌属细菌有很宽的 pH 值适应范围,不同的种有差异,最适 pH 值通常在 $6.0 \sim 9.0$ 之间。硝化杆菌属最适 pH 值范围在 $6.3 \sim 9.4$ 之间。在高 pH 值条件下,亚硝酸的氧化比氨的氧化更容易受到限制,超过 pH8.5 的碱性环境,亚硝酸容易积累。综上所述,在缺氧、低温和碱性环境中亚硝酸容易积累。

硝酸盐一般不会在环境中积累，这主要是因为硝化细菌对环境压迫相当敏感，更主要的是自然生态系统没有超量的氨。然而在大量使用化肥的农业系统、集约式养殖业、化粪池、填埋场释放出大量的氨经过硝化作用可产生大量的硝酸盐。硝酸盐易于在水体中自由流动，因此硝化作用可以看成是土壤中氮素化合物流动性增加的过程。由此产生多方面的效应，包括：①硝酸盐沥滤进入厌氧环境发生反硝化作用或随地下水、地表水流失而造成氮素损失。②硝酸的产生造成环境酸化，提高金属的溶解度而有害于农作物的生长。③进入水环境造成水体（包括地下水）的硝酸盐污染和水体营养化。

硝化作用对植物的氮素供应十分重要，因此对评价生态系统的健康有重要作用，测定生态系统中硝化作用的活性可以作为污染监测的重要方法。

五、硝酸盐还原

硝酸盐还原包括同化硝酸盐还原（或称硝酸盐固定）（assimilatory nitrate reduction or nitrate immobilization）和异化硝酸盐还原（dissimilatory nitrate reduction）。异化硝酸盐还原又可分为产铵异化硝酸盐还原（dissimilatory nitrate reduction to ammonium DNRA）和反硝化作用（denitrification），前者也称为发酵性硝酸盐还原（fermentative nitrate reduction），后者也称为呼吸性硝酸盐还原（respiratory nitrate reduction）。

同化硝酸盐还原是硝酸盐被还原成亚硝酸盐和铵，铵被利用进入生物体成为生物量的过程。这里被还原的硝酸盐被微生物作为氮源。同化硝酸盐还原的酶系包括硝酸盐还原酶和亚硝酸还原酶，这些酶是水溶性的，不被氧抑制，但受环境中氨和还原性有机物抑制。大部分微生物更倾向于利用铵，它们对硝酸盐的吸收必须还原成铵。很多细菌、真菌和藻类具有同化硝酸盐还原能力。

产铵异化硝酸盐还原是兼性化能异养微生物在微好氧或厌氧条件下利用硝酸盐作为末端电子受体来氧化有机化合物，末端产物是铵。

$$NO_3^- + 4H_2 + 2H^+ \longrightarrow NH_4^+ + 3H_2O$$
$$\Delta G = -144 kcal/8e^-$$

这个反应中的第一步是硝酸盐被还原成亚硝酸盐，并产生能量；第二步是亚硝酸盐在依赖 NADH 还原酶作用下被还原成铵。已经证明在有限碳源条件下会造成亚硝酸盐积累（反硝化作用占优势），而在丰富碳条件下铵是主要的产物（DNRA 占优势）；低水平可利用电子受体条件下也会选择 DNRA 过程。因此在富碳环境中（如不流动水、污水、高有机物沉积层和瘤胃）DNRA 过程易于成为优势。这个过程受 O_2 的抑制，不受铵抑制。具有这种能力的细菌如表 4-14 所示。它们大多是发酵性而非氧化性的。

反硝化作用是兼性化能异养微生物在微好氧或厌氧条件下利用硝酸盐作为末端电子受体来氧化有机化合物，产生气态氮化物（N_2O、N_2）的过程。反硝化作用的反应如下：

$$NO_3^- + 5H_2 + 2H^+ \longrightarrow N_2 + 6H_2O$$
$$\Delta G = -212 kcal/8e^- 迁移$$

以每 8 个电子转移所产生的能量计算反硝化过程中每分子硝酸盐还原所提供的能量比 DNRA 多得多。这样在碳源有限，电子受体（硝酸盐）丰富的环境中，由于可以提供比 DNRA 更多的能量，反硝化作用会成为更优势的过程。反硝化作用和 DNRA 的相互关系如图 4-9 所示。

表 4-14   能进行产铵异化硝酸盐还原（DNRA）的细菌

属	代表性生境	属	代表性生境
专性厌氧		克雷伯氏菌属	土壤、污水
梭菌属	土壤、沉积物	发光杆菌属	海水
脱硫弧菌属	沉积物	沙门氏菌属	污水
月形单胞菌属	瘤胃	沙雷氏菌属	肠道
韦荣氏球菌属	肠道	弧菌属	沉积物
沃林氏菌属	瘤胃	微好氧	
兼性厌氧		弯曲杆菌属	口腔
酸杆菌属	土壤、污水	好氧	
肠杆菌属	土壤、污水	芽孢杆菌属	土壤、食品
欧文氏菌属	土壤	奈瑟氏菌属	黏膜
埃氏希菌属	土壤、污水	假单胞菌属	土壤、水体

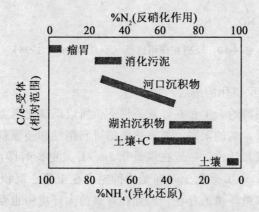

图 4-9 取决于可利用 C/电子受体比率的硝酸盐在
反硝化作用及 DNRA 中的分配

　　反硝化作用的 4 步反应如图 4-10 所示。反应的第一步硝酸盐还原成亚硝酸催化酶是硝酸盐还原酶，这种酶是一种膜结合钼-铁-硫蛋白，可同时见于反硝化和 DNRA 作用菌。硝酸盐还原酶的合成和活性受氧的抑制，这样反硝化和 DNRA 作用也受氧的抑制。第二步反应是亚硝酸盐还原酶催化的亚硝酸盐转变成 NO 的反应。亚硝酸还原酶仅存于反硝化微生物，而不存在于 DNRA 过程。酶见于周质中，并以含铜和血红素两种形式存在，二种形式的酶都广泛分布于环境。亚硝酸还原酶受氧抑制和硝酸盐诱导。第三步反应是一氧化氮还原酶催化 NO 转化成 N_2O 的反应。膜结合酶-氧化氮还原酶受氧的抑制，被各种氮氧化物所诱导。第四步反应是一氧化二氮还原酶催化 N_2O 转化成 N_2 的反应。这种酶是位于周质的含铜蛋白。酶受低 pH 值的抑制，而且对氧比反硝化途径中其他三种酶更加敏感，这样在高氧和低

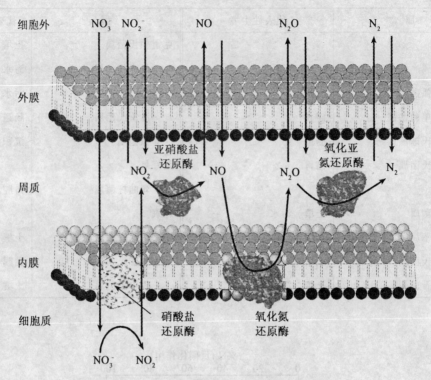

图 4-10　反硝化作用途径（引自 Myrold，1998）

pH 值时 N_2O 就可能成为反硝化的最后产物。

　　反硝化微生物是很独特的，生长在好氧条件下，所以反硝化潜力存在许多生境中。它们的活性主要取决三种因素，氧的限制、氮氧化物的可利用性和还原剂的可利用性。氧可以抑制反硝化过程中酶的合成和活性。一般在氧量 0.5mg/L 或更少时即可抑制反硝化酶的活性，而 N_2O 还原酶在氧量 0.2gm/L 或更少时即受到抑制。在土壤、沉积物等环境可以发生活跃的反硝化作用。由于厌氧微环境的存在，因此在好氧的大环境中也存在反硝化活性。反硝化作用受氧的抑制，但又依赖于氧，如没有氧的参与则不能形成反硝化作用所需的硝酸盐。反硝化的底物是硝酸盐，硝酸盐可以是硝化作用的产物，也可以来自沉积物和化肥。在很多生境中硝化作用和反硝化作用存在着一种镶嵌的关系，在厌氧区产生的氨扩散到好氧区被氧化成硝酸盐，硝酸盐又可到达厌氧区被还原。在反硝化作用过程中，有机物作为电子供体（同时提供能量）可以起到重要作用，反硝化作用能力和土壤中的水溶性有机碳具有高度相关性。反硝化微生物可以降解许多芳香化合物，因而在修复污染环境中有重要作用。

　　除氧压外，反硝化作用还受到其他因素的影响。NO_2^- 的积累可以抑制反硝化作用，有些重金属（特别是镉 50μg/ml）可以抑制反硝化过程。在低 pH 值（5.0）条件下，反硝化能力降低，温度对硝化作用影响明显，最适温度在 15～30℃之间，低于 11℃反硝化能力急剧降低，低于 5℃几乎没有活性。

　　反硝化作用的微生物广泛分布于环境中，并展现出各种不同的代谢和活性特征。大部分反硝化微生物是异养的，其代谢有机物通过呼吸作用，这一点和异养的 DNRA 生物不同，后者是发酵方式。但有些反硝化微生物是自养的，有些是发酵的，而某些和氮循环的其他方面连在一起（如固氮），反硝化细菌种属及其特征如表4-15所示。

表 4-15　　　　　　　　　　　　　　　反硝化细菌属及其重要特征

属	重要特征	属	重要特征
有机营养属		副球菌属	嗜盐的，也无机营养
产碱菌属	一般土壤细菌	丙酸杆菌属	发酵型
土壤杆菌属	某些种是植物病原菌	假单胞菌属	一般从土壤中分离，非常多样性的属
水螺菌属	某些是趋磁的，寡营养的	根瘤菌属	和豆科植物共生固氮
固氮螺菌属	共生固氮，发酵型	沃林氏菌属	动生病原菌
芽孢杆菌属	形成孢子、发酵型、某些种是嗜热的	光营养菌红假单胞菌属	厌氧，还原硫酸盐
芽生杆菌属	出芽细菌，系统分类上和根瘤菌相关	无机营养菌	
慢生根瘤属	与豆科植物共生固氮	产碱菌属	利用 H_2，异养，一般从土壤中分离
布兰汉氏球菌属	动物病原菌	慢生根瘤菌属	利用 H_2，异养，与豆科植物共生固氮
色杆菌属	紫色色素	亚硝化单胞菌属	氧化 NH_3
噬纤维菌属	滑行细菌	副球菌属	利用 H_2，异养，嗜盐
黄杆菌属	一般土壤细菌	假单胞菌属	利用 H_2，异养，一般从土壤中分离
屈桡杆菌	滑行细菌	硫杆菌属	氧化硫化物
盐杆菌属	嗜盐的	硫微螺菌属	氧化硫化物
生丝微菌属	利用 C_1 底物、寡营养	硫球菌属	氧化硫物、异养、亚硝酸氧化菌、好氧反硝化
金氏菌属	动物病原体		
奈瑟氏球菌属	动物病原体		

反硝化过程释放的 N_2O 可以破坏臭氧层，但研究表明产生的 N_2O 进入大气以前就会被还原成 N_2，大多数野外测定表明 N_2O 的量仅占全部释放气体的 10% 以下。在极端高硝酸盐浓度和有机物环境中会有更多的 N_2O 产生。

反硝化作用的效应是造成氮损失从而降低氮肥效率，N_2O 的释放可以破坏臭氧层，损失的氮可以平衡固氮过程增加的氮。

N_2O 还原酶可被乙炔抑制，在反应系统中加入乙炔，并测定 N_2O 的积累量，从而可以测定微生物的反硝化活性。

第五节　硫　循　环

　　硫是地壳中第十个最丰富的元素，也是生物有机物的重要组成部分，大约占干物质的 1%。生物圈中含有丰富的硫，极少成为限制性营养，但在某些作物生长茂盛的农业系统中也会成限制性营养。硫是生物细胞氨基酸（如半胱氨酸、甲硫氨酸等）的重要组分，也是某些维生素、激素、辅酶的组分。含硫氨基酸半胱氨酸的作用因其形成二硫键有助于折叠影响活性而特别重要。这些化合物的硫以还原态或硫化物形式存在。细胞中含有以氧化态形式存在的有机硫化合物。由于硫循环与重大的环境问题酸雨、酸矿水、金属腐蚀关系密切，因此硫循环也是一种极为重要的生物地球化学循环。

　　地球上硫存在的主要形式是有机态硫（有生命和无生命的有机物质）、溶解性硫酸盐（主要存在于海水中）、硫化物矿石（硫沉积物和矿物燃料）。地球上的硫库如表 4-16 所示。最大的硫库是地壳，主要是不活跃的含硫沉积物、金属硫化物（如 Fe_2S、$CaSO_4$）以及矿物燃料中的硫。次级硫库是海洋中的硫酸根阴离子，其循环缓慢。较小和更加活跃的硫循环库包括陆地和海洋中的生物和有机物。目前地球硫库已受到人类活动的影响，大面积矿山裸露于大气，导致酸矿水的形成。另外矿物燃料的燃烧造成大量 SO_2 进入大气，又以酸雨的形式返回陆地、湖泊。

表 4-16　　　　　　　　　　　　　　地球上的硫库

硫库	硫量/吨	活跃循环
大气		
SO_2/H_2S	1.4×10^6	是
海洋		
生物量	1.5×10^8	是
溶解性无机离子（主要是 SO_4^{2-}）	1.2×10^{15}	慢
陆地		
活生物量	8.5×10^9	是
有机物	1.6×10^{10}	是
地壳※	1.8×10^{10}	不

※地壳包括陆地和海洋中的全部岩石层（引自 Dobrovolsdy，1994）。

　　和氮循环一样，硫循环实际上主要是硫化物的氧化还原反应。参与循环的硫化合物及价态是 S^0（0 价）、H_2S（−2 价）、$S_2O_3^{2-}$（+2 价）、SO_4^{2-}（+6 价）。硫的生物地球化学循环如图 4-11 所示。从图可见生物地球化学循环包括：①硫矿化（脱硫作用），②硫氧化，③硫还原。微生物参与所有这些硫的循环过程。

一、硫矿化（脱硫作用）

　　含硫有机物（如生物尸体，残留物等）在微生物的作用下释放出硫化物气体（如 H_2S、

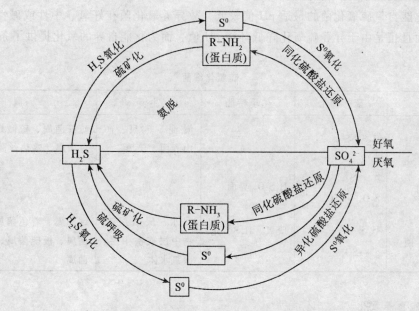

图 4-11　硫的生物地球化学循环

CH_3SH、$(CH_2)_3S$) 等的过程称为硫矿化（脱硫作用）。一般的腐生细菌在好氧和厌氧条件下都具有硫矿化能力。如丝氨酸硫化氢酶和半胱氨酸硫化氢酶都可以从半胱氨酸中脱下硫化物。

$$L-半胱氨酸 + 乙酸盐 + H_2O \xrightarrow[半胱氨酸硫化氢酶]{\begin{array}{c}丝氨酸\\硫化氢酶\end{array}} O-乙酰-L-丝氨酸 + H_2S$$
$$半胱氨酸 \qquad\qquad\qquad 丝氨酸 + H_2S$$

在海洋环境中藻类的主要代谢产物之一是 dimethylsulfoniopropionate（DMSP），其可作为细胞的渗透调节剂，DMSP 的主要降解产物是 dimethylsulfide（DMS），H_2S 和 DMS 作为气态化合物进入大气以后又被光氧化生成硫酸。

$$H_2S/DMS \xrightarrow{紫外光} SO_4^{2-} \xrightarrow{+H_2O} H_2SO_4$$

每年生物产生的挥发性硫化物最后产生的硫酸大约为 $1kg\ SO_4^{2-}$/（公顷/年）。在都市区形成的硫酸大约为 $100kg\ SO_4^{2-}$/（公顷/年）。酸性化合物溶解在雨水中形成的酸雨可使水中的 pH 值低到 3.5，酸雨对环境产生严重的污染，造成生态灾难。

二、硫氧化

硫氧化是还原态的无机硫化物（如 H_2S、S^0、FeS_2、$S_2O_3^{2-}$、$S_4O_6^{2-}$ 等）被微生物从低价硫氧化成高价硫，直至形成硫酸的过程。具有硫氧化能力的微生物主要来自两个不同的生理类群，好氧的自养细菌和厌氧的光自养细菌（表 4-17）。此外包括细菌和真菌（包括曲霉、节杆菌、分枝杆菌、放线菌、芽孢杆菌、微球菌等）在内的许多好氧异养微生物也能氧化硫氧化物（oxidize sulfur）成硫代硫酸盐（thiosulfate）或硫酸盐。异氧的硫氧化不产生能量，代谢途径仍然不清。化能自氧的硫氧化菌在大多数环境中被认为是主要的硫氧化菌，但由于许多化能自氧硫氧化菌的最适 pH 值较低，故异养氧化菌在好氧、中性或碱性环境中更加重要。而且正是由于异养硫氧化降低环境 pH 值，而为化能自养的氧化提供了条件。

表 4-17 硫氧化细菌

类群	硫的转化	生境特征	生境	属
专性或兼性	$H_2S \rightarrow S^0$		淤泥、热泉、矿山表面、土壤	硫杆菌属、硫微螺菌属、无色菌属、嗜热丝菌属
化能自养菌	$S^0 \rightarrow SO_4^{2-}$ $S_2O_3^{2-} \rightarrow SO_4^{2-}$	$H_2S\text{-}O_2$ 界面		
厌氧光营养菌	$H_2S \rightarrow S^0$ $S^0 \rightarrow SO_4^{2-}$	厌氧、H_2S、光	浅水、厌氧沉积物中层或次中层、厌氧水体	绿硫菌属、着色菌属、外红螺菌属、板硫菌属、红假单胞菌属

1. 化能自养氧化

在化能自养菌的硫氧化中大部分能把 H_2S 氧化成元素硫，元素硫沉积在细胞外成为特征性颗粒。

$$H_2S + 0.5O_2 \longrightarrow S^0 + H_2O$$
$$\Delta G = -50kcal/mol$$

所产生的能量用于固定 CO_2 维持细胞生长。从反应过程可见这些细菌需要氧和硫化物。然而还原性硫化物存在的区域仅含少量氧或缺氧，因而这些细菌是微好氧的，它们在低氧压条件下生长得最好。这部分细菌（以贝日阿氏菌为代表）的大部分呈丝状，并且易于在黑色的淤泥沉积物中发现。黑色是由于沉积物中含有沉积了硫化物的细菌，H_2S 存在会散发出"腐败蛋"的气味。

某些化能自养菌（最著名的是氧化硫硫杆菌）能氧化元素硫成硫酸盐。

$$S^0 + 1.5 O_2 + H_2O \longrightarrow H_2SO_4$$
$$\Delta G = -150kcal/mol$$

这个反应是产酸的，因此氧化硫硫杆菌有强的酸耐受性，最适生长 pH 值为 2。其他的硫杆菌也具有不同的酸耐受能力。氧化硫硫杆菌和耐酸的化能自养铁氧化菌氧化铁硫杆菌可以协同氧化 FeS_2 产生酸矿水。但氧化硫硫杆菌可用于低品位矿的富集冶炼，这称为生物冶金。

虽然大部分硫氧化化能自养菌是专性好氧，但脱氮硫杆菌（*Thiobacillas denitrificans*）这种兼性厌氧菌能以硝酸盐代替氧作为末端电子受体氧化硫，形成的硫酸与钙结合形成 $CaSO_4$ 沉淀。

$$S^0 + NO_3^- + CaCO_3 \longrightarrow CaSO_4 + N_2$$

2. 光自氧硫氧化

硫的光自氧氧化过程限于绿硫细菌和紫硫细菌，它们利用光能固定 CO_2，可从光解水中取得氧（但光合过程不产氧）。

$$CO_2 + H_2S \longrightarrow [CH_2O] + 2S^0 + H_2O$$

这些细菌见于淤泥、不流动水体、硫泉和盐湖。在这些环境中硫化物和光照同时存在。尽管和好氧的光合作用比较，其对初级生产力的贡献微不足道，但在硫循环中却发挥重要作用，其可以消除周围环境中的硫化物，作为金属硫化物沉积而不进入大气。

三、硫还原

硫还原包括同化硫酸盐还原（assimilatory sulfate reduction）和异化硫还原（dissimilatory sulfur reduction）。因末端电子受体的不同，后者又分为硫呼吸（sulfur respiration）和异化硫酸盐还原（dissmilatory sulfate reduction）。

同化硫酸盐还原是微生物吸收硫酸盐形式的硫，而后在细胞内还原成还原态硫（reduced sulfur），再把它们掺入氨基酸和其他需硫分子的过程。这个过程可以发生在好氧或厌氧条件下。硫酸盐是最适于微生物利用的硫形式，而还原产物硫化物（sulfide）却是有毒性的。这是因为硫化物可以和细胞中的金属反应形成金属硫化物的沉淀（metal-sulfide），从而损害细胞质的活性。然而在细胞内硫酸盐被还原的控制条件下，sulfide 可以被快速移去，并被整合到有机物中。其反应过程如下：

硫酸盐（胞外）$\xrightarrow{\text{主动运输}}$硫酸盐（胞内）

ATP + 硫酸盐$\xrightarrow{\text{ATP 硫酸化酶}}$APS + P_{pi}
腺苷磷酸硫酸盐

ATP + APS $\xrightarrow{\text{APS 磷酸激酶}}$PAPS
3-磷酸腺苷-5-磷酸硫酸盐

2RSH + PAPS
硫氧还蛋白 $\xrightarrow{\text{PAPS 还原酶}}$亚硫酸盐 +　　PAP　　+　　RSSP
（还原型）
　　　　　　　　　　AMP-3-磷酸　硫氧还原蛋白
　　　　　　　　　　　　　　　　（氧化型）

亚硫酸盐 + 3NADPH $\xrightarrow{\text{亚硫酸盐还原酶}}$$H_2S$ + 3NADP

O-乙酸-L-丝氨酸 + H_2S $\xrightarrow{\text{O-乙酰硫化氢酶}}$L-半胱氨酸 + 乙酸 + H_2O

异化硫还原都是以无机硫化物作为电子受体，硫还原仅发生在厌氧条件下。以元素硫作为末端电子受体的异化硫还原称为硫呼吸，以硫酸盐作为末端电子受体的异养硫还原称为异化硫酸盐还原。

乙酸氧化脱硫单胞菌（*Desulfuromonas acetoxidans*）是硫呼吸代谢的代表性菌，其利用元素硫作为末端电子受体来氧化小分子碳化合物（如乙酸、乙醇和甲醇）。

$$CH_3COOH + 2H_2O + 4S^0 \longrightarrow 2CO_2 + 4S^{2-} + 8H^+$$

异化硫酸盐还原是最重要的环境过程。具有这种能力的细菌称为硫酸盐还原菌（sulfate-reducing bacteria SRB），它们广泛分布在环境中，最常见于水环境的厌氧沉积物、水饱和土壤和动物肠道，那里发生活跃的硫酸盐还原，主要属有脱硫菌属、脱硫叶菌属、脱硫球菌属、脱硫线菌属、脱硫八叠球菌属、脱硫肠状菌属、脱硫弧菌属。它们可利用 H_2 作为电子供体推动硫酸盐还原。

$$4H_2 + SO_4^{2-} \longrightarrow S^{2-} + 4H_2O$$

但大部分 SRB 一般不能固定 CO_2，因此它们大多利用低分子量的有机碳化合物（如乙酸或甲醇）作为碳源。总的反应可以表示为：

$$4CH_3OH + 3SO_4^{2-} \longrightarrow 4CO_2 + 3S^{2-} + 8H_2O$$

硫和硫酸盐还原菌都是严格的厌氧（Eh 在 0mV 或低于 0mV）化能异养菌，它们都倾向于利用低分子量的有机碳化合物。这些化合物大多是动植物和微生物在厌氧区发酵的副产物。实际上在厌氧区可以形成发酵菌、硫酸盐还原菌和产甲烷菌的耦合菌群，它们协同作用完成把有机物矿化成 CO_2 和甲烷的过程。最新的研究表明某些 SRB 也能代谢大分子的复杂的碳化合物（如芳香化合物和长链脂肪酸）。它们在厌氧区的生物修复作用已引起广泛的关注。

除厌氧性的硫酸盐还原菌外，某些芽孢杆菌、假单胞菌和酵母菌也能还原 SO_4^{2-} 释放出 H_2S，但它们的作用不大。

硫酸盐还原和硫矿化中产生的 H_2S 可以被化能自养和光能自养菌吸收利用，这可以认为是硫的同化作用。此外 H_2S 还有再氧化、挥发到大气及与金属结合形成金属硫化物等多种归宿。实际上硫酸盐还原及硫化氢的产生所产生的最大问题是地下管道的腐蚀。

第六节 磷 循 环

磷是地壳中第十一种最丰富的元素（据测定为 10^{15} kg），几乎都以磷酸盐（PO_4^{3-}）形式存在。尽管地壳中是高度丰富，但在生物圈中磷不是丰富的成分，并且常常是限制生长的营养物。磷的大部分以磷灰石的形式存在，PO_4^{3-} 大部分与钙结合，少部分结合 Mg、Al 和 Fe。矿物形式的磷难以被生物所利用。

磷库主要有两个，最大且缓慢循环的是地壳和沉积物中的无机磷酸盐，相当少（地球总磷的 0.1%）且活跃循环的磷是环境中的溶解性磷和含磷有机物。

与碳、氮、硫的循环不同，磷循环不改变磷的价态（+5 价），而基本上是在有机磷和无机磷之间的转换。微生物在磷的转换中起关键作用。

微生物可以直接和间接作用于磷的循环，综合起来微生物参与的磷循环包括三种基本过程：①有机磷转化成溶解性无机磷（有机磷的矿化）。②不溶性无机磷转化成溶解性无机磷（磷的有效化）。③溶解性无机磷变成有机磷（磷的同化）。由于微生物不改变磷的价态，因此微生物所推动的磷循环可以看成是一种转化。

一、有机磷的矿化

生物吸收的磷主要是溶解性无机磷，因此要使土壤、水体中的有机磷重新为生物所利用就要有一个从有机磷到溶解性无机磷的转化过程。有机磷的矿化就是这样的一个过程。其主要发生在土壤，也见于水体。土壤中有机磷的组成是复杂的，据报道磷脂占 1%，核酸或核酸的降解产物占 5%~10%，肌醇六磷酸盐（植素）占 60%，另外还有其他形式的有机磷。

微生物对有机磷的矿化主要有如下途径：①微生物在对碳有机物的同化代谢和异化代谢过程中，释放出溶解性无机磷。②微生物产生一系列胞外酶——磷酸（酯）酶，这种酶能裂解和溶解颗粒性有机磷并释放出无机磷酸盐。碱性和酸性磷酸（酯）酶已被广泛研究，并且能有效剪切键。这些酶能水解有机磷酸盐酯、无机焦磷酸和其他的无机磷酸盐。具有矿化能力的微生物种类繁多，包括真菌（曲霉、青霉、根霉、克银汉霉）、细菌（节杆菌、链霉菌、假单胞菌、芽孢杆菌）等。

二、磷的有效化

在许多生境中磷酸盐以不溶性的钙、铁、锂和铝盐的形式存在，因此不能为植物和许多微生物所吸收利用。使不能被生物利用的磷酸盐转变成溶解可被利用的形式，这就是有效化作用。

许多异养微生物分解有机物产生的有机酸（如柠檬酸、葡萄糖酮酸、草酸等）和化能自养菌硝化作用、硫氧化作用所产生的硝酸和硫酸都能溶解不溶性的磷酸盐，以钙盐为例：

$$Ca_3(PO_4)_2 + 2H^+ \longrightarrow 2CaHPO_4 + Ca^{2+}$$

释放出来的溶解性无机磷酸盐可为微生物和其他生物利用。

在厌氧条件下，铁还原菌可以还原三价铁离子成二价铁离子，使不溶性的磷酸铁盐成为可溶性的磷酸铁盐。同样条件下发生的硫酸盐还原所产生的 H_2S 可以和磷酸铁等发生转换反应而释放出可溶性的磷酸。因此在渍水土壤这样的厌氧环境中可以促进可溶性磷酸盐的释放。

三、磷的同化

磷的同化是溶解性无机磷化合物通过生化反应转变成为有机磷或成为细胞组成成分的过程。微生物对磷有很高的亲和力，因此有很强的同化磷的能力，在细胞膜、细胞核中都有丰富的磷。在微生物和植物之间存在着对可利用磷源的竞争，在磷不足以同时满足微生物和植物的需要时，微生物的竞争能力高于植物，因此往往有害于植物的生长。但另一方面许多真菌和植物根形成的菌根共生体却可以促进植物根对磷的吸收同化。这主要得益于微生物对磷的矿化和植物根表面积的增加。此外微生物自身也是一种磷源，其含磷量约占干重的3%。微生物可被其他生物所捕食，磷在食物链中的迁移也可以看成是磷的一种同化方式。某些微生物对磷的超强富集能力是污水处理中生物去磷的基础。在水体中藻类能固定大量的磷，过量的磷供应是造成水体中藻类过量生长（富营养化）的重要原因。

尽管磷酸盐一般不被微生物还原，但在缺乏 O_2、硝酸盐、硫酸盐的厌氧环境中磷酸盐可以作为末端电子受体被还原成次磷酸盐（PO_2^{3-}，+3价）、亚磷酸盐（PO_3^{3-}，+1价）和 PH_3（-3价）。但磷酸盐的还原在磷循环中的作用很小。

第七节　铁　循　环

铁是地壳中第四位丰富元素，但仅少部分铁进入生物地球化学循环。铁主要以 Fe^{3+} 和 Fe^{2+} 的形式存在。Fe^{3+} 溶解性差，主要存在于好氧环境的碱性、中性 pH 值条件下，大多以 $Fe(OH)_3$ 形式沉淀。Fe^{2+} 溶解性好，主要存在厌氧环境中，但在存在大量 H_2S 时，却可以 FeS 形式沉淀下来。铁循环很大程度上是氧化-还原反应，2价变成3价并逆转为2价的过程

（图 4-12）。微生物参与铁的氧化和还原。此外微生物具有特殊螯合吸收不溶性铁的能力。由此衍生出的微生物对铁的作用可以包括三个方面。①铁的氧化和沉积。②铁的还原和溶解。③铁的吸收。

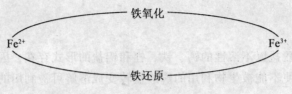

图 4-12　Fe^{3+} 和 Fe^{2+} 相互转换的铁循环

一、铁的氧化和沉积

铁的氧化和沉积联系在一起，在微生物作用下亚铁化合物被氧化成高铁化合物而沉积下来。

在碱性到中性条件下，有氧时 Fe^{2+} 是不稳定的，可自发被氧化成 Fe^{3+}。然而在酸性条件下即使有氧 Fe^{2+} 仍然相当稳定。能氧化和沉积铁的微生物有嗜酸铁氧化菌、中性铁细菌和真菌。

在酸性条件下嗜酸铁氧化菌（如铁氧化硫杆菌、铁氧化钩端螺菌和嗜酸热硫化叶菌的一些菌株）能以化能无机营养方式氧化二价铁：

$$2Fe^{2+} + 1/2O_2 + 2H^+ \longrightarrow 2Fe^{3+} + H_2O$$

$$\Delta G'O = -6.5kcal/mol = -27.3kJ/mol$$

铁氧化钩端螺菌（被认为是高度好氧细菌）被证明能在厌氧条件下生长，并以元素硫作为电子供体还原 Fe^{3+}，而其他的能氧化铁的细菌也能氧化还原态的硫化物。

中性铁细菌（也称为非嗜酸铁细菌）种类繁多，形态复杂，主要的属包括嘉利翁氏菌属、生金菌属、塞里伯氏菌属、赭菌属、鞘铁菌属、瑙曼氏菌属、铁球菌属、生丝微菌属、土微菌属、浮霉状菌属、丝状球衣菌属和纤发菌属等。它们均可以从 Fe^{2+} 氧化中取得能量，行化能无机营养。细菌氧化 Fe^{2+} 产生 Fe^{3+}，并以 $Fe(OH)_3$ 沉积在细胞壁表面。一些光自养营养菌（绿菌属、红细菌属一些种）能在厌氧条件下光氧化 Fe^{2+} 成 Fe^{3+}。

铁氧化细菌的活性能导致大量的铁沉积。溶解大量 Fe^{2+} 的地下水渗漏到地球表面（通常在沼泽地区）后，铁氧化菌转化 Fe^{2+} 成 Fe^{3+}，并以 $Fe(OH)_3$ 沉积下来，形成特征性的红棕色沉淀物。人类开采的表层铁矿就来源于沼泽的铁沉积层。

二、铁的还原和溶解

在厌氧条件下许多微生物可以使高铁化合物还原成亚铁化合物而溶解。铁还原细菌的主要属包括芽孢杆菌属（环状芽孢杆菌、巨大芽孢杆菌、肠膜芽孢杆菌）、假单胞菌属（铜绿假单胞菌，液化假单胞菌）、变形菌属、产碱菌属、梭菌属、肠细菌属、希瓦氏菌属（腐败希瓦化菌）、脱硫单胞菌属（乙酸氧化脱硫单胞菌）等。其中芽孢杆菌数量丰富，分布广泛，对铁的还原起重要作用。

在铁（Fe^{3+}）的还原中可以作为电子供体的化合物包括一般的微生物生长的有机底物，如低分子量有机物（如乙酸、乙醇、丙醇、丙酮酸、丁醇等）、还原性硫化物（S°、H_2S）等。

在某些微生物中，Fe^{3+}还原和硝酸盐还原酶有关。硝酸盐抑制Fe^{3+}还原，硝酸盐还原酶负性突变体失去还原Fe^{3+}的能力可以说明这一点。铁还原有时可发生在非酶催化条件下，微生物的某些代谢产物（如甲酸、H_2S）和Fe^{3+}发生化学反应，导致Fe^{3+}还原。铁的还原特别易于在潜育土这种土壤中进行。由于水渍及高黏土含量造成的厌氧条件有助于还原性Fe^{2+}的形成。结果使土壤黏稠板结，呈绿灰色。在潜育土中优势的铁还原菌是芽孢杆菌和假单胞菌。

三、铁的吸收

在自然环境中可被微生物和其他生物吸收利用的溶解铁非常有限，竞争利用铁的现象可见于生物之间。微生物可以产生非专一性和专一性的铁螯合体、铁转运系统作为结合和转运铁的化合物。通过铁螯合化合物使铁活跃以保持它的溶解性和可利用性。非专一性的铁螯合剂包括柠檬酸、草酸、EDTA、二羟酸等，专一性铁螯合剂包括铁载体和铁转运系统。

大多数细菌有能力分泌出铁载体来促进对铁的吸收和利用。铁载体是专一性的铁螯合剂，可以促进铁的溶解和吸收，其是一种水溶性、低分子量（500~1500U）的分子，具有对3价铁非常高的亲和力。环境中的铁可以和自身分泌的铁载体或其他细菌、真菌产生的载铁体相结合，铁载体（结合铁）和运输系统相结合使铁被吸收到细胞内。

铁载体主要有二类，其一是肠道细菌合成的phenol-catechol衍生物，一般称为肠螯合素（enterochelin）和肠杆菌素（enterobactin）。其二是链霉菌和许多其他细菌类群合成的hydroxamic酸的衍生物，这种酸被称为ferrioxamines。在每种情况下，Fe^{3+}和多个hydroxyl或cardonyl基团螯合，当Fe^{3+}离子被包入到螯合剂分子中后，铁载体受体穿梭运送铁分子通过膜并释放出铁载体来螯合另外的Fe^{3+}离子。

铁供应不足会降低细菌生长，而高浓度的铁则对细胞产生毒性，因此维持胞内合适铁浓度十分重要。胞内的铁水平受细胞的严密监控，铁缺乏时会加速诱导铁载体的合成分泌，而铁过多时会抑制铁载体的产生。E. coli吸收铁过程中依赖于铁的调控被广泛研究。细胞中与铁需求相关的基因的转录受到称为Fur的抑制蛋白的控制。Fur蛋白是一个细胞质的17kU铁结合蛋白。当与二价铁离子结合后，Fur结合到一个特定的位于铁效应基因启动子上的DNA序列上，并抑制转录。低铁浓度时，金属从蛋白质解离，抑制消除。假单胞菌中参与合成铁载体的基因表达的调节物已被分离出来。铁载体基因表达的正和负调控可以保证仅当细菌需要铁时相关基因才能表达。铁载体的生物合成主要受到对铁供应不足的反应的诱导，而异质的转动系统的活性不仅受到可利用铁的调控，而且也需要存在相关的Fe^{3+}的铁载体。

第八节　其他元素的循环及不同元素循环相互作用

钙、硅、锰等也是生物生长代谢所不可缺少的元素，因此生物特别是微生物积极参与这些元素的生物地球循环。此外各种元素的循环相互密切联系，本节最后讨论各种元素循环的相互关系。

一、钙循环

钙是细胞胞质中的重要溶质，是许多酶活性和细胞壁稳定所不可缺少的成分，影响膜透性与鞭毛的运动，因此是所有的微生物所不可缺少的营养物质，特别在某些特殊的细胞组成部分（如内生孢子）中是主要组分。

钙的生物地球化学循环主要是不同钙盐（主要是 $CaCO_3$ 和 $Ca(HCO_3)_2$）的沉淀和溶解。$CaCO_3$ 难溶解，而 $Ca(HCO_3)_2$ 是高溶解性的。

HCO_3^- 和 CO_3^{2-} 之间的平衡受 CO_2 的影响，CO_2 溶于水成为 H_2CO_3，pH 值对 H_2CO_3 的形成产生强烈的影响，氢离子浓度的提高可以促进碳酸盐的溶解，降低氢离子浓度则可以促进盐的沉积。

微生物的各种代谢活动产生的代谢产物和对环境的改变可以对钙盐的产生及溶解、沉淀产生重要的影响。在一个有足够缓冲能力的碱性中性环境中，微生物厌氧和好氧代谢产生的 CO_2 可以与钙（富含 Ca 环境）形成 $CaCO_3$。氨化作用、硝酸盐还原、硫酸盐还原使环境碱度升高，这有助于 $CaCO_3$ 的形成。然而对钙盐溶解和沉积产生重要影响的是光合作用。海水中的钙盐的溶解和沉积是重要的例子，海水中钙盐平衡如下：

$$Ca(HCO_3)_2 \rightleftharpoons CaCO_3 + H_2O + CO_2$$

如果光合作用中通过同化作用移去 CO_2，则平衡向 $CaCO_3$ 倾斜，导致难溶解的碳酸盐沉积。大量研究证明珊瑚礁的碳酸盐沉积是珊瑚虫共生体中藻类光合作用 CO_2 的结果（图 4-13）。

微生物产生的有机酸（发酵）和无机酸（硝化作用或硫氧化）对 $CaCO_3$ 的溶解和运动有重要影响。钙易于和磷酸盐发生反应，形成不溶性的不易被生物利用的三磷酸盐（$Ca_3(PO_4)_2$）。

$$3Ca^{2+} + 2PO_4^{3-} \longrightarrow Ca_3(PO_4)_2$$

微生物产生的有机酸和无机酸溶解这种沉淀的磷酸盐，这个过程影响土壤和沉积物中磷的运动。

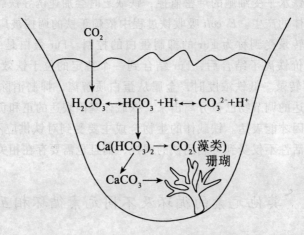

图 4-13　导致形成海水中珊瑚礁的钙的反应

二、硅循环

硅是地壳中第二丰富的元素（重量的 28%）。硅主要以 SiO_2 和硅酸盐的形式存在（SiO_2 实际上是硅酸的酸酐）。硅酸的水溶性很低，其在自然水体中溶解范围从几个 $\mu g/L$ 到最大的 $20\mu g/L$。硅能聚合成硅氧烷（$HO—Si^{2+}—O—Si^{2+}—O—Si^{2+}—OH$）。硅的生物学作用限于某些微生物、草本植物和少数无脊柱动物。某些微生物类群如硅藻、radiolaria 和硅鞭毛虫（silicoflagellates）的壳体含有大量的以无定形水合硅（SiO_2、nH_2O、蛋白石）形式存在的硅元素。溶解性硅在硅藻和 radiolaria 的壳体中年均有 6.7×10^{12} 吨。

生长在硅岩石上这样的恶劣环境上的真菌、蓝细菌和地衣能活跃溶解硅。它们分泌出的羧酸、2-酮葡萄糖酸、柠檬酸和草酸有助于溶解硅岩。这些有机酸螯合硅，增加硅的溶解度，造成岩石风化和土壤形式。

硅藻在溶解性硅的沉积中起重要作用。远洋沉积层中的含硅软泥的 90% 是硅藻细胞壳。*Radiolaria* 贡献余下的硅泥的大部分。硅藻土可用于过滤一些饮料（如啤酒）。溶解性硅酸对需硅生物（如硅藻）是基本的，有时可以为限制性营养，也是某些湖泊硅藻季节性演替的主要原因。

三、锰循环

锰是植物、动物和许多微生物的基本痕量元素。像铁的循环一样微生物作用下的锰循环主要在它的氧化和还原态之间进行。由此自然环境中存在的锰是还原（Mn^{2+}）和氧化（Mn^{4+}）两种价态，锰离子的稳定性取决于 pH 值和氧化还原电位。Mn^{2+} 在酸性（pH 值低于 5.5）好氧条件及高 pH 值厌氧条件均能保持稳定。在 pH 值大于 8 的好氧环境中 Mn^{2+} 会自发地被氧化成 Mn^{4+} 离子，氧化产物（MnO_2）不溶于水。在某些海洋和淡水生境中，锰的沉积可以形成特征性的锰瘤（manganese nodules）。锰瘤中的锰开始存在于厌氧沉积物中，后被氧化和沉积而形成锰瘤，细菌对锰瘤的形成有一定的作用。

土壤水体中的许多细菌和真菌具有催化氧化 Mn^{2+} 成为 Mn^{4+} 的能力。

$$Mn^{2+} + 1/2O_2 + H_2O \longrightarrow MnO_2 + 2H^+$$
$$\Delta G'O = -7.0 kcal/mol = -29.4 kJ/mol$$

细菌（嘉利翁氏菌属（*Gallionella*）、生金菌属（*metallogenium*）、球衣菌属、纤发菌属、芽孢杆菌属、假单胞菌属和节杆菌属）和真菌（曲霉、镰孢、头孢等）的许多菌株具有以氧化酶或过氧化氢酶氧化 Mn^{2+} 的能力，这其中诱导型和组成型兼有。这些细菌可以从 Mn^{2+} 的氧化中取得能量，并用于固定 CO_2，以化能自养方式生长。氧化态锰沉积在细胞表面上。和铁一样，广泛分布和异质的细菌类群在厌氧环境下代谢使 Mn^{4+} 还原成 Mn^{2+}，从而增加锰的溶解性和流动性。有的细菌（如腐败希瓦化菌（*Shewanella putrefaciens*））能专一性利用 MnO_2 作为它们的唯一电子受体。此外微生物代谢的还原产物也可以和 Mn^{4+} 发生反应，把 Mn^{4+} 还原成 Mn^{2+}。

四、不同元素循环的相互作用

生命有机体需要的很多金属和非金属元素不会单独存在，微生物所推动的元素生物地球

143

化学循环也不能孤立进行，而是相互区别又相互联系，相互影响。研究不同元素循环的相互作用的内在联系有助于从整体上认识生物地球化学循环和发生在生态系统中的生物过程。

不同元素循环的相互关系是错综复杂的，相互作用表现为多方面、多层次、环状闭合的相互关系。主要表现为以 C、H、O 循环为中心，以光合作用、呼吸作用、发酵作用为载体的圈层关系以及 O_2、NO_3^-、Mn^{4+}、Fe^{3+}、SO_4^{2-}、CO_2（HCO_3^-）等电子受体的序列关系和相互耦合关系。

C、H、O 循环构成的光合作用、发酵和呼吸过程（图 4-6）是生物地球化循环的基础。氮、硫、铁、锰循环中的还原所需的化学能是光合作用固定在有机底物中的光能，反过来这些元素的氧化又联系着 CO_2 的固定转化成细胞物质，而再度进入 C、H、O 的循环。钙和硅的溶解，直接或至少在能量上和光合作用、呼吸作用联系在一起。硝化作用和硫氧化作用所产生的酸有助于磷的溶解和被利用，这也是光合作用和呼吸作用不可缺少的。

O_2、NO_3^-、Mn^{4+}、Fe^{3+}、SO_4^{2-}、CO_2（HCO_3^-）等可以在氧化有机物过程中作为电子受体。这些电子受体在不同氧化还原电位中被利用，表现出一种顺序性，群落中的微生物利用专一性的电子受体，利用这种受体使它们可以从利用底物中得到最大的能量。每种电子受体在不同的氧化还原电位中被利用，这是单一种群的代谢调控或具有不同代谢能力的种群之间不可避免的竞争结果。

能利用多种电子受体的微生物会优先利用产能最多的电子受体，如兼性厌氧微生物在有氧时关闭较少效能的发酵或异化硝酸盐途径。能利用顺序前列电子受体的微生物比利用后面受体的微生物有更强的竞争力，硝酸盐还原菌和硫酸盐还原菌利用同一种有机底物时，前者对碳基质的阈值更低，且取得高得多的能量，因此也可以有更多的生物量。当环境中仅留下硫酸盐作为电子受体，硫酸盐还原菌和甲烷产生菌竞争共同基质 H_2 时，前者则有更高的利用效率和吸收 H_2 的更低的阈值，因此在竞争中处于优势。

电子受体利用的顺序可以在水体柱和沉积物垂直方向的空间中看到（图 4-14）。在典型

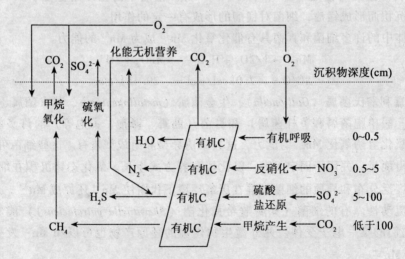

图 4-14　海洋沉积物中可供利用的电子受体及它们的层
次性和生物地化学循环存在的密切相互关系

的海岸海洋沉积物中，上层 0.5cm 范围内是好氧的，接下去在不同深度上的电子受体是 NO_3^-、SO_4^{2-}、CO_2。

生物地球化学的相互耦合关系经常可见，反硝化硫杆菌在还原硝酸的同时氧化硫。某些极端嗜热甲烷菌不仅能把 H_2 转移到 CO_2 形成甲烷，还能把 H_2 转移到 S^0 而形成 H_2S，使硫还原。

小　　结

1. 生物地球化学循环是维持生态环境向着更有利于生物体生息繁衍方向演化的重要基础。

2. 碳循环是生物地球化学循环中最重要的循环，其可在生物圈、生境和特定有机碳化合物三个层次上进行，通过 CO_2 是最重要的循环方式，此外 CO、烃类等也是碳循环的重要方式。

3. C、H、O 循环通过光合作用、呼吸作用和发酵作用而联系在一起，并成为整个生物地球化学循环的核心。

4. 氮循环的本质是众多含氮化合物的氧化还原反应，微生物参与的固氮、铵同化作用、氨化作用、硝化作用和硝酸盐还原是氮循环的基本过程。氮循环中的各种生化反应由非常多样的微生物在十分异质性的生境中完成。

5. 硫循环过程类似于氮的循环，硫氧化过程产生的酸矿水可以造成对环境的严重污染，而用于回收低品位贵金属则有重大的应用价值。

6. 有机磷的矿化、磷的有效化和磷的同化是微生物参与的磷循环三种基本过程。磷的循环不涉及价态的变化，但对生态系统中可利用磷的供应却是十分重要的?

7. 铁循环的基本点是氧化和还原，由此延伸出溶解和沉积，并对生物铁的吸收产生重要的影响。

8. 不同元素的相互作用十分复杂，主要表现为以 C、H、O 循环为中心，以光合作用、呼吸作用、发酵作用为载体的圈层关系，多种电子受体序列和耦合关系。

思　考　题

1. 碳循环有通过 CO_2、CO、烃等多种方式，比较不同方式的重要性及特点。

2. 分析通过光合作用、呼吸作用和发酵的 C、H、O 的循环及相互关系。

3. 描述尿素化肥施入农田以后可能发生的氮转化过程。

4. 比较微生物参与的氮循环与磷循环的差异。

5. 分析微生物参与磷循环对湖泊水体富营养化的影响。

6. 生态环境中含有丰富的铁元素而细菌却要分泌铁载体来促进对铁的吸收和利用，这是为什么?

7. 分析含有 O_2、NO_3^-、Fe^{3+}、SO_4^{2-} 这些电子受体的代表性生境以及它们在净化环境污染中的作用。

第五章　人体微生物及病原微生物的传播

人体器官表面一般为无侵袭力的"土著"微生物所占据。皮肤、口腔、胃肠道和呼吸道有各具特色的微生物群落，占据不同生境的微生物表现出各自的群落特征，有不同的生理功能。本章将在此着重介绍人体环境与微生物分布的相互关系，微生物的组成以及与人体疾病、健康的关系；各种病原微生物在水、土壤、空气中的生存和传播以及与人体健康的关系。

第一节　人体微生物

一、皮肤微生物

皮肤表面温度适中（33~37℃），pH值稍偏酸（4~8），可利用水一般不足，大多数皮肤上的微生物是直接或间接地与汗腺有关，汗液中有无机离子和其他有机物（尿素、乳酸及脂类），是微生物生长的合适生境。表面的脂类物质和盐度对微生物组成有重要影响。不能在皮肤上生存的微生物通常是由于不适应皮肤上比较低的含水量和比较低的pH值。

外分泌腺与毛囊无关，而且相当不均衡地分布在体表，主要密集在手掌、手指垫和足底，它们主要是负责出汗的腺体。外分泌腺的微生物相对缺乏，也许是因为有大量的液体流出。顶泌腺的分布更有限，仅仅主要在腋下和外生殖器区域、乳头及脐周。顶泌腺在儿童期是无活力的，仅在青春期才变得充分发挥功能。相对光滑、干燥的皮肤表面，在这种温暖、湿润的皮肤表面细菌数较多。作为细菌在顶泌腺活动的结果，在腋下产生气味。研究表面，无菌性收集顶泌腺的分泌物无异味，但在接种细菌后就产生气味。每个毛囊都与分泌润滑液的皮脂腺有关，毛囊为微生物提供一个有吸引力的生境，多种好氧菌、厌氧菌和真菌寄居在这些部位。这些区域大部分在皮肤表层以下。

皮肤正常微生物群落既有流动群落也有土著群落。皮肤作为外部器官不停地被流动的微生物接种。土著群落不仅在皮肤上寄居，而且能不断繁殖。皮肤正常的菌群主要是革兰氏阳性菌，它们包括葡萄球菌属、微球菌属、棒杆菌属等。丙酸杆菌（*Propionibacterium*）通常是无害的土著群落，但在某些情况下它能刺激皮肤反应，形成痤疮。革兰氏阴性菌较少见于皮肤，可能是它们没有能力与革兰氏阳性菌竞争，后者能更好地适应皮肤干燥的环境；如果以抗生素除去皮肤表面的革兰氏阳性菌，阴性菌就可能活跃于肤表。真菌也不常见于皮肤表面，主要是瓶形酵母属，亲脂性的酵母菌卵状糖秕孢子菌（*Pityrosporum ovalis*）常常在头发中被发现。

皮肤表面正常栖息的微生物对外来微生物具有排斥作用，可以防止外来微生物和病原微生物的侵染，对皮肤有保护作用。尽管土著微生物群落在皮肤上保持或多或少的常数，但是多种因素可能影响正常群落的性质和范围：

① 气候可能引起体温和温度的增加，因而增加皮肤微生物群落的密度；

② 年龄的作用：婴幼儿比成人的微生物群落有更多的改变，并携带更多的有潜在致病性的革兰氏阴性菌；

③ 个人卫生影响土著微生物群落，不洁净个体的皮肤表面往往微生物群落密度很高。

病原菌通过皮肤进入下皮组织几乎都是通过伤口发生的，只有为数很少的致病菌可以通过未破损的皮肤进入人体。病原菌侵入人体后，再寄居并繁殖，最终导致人体器官功能性改变，从而造成机体病变。

二、口腔的正常群落

口腔是人体中最具复杂性和最具微生物多样性的生境之一。口腔内温度稳定，水分充足，营养丰富，高低不平的表面为微生物提供多样的微生境，好氧的大环境和厌氧的微环境并存。所以同时存在好氧和厌氧的微生物，主要群落包括细菌、放线菌、酵母菌、原生动物，以细菌数量为最多。口腔微生物主要分布于软组织黏膜（脱落与未脱落）表面、牙齿表面和唾液。

唾液的 pH 值主要由重碳酸盐缓冲系统（$H_2CO_3 \rightarrow H^+ + HCO_3^-$）控制，并在 $5.7 \sim 7.0$ 之间变化，平均 pH 值接近 6.7。同时唾液提供大量微生物生长因子，唾液中含有约 0.5% 溶解了的固体，这些固体的一半是无机物，包括氯化物、重碳酸盐、磷酸盐、钠、钙、钾和微量元素等；主要的有机成分是唾液酶、糖蛋白、一些免疫血清蛋白和少量的碳水化合物、尿素、氨、氨基酸和维生素等。同时唾液中也含有抗微生物物质，其中最重要的是酶：溶菌酶和氧化物酶 lasctoperoxidase。溶菌酶能切断细菌细胞壁内肽聚糖中的糖苷键，从而导致细菌细胞壁变薄及细胞破碎。氧化物酶存在于牛奶和唾液中，该酶通过 Cl^- 和 H_2O_2 的反应杀死细菌。唾液的成分是可以改变的，甚至在同一个体内，由于食物或者心理状况等原因都会引起生理变化。尽管唾液中存在活性抗菌物质，但是由于食物微粒和脱落的上皮细胞使得口腔依然非常适合微生物的生存。

牙齿由磷酸盐结晶矿物组成，内有活的牙组织存在。当牙齿尚未萌发时，在口腔内发现的细菌主要是耐氧菌。当牙长出来后，微生物群落主要转变为以厌氧菌为主，它们特别适合在牙表面及牙缝生长。单个细菌细胞牢固地附着在光滑的牙表面，接着以微克隆的形式生长，从而形成牙表面的细菌克隆。唾液中的糖蛋白在新鲜牙表面形成几个微米厚的有机薄膜，这种膜为细菌克隆的栖息和生长提供了一个较牢固的附着点。这种酸性糖蛋白是高度专一的，仅涉及少数特殊的链球菌（*Streptococcus*）（主要有 *S. sanguis*，*S. sobrinccm*，*S. mutans* 和 *S. mitis*）。细丝状细菌通过链球菌垂直延伸到牙齿表面，形成不断增厚的细菌层。与丝状细菌有联系的除了链球菌外，还有螺旋菌、革兰氏阳性杆菌及革兰氏阴性球菌。兼性菌在口腔中的有氧生长可能产生缺氧，因此牙齿表面菌斑的累积效果就形成一种缺氧的微生境。这样牙斑的微生物群落就存在于它们自己形成的部分厌氧微生境中，并能在口腔多样化大生境中保持相对的稳定。

因为菌斑堆积和酸性产物形成，导致龋齿，因此龋齿实际上是由微生物造成的一种感染性疾病。龋齿通常发生在能嵌留食物微粒的牙表面间隙处，所以，牙的形态很重要。高糖饮食特别易导致龋齿形成，因为乳酸菌使糖发酵产生乳酸，使口腔 pH 值急剧下降，而唾液尚不足以中和其酸度，使牙齿表面 pH 值甚至下降到 4。而酸能使牙釉质脱钙，一旦坚固的牙釉质崩溃，细菌释放的蛋白水解酶就会将牙釉质基质的蛋白质水解，然后细菌进一步水解牙基质，当然这个过程的后期可能是非常缓慢而且复杂的。钙化的组织结构在龋齿的程度上同样起着重要的作用。氟化物可结合到磷酸钙结晶状的基质内，使得基质对酸性物质的脱钙作用更具抵抗力。这样，氟化物可用于饮用水和牙膏中以预防抑制龋齿。

与龋齿形成相关的两种重要微生物都是产乳酸的链球菌 *S. sobrinus* 和 *S. muntans*。前者与唾液糖蛋白有特殊亲和力，在牙表面大量克隆，而且可能是涉及龋齿发生的主要生物体。后者主要在牙间隙及小裂缝处生殖，这种菌产生具有强大带黏性的右旋糖苷多聚糖而贴在牙齿表面，不过它只能在蔗糖存在时依靠右旋糖苷蔗糖酶才能产生。据统计，美国和西欧 80% ~ 90% 的人的牙齿都有 *S. muntans* 栖居，而且龋齿也较普遍；相反，坦桑尼亚的儿童很少有龋齿发生，因为他们饮食中蔗糖完全缺乏，牙斑中缺乏 *S. muntans*。

除龋齿外，口腔中的微生物还能引起其他感染。沿着牙齿周围的黏膜或以下的齿龈间隙区域，可以产生多种微生物污染，导致发炎（牙龈炎）和更严重的组织炎症及牙槽骨破坏的牙周疾病。

三、胃肠道微生物

人类的胃肠道由胃、小肠和大肠组成，胃肠道微生物研究的主要是大肠内的微生物。

胃的特点是酸度高，pH 值大约为 2，并含有大量的消化酶，因此这种生境不适合微生物生长，因此胃内仅有数量较低的附在胃壁上的抗酸微生物，包括酵母、链球菌、乳杆菌等。当胃酸度降低时，奇居的细菌数量也会增加。

小肠连接胃和大肠，主要功能是消化食物和吸收营养，表面多腺体，含有消化酶，强烈蠕动。小肠分为两部分：十二指肠和回肠，其间由空肠连接。十二指肠邻近胃，在缺乏微生物群落这一点上与胃相似。从十二指肠到回肠，pH 值逐渐增加，正常环境下稍偏碱，细菌数量也随之增加，微生物数量从近胃端的低量（10^3 cfu/ml）到近大肠端的高量（10^8 cfu/ml）。

大肠的主要功能是吸收粪便中的水分，也吸收少量的营养。其正常环境 pH 值偏碱到中性，表面多腺体，温和蠕动。微生物数量巨大（10^{11} cfu/ml），区系组成包括拟杆菌、真杆菌、双歧杆菌、肠球菌、乳酸菌、梭菌、酵母等。兼性厌氧菌，如大肠杆菌比其他细菌数量少，兼性厌氧菌总数通常少于 10^7/克肠容量。兼性厌氧菌的活动消耗几乎所有的氧，使得大肠内的环境严格厌氧，并适于专性厌氧菌大量生长，数量惊人。其中很多厌氧的革兰氏阴性杆菌，细长，锥形末端呈棒状（纺锤状），也可呈锯齿状附着在肠壁。另外一些厌氧菌包括梭形芽孢杆菌属和类杆菌属的种类。此外也存在着相当数量的链球菌。

胃肠道的土著微生物群落在种类之间变化很大，比如在几种猪的胃肠道菌落中乳酸菌占 80%，而在人的胃肠道中却仅是次要部分。人体内胃肠道群落依饮食的不同也有很大的差异。消费相当数量的肉类的人相比习惯吃蔬菜的人，类杆菌较多而大肠菌和乳酸菌少。

人和胃肠道微生物存在着对双方都有利的共生关系。微生物合成的维生素、蛋白质，产生的能源可以为人吸收利用。值得注意的是肠道群落在类固醇代谢上的意义。类固醇是在肝脏产生并以胆酸的形式分泌，可促进食物中的脂肪乳化，使其有效分解。肠道微生物能引起胆酸侧链形成，以至排泄物中的胆酸性质已与原始胆酸完全不同。

食物从胃肠道最终形成粪便，其中细菌大约占了排泄物重量的1/3。生活在大肠内腔的微生物随物质流动不断向下转移。其间，有效的细菌数量被保留，失去的细菌数量很快被新生细菌所替代。对人而言，食物从整个胃肠道通过的时间大约24小时，细菌在肠腔内的生长率是每天1~2倍。

肠道微生物因饮食和疾病等原因而变化，也因此可能影响人体。低水平的肠道区系（通常在使用抗生素后的第二天）会导致叶酸和维生素K的缺乏。口服抗生素时，可能在抑制致病菌的同时抑制正常菌落的生长，肠内容的持续移动导致原有细菌减少。正常群落缺乏时，一些原来竞争力差而很难在肠道内寄居但对抗生素有一定抗性的微生物，如金黄色葡萄球菌、变形菌属等就可能定居。有时，这些条件致病菌就会对消化功能产生不利的影响。当然在服用抗生素停止以后，正常群落最终将再次定居，但通常需要相当长的时间。

肠道内产生的气体叫肠道胀气，是微生物发酵和产甲烷菌作用的结果。一些食物经肠道内有发酵能力的微生物代谢，产生 H_2 和 CO_2。产甲烷菌在1/3以上的正常人肠道内都有寄居，它将其他肠道微生物产生的 H_2 和 CO_2 转化为甲烷。正常成人每天从肠道排出几百毫升气体，其中一半是能被空气吞没的 N_2。

胃肠道易于受到外来微生物或病原微生物的侵染。能侵染胃的微生物有细菌（幽门螺旋菌）、病毒（细胞巨化病毒）、酵母、寄生虫。幽门螺旋菌可以在胃壁上生存，并且是潜在的致病菌，可能与人类 B 型胃炎、消化性溃疡及胃癌等有着密切关系，备受临床医学、微生物学工作者关注。

四、身体其他部位的正常群落

身体的各个部位的黏膜适合特殊的微生物群落生长，这些微生物都是正常的局部环境的一部分，并且是健康组织的特征。在许多部位，因为正常居住的微生物土著群落存在，潜在致病菌就不能在这些黏膜寄居。在这部分我们介绍两个黏膜环境及它们所寄居的微生物。

1. 呼吸道

在上呼吸道（鼻、口腔、咽喉），微生物主要存活于有黏膜的腔道中。细菌在呼吸中从空气进入上呼吸道，它们大部分从鼻腔通过时都被止住并随鼻腔分泌物再排出。在这部分寄居的微生物中常见的大部分的是金黄色葡萄球菌、链球菌、类白喉菌及革兰氏阴性菌。潜在的致病菌，如金黄色葡萄球菌、肺炎球菌及白喉棒杆菌，通常也是健康人群鼻咽腔的正常群落。这些个体所携带的病原菌正常情况下不发病，大概是因为其他寄居的微生物成功地竞争资源，并限制了病原菌的生长。同时，局部免疫系统在黏膜表面特殊的活动也抑制了病原菌的生长。

下呼吸道（气管、支气管和肺）基本无菌，尽管大量的微生物能在呼吸时潜在地延伸到这些区域，一些尘埃微粒在上呼吸道附着。当空气通过下呼吸道时，气流的速度明显降低，少量微生物在通道壁上定居。整个呼吸道壁由有纤毛的上皮组成，这些纤毛不停地向上运动，推动细菌和其他微生物向上呼吸道运动，然后在唾液和鼻腔分泌物中排出，只有极少数一部分小于直径 $10\mu m$ 的微粒能延伸到肺。

2. 泌尿生殖器官区域

男女两性的膀胱本身通常是无菌的，但尿道可被兼性耗氧的革兰氏阴性棒状杆菌和球菌所寄居，包括埃希氏菌属、变形菌属等。这些微生物正常地存在于体内或固定的局部环境中，但在正常的情况下不致病。身体的变化，如局部 pH 值的改变或免疫功能下降，会允许微生物繁殖并变为致病菌，如微生物常引起泌尿道感染，尤其是对于女性个体。

成年妇女的阴道一般是虚弱的。乳酸杆菌是其上的土著群落，可使糖原发酵产生乳酸，使阴道的 pH 值较低。其他有机体——酵母菌、链球菌属及大肠杆菌同样可能存在。青春期以前，女性阴道是碱性的，并不能产生糖原，乳酸杆菌缺乏。土著群落由金黄色葡萄球菌、类白喉菌及大肠杆菌占优势。在绝经期以后，糖原消失，pH 值增高，土著群落又和青春期以前相似。

第二节　病原微生物在水中的传播

水中传播是感染源传播给大部分人群的一条高效途径。大量的肠道有机体通过粪便，从被污染的人或畜排泄物进入下水道。相对于人与人传播，水中传播疾病更易造成成千上万感染病例的爆发。各种传染源通过对水的摄取或接触而传播，引起包括轻度不适到有生命危险的肠胃炎、肝炎、呼吸道感染、结膜炎、皮肤感染、伤口感染等感染性疾病。水中的微生物一些是症状明显的病原体，一些是条件致病菌，还有一些是产毒性的。所以潜在的病原微生物总数是未知的，于是不断有新的污染源被人们所认识。

水传播病原微生物有五个考察的要素：

① 污染物的来源；

② 具体的水传播模式；

③ 能够在水环境中生存、繁殖并在其中活动的有机体的特性；

④ 微生物感染的剂量和毒性因素；

⑤ 寄主的易感因素。

一、水中的病原微生物

水生生境主要包括湖泊、池塘、溪流、河流、港湾和海洋。水体中的微生物数量和分布主要受营养物水平、温度、光照、溶解氧、盐分等因素的影响。含有较多营养物质或受生活污水、工业有机污水污染的水体中有相应多量的细菌，如港湾（河流入海口）具有较高的营养水平，其水体中也有较高的微生物数。在水体中，特别是在低营养浓度水体中，微生物倾向于生长在固体的表面和颗粒物上，它们要比悬浮和随水流动的微生物能吸收利用更多的营养物质，常常有附着器和吸盘，这有助于附着在各种表面上。微生物在较深的水体（如湖泊）中具有垂直层次分布的特点。在光线充足好氧的沿岸带、浅水区分布着大量光合藻类和好氧微生物，如假单胞菌、噬纤维菌、柄细菌、生丝微菌等。深水区位于光补偿水平面以下，光线少、溶解氧低，可见紫色和绿色硫细菌及其他兼性厌氧菌。湖底区是厌氧的沉积物，分布着大量厌氧微生物，主要有脱硫弧菌、甲烷菌、芽孢杆菌和梭菌等。不同种类的微生物有特有的性质，例如大小和功能，这些特点决定了它们在水生境中活动、生存的能力及在不同水体和废水处理过程中的易感性。这些知识有助于设计有效隔离或控制的方法。

军团菌、霍乱弧菌、嗜气单胞菌、铜绿假单胞菌等是水中的土著微生物，控制这些菌种的感染可以依靠控制接触含有这类微生物的水，或者当可能时治理这类水以除去或阻止这类污染源的活动。大部分与病原体有关的水中微生物在人或畜的肠道产生并由粪便进入水中环境。在一个社区的供水体系中，这些病原体的浓度与这个社区感染的人或畜的数量和从这些个体的粪便进入供水系统的机会有关。在卫生预防措施上减小这些疾病爆发的可能性，并通过对污水的处理以防止含有这些微生物粪便进入水源或娱乐用水。足够的水治理可以在饮用水中除去这些微生物或使之无活性，从而达到保护人群健康的目的。

蓝氏贾第鞭毛虫是一种常见的人体寄生虫，1681 年列文虎克第一次在排泄物中发现它，但是直到 20 世纪初期内科学才发现腹泻与大便中的贾第虫有关。当贾第虫孢囊进入环境中，它们可以长期生存。研究表明，蒸馏水中的贾第虫孢囊在 8℃ 可以存活 77 天，在 37℃ 可以存活 4 天。另有研究表明，*Giardia muris* 孢囊（一种感染小鼠但常作为蓝氏贾第鞭毛虫模型的一个种）可以悬浮在湖水或河水中，并且能在 15 英尺深的湖水（19.2 ± 1.3℃）中存活 28 天。在 30 英尺深的湖水（6.6 ± 0.4℃）中可存活 56 天。在冰冷的河水（$0 \sim 2$℃）中这种孢囊可以存活 56 天以上。人们通过摄入环境中处于耐受期的贾第虫孢囊而感染。一旦摄入，它就通过胃进入肠道。受胃酸刺激孢囊脱孢，释放两个滋养子并附着在小肠的上皮细胞上。其吸盘的吸附作用阻塞了肠对水和养分的吸收，从而导致吸收障碍和腹泻。贾第虫的感染剂量非常低，在水中，甚至少数几个这种原生动物就能对健康造成威胁。

志贺杆菌是大肠杆菌的近缘，分为痢疾杆菌、副痢疾杆菌、C 属痢疾杆菌和宋内氏杆菌。大多数志贺杆菌都是人与人通过粪便-口途径传播的。家庭接触的二级感染率为 20% ~ 40%。志贺杆菌属细菌在 $9.5 \sim 12.5$℃ 淡水中的半生存期为 $22.4 \sim 26.8$ 小时，在井水中，50% 的副痢疾杆菌细胞会在 26.8 小时内死亡。

弯曲空肠杆菌感染会导致腹泻，并伴有发烧、腹痛、恶心、头痛和肌肉疼痛。已经从 22% 的海水和河口水样中分离出弯曲空肠杆菌，其浓度为 100 毫升 10 ~ 230 个，28% 的河水样中的浓度为每 100 毫升 10 ~ 36 个细胞。这种有机体在较低的温度下存活期会延长，如在 4℃ 的溪水中可以存活 120 天以上。

除了这几种微生物外，水体中还存在大量其他对人类健康构成威胁的病原微生物，包括细菌、病毒、真菌、藻类和原生动物等。它们都有自己的独特生理特征、生存能力和致毒效应。而且在长期的环境压迫下，它们也进化出一套可以抵抗环境压力的生理机制。比如隐孢子虫，它的卵囊非常硬，使它能耐受普通水厂的常规氯消毒处理。另外许多在历史上曾经以为消失的疾病也有死灰复燃的迹象，比如最近在我国再次爆发的血吸虫病。这些都有待微生物学、流行病学的发展，进一步保证人类的健康繁衍生息。

二、病原微生物在水体中的传播及控制

病原体在水体中的传播大概可分为三类：饮水（waterborne）传播、水依赖性（water-based）传播、与水相关的生物带菌传播。

1）饮水传播是水传播疾病的典型方式，它是通过摄入被污染的水作为传染源的被动载体而传播。这些饮水性传播途径有赖于三个方面：①水中病原体的浓度，该浓度取决于区域内的感染人数，水中粪便污染量及水中微生物的生存能力；②微生物的感染剂量；③人体对污染水的摄取。

蓝氏贾第鞭毛虫和志贺杆菌是饮水性传播疾病爆发的两大原因。其他许多由细菌、病

毒、原生动物、蠕虫引起的疾病也可能通过污染的饮用水而传播。一些传统的饮水性疾病，如流行性霍乱和伤寒，就是由肠道微生物通过粪便污染的水源被摄入人体而导致寄主的病变。如今通过保护水源和治理污染的给水系统，这些疾病已经得到了有效的控制。据统计，在 1890 年的美国，每 10 万人中就有 30 多人死于伤寒。1907 年，水过滤开始在美国各大城市普及，1914 年引进了氯处理工艺。这样，在美国，死于伤寒的人数由 1900 年的 36 人/10 万人降低到 1928 年的 5 人/10 万人。如此低的死亡率很大程度上应该归功于饮水传播疾病爆发次数的减少，而正是水处理工艺的不断进步才使得这些沙门氏菌的传播得到了控制。

　　另外，许多通过摄取被粪便污染的水而传播的肠道病原体，同样也可由人与人通过粪便污染的手或污染物的接触而传播或被粪便污染的食物消费而传播。在由于卫生健康问题而导致的地方病环境中，由于其他途径感染的风险，所以难以确定由水传播的风险。

　　2）水依赖性传播是指一些特殊的病原体要完成它们的生活史，就必须终生（或者绝大多数时间）生活在水中或依赖水生生物。这个部分又可以分为由摄入水和接触水引起两类。

　　麦地那线虫病是典型的这类传染性疾病，它是由摄入了污染了麦地那线虫的水而导致的。麦地那线虫的最初来源是从雌性寄生虫排出的幼体。这些幼体通常位于感染者较低的腿部和足部的虫卵中，虫卵被排入水体并孵化出幼体，然后被人体摄入，于是发展到传染阶段，当人摄入污染了的水后就可能感染并引发疾病。

　　另外还有血吸虫病，这是由于接触了污染有血吸虫的水而导致的。血吸虫成虫的卵从感染者的尿液或者粪便进入水环境，并在水中孵化产生毛蚴，毛蚴感染钉螺从而发展为感染阶段，经过几个月的时间后被钉螺排入水中。当人与被污染的水接触的时候，自由游动的血吸虫幼体便可能侵入皮肤，寄生到人体，同时引起人体病变。虽然我国的血吸虫病在半个世纪以前就被消灭了，但是最近却又开始有泛滥之势。

　　对麦地那线虫病和血吸虫这类吸虫病的控制主要是通过保护水源，并且消灭中间宿主，同时用水者在污染地区应该尽力保护皮肤不与可疑水源接触。当然除了这些寄生虫外，还有其他的微生物也可能依靠这样的方式传播，比如引发军团病的军团菌。对于细菌、真菌、病毒污染了的水体通过改进水处理工艺可以大大降低其中生物的活性从而控制疾病的大规模爆发。

　　3）自然的水体中生活着大量的生物，它们也就自然地成为了许多病原体的最初寄主。许多人和地区有消费生的或者未煮熟的贝类、鱼类的习惯，而这些贝类和鱼类就很可能携带着大量的致病菌，尤其是在被污染水体中生活的这些个体。双壳类软体动物对于肠道疾病的病原体而言是很理想的媒介，因为它们能将被粪便污染的水体中的微生物浓缩在它们的组织内。无数次疾病的蔓延都已归结于食用未煮熟或者生的牡蛎、蛤和蚌类。许多致病菌，包括 A 型和 E 型肝炎病毒、诺沃克（Nonwalk）病毒、致病的大肠杆菌、痢疾杆菌、霍乱弧菌、*Plesiomonas* 和产气单胞菌属等都包含在甲壳类生物体内。同时甲壳类和某些鱼类也同样适合作为海藻毒素的载体。一些有毒的藻类，如 *Gonyaulax* 和 *Gymnodinium*，能够被滤食性软体动物（filter-feeding mollusks）富集，并使食用这些贝类的人产生麻痹性中毒反应。

　　另外，还有很多水传播疾病是通过某些昆虫来传播的，这些昆虫在水中繁殖（如传播痢疾的蚊子）或者靠近水边生活（如传播丝虫病和盘尾丝虫病的苍蝇）。这类传播方式的控制主要是通过杀虫剂的应用，消灭昆虫繁殖的场所，同时加强周边供水系统的建设。

　　有些病原微生物本身是在水体中生存和繁殖的，但是却能够通过浮质或者微粒的形式传播。比如军团菌、分枝杆菌等，这类微生物通常能够在供水系统中定居和繁殖，并且可能最终变成空气中传播的病原体，引起肺炎、结核等病症（其传播模式在下一节介绍）。

三、水传播病原微生物对人类健康的影响

水传播疾病临床病症的发展有赖于宿主大量的特异性与非特异性因素，如年龄、免疫系统、胃酸、营养状况及维生素 A 缺乏情况等。比如甲肝病毒感染，临床症状在儿童中罕见，随年龄而大量增加。而肠道病毒、A 型轮状病毒和星状病毒感染症状在两岁以下儿童又是常见的。

病原体的感染剂量是微生物引起感染所需要的最小剂量，这是一个与人体健康密切相关的参数，微生物的毒性因感染的种类（菌株）或途径而异。一般而言，肠道病毒和原核生物有较低的感染剂量，典型地在 1～50 组织培养单位之间。细菌病原体倾向于需要较大的剂量引起感染。对肠道细菌感染计量观察的中限（导致感染率50%的微生物数量）是 10^2～10^8。这样的数据是基于控制条件（媒介物、胃酸）下自愿者（成人）的健康状况研究。当控制条件改变时，这些数值就不一定可靠。如对于营养不良的儿童或免疫缺陷的人群其感染剂量就可能更小。另外对于霍乱弧菌的研究显示，禁食的志愿者摄入 10^6 微生物的饮水时没有引起疾病；然而用食物或碳酸钠摄入同样接种量的自愿者中 90%～100% 发病，因为这些媒介物降低了起保护作用的胃酸的浓度。

表 5-1　　　　　　　　　通过水传播的主要病原微生物及其引起的传染病

病原微生物	潜伏期	临床症状
细菌		
空肠弯曲杆菌	2～5d	肠胃炎，常伴有发热
产肠道毒素大肠埃希氏菌	6～36h	肠胃炎
沙门氏菌	6～48h	肠胃炎，常伴有发热；伤寒或肠外感染
伤寒沙门氏菌	10～14d	伤寒——发热、厌食、不适、短暂疹、脾肿大
志贺氏菌	12～48h	肠胃炎，常伴有发热和血样腹泻
霍乱弧菌	1～5d	肠胃炎，常有明显的脱水
小肠结肠炎耶尔森氏菌	3～7d	肠胃炎，肠系统淋巴结炎，或急性末端回肠炎；可能类似阑尾炎
病毒		
A 型肝炎病毒	2～6w（周）	
偌沃克病毒	24～48h	肝炎——恶心、厌食、黄疸和黑尿
轮状病毒	24～72h	肠胃炎——短期
原生动物		
痢疾内变形虫	2～4w	从温和的肠胃炎到急性暴发性痢疾，有发热和血样腹泻
表吮贾第虫	1～4w	慢性腹泻，上腹部疼痛，胃胀，吸收不良和消瘦

饮水性流行病中最主要的是急性肠胃炎。饮水不洁造成的传染病在发展中国家十分普遍。如大肠杆菌 O_{157} 菌株曾引发人群严重的肠道传染病。大肠杆菌随粪便排出体外，将污染周围的环境如水源、饮料和物品等。大肠杆菌的数量越多，表示粪便污染的情况越严重，同时表明伤寒杆菌、痢疾杆菌等肠道致病菌污染的可能性。因此在卫生细菌学上常以大肠菌群数和细菌总数作为饮用水、牛奶、食品、饮料等的卫生鉴定指标。按我国卫生部颁布的卫生指标，生活饮用水的细菌总数每毫升不能超过 100 个，在 1000 毫升水中大肠菌群数不得超过 3 个。

在城市中，最常见的水接触疾病类型是与接触受污染的消遣娱乐用水有关。病原可能就是由于粪便污染了这些娱乐设施的水域而带来的，这些致病菌主要是贾第鞭毛虫、志贺杆菌和 $O_{157}:H_7$ 大肠杆菌等。大量的海水、淡水湖、江水、游泳池等地都可能成为潜在的污染源。在这些区域，常常引发大量的耳、眼和皮肤病病例，流行病学和微生物学研究表明，金黄色葡萄球菌引起的皮肤和耳部感染通常都与消遣用水有关，而这些微生物的来源可能是水体本身也可能来自于其他游泳者。同时致病菌也可能通过开放性的伤口或者擦伤而侵入人体，引起严重的伤口感染甚至是全身性（系统性）的疾病。

第三节　病原微生物在空气中的传播

一、空气中的微生物

正常人每天大约要吸入 10 立方空气，现代社会中很多人每天大约有 22 个小时是在室内，而室内又是空气传播病原微生物高浓度富集的地方，因此室内空气质量已经被描述为现代建筑设计的重要问题之一。对于室内微生物的关注可以追溯到古代，在圣经中就曾记载了如何去除居所内不希望有的污染物。历史上的这种关注往往局限在防止污染性有机物引起的疾病传播上，而现代研究已经涉足引起人体不良反应的很多有机体、微生物细胞碎片，以及微生物的新陈代谢产物等方面。

大气中没有可为微生物直接利用的营养物质和足够的水分，这种环境不适合微生物的生长繁殖，因此大气中没有固定的微生物种类。但是由于微生物能产生各种休眠体以适应不良环境，有些微生物可以在大气中存在一段相当长的时间而不至于死亡，所以大气中仍能找到多种微生物。不同微生物种类其粒子尺度也不尽相同，它关系到微生物在空气中的生存、沉降、空间分布、传输和在人体呼吸系统中的沉积。不同粒子大小进入人体的呼吸系统的位置不同，产生的危害也就不同，$10 \sim 30 \mu m$ 的粒子可以进入鼻腔和上呼吸道，$6 \sim 10 \mu m$ 的粒子能沉着在次支气管内，而 $1 \sim 5 \mu m$ 的粒子能进入肺的深部。

空气中的细菌可分为三类：革兰氏阳性球菌（gram-positive cocci）、革兰氏阳性杆菌（gram-positive bacilli）和革兰氏阴性杆菌（gram-negative bacilli）。革兰氏阳性球菌细胞壁厚，很多还具有完整的菌表和黏液膜，许多细胞还保留着类胡萝卜素，因而能在室内环境甚至是空气中大量生长繁殖。所以空气样本可培养微生物中，阳性球菌占了 85% ~ 90%，主要菌属有微球菌（*Micrococcus*）、葡萄球菌（*Staphylococcus*）和链球菌（*Streptococcus*）。革兰氏阳性杆菌在空气中也比较普遍，特别是在多灰的不洁净的室内空间，因为它们通常被隔离在土中，能形成孢子，孢子对环境有极强的耐受能力。大多数的阳性杆菌很少或没有致病的潜力，但是也有例外，比如炭疽芽孢杆菌（*Bacillus anthracis*），能引发炭疽病，并被用于生物战中。革兰氏阴性杆菌在水中几乎是无所不见，但是由于其细胞在气溶胶化过程中过于敏感，耐受压力的能力比较差，所以在空气中相对很少。不过阴性杆菌在生长、死亡等生理过程中会释放出内毒素，吸入后就可能会引发呼吸道损伤。比如"棉尘肺"（一种慢性肺病）和增湿器热（humidifier fever）就是由于内毒素引起的。

　　菌类占空气中微生物总数不到 10%，它们的能动性比较差，但是它们能产生再生孢子（2 ~ 200μm）。菌体暴露于外界环境下可能会产生一些变应的（allergic）、传染的（infectious）或产毒的（toxigenic）反应，这些变应原性（allergenicity）和产毒性（toxigenicity）甚至在菌体死亡以后依然存在。人敏感的黏膜在接触到这些细菌之后，从温和的过敏综合征到激烈的气喘都可能引发。有的菌类虽然菌体本身对人体没有伤害作用，但是它们的一些产物却可能是对人体有害的。例如菌毒素，它是产毒菌类的新陈代谢产物，属高分子化合物，不易挥发，所以常与菌体本身形成整体，在空气中飘散，能使人体产生多种不良反应。黄色曲霉菌和寄生曲霉菌（*Aspergillus parasiticus*）释放的菌毒素，有强烈的致毒作用，常见于农产品中，在办公、住宅也时有所见。分支孢子属常被认为是最常见的空气传播菌体，也有报道它能引起人体的不良反应。一些产毒菌，如 *Stachybotrys chartarum*（atra）就很容易在潮湿的纤维（如天花板吊顶和墙体装饰）上生存。研究表明，毒素也在孢子中找到，吸入葡萄穗霉菌（*Stachybotrys chartarum*）孢子就可能引发中毒，很少的产毒孢子就可能引起严重的肺部不适。

　　空气中能导致人体不良反应的有机体种类很多，除了细菌，还有病毒、藻类、寄生虫和嗜热放线菌等。许多微生物的新陈代谢产物也可能引起人体不适甚至致病，如前面曾提到的菌毒素，还有微生物挥发性有机化合物（microbial volatile organic compound，MVOC），它是细菌、藻类、菌类的代谢副产物，虽然在空气中一般是低浓度的（ng/m^3），但是一旦浓度达到一定程度就会引起头晕、呕吐，并对皮肤、眼睛等敏感部分产生刺激。空气传播的病原菌和疾病主要有白喉棒状杆菌和白喉；溶血性链球菌和猩红热、风湿热；分枝杆菌和结核；肺炎链球菌、肺炎支原体和肺炎；奈瑟氏球菌和脑膜炎；博德特氏菌和百日咳；病毒和天花、流感等。主要种类是霉菌和细菌，霉菌常见种类是曲霉、木霉、青霉、毛霉、白地霉和色串孢（*Torulasp*）等。细菌有球菌、杆菌和一些病原菌。微生物在大气中的分布很不均匀，所含数量取决于所处环境和飞扬的尘埃量（表 5-2）。

表 5-2　　　　　　　　　　　　　不同地点大气中的微生物数量

地点	微生物数量/（$cfu \cdot m^{-3}$）
北极（北纬 80°）	0
海洋上空	1 ~ 2
市区公园	200
城市街道	5000
宿舍	20000
畜舍	1000000 ~ 2000000

二、病原微生物在空气中的传播模式

大多数微生物本身是生活在土壤和水体中的，但是由于一些特殊的原因进入空气，并且通过空气的流动达到传播的目的。一般来说，病原微生物是通过生物气溶胶在空气中传播的。生物气溶胶（bioaerosols）是悬浮在大气中的气溶胶、微生物、微生物副产物和（或）花粉组成的集合体。生物气溶胶的扩散迁移主要受自身的物理特征和环境条件的影响。颗粒越大移动速度越慢，扩散能力也就越低。高温和干燥有利于扩散，而低温、潮湿（特别是下雨）则起相反的作用。风对生物气溶胶在室外的扩散有重要的影响，可以使室外的微生物进入室内，还使办公室、商业场所等室内环境的微生物向外扩散。汉坦病毒（hantavirus）是一种新认识的病毒，它本来主要存在于老鼠的尿液和粪便之中，当气溶胶状的病毒飘散进入空气，就可能引发疾病的传播，导致流行性出血热，甚至引起死亡。啮齿动物是汉坦病毒的宿主动物，汉坦病毒在啮齿动物之间，或啮齿动物到人的传播是多途径的（如气溶胶传播、破损皮肤感染、昆虫叮咬等）。一些流行病学调查和实验研究均表明汉坦病毒从啮齿动物之间、啮齿动物到人的传播主要是病毒气溶胶传播感染。在感染动物体内病毒可以持续感染数天至数月，而且通过排泄物和分泌物向体外连续排毒，即使体内有高效价的抗体产生，病毒依然能够在体内存在、繁殖和排毒。持续感染和排毒最长可达 120 天。但是，啮齿动物从感染后多长时间，开始向体外排毒尚不清楚，由感染的啮齿动物通过排泄物和分泌物排毒而形成的病毒气溶胶，在外界环境因素作用下能否保持感染性，并被人吸入感染也没有被证实。防疫部门的流行病学调查表明，每年的 11～12 月至次年的 1 月份是肾综合征出血热的发病高峰期。此间，气温较低，野外作业的农民穿戴厚实，皮肤破损感染的可能性不大，而佩戴的口罩是普通的纱布口罩，对尘埃粒子的阻留率只有 60% 左右。有的人戴口罩，有的人不戴。由此可以判定，气溶胶状的汉坦病毒经空气传播吸入感染可能是秋冬季节肾综合征出血热发病的主要传播途径。

1976 年，在美国费城，一种原来从未报道过的细菌引起了大量的肺炎病例，并导致了几例死亡。这种被称为"退伍军人病"（legionnaires' disease）的肺炎不是通过人与人的传播，而是通过空气处理系统来传播的。引发疾病的罪魁肺炎军团菌（Legionella pneumophila）是一种好氧水传播的（waterborne aerobic）的革兰氏阴性菌。不过这类菌是否致病通常与沉积物、藻类、水传播寄生虫和其他水污染细菌协同作用关系有关。这种协同作用可以帮助对抗环境压力和水处理过程。

气溶胶是微生物在空气中传播和扩散的主要方式，但气溶胶的具体组成形式和胶体颗粒大小是不确定的，不同来源的气溶胶也就有不同的物质组成方式，所携带的微生物种群也就有很大的差异。

三、空气中的病原微生物的来源及传播

空气中的微生物来源于土壤、水体和其他微生物源。进入大气的土壤尘粒、水面吹来的小水滴，污水处理厂曝气产生的气溶胶，人和动物体表的干燥脱落物，呼吸道呼出的气体都是大量微生物的来源。

1）水体是大多数微生物生长的重要环境之一，尤其是在喷泉、水族馆和近海处等地

方，本身就适合大量微生物的繁殖，同时周边多又是人群比较密集或者就直接是靠近居民聚集区。由于爆发的泡沫和搅动会产生大量的水雾。水雾中大量的小水滴正是微生物进入空气的重要载体。大量的藻类、菌类通过这样的方式在空气中比较自由地传播，可以大大地扩大它们的污染范围。

废水中由于有机物含量高，其中的微生物种类和数量也是十分惊人的。而且有的废水本身就是来自生活废水，甚至是医用废水，其中就有大量的传染性很强的病原微生物。虽然它们大多数是依靠水媒传播，但还是有很多微生物在偶然进入空气后仍能在相当长的时间内保持一定的活性，一旦找到新的寄主，又可以引发疾病的传播。所以在污水的处理过程中，也会因为曝气、转运或者搅拌等作用形成小水滴，携带着致病菌进入空气，从而额外地提供室外空气大量微生物。

当然能作为致病菌源的不仅仅只是这些生物资源丰富的水体。比如沐浴用水也可能含有很多致病菌，*Naegleria fowlei* 就是通过在沐浴过程中喷、溅形成的小水滴作为它在空气中传播的临时居所，所以这种寄生虫通常就是由于沐浴者在洗澡的过程中吸入，而导致疾病，常见于春天，严重的可以引发死亡。

2）土壤也是重要的微生物生长环境，生活在土壤中和地下的细菌数加起来，估计其重量为 1.0034×10^{16} 吨。许多寄生虫或者菌类本在土壤中固定生殖，但是由于风蚀作用，形成风膨土（wind-blown soil），或者是河流、湖泊、海水或暴雨冲刷等水流作用形成诸如沙滩沉积物一类的比较松散的沙土。由于其质量、体积等因素使其很容易扬入大气中，于是这些微小的土壤颗粒就是微生物进入空气的重要载体。比如有很多许多寄生虫的囊孢就可以暂时栖生在其中，通过空气的流动寻找寄主。已经有病例报道正是由于含有 *Acanthamoena* 囊孢的灰尘附着在镜头上，从而感染人的眼睛，引发角膜损伤。

3）人和动植物是重要的病原微生物的寄主。仅仅一克新鲜植物叶子表面就附生着大约100 万个微生物。在第一节中我们曾详细介绍过人体中所聚集的大量微生物。人和动物的呼吸道呼出的气体是人们熟知的病原的空气传播方式，很多传染性的呼吸道疾病就是通过这样"人-人"的方式导致流行病例的发生。一般人每个喷嚏的飞沫含有 4500～150000 个细菌；感冒患者一个喷嚏含有多达 8500 万个细菌。像我们所熟悉的流感也是这样完成它在空气中的传播的：大量感冒、流感病毒在患者或者带菌者的鼻、咽喉部产生，在说话和咳嗽的时候排出，从而感染其他的人。此外，皮屑、毛发等干燥脱落物，尿、汗液、粪便等排泄物，都带有大量病菌，它们也是病原微生物在空气中传播的重要来源。

2002 年 11 月至 2003 年 2 月，在广东爆发非典型性肺炎（atypical pneumonia），该病很快蔓延到全球 20 多个国家和地区，后来世界卫生组织把它正式命名为严重急性呼吸综合征（severe acute respiratory syndrome，SARS）。研究表明，引发这场流行病的可能是一种新型的冠状病毒，而且这种病毒就极有可能是来自某种野生动物。流行病资料显示，SARS 的冠状病毒是通过飞沫或直接、间接接触方式传播。在实施了呼吸道插管的病人中，肺内气体直接从呼吸道经插管呼出，病毒含量很高，因此即使采取了比较严密的保护措施，在这个过程中参与抢救的医护人员依旧被感染的几率很高。虽然在患者的粪便中也检测出了冠状病毒的RNA，同时也发现有一些动物的冠状病毒可以通过"粪口途径"传播，但是引起 SARS 的冠状病毒是否有"粪口方式"传播还有待研究。

4）由于农业与自然的紧密关系，因此人也就与许多病毒、细菌或者病原携带的生物接触的几率增大。比如在农业设施上往往就富集大量革兰氏阴性菌，同时耕种、收割等农业操作会从土壤与作物中释放大量微生物有机体。

在我国东北地区，每年10月份稻谷收割后，要在稻田中堆放一个月左右的时间，此间正是黑线姬鼠繁殖高峰期，也是野鼠储粮过冬季节。将稻田一字形堆放的稻捆根部掀起，会发现每个稻捆下有8~12只黑线姬鼠，地面潮湿，局部空气湿润、温暖，这种环境有利于汉坦病毒气溶胶的形成。如果这些黑线姬鼠是带毒鼠，那么它们排毒形成的病毒气溶胶具有较好的存活性。11~12月，当农民搬运稻捆时，会将含有病毒的鼠粪便碎末扬起，形成病毒气溶胶；而脱粒机在脱粒时，会把黏附在稻捆上的鼠粪便也粉碎，形成新的病毒气溶胶。从而在局部形成较高浓度的病毒气溶胶。我们对现场采集的空气样品和收集的打谷者佩戴的口罩样品的研究发现，在稻田堆放的稻捆根部和鼠栖息的草窝的空气中，每350L空气中至少含有一个具有生物活性的汉坦病毒粒子，而打谷场脱粒机附近每96L空气中含有至少一个具有生物活性的汉坦病毒粒子。

另外，还有嗜热放线菌。它的最适生长温度≥40℃，所以常见于混合肥料、干草堆和都市垃圾中，由于一些人为或自然的原因，大量微小颗粒会附着菌体进入空气，若被人体吸入一定的量就可能引发譬如"农夫肺"病等疾病。

上述介绍的都主要是微生物的终极来源。其实微生物从它最初生长的环境到感染到人体往往不是直接一步完成的，很多时候都需要一些中间的环节。尤其是对于室内空气传播而言，很多地方是它们新的生存环境，这些地方也就形成了新的空气传播微生物源。

5）空气处理系统。包括加热、通风、空调系统（heating, ventilation, and air-condition systems，HVAC），蒸发冷却系统和一些便携装置（如增湿器、排风扇和冷雾蒸发器等）。在HVAC系统中，室外空气经过过滤、冷却、加热、增湿，再运输分发给建筑物内的各个独立空间。然后室内空气又将被回收处理。在该系统中，高达90%的室内空气在一个建筑物内循环，虽然有新鲜的空气补充，但是大量微生物在建筑材料和装置中生长繁殖，并不与外界空气交换，因而导致一些空气传播的微生物在室内高浓度富集。在一些适宜的条件下，细菌能在管道和过滤器（尤其是在纤维滤膜）上生长，增加了传播源。在进气和冷雾增湿过程中会形成大量气溶胶，从而将微生物释放进空气。

水浓缩回收区域和喷水系统也是藻类、细菌和寄生虫扩大生存范围的潜在源。它能使微生物气溶胶化，使之在建筑物内四处扩散。尤其是在设计、操作和维护上缺乏科学规划的情况下。

6）室内建筑材料和陈设。这取决于建筑材料的差异和微生物的生理特性，许多室内陈设也能提供微生物生长繁殖的地方，从而形成新的传播源，室内人和宠物的活动，电器或是一些自然作用都可以使这些微生物再次进入空气。厨房和浴室是微生物污染的首要地方。比如，大量的埃希氏杆菌（Escherichia coli）、弗氏柠檬酸杆菌（Citrobacter freundii）和肺炎克雷伯氏菌（Klebsiella pheumoniae）聚集在潮湿的地方，特别是在浴室地板、冰箱滴水盘表面；而假单胞菌属（Pseudomonas）和芽孢杆菌属（Bacillus）类就栖身在相对干燥一些的地方。漏水的天花板也是重要的微生物栖身处，特别是产毒菌 Atachybory；粉刷过的墙、天花板也能提供菌类生长，尤其是枝孢菌属（Cladosporium）；一些容易聚灰和宠物皮屑、毛发的装饰，如地毯、壁毯就很容易黏附上大量的有害菌；地毯、陶器、乙烯树脂瓷砖和木地板等也都能使细菌生长。这些微生物虽然大多数是比较固定地营生于物品的表面，但是却有潜在扩散入空气的可能。尤其是在高密度的居住区内，往往会有高浓缩的细菌等微生物，如果又缺乏良好的通风条件，就会增大居住者受感染的几率。

表 5-3 与细菌相关的室内污染及来源

细菌污染	室内来源	病症
内毒素 （革兰氏阴性菌）	水喷式加热系统，加湿器，灰尘	头痛、发烧、咳嗽、哮喘
流感嗜血杆菌	高密度生活条件	脑膜炎
肺炎军团菌 （Legionella pneumophila）	冷却塔、冷凝器、喷头、热水器	退伍军人病、旁地亚克热
结核杆菌	高密度居住区	结核
肺炎支原体	高密度居住区	肺炎
奈瑟氏脑膜炎菌 （Nesseria meningitidis）	高密度居住区	脑膜炎
葡萄球菌	皮肤、伤口	眼、耳传染病
链球菌	皮肤、伤口	咽喉、上呼吸道感染

表 5-4 与真菌相关的室内污染及来源

真菌污染	室内来源	病症
链格孢菌	地表材料、多尘表面	过敏反应
烟曲霉菌	土、发霉物、混合肥	曲霉病 （Asperillosis）
皮炎牙酵母菌 （Blastomyces dermatitidis）	土、旧建筑	芽生菌病 （Blastomycosis）
多主枝孢菌	粉刷表面、门窗	过敏反应
Coccidioides immitis	沙漠土、多尘暴雨	球孢菌病、高烧
新型细球隐球酵母菌 （Cryptococcus neoformans）	鸽子排泄物	脑膜炎
一些镰孢菌	潮湿表面	过敏反应，中毒
荚膜组织孢浆菌 （Histoplasma capsulatum）	鸟、蝙蝠排泄物	网状内皮细胞真菌病 （Histoplasmosis）
一些青霉菌	浸湿表面的较干燥边缘	过敏反应，中毒
葡萄穗霉菌	浸湿的纤维	中毒

四、空气中微生物与空气品质

室内空气品质是指在某个具体范围的环境内，空气中某些要素对人群工作、生活的适应程度，是反映了人群具体要求而形成的一种概念，所以室内居所空气品质的优劣是根据人们的具体要求而定的。半个多世纪以来，人们逐渐意识到高品质的空气质量是确保人们健康的重要保障之一。但是涉及室内空气质量的健康问题范围很大，人们现在所认识到的污染物仅仅是很小的一部分。造成室内污染的因素很多，污染来源也十分广阔，既有外来污染物通过空调（空气处理）系统进入室内空间，也有内部自身原因所造成。众多污染源产生的污染程度随室内环境不同而不同，室内容积、通风量以及自然清除等因素都是重要的影响因素。

表 5-5　　　　　　　　　　　　　　　室内主要空气污染物种类

污染物	污染源
悬浮微粒	燃烧、抽烟、清扫
一氧化碳	燃烧、抽烟
二氧化碳	燃烧、呼吸代谢、植物呼吸作用
二氧化氮	燃烧、抽烟
挥发性有机物	清洁剂、油漆、杀虫剂
氡气及其蜕变物	建筑材料（水泥、砖等）
甲醛	建筑材料和家具（夹板或隔板）
微生物	家畜和人体
过敏物	尘埃、动物毛发、昆虫、花粉
二氧化硫	燃烧
臭氧	影印机、大气光化学产物
石棉	建筑材料、装潢（隔热材料）

随着人们认识的不断提高，发达国家对于室内环境标准比过去更加细致，涉及的物理变量范围更广，但是都还缺乏系统性地制定室内空气环境标准，多半都是颁布单项或者多项指标。本章在此只对微生物及一些与微生物相关的过敏物进行考虑。室内空气细菌学的评价指标一般推荐细菌总数和链球菌总数，一般多以细菌总数作为室内空气细菌学的评价指标。过去我国一直没有正式制定室内空气品质标准，一般参照国际标准化组织（ISO）或世界卫生组织（WHO）颁布的相关国际标准或者国外有关标准作为客观的参考标准。于 2003 年 3 月 1 日正式实施的我国《室内空气质量标准》中，对室内菌落总数的浓度做了具体的规定，要求必须小于 $2500 cfu/m^3$。但是在世界范围内，都还缺乏以属和种作为评价指标的空气质量标准，尤其是以病原体作为直接评价指标，在技术上还有一定难度。

下表（表 5-6，表 5-7）是日本和前苏联室内空气清洁程度的指标。日本判断室内清洁程度是用沉降菌法，用 9cm 平皿暴露 5min；前苏联是用浮游菌法。

表 5-6 　　　　　　　　　　　　　日本空气洁净度和菌落数

空气洁净度	菌落数
最洁净的空气	1 ~ 2
洁净的空气	< 30
普通空气	31 ~ 75
界限	150
轻度污染	< 300
严重污染	> 301

表 5-7 　　　　　　　　　　前苏联居室空气微生物的卫生评价标准

空气评价	夏季标准		冬季标准	
	细菌总数 / （个 / m^3）	绿色和溶血性链球菌 / （个 / m^3）	细菌总数 / （个 / m^3）	绿色和溶血性链球菌/ （个 / m^3）
清洁空气	< 1500	< 16	< 4500	< 24
污染空气	> 2500	> 36	> 7000	> 36

第四节　病原微生物在土壤中的传播

　　土壤是固体无机物（岩石和矿物质）、有机物、水、空气和生物组成的复合物。溶解在土壤中的有机和无机组分可被微生物所利用，土壤是微生物的合适生境。土壤微生物种类齐全、数量多、代谢潜力巨大，是主要的微生物源。但一般来说微生物处于饥饿状态，繁殖速率极低，当可用的营养物被加到土壤中时，微生物数量和它们代谢活性迅速增加直到营养被消耗，然后微生物活性恢复到较低的基线水平。土壤微生物的数量和分布主要受到营养物、含水量、氧、温度、pH 值等因子的影响，集中分布于土壤表层和土壤颗粒表面。另外土壤具有高度的异质性，在它的内部包含有很多不同的微生境，因而甚至在微小土壤颗粒中也存在着不同的生理类群。

表 5-8 　　　　　　　　　典型花园土壤不同深度每克土壤的微生物菌落数/cfu

深度/cm	细菌	放线菌	真菌	藻类
3 ~ 8	9750000	2080000	119000	25000
20 ~ 25	2179000	245000	50000	5000
35 ~ 40	570000	49000	14000	500
65 ~ 75	11000	5000	6000	100
135 ~ 145	1400		3000	–

一、土壤中的病原微生物

虽然土壤中的一些土著微生物也潜在地具有致病可能，但对人类健康构成威胁最大的微生物还是一些外源致病菌。带有病原微生物未经处理的固体废弃物随意丢弃、堆放、作为农田肥料使用，以及污水灌溉都可以造成对土壤的污染。病原微生物在土壤中的迁移机制包括物理过程、化学过程和生物学过程。物理过程：土壤是一种多孔介质，微生物在土壤中的迁移类似于溶质在水体中的迁移，包括对流、平流和水动力弥散。同时微生物也受到土壤介质的作用，包括过滤、吸附、解吸和沉降。化学过程：化学过程可以被认为是一种趋化性迁移。可以游动的微生物响应于化学物质的梯度而迁移，迁移具有方向性，或顺浓度梯度，或逆浓度梯度移动。生物过程：生物过程是病原微生物自身属性和与土壤环境相互作用对迁移的影响。病原微生物对土壤环境中养分的利用能力，与土著微生物及其他生物的竞争，对环境条件的适应能力，都影响它们的生长、繁殖和存活，因而影响它们的数量以及迁移传播。

土壤潜在的致病菌数量很多，种类也很丰富，包括细菌、病毒、真菌和藻类等。这些微生物虽然一般比较固定地生长在土壤环境中，但是由于一些特殊的原因就会进入水体、空气等其他环境。比如由于风蚀作用使土壤颗粒携带病菌进入大气导致空气传播；由于暴雨冲刷使大量致病菌进入河流或者供水系统污染水源；由于农业耕作使病原体污染农作物，引起食源性的疾病流行等。

二、土壤中病原体的来源

土壤中的病原微生物来源很广，空气、水和大量固体废弃物都会额外地增加土壤中的致病菌，一旦条件适合它们就会大量繁殖。有的病原微生物虽然不一定十分适合土壤环境，但是它们可能以其他的形式，比如卵或囊胞，在土壤中有很长的耐受时间，然后寻找寄主，造成机体感染。尤其是感染个体（包括人和动物），他们的排泄物或者废弃物对土壤的污染是巨大的，而且潜在的威胁也是最大的。

动物粪常被用作饲料或者肥料，一个牛粪团从草地上消失约花费1周时间，其原因是蠕虫、线虫和甲虫以及其他一些种类的生物对粪便的腐烂和去除作用。于是在这个期间，大量的动物废弃物中的病原体就会对土地造成污染。动物废弃物通常要经过除杂、干燥（脱水）、杀菌、甚至除臭等复杂过程方可被利用。但是这个环节在很多欠发达地区处理得并不到位。如果遇到大雨等情况，常常引起废水塘溢流和粪便堆放渗滤，更加容易造成下游鱼塘或农田的病原菌污染。这时如果收获水产品或农产品，其微生物指标通常达不到卫生标准。沙门氏杆菌能在粪水和土壤中长期存活，因此，施用粪水的牧草地有潜在传染疾病给健康家畜甚至人类的危险。大量受感染畜禽的排泄物在进入土壤后就潜在地能进入空气或者水体等其他传播途径。受感染家畜排泄的隐孢子卵囊通过土地进入河流就会对人类健康带来巨大威胁，因为卵囊可抵抗水处理厂氯的常规用量水平。国家环境保护总局于2001年3月20日发布实施《畜禽养殖污染防治管理办法》中规定"用于直接还田的畜禽粪便，应当经处理达到规定的无害化标准，防止病菌传播"。在动物粪便堆肥中，堆肥产品有害菌含量也是检验产品是否合格的重要指标之一。《管理办法》规定粪蛔虫卵死亡率不低于95%，粪大肠菌群数不超过10^5个/公斤。

除了粪便，病畜的残体也是十分重要的病原来源。比如炭疽病，它是由炭疽杆菌引起人畜共患的急性、热性、败血性传染病。炭疽死畜一旦被剖杀就会造成场地污染，炭疽杆菌暴露于空气后形成芽孢，在土壤中能存活数十年，成为威胁人畜健康的疫源地。倘若遇到洪涝灾害，土壤深层的炭疽杆菌就容易被冲刷出地表，不断造成感染发病。对于存在潜在威胁的疫区，职能部门必须通过消毒的方法来防止疾病的发生和传播，其中漂白粉浸渍消毒的方法是一种廉价又可行的手段，可以杀灭被污染环境的炭疽杆菌芽孢，获得满意的预防效果。当发现炭疽疫情后应立即向当地卫生部门报告，严禁剖解死畜，并对死畜进行焚烧销毁。对曾发生过炭疽的地区定期进行监测，根据检测结果采取消毒措施。疫区和受威胁区的易感动物应及时、定期地接种炭疽疫苗，以防止疾病的再次肆虐。

　　因此在对土壤传播的疾病预防中我们必须认识到这些病原体的来源，控制污染来源才能从根本上减少流行病的发生。

三、土源性疾病

1. 线虫感染

　　土源线虫与土壤生态有着重要关系，也因温度、雨量、地形地貌的差异及主要种植物和施肥习惯的明显不同，导致不同区域的易感性也有显著差异。比如在黄潮土、盐碱土等为主的地区，适宜种植小麦和棉花，人体感染以蛔虫最高，钩虫等土源线虫也较严重。而土质主要为黄土、重黏土等的地方，就不利于土源性线虫传播，感染率最低。例如对湖南衡山县农村的三种常见土源线虫传染病（蛔虫、鞭虫和钩虫）的调查显示：蛔虫卵检出率以厕所最高，其次为庭院，鞋底又次之。所查到的蛔虫绝大多数为不同发育期的活卵，死卵只占很少的部分。鞭虫卵以庭院土壤的检出率为最高，其次为鞋底和牲畜。查见的鞭虫卵多数是各发育期的活卵，死卵占的比例也很少。但该地区由于钩虫病不流行，所以未检测出钩虫卵。而在浙江湖州的一次调查显示，该地区又以钩虫感染为主。即使是在不同的检测点，由于地理原因，钩虫感染的比例也存在很大的差异。不过在调查中显示，线虫的感染还是在农村地区较突出，而且尤其是在卫生条件比较差的地方。另外，在不同年龄组的比较中，从事农业操作时间比较长的老年和青壮年人感染率明显高于青少年人群。虽然在各地各年龄之间感染情况差异很大，线虫病感染依然是我国范围内比较普遍的寄生虫病。

2. 接触性感染

　　钩虫性皮炎：是因十二指肠钩虫的蚴虫侵入皮肤内而引起的一种过敏性皮炎。含有钩虫卵的粪便污染土壤后，当人们赤足在地里劳动时，丝状蚴便会浸入人体导致皮肤局部炎症，继而顺血流向心肺、气管、食管转移，最后"定居"于小肠而引发钩虫病；患病后，人常会感到腹胀、腹痛、腹泻，全身无力、精神萎靡、脸色蜡黄、心悸气短，并会引起贫血并发症、严重者伴有营养不良性水肿，甚至完全丧失劳动能力。

　　破伤风：人和牲畜的粪便中带有破伤风杆菌，病菌易通过粪便混入土壤。当人受伤后，伤口若接触到黏附有病菌的泥土，即可诱发破伤风；破伤风患者早期全身不适、头痛、咀嚼不便，继而出现肌强直和肌痉挛。若不及时治疗，甚至会造成生命危险。

　　此外，土壤还能传播稻田性皮炎、菜田性皮炎等多种疾病。因此，常与土壤接触的人员（特别是农民）一定要悉心防范来自土壤的"隐形杀手"。当然除了农业操作外，许多特殊的工业企业由于与土壤环境的频繁接触，导致工人患病率提高。据调查，从事稀土生产的工人其皮肤病患病率明显比普通人群高，其中以真菌感染性皮肤病、皮肤附属器病和球菌性皮肤病为主。患病率较高的有足癣、毛囊炎、痤疮、出汗不良、皮炎、脂溢性脱发、皮肤瘙痒症、毛囊角化、湿疹等。

第五节　病原微生物通过食物的传播

近年来，连续发生了一系列令世界震惊的食源性疾病爆发事件：英国的疯牛病，日本出血性大肠埃希菌 O_{157}：H_7 和雪印牛奶的葡萄球菌肠毒素中毒爆发，法国的李斯特菌中毒等。据世界卫生组织（WHO）2002 年 3 月公布的信息表明，全球每年发生食源性疾病的病例达到数十亿例，即使在发达国家至少有 1/3 的人患食源性疾病。在食源性疾病上的花费达数十亿美元，全球每年因食源性微生物污染引起腹泻而死亡的儿童约 170 万。据估计，美国每年发生 600～8100 万例食源性疾病，每年至少有 9000 人因之死亡。我国 1987～1996 年共发生食物中毒 17010 起，中毒 453519 人，死亡 3438 人，病死率为 0.76%，平均年发病率为 4.2/10 万。食源性疾病已经成为现在世界最广泛最严重的公共卫生问题之一。

一、食品传播疾病流行病学

1. 定义

食源性疾病（foodborne diseases）：根据美国 FDA 的定义，是指由于食用受污染的食品或者饮料而引起的疾病。WHO 则将其定义为："凡是通过摄食进入人体内的各种致病因子引起的、通常具有感染性质或中毒性质的一类疾病。"其病因主要有病毒、细菌、寄生虫、毒素、重金属以及有毒化学物质。其症状也因而各有不同，从轻微胃肠炎到致命的神经毒作用，以及肝肾综合征等。食源性疾病具有三个基本要素，即食物是传播疾病的媒介、引起食源性疾病的病原物是食物中的致病因子、临床症状为中毒性或感染性表现。

食物中毒（food poisoning）：根据我国 1994 年卫生部颁发的《食物中毒诊断标准及技术处理总则》（GB14938-94），是指摄入了含有生物性、化学性有毒有害物质的食品或者把有毒有害物质当做食品摄入后出现的非传染性（不属于传染病）的急性、亚急性疾病，属于食源性疾病的范畴。它既不包括因暴饮暴食而引起的急性胃肠炎、食源性肠道传染病（如伤寒）和寄生虫病（如囊虫病），也不包括因一次大量或者长期少量多次摄入某些有毒、有害物质而引起的以慢性毒害为主要特征（如致畸、致癌、致突变）的疾病。

一般来说，在食品安全管理方面国外主要采用食源性疾病这个概念，而我国则更多地采用食物中毒这个概念。食源性疾病与食物中毒相比范围更广，它除了包括一般概念的食物中毒外，还包括经食物感染的病毒性、细菌性肠道传染病、食源性寄生虫病，以及由食物中有毒、有害污染物引起的慢性中毒性疾病，甚至还包括食源性变态反应性疾病。随着人们对疾病的深入认识，食源性疾病的范畴还有可能扩大，如由食物营养不平衡所造成的某些慢性退行性疾病（心脑血管疾病、肿瘤、糖尿病）等。

2. 分类

食源性疾病分类目前尚无统一意见。食源性疾病的病原物质多种多样，它除了食物中毒的病原物质外，还包括肠道传染病的病原菌（如霍乱弧菌、志贺氏菌、出血性大肠埃希菌 O_{157}：H_7 等）、人畜共患病的病原菌（如布氏杆菌、动物结核杆菌等）、肠道传染病毒（如甲肝病毒、轮状病毒等）、寄生虫及其卵（如旋毛虫、绦虫及囊蚴、肝吸虫、姜片虫等）、物理性病原物质（如放射性物质污染食品），甚至还包括可引起食物过敏的食品。

根据按病原物质分类法食物中毒可分为 4 类：

1）细菌性食物中毒：指因摄入被致病菌或其毒素污染的食物引起的急性或亚急性疾病，是食物中毒中最常见的一类。发病率较高而病死率较低。有明显的季节性，每年的 5～10 月份最为多见。主要包括：沙门菌属食物中毒、大肠埃希氏菌食物中毒、葡萄球菌肠毒素食物中毒、变形杆菌属食物中毒、副溶血性弧菌食物中毒、肉毒梭菌毒素食物中毒、蜡样芽孢杆菌食物中毒、产气荚膜梭菌食物中毒、椰毒假单胞杆菌酵米面亚种食物中毒、小肠结肠炎耶尔森菌食物中毒、链球菌食物中毒、李斯特菌食物中毒、志贺氏菌属食物中毒（亦有人把它归类于肠道传染病）、空肠弯曲菌食物中毒，其他如河弧菌、气单胞菌、类志贺邻单胞菌食物中毒等。

2）有毒动植物中毒：指误食有毒动植物或摄入因加工、烹调不当未除去有毒成分的动植物食物而引起的中毒。发病率高，病死率因动植物种类而异。有毒动物中毒包括河豚、有毒鱼贝类等引起的中毒。有毒植物中毒包括毒蕈、含氰甙类的果仁、木薯、四季豆等引起的中毒。

3）化学性食物中毒：指误食有毒化学物质或食入被其污染的食物而引起的中毒。发病率和病死率均比较高，如某些金属或类金属化合物、亚硝酸盐、农药等引起的食物中毒。

4）真菌毒素和霉变食品中毒：指食用被产毒真菌及其毒素污染的食物而引起的急性疾病。发病率较高，病死率因菌种及其毒素种类而异，如赤霉病麦、霉甘蔗、臭米面等中毒。发病的季节性及地区性均较明显。

上述的分类主要是从国内食物中毒定义的角度出发来划分的。其实按照广义的食源性疾病的观点，病毒、原生动物也是重要的引起食物传播疾病的致病菌。从病原微生物学的角度出发，它们更是不能忽略的。

二、食品传播的微生物病原体

1. 细菌

与食物传播疾病相关的细菌种类非常的多，不过从它们的致病机理角度看来，这些病原大概可以分为四类：

1）毒素预先形成型：这类细菌其主要的致毒效应是由其进入人体前就产生的毒素（preformed toxin）来完成的。这一划分主要是为了区别于在食物摄入以后，细菌受人体内环境刺激而产生毒素的那部分细菌。

①肉毒梭菌（*Clostridum botulinum*），通常生活在土壤中，它的孢子在新鲜的水果和蔬菜中很常见，而且任何幸存的孢子在食物厌氧环境下都可能出芽并产生毒素。产生的波特淋菌毒素有 7 种抗原血清类型，而且能在细菌生长的任何温度条件下产生，广泛地存在于蔬菜、水果、调味品和鱼中，并能引发波特淋菌中毒，产生麻痹性反应，严重的可能会引起呼吸系统瘫痪而导致死亡。所以控制该疾病的有效办法就是杀死孢子。食物在 120℃下灭菌 30 分钟，通常再助以高压，可以有效地杀死孢子。

②金黄色葡萄球菌（*Staphylococcus aureus*），有产多种毒素的能力，最常见的是 A 型毒素，只要 100～200ng 就可致病，引起人体眩晕和呕吐等症状。许多食物都可能被该菌污染，

特别是在乳制品（如奶油甜点或蛋糕）中，在蛋制品、肉制品、禽肉、橄榄油、金枪鱼也有分布。通常源头是食物加工人员手、鼻污染，因此该致病菌引发疾病不是与食品的商业化生产有关，而更多是与食品服务机构或家中食物处理相关。在室温条件下保存一定时间，这种细菌就开始在食品中繁殖，并产生毒素。当细菌数量达到 105/g 时，产生的毒素就足够致病。这种毒素热稳定性好，即使加热煮沸也不失活，也被认为对蛋白酶、辐射和极端酸碱条件都有较好的抗性。所以一旦毒素产生就很难被去除。这种毒素的致病机理尚还不完全明白，但普遍认为是通过自发神经系统的累积来完成的。

③蜡状芽孢杆菌（*Bacillus cereus*），是出芽生殖的革兰氏阳性好氧菌，产生的毒素能引起两种不同的临床病症。一为潜伏期短的呕吐眩晕症状，二是潜伏期长的腹泻。也有报道曾引起急性肝坏死。该细菌在水和大多生的食品中都存在，10% ~40% 的人可被该菌感染。引起呕吐症状的毒素主要是生成于淀粉含量高的食品中，具有较好的热稳定性和抗蛋白酶性。引起腹泻的毒素恰好相反，热稳定性差，而且也对胰蛋白敏感。

2）在肠道内产生毒素的细菌：这类微生物在进入肠道后定殖并产生毒素，而引发病症。当然它们中的一些也具有别的毒性性质，病变过程可能是毒素污染造成也可能是其他多种因素的复合作用。

①弧菌属，现在已知有 30 多种，其中 1/3 被认为可以引起人体病变。如霍乱弧菌（*V. cholerae*）可能污染海产品、卤或干鱼、椰奶、莴苣和米等，其毒素就是多次引发世界性流行性霍乱的罪魁。副溶血弧菌（*V. parahemolyticus*）在甲壳类水生动物体内被频繁的发现，过去，它是日本最主要的食物传播病原体，引起腹泻、腹绞痛、眩晕和呕吐等症状。另外还有 *V. vulnificus*，它主要生活在近海口，其引起的疾病和生吃牡蛎有很大关系，对于酗酒者和有肝病的人有更大的危害性。

②产气荚膜梭菌（*Clostridum perfringens*），是一种芽孢生殖的革兰氏阳性厌氧菌，研究表明，它至少和两种食物传播疾病有关。A 型菌株的毒素能引起人体腹泻，主要与食用谷面和高蛋白食品有关，当 10^5 个活细胞被摄入，其产生的毒素就可能致病。C 型引起的是坏死性肠炎，不过只多见于营养不良的情况下，与摄入未煮熟的猪肉或高糖分的马铃薯有关。

③shiga toxin-producing *E. coli*（STEC），该类菌的闻名是从 O_{157}: H_7 大肠杆菌为祸人类开始的。STEC 常见于很多哺乳动物的微肠道，尤其是反刍动物。我们食物中 STEC 的来源主要是牛制品，不过由于牧场粪便的污染使得很多新鲜的植物也成为了带菌者。STEC 引起多种临床疾病，从腹泻、出血性大肠炎到溶血性尿毒综合征（hemolytic uremic syndrome, HVS）。

④产肠毒素的大肠杆菌（*Enterotoxingenic E. coli*，ETEC），在发展中国家这是一种常见的病原，也频繁引起旅行者的腹泻，主要靠水和食物源传播。主要临床特征为腹泻（水状带血），伴有腹部不适，少数也有发烧现象。不过这种病的发展一般是具有自限性的。

3）侵入肠上皮细胞的细菌：这类食物传播细菌致病有多种机理，通常入侵肠上皮细胞屏障是它们致病途径的一部分。其中一些细菌也产生可能致病的毒素，但是毒素不一定是这类致病菌首要的致病途径。

①沙门氏菌，是引发食物传播疾病最常见的病原之一。其种类很多，不过大概可分为伤寒和非伤寒两类菌。通常是因为摄入被粪便污染的食物和水而感染。研究表明，沙门氏菌可以侵入完整无缺的鸡蛋，甚至在鸡蛋形成过程中先于蛋壳的生成就污染了鸡蛋。此外牛奶、

谷面、禽肉以及新鲜的作物都可能是潜在的沙门氏菌源。

②螺杆菌，是如今最常见的食源性肠道病原体之一。在美国，70%的食源性疾病就与它和沙门氏菌有关。这是一类微需氧繁殖的菌类，但是对氧自由基敏感。在5%～10%的O_2和1%～10%的CO_2，温度42～43℃情况下尤其适合生长繁殖。其主要有两种致病种类 *C. jejuni* 和 *C. coli*，能引起非肠道症状，包括发烧（非常高）、头痛、肌痛，伴随眩晕呕吐和腹泻。

③耶尔森氏菌有三种，其中耶尔森氏小肠结肠炎菌和耶尔森氏伪肺结核菌是食源传播的。耶尔森氏菌相对沙门氏菌和螺杆菌并不普遍，但是它却是能引起症状明显的胃肠道疾病的食物传播细菌。耶尔森氏小肠结肠炎菌能引起腹泻、绞痛并伴有低烧；而耶尔森氏伪肺结核菌却可能引发肠系膜淋巴腺炎。耶尔森氏菌最常见于猪肉中，也在其他动物（如绵羊、牛、猫、狗等）身上被找到。生吃猪肉是主要的感染途径，其次是牛奶。即使是在4℃的冷藏条件下，大量的耶尔森氏伪肺结核菌同样能在牛奶中存活并繁殖，并且只要很少的数量就可能对人体的健康构成威胁。

此外还有侵入肠的大肠杆菌和李斯特菌也是通过食物传播并以侵入肠上皮的方式使人体的健康受到威胁。

4）其他食物传播细菌：除了上述几种致病机理以外，还有很多以其他的方式导致人体机体不良反应的细菌，比如 *Aeromanas* 类，它们常见于土和新鲜水体中，从而污染作物、肉类和日用品，可能引起患者持续的水状腹泻。

2. 病毒

病毒只能在活的宿主细胞中才可以复制，不以人类细胞作为寄生宿主的病毒虽然可能存在于食品中，但很少威胁人类健康。幸运的是，通过食物传播的病毒很少使宿主死亡。而且宿主对这些食源性病毒感染的免疫反应是非特异性免疫反应。宿主也产生抗病毒抗体，这些抗病毒抗体对防止和限制病毒感染极其有效。如果有可利用的疫苗，使用疫苗可刺激机体产生抗病毒抗体，以抵御"野生型"病毒的感染。然而这种体液免疫是极具特异性的。往往是在抗体发挥作用前，人体的非特异性免疫在一定时间内首先发挥预防病毒感染的作用。通常情况下，食源性病毒疾病的爆发是自限性的，即通过食物感染了病毒的个体很少再通过接触方式感染他人，通常是自行减退、平息，而不是在整个社区传播开来。

1）脊髓灰质炎病毒：直到20世纪40年代，脊髓灰质炎是唯一已知的食源性病毒疾病。食源性脊髓灰质炎主要是由于食用了未经巴氏消毒的牛奶或被再污染的牛奶而发病，感染是因为牛奶在生产、加工、储存和处理过程中被大量病原体所污染。该病自生产出该病毒疫苗后就再没有发生过，通过疫苗控制了发达国家的发病率，只有在少数发展中国家还有脊髓灰质炎发生，其中有一些是通过食物传播的。

2）甲型肝炎病毒：甲型肝炎（简称甲肝）是20世纪40年代被确认的病毒性食源性疾病，发病主要与贝类食品有关。虽然甲型肝炎不完全是通过食品传播所引起，但甲型肝炎在世界范围内都普遍存在。甲型肝炎的隐性感染比临床发病更普遍，症状一般有发热、全身不适、厌食、恶心和腹痛等。在症状出现几天后出现黄疸体征。病程通常持续1～2周，但衰弱的体质可能要持续数月。甲型肝炎的潜伏期为15～30天。该病毒的载体包括所有被粪便污染的食品。食品污染分直接污染（来自食品加工）和间接污染（通过污水系统）。虽然贝类食品（包括双壳动物类，如牡蛎、蛤、贻贝、乌蛤）被认为是最主要的甲型肝炎病毒携带者，但患有甲型肝炎的病人参与食品加工而且未采取必要的预防措施也会造成食源性的传播。

3）诺沃克样病毒：这是一组小而圆的具有病毒结构的类似诺沃克病毒的病毒。因为这些病毒不能在实验室的细胞培养中复制，所以，确切地评估其发病机理一直很困难。在美国和英国，这组病毒目前被认为是食源性疾病的主要病因之一（在英国，发病与食用贝类食品有很强的关联，而在美国，涉及发病的食品媒介范围要广得多）。在其他国家，随着诊断能力的提高和普及，这组病毒在食源性疾病的重要性逐渐显得更为突出。由这组病毒导致的胃肠炎，潜伏期为 12 ~ 48 h（平均 36 h），症状有呕吐、腹泻，病程大约为 24 ~ 48h。该病毒通过粪口途径传播，目前已确认食物并不是该病毒唯一的传播方式，但显然是一个很重要的传播媒介。

此外还有毛轮状病毒、小圆病毒、非甲非乙型肝炎病毒和戊型肝炎病毒等，也可以通过食物传播方式引起疾病的流行。

3. 原生动物

1）*Cryptosporidium parvum*，该寄生虫是作为困扰艾滋病患者的主要问题而被人们所关注。但是认识它的重要性却在于它同样对正常的寄主产生影响。它能引起牛群的腹泻从而污染近牧场的水源以及以畜牧粪便作为肥料的农作物。曾经有报道由于该寄生虫污染了供水系统从而一次性就引起了 40 万人感染。在临床上，其感染症状表现为腹泻伴有绞痛、眩晕和呕吐等。

2）*Giardia lamblia* 是世界范围内都很常见的寄生虫，虽然不直接引起症状明显的肠胃疾病或系统性的并发症，但是感染后的机体会饱受痛苦和吸收不良的困扰。一般为粪-口传播，常见于被粪便污染的食物或水中。

3）*Entamoeba histolytica* 也是世界范围广泛存在的寄生虫。一般以粪-口传播，直接或者通过污染的食物感染寄主，例如新鲜的蔬菜叶或水。该寄生虫是通过其囊胞传播，在特定的环境下，这些囊胞可以生存长达几周。进入寄主后，可能引起多种临床反应。

4）*Cyclospora cayetanensis* 是近年来才被人们所认识的一种寄生虫。曾在北美地区引起大量食源性感染。除了某些植物果实外，食用未煮过的猪肉、禽肉和被污染的饮料，甚至是在游泳过程中吸入都可能导致感染。在临床上引起自限性的腹泻，伴有眩晕、呕吐和绞痛，某些机体也可能产生持续的腹泻。

第六章　微生物和动物的相互关系

在自然界中，微生物与动物之间存在着错综复杂的关系，动物为微生物提供了重要的生境，动物的体表和口腔、胃肠道都生长有大量微生物。动物和微生物在营养供应上相互补充。有些动物直接以微生物为食物，如果没有这些微生物给动物提供营养，动物就不能生存。某些微生物和动物间有着共生的关系，对动物的生长起重要作用。也有些微生物是动物的病原菌，带来一定的危害。研究微生物与动物之间的相互关系在农牧业上有重要的经济意义。

第一节　动物对微生物的捕食

捕食关系是指一种生物吞食并消化另一种生物。这是一种自然界中常见的生物间关系。为满足捕食者的食物需要，要求被食者和捕食者相比有一定的体积大小，一般不能小于捕食者两个数量级，如果被食者比捕食者小得太多，捕食者就不能从被食者那里补偿捕获被食者过程中所消耗的能量。微生物个体的生物量要比无脊椎动物小 $10^5 \sim 10^7$ 倍，但无脊椎动物可以通过特殊的捕食方式来满足它们部分或全部的营养需要。捕食关系同时也是自然界中种群控制的一种机制，以免导致种群爆发及营养资源的过度消耗从而危及种群的生存。

在微生物世界，寄生关系与捕食关系的区别并不明显。例如，食菌蛭弧菌（*Bdellovibrio bacteriovorus*）与某些革兰氏阳性细菌的关系，有人认为是寄生关系，另一些人则认为是捕食关系。

一、捕食方式

1. 刮食

在淡水或海水中，有许多动物是以微生物为食物的。沉积物的表面吸附着大量的无机和有机营养物质，是微生物生长和繁殖的良好场所。一些细菌和藻类在这些固体表面上生长成菌膜，可被水中的软体动物蜗牛和棘皮动物海胆等动物作为食物。这些动物的捕食方式主要是从沉积物的表面刮取并吞食这层微生物，蜗牛还有适应这种刮食过程的组织器官。由于刮食的是含有数百万个个体的黏着性团块，而不是单个的个体，所以捕食者和被食者之间的个体大小差别并不重要。

2. 滤食（filter feeding）

无脊椎动物捕食悬浮状态微生物的方式是滤食。捕食者用纤毛或其他器官使水维持流动状态，这样微生物和碎屑在水流中被过滤吞食。捕食者除了得到食物外还可得到氧的供应。捕食者吞食浮游藻类、细菌、原生动物和其他较小的浮游动物，也吞食碎屑颗粒，这些颗粒上往往带有附着的微生物。滤食是捕食者捕食体积微小而又均一悬浮的被食者的理想方式。这对固着的和浮游的无脊椎动物都是有利的。固着性滤食的无脊椎动物主要有固着甲壳纲、瓣鳃纲、腕足纲动物等。轮虫、小型的甲壳纲动物枝角类和桡足类、浮游的蜗牛、浮游的被囊动物等是重要的浮游滤食捕食者。

刮食和滤食过程统称为"牧食"（grazing）。

二、生态学意义

无脊椎动物对固着和悬浮微生物的捕食是水生环境中食物网的重要环节，可以使微生物性的一级和二级生物量转移到高一级的营养水平。

鱼类也捕食单细胞藻类和原生动物，许多微生物参与的发酵过程的产物如腐乳、甜酒酿中的微生物以及青储饲料中的微生物也常常是人和动物吞食的对象。人以高等真菌的子实体作为佳肴，如香菇、猴头菇、木耳、金针菇、竹笋等。有一些真菌的子实体还是重要的中药材，如灵芝和银耳等，它们又是高级补品。从这个意义上说，人也是微生物的捕食者。

各种食粪动物牧食粪便上的微生物。嗜粪的微生物群落生长在粪便上，有的是从动物消化道中带来的，大多数是后来生长起来的。一些无脊椎动物和脊椎动物，例如各种小型节肢动物和啮齿动物，习惯于再取食部分自身的粪便。含有丰富的微生物蛋白及其他营养物的粪粒再次被吞食既满足了动物的营养需要，又使可利用的营养物质得到充分的利用。水中的某些无脊椎动物例如蜗牛也捕食粪粒上的微生物群落，这些粪粒是其他脊椎动物或无脊椎动物排出沉积在水中的。

在海洋和淡水中漂浮的、含有天然多聚物的碎屑颗粒物上，附生有许多微生物。这些微生物的代谢活动使颗粒物中的多聚物如纤维素和几丁质降解，并吸收周围环境中的无机氮和有机氮合成蛋白质，然后水体中的无脊椎动物便利用这些微生物菌体作为食物，从而增加了这些颗粒物的营养价值，否则动物是无法消化这些颗粒物的。

第二节　微生物和昆虫的共生

某些以植物性材料为食物的昆虫和生长在植物性材料上的微生物存在着一种互惠共生的关系，如切叶蚁和丝状真菌、钻木昆虫和真菌以及以木材为生的高等白蚁和所培养的体外真菌等。微生物酶解植物组织，酶解产生的蛋白质和小分子糖等可成为昆虫的食物源，而昆虫却为微生物提供源源不断的植物材料和繁殖的良好环境。

有些昆虫（如低等白蚁）的肠道内共生有大量种类繁多的微生物，昆虫从共生微生物处获取营养。

专以植物汁液或脊椎动物血液为食的昆虫和微生物也存在互惠共生关系。微生物被贮放在昆虫细胞的细胞质中，这些细胞称含菌细胞（mycetocytes），许多含菌细胞聚集在一起，形成称为含菌体（mycetome）的特殊结构。

共生微生物存在于昆虫的肠道和组织里，有助于昆虫的生存、生长和繁殖。昆虫为微生物提供生境，而微生物则为昆虫提供固醇、维生素 B 以及必需氨基酸等食物中缺乏的生长因子。如果从昆虫中移去微生物，昆虫不能正常生长繁殖。

总的来说，微生物同昆虫的共生有内共生（endosymbioses）和外共生（ectosymbioses）两种方式，前者指微生物生活在昆虫体内，后者则指微生物生活在昆虫的生境中。内共生的微生物多存在于昆虫消化道或昆虫细胞的细胞质中，而在其他地方很少见，这主要是因为微生物会被昆虫的防御系统破坏。如从含菌细胞释放到蚜虫的血腔中的细菌，很快就被溶解。但也有例外，如少数昆虫细胞内有"客座"（guest）细菌，一些光蝉的身体细胞间有酵母等。

一、共生微生物

共生微生物的成员几乎涵盖了所有的微生物类群（表6-1），包括真细菌（eubacteria）、古菌（archaea）、原生动物（protozoa）和真菌（eukaryota）。真细菌，特别是 γ-原细菌（γ-protobacteria）广泛存在于昆虫肠道和细胞内，但甲烷菌和原生动物只分布在某些昆虫肠道内严格厌氧的部位。酵母见于某些种类的肠腔、体腔和细胞中。

表6-1 　　　　　　　　　 昆虫的共生微生物（引自 A. E. Douglas，2000，有改动）

昆　　虫	微　生　物	位　　　置[a]	发生率
蜚蠊目（蟑螂）	黄杆菌属	B 在肥胖者身体里	普遍
	各种细菌	后肠	普遍
等翅目（白蚁）	各种细菌[b]	后肠	普遍
	有鞭毛的原生生物	后肠	低等白蚁
异翅亚目	各种细菌[b]		
臭虫科		B 在节足动物的血管体腔	普遍
缘椿科		中肠	广泛/无规则
长蝽科		中肠	广泛/无规则
椿象科		中肠	广泛/无规则
红椿科		中肠	广泛/无规则
锥猎蝽科		中肠	普遍
同翅目	细菌：包括 γ-原细菌（在蚜虫和粉虱里）和 β-原细菌（在粉蚧里）核菌纲	B 在各种位置；节足动物的血管体腔	将近全体[c]
虫		大部分在肥胖者身体的细胞外节足动物的血管体腔	飞虱和扁蚜族蚜
虱目	细菌[b]	B，可变的位置	普遍
食毛目	细菌[b]	B 在节足动物的血管体腔	无规则
双翅目			
舌蝇科	γ3-原细菌	B 在中肠上皮细胞里	普遍
双翅目蛹蝇科	细菌[b]	B 在节足动物的血管体腔	普遍
鞘翅目			

昆虫	微生物	位置ᵃ	发生率
窃蠹科	酵母	B 在中肠的盲肠里	普遍
长蠹科	酵母	B 在节足动物的血管体腔	普遍
天牛科	细菌	B 在中肠的盲肠里	普遍
叶甲科	细菌	B 在中肠的盲肠里	无规则
象甲科	细菌	B 处于可变位置	普遍
楸形虫科	细菌	中肠或后肠	普遍
蚁科（蚂蚁）			
大黑蚁	γ3-原细菌		普遍
Formicini	细菌ᵇ		无规则

a：B 代表含菌细胞。

b：这些细菌没有用分子技术鉴定，且其种系发生位置不明确。

c：叶蝉，根瘤蚜和 apoimorphine scale 昆虫没有。

1. 昆虫肠道内的共生微生物

大部分昆虫都有大量的肠道微生物，尤其以中肠和后肠最密集。有的微生物只是单向性地通过肠道，或虽存在了很长时间，但对于昆虫没有显而易见的益处。中肠中微生物被大量的消化食物保护免于被清除，后肠缺乏消化酶，pH 值中性，是微生物的最佳生境。后肠微生物附着在肠壁上，停留时间通常比食物通过时间长，有时随昆虫蜕皮几丁质肠壁蜕掉而减少甚至被消灭。

昆虫肠道微生物的组成随昆虫种类及其他环境条件如温度、食物的不同而有很大的差异。

白蚁后肠缺氧的部分微生物密度最大，细菌量达每毫升肠道容量 $10^9 \sim 10^{10}$ 个细菌细胞。所有这些细菌都是兼性或专性厌氧菌。包括产甲烷菌、螺旋体和其他的真细菌，如肠杆菌属（Enterobacter）、拟杆菌属（Bacteroides）、芽孢杆菌属（Bacillus）、柠檬酸杆菌属（Citrobacter）、葡萄球菌属（Staphylococcus）和链球菌属（Streptococcus）的种类。低等白蚁还含有专性厌氧的鞭毛类原生动物，包括超鞭目 Hypermastigida、毛滴虫目 Trichomonadida 和锐滴虫目 Oxymonadida 的种类，密度可达到每毫升 10^7 个细胞。这些原生动物和白蚁保持互惠共生关系，白蚁为原生动物提供厌氧环境并供给木质纤维素，原生动物的分解产物为白蚁提供营养和能量。高等白蚁则缺少这些共生原生物。

美洲大蠊 Periplaneta americana 肠道内既有专性厌氧细菌（如梭菌属 Clostridium 和梭杆菌 Fusobacterium），又有兼性厌氧菌（如克雷伯氏菌属 Klebsiella、耶雨森氏菌属 Yersinia 和拟杆菌 Bacteroides），密度达到每毫升 $10^8 \sim 10^{10}$ 个细胞。沙漠蝗 Schistocena gregaria 肠道内完全是兼性厌氧菌，密度通常比蟑螂的低得多。长红猎蝽 Rhodnius prolixus 肠道内有大量的假单胞菌（Pseudomonas）、链球菌（Streptococcus）、牛棒杆菌（Corynebacterium）和多种放线菌。

2. 细胞内的共生微生物

这些微生物大多数属真细菌类，许多细菌是 γ-原细菌的成员，且在蚜虫、舌蝇和蚂蚁三类昆虫群体中最常见。共生微生物生活在昆虫的细胞和组织中，可免受前肠和后肠微生物所遭遇的频繁干扰，它们的种群受密度依赖过程和昆虫荷尔蒙的调节。许多共生微生物生存在昆虫细胞里，可受到昆虫的血淋巴防御系统的保护。具有细胞内共生微生物的细胞称为含菌细胞（bacteriocytes 或 mycetocytes）。

昆虫通过细胞内吞作用（endocytosis）获得细胞内共生微生物。共生微生物大部分停留在胞饮的细胞膜里，每个微生物细胞被昆虫细胞膜单独包围。昆虫细胞膜对于调节营养物质在昆虫细胞和微生物之间的流动起了重要的作用，但不能保证所有的都能联合成功。例如舌蝇、蚂蚁和 Sitophilus 等的含菌细胞里的细菌就"挣脱"了细胞膜，直接与昆虫的细胞物质接触。

蟑螂含菌细胞的共生微生物是细菌，它们呈杆状，大小为 $1 \times 1.5\mu m \sim 1 \times 9\mu m$，具有薄（$5 \sim 10nm$）的细胞壁。细菌的水解产物包括乙酰氨基葡萄糖和胞壁酸，均为细胞壁成分肽聚糖的组分。细菌不运动，也无鞭毛，横分裂。蟑螂的含菌细胞直径 $20 \sim 40\mu m$，在细胞质里细菌很多，但在线粒体、内质网和高尔基体里细菌却很少。含菌细胞在每个幼虫时期的后期分裂，因此含菌细胞数量很多并且在每次蜕皮前体积最小。整个幼虫时期细菌繁殖，但是细菌的分裂与含菌细胞的分裂并不同步。

含菌细胞共生在同翅目昆虫中也很普遍，大多数以植物的韧皮部或木质部的树液为食的物种里都有，但以完整植物细胞为食的种类则没有。含菌细胞都在血腔里。最有代表性的是蚜虫。蚜虫的主要共生体是革兰氏阴性细菌和球状细菌，直径接近 $2.5\mu m$，细胞壁薄（$10nm$ 厚），在幼虫发育阶段，细菌种群随蚜虫生物量的增加而增加。成体蚜虫中，细菌密度约为 10^7 个细菌细胞／每毫克蚜虫鲜重，相当于昆虫总体积的 10%。

所有以脊椎动物的血液为食的昆虫在它们的生命周期中都有含菌细胞共生体。所有共生微生物都是细菌。共生体能提供脊椎动物血液所缺少的维生素 B。

鞘翅目中食植物的和食木的种类均有含菌细胞共生体。除了窃蠹科（Anobiidae）和天牛科（Cerambycidae）中的微生物是酵母外，其他的共生微生物都是细菌。

蚂蚁的共生体有很多，都位于中肠的上皮细胞或血腔里。

有些取食木质部汁液的光蝉如 Nilaparvata lugens 和 Laodelphax striatellus，没有含菌细胞和共生细菌，但在其肥胖者身体里的细胞间有酵母，昆虫正常蜕皮所必需的固醇由酵母供给。

近年来，以光蝉 planthopper 作为合成抗体的细菌源，例如，从 Nilaparvata lugens 取得的 Bacillus sp.，Enterobacter sp，分别用于生产多黏菌素 polymyxins 和 andrimid，从 Sogatella fucifera 分离出的细菌用来生产藤黄绿脓菌素 pyoluteorin 和 diacetylphlorogludinol。

3. 昆虫生境中的共生微生物

某些昆虫和其生境内的微生物存在互惠共生的关系。这些共生微生物主要是真菌。昆虫种类不同，共生的真菌也不同，一般一种昆虫只和一种真菌共生。昆虫为微生物提供合适的生态环境，如木质碎屑、树叶碎片、粪便、食物和洞内潮湿的环境等。真菌则为昆虫提供它所缺乏的一些营养物质，如为不能直接利用纤维素的昆虫特别是其幼虫提供可利用的食物、生长因子如维生素及其他物质等。

某些蚁和丝状真菌能建立很密切的共生关系。如切叶蚁能培养专一性的体外真菌。切叶蚁将树叶带回巢穴，为真菌提供树叶碎片作营养源和生存基质，蚁的排泄物和粪便可促使真菌生长，另一方面，蚁又可吞食菌丝和利用真菌代谢所产生的其他物质。

高等白蚁不能合成纤维素酶，通过吞食生长在蚁巢中的真菌菌丝来获取。白蚁能聚集真菌孢子并散播到新的白蚁巢穴中。如果没有真菌的帮助，这些白蚁便不能仅以木材为生。

许多钻木昆虫都有共生真菌。典型代表是棘胫小蠹（Ambrosis beetle）。这种昆虫常见于有病害或枯死的树木。它有特殊的器官能储存真菌或真菌孢子。该器官称贮菌器（mycangia 或 mycetangia），使真菌孢子不受外界干燥条件的影响。当棘胫小蠹凿洞进入树木时，真菌孢子离开贮菌器而被接种到木头上。

一些昆虫如食树皮的甲虫、树蜂和瘿蚊等也能和真菌建立类似的共生关系。

介壳虫和真菌 Septobasidium 的互惠共生也很有趣。专以植物汁液为食的介壳虫在真菌菌丝团中生长繁殖，幼龄个体以菌丝之间的植物为食，介壳虫被真菌菌丝覆盖包裹，真菌保护昆虫免受其他寄生物和捕食者的侵害，而介壳虫则提供真菌需要的营养，且介壳虫在植株之间的转移使真菌得以传播。

二、生态功能

昆虫和共生微生物之间是密切的互惠共生关系，双方都从中受益。这种关系具有重要的生态功能。主要表现在：

1. 共生微生物是新的代谢能力的源泉

某些共生微生物是某种具有特殊生理功能的代谢能力（metabolic capacity）的源泉，这种能力一般是昆虫所缺少的，能够调节昆虫对血液、植物汁液和树木的利用。

这些共生微生物生活在营养缺乏或膳食不平衡的昆虫中，如那些终身取食植物韧皮部和木质部的树液，缺乏必须氨基酸，或取食脊椎动物的血液，缺乏维生素 B 或以木材为食的昆虫中。木材主要由木质纤维组成，缺乏许多昆虫所需要的重要营养物质。共生微生物降解纤维素成昆虫可利用的物质，合成重要的氨基酸和维生素，并参与固醇的合成，这些都是昆虫不能合成的。

2. 共生微生物为昆虫提供氮素营养

共生微生物对昆虫氮素营养的贡献有三种途径：固定氮、氮循环和重要氨基酸的合成。

一些昆虫肠道内共生微生物固氮速度很快，许多种类的白蚁从它们后肠缺氧部分的固氮细菌中获取氮作为重要的补充，这些细菌如肠杆菌（Enterobacter agglomerans）和弗氏柠檬酸杆菌（Citrobacter freundii）。白蚁中氮气的固定速率有很大的差异，从每天每克昆虫重量固氮量小于 0.2 克到大于 6 克。固氮速率受到包括食物中结合氮浓度在内的环境条件的影响。

氮再循环（nitrogen recycling）是指微生物消耗昆虫的含氮废弃物，并合成对昆虫有营养价值的化合物（如必需氨基酸），然后转移回动物身上。许多昆虫，包括蟑螂、蝗虫、蚜虫和白蚁中，微生物能利用昆虫尿中的尿酸或氨。利用尿液中 ^{14}C 和 ^{15}N 的示踪实验证实尿酸可被昆虫后肠中的微生物降解，含氮产物随后被昆虫组织所吸收。

微生物可为昆虫提供必需氨基酸（essential amino acid）。放射性示踪实验表明，蚜虫（aphids）共生细菌 Buchnera 从头合成（the synthesis de novo）各种必需氨基酸，蚜虫是从 Buchnera 处获取必需氨基酸的，通过抗菌处理除去 Buchnera 的蚜虫，必须供给所有的必需氨基酸才能生长。

除蚜虫外，其他许多昆虫尤其是取食韧皮部汁液的同翅亚目昆虫（*Homoptera*）和蟑螂（*Cockroaches*）都从它们的共生微生物那里获取氮素营养。

3. 共生微生物合成维生素

许多以脊椎动物的血液为食的昆虫是由共生微生物供给维生素 B，共生微生物生活在这些昆虫的肠道或含菌细胞 Bacteriocytes 中。锥猎蝽亚科的甲虫（*Triatomid bugs*）若除去了它们的肠道微生物，则不能发育为成虫，而在幼虫期就死亡，但注入维生素 B 或其他维生素补充食物，这种发育停滞就会减缓。同样地，虱 *Pediculus* 的幼虫缺少共生微生物时，若不在食物里补充烟酸、维生素 B$_3$、维生素 H 和维生素 B，它们的死亡率就很高。其他食物中营养贫乏的昆虫，如蟑螂和木甲虫，都可从共生微生物那里获取维生素。

4. 共生微生物合成固醇（Sterol）

酵母可为一些昆虫如光蝉（planthoppers）和木甲虫提供固醇营养。当光蝉 *Laodelphax striatellus* 除去酵母后，许多昆虫在转变为成体的最后蜕皮期间死亡，但若给昆虫注入了胆固醇或是植物固醇后，死亡率可从 94% 降到 40%。

尽管一些文献报道蚜虫是从共生细菌 *Buchnera* 那里获取固醇的，但真细菌通常不能大量合成固醇，因而不可能提供固醇营养。

5. 纤维素的降解

许多以纤维丰富的植物物质，特别是木材为食物的昆虫含有大量的肠道微生物，昆虫依靠这些微生物来降解纤维素。培育昆虫时，提高氧分压，低等白蚁后肠中的原生动物（protists）可被消除，这些消除原生动物的白蚁，不能再依靠高纤维素的膳食生存。原生动物降解纤维素，发酵产物主要是二氧化碳和短链的脂肪酸等，通过后肠壁被吸收，成为白蚁的能量来源。

除白蚁外，还有少量昆虫可利用体内的共生微生物来降解纤维素，如甲虫 *Pachnoda marginata* 后肠中的细菌可分解纤维素，*Cryptocercus punctulatus* 则含有多达 25 种能分解纤维素的专性厌氧原生生物。

含有纤维素降解微生物的昆虫，同样含有数量很大的产甲烷菌（methanogenic bacteria）。这些细菌接收由厌氧呼吸微生物产生的氢，进而促进纤维素的降解。

低等白蚁的这种系统并非普遍存在于所有以高纤维为食物的昆虫中。一些昆虫有自己的纤维素酶（cellulases），尤其是内葡聚糖酶 endoglucanases 和 β-葡萄糖苷酶 β-glucosidases。如沙漠蝗 *Schistocerca gregaria* 体内含有纤维素酶。木蟑螂（woodroach）（*Panesthia cribatus*）以木材为食，它的肠道微生物不能分解纤维素，它是利用体内的纤维素酶。高等白蚁（缺乏共生原生动物）没有可分解纤维素的共生微生物，它内部的纤维素酶的活性就很高，特别是在肠道里。纤维素酶是昆虫体内的还是来自微生物并不影响昆虫消化纤维素的效率。

三、转移（Transmission）

1. 经取食转移

所有的肠道微生物（Gut mircrobiota）都是昆虫通过取食获得的，昆虫固有的取食方式确保了一些微生物的转移。对于许多微生物来说，在昆虫之间的转移都是偶然性的，取决于和食物消化的机会。但许多种类的昆虫卵是由肠道微生物提供食物。如异翅目昆虫 *Coptosoma scutellarum* 的中肠中有共生细菌，每个产下的昆虫卵旁边都有一个含有细菌的孢囊（capsule），幼体孵出后立即以孢囊里的物质为食物并获取它生长和繁殖所必需的细菌补充物。

这种昆虫行为也见于某些专性厌氧微生物，特别是在木蟑螂（wood roaches）、低等白蚁（lower termites）体内水解纤维素的原生动物中。每次昆虫蜕皮，后肠中的氧分压会大大增加，所有的原生动物都被杀死了。在 cryptocercus 中，原生动物就在每次蜕皮之前开始有性繁殖，然后转变为抗氧气的孢囊（cyst）形式。孢囊从后肠排入环境中，直到被蜕皮后的昆虫所消化。与此相反，高等白蚁中的原生动物很少进行有性繁殖，也不形成孢囊，在每次昆虫蜕皮后它们都被杀死，然后依靠取食来自其他白蚁群落成员肛门的一滴后肠内溶物，以获取新的原生动物接种物。这种行为称为 Proctodeal trophyllaxis。

2. 经卵囊转移（transovarial transmission）

昆虫组织和细胞里的微生物一般是通过雌性卵囊中未受精的卵从母体传给后代。因此，共生微生物甚至在受精之前就已存在，而且潜在性地存在于昆虫的整个生命周期。不同昆虫经卵囊转移的过程差别很大。在一些昆虫如蚜虫中，其含菌细胞（bacteriocytes）与卵囊靠得很近，细菌在从含菌细胞转移到卵囊的过程中有一个短暂的细胞外时期。另一类昆虫中的细菌其细胞外阶段较长，或者因为它们从离卵巢有一段距离的含菌细胞中排出，然后再迁移到卵囊（如虱 lice 的许多种类），或者是因为它们仍在卵的表面呆一段时间（如蟑螂 cockroaches）。不同昆虫体内的细菌，或直接被卵所吞噬（phagocytose），或被每个卵巢管底部的昆虫细胞所吸收，然后被接种到卵后部的杆上，这一过程正好在形成卵壳和排卵之前。

经过卵囊和卵的微生物转移（垂直转移 vertical transmission）保证了每个卵都带有来自母体的细菌。如果垂直转移发生在许多种昆虫世代上，而没有交叉感染，那么昆虫和微生物的后代是平行进化的，而且它们的种系发生是一致的。一致的种系发生在许多种昆虫-微生物的共生中已得到证实，值得注意的是蚜虫 aphid-Buchnera 共生，Buchnera 的 16S rRNA 顺序的种系发生与蚜虫的以形态学为基础的种系发生完全一致。

垂直转移特别是通过卵囊路线转移，对于共生微生物的进化有重要意义。首先，通过父系转移到后代的细胞数量较少，也就是说，微生物的有效种群大小是很小的。其次，严格的母系遗传防止了不同昆虫微生物种群间的接触，有害的变异有可能在小的无性繁殖菌落中积累。这已从细胞内细菌的进化顺序研究中得到证实。

第三节 瘤胃（Rumen）共生

草食动物直接食用绿色植物，植物所固定的能量流动到动物，这是陆地生态系统中能量流和食物链的重要环节。实际上，一些微生物特别是反刍动物瘤胃中的共生微生物，对动物消化吸收植物性食料，起着十分重要的作用，因而和食草动物一样在能量流和食物链中有同等重要的地位。

纤维素是最丰富的植物产物，然而大部分动物缺乏利用这种物质的纤维素酶，哺乳动物本身就不能合成纤维素酶，依赖于和微生物的共生来分解纤维素类物质。大多数动物的胃肠道中都有大量的微生物，微生物分解纤维素和其他植物多聚物产生的简单有机酸可被动物消化和利用。没有微生物的酶作用，这样丰富的食物资源就不能被充分利用。微生物除了分解植物性材料（主要是纤维素）外，还可帮助消化其他食物，为动物提供营养物质，一些微生物还能产生动物需要的维生素，而这些维生素是动物自身不能合成的。

反刍动物（ruminant）是食草哺乳动物，其特殊的消化器官——瘤胃（rumen）内含有大量的微生物，包括细菌、原生动物和真菌。反刍动物和其瘤胃中的微生物间存在互惠共生关系。

很多重要的家畜如牛、绵羊、山羊都是反刍动物。人类在很大程度上依赖这些动物，瘤胃共生微生物学具有重大的经济学意义。

一、瘤胃共生的生态及经济学意义

反刍动物为微生物提供营养基质和适宜环境，动物吞食的植物性食料是微生物源源不断的营养，瘤胃内厌氧、偏酸性（pH 5.5 ~ 7.0）及适宜的温度（30 ~ 40℃）的单一稳定环境，保证了微生物的代谢活动。微生物则发酵分解动物无法消化的植物性物质，产生可被反刍动物吸收利用的微生物蛋白质、低分子量脂肪酸和维生素等。

反刍动物以富含纤维素的草、叶子和嫩枝为食，因不能合成纤维素酶，所以无法利用这些物质，而必须依赖其瘤胃中的微生物群体，瘤胃里的纤维素和其他植物性多糖物质通过特殊的微生物群体的活动而被消化吸收。

首先，食物经食道同唾液混合进入瘤胃，以咀嚼转动加以搅拌，这时出现微生物发酵。植物纤维被研磨细，便于微生物附着。食物逐渐进入蜂窝胃 reticulu，在那里形成一些小的团块叫做食团（cuds），食团反刍到口里，动物进行再次咀嚼。嚼得很细的食物与唾液完全混合后，再被吞入，但此时食物进入重瓣胃 Omasum，最后到达皱胃 abomasum———一个更类似于真胃的器官，在这里开始化学消化。营养物质在肠道中被吸收。

进入瘤胃的食物同定居微生物群体混合，在这里停留平均约 9 小时。在这期间，纤维素分解菌和原生动物将纤维素水解为纤维二糖和葡萄糖。这些糖类然后经过微生物的发酵而产生有机酸，主要是乙酸、丙酸和丁酸，以及二氧化碳气体和甲烷（见图 6-1）。有机酸通过瘤胃壁进入血液，并被氧化作为动物的主要能量来源。除消化作用之外，瘤胃微生物还合成氨基酸和维生素。这是动物必需养料的主要来源。发酵之后，瘤胃的内含物主要是大量的微生物细胞加上部分消化的植物性物质，它们通过动物的消化道，在那里经过类似于其他动物的消化过程。微生物细胞在瘤胃中形成并在消化道中消化，它们是动物的蛋白质和维生素的主要来源。由于瘤胃中许多微生物能以尿素作为唯一氮源生长，为了促进微生物蛋白质的合成，常在牛饲料中补充尿素。大量微生物蛋白质被动物本身充分利用。这样，反刍动物在以缺乏蛋白质的食物如草料为生时，在氮素供应上就优于非反刍动物。

二、瘤胃生境

瘤胃是草料储存分解加工的场所，是微生物生长的理想生境。

反刍动物在进食过程中，不断地为微生物提供食物来源，并且食物经反刍动物机械磨碎之后，给微生物的分解作用提供了更大的表面积。反刍动物唾液中的硫酸盐缓冲了瘤胃中的液体，唾液中含有的许多酶和营养物也有助于微生物的分解作用。瘤胃处在不停的运动中，有利于微生物与食物充分混合。反刍动物能不断地从瘤胃中吸收微生物的代谢产物，从发酵作用产生的挥发性脂肪酸（VFAs）等穿过瘤胃壁被吸收，有利于微生物群体继续旺盛生长，否则这些物质累积到一定浓度时对微生物有害。瘤胃中缺少 O_2，是一个厌氧发酵器，与食

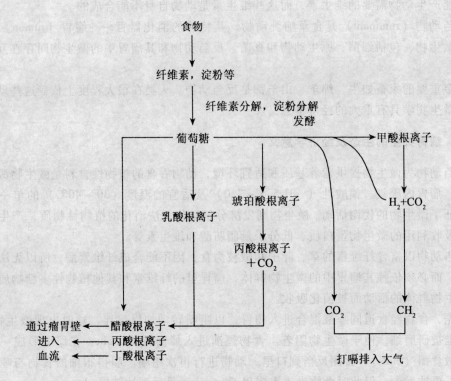

食物

纤维素，淀粉等

纤维素分解，淀粉分解
发酵

瘤胃发酵的总反应：

57.5 葡萄糖 $\rightarrow 65$ 醋酸根离子 $+ 20$ 丙酸根离子 $+ 15$ 丁酸根离子 $+ 60\ CO_2 + 35\ CH_4 + 25H_2O$

图 6-1　瘤胃中的生化反应（引自 A. E. Douglas, 2000）

物一起进入瘤胃的 O_2，被发酵作用产生 CO_2 和 CH_4 替代，剩余的被兼性厌氧菌吸收，厌氧条件还有助于避免微生物代谢过程中能量的大量损失。此外，瘤胃温度为 $30 \sim 40℃$，pH 值在 $5.5 \sim 7.0$，这些相当一致和稳定的条件给其中的微生物生长代谢提供一个最适宜的环境。

　　在瘤胃这种特殊的生境中，生活着大量的微生物，特别是细菌和原生动物，密度非常高。共生微生物可以帮助消化食物。

表 6-2　　　　　　　　瘤胃中的原核生物及其特征（引自 A. E. Douglas, 2000）

微生物	革兰氏染色反应	种系发生	形状	运动性	发酵产物	DNA（mol% G + C）
产琥珀酸拟杆菌[b]	阴性	B	杆状	–	琥珀酸盐，醋酸盐，甲酸盐	45 ~ 51
溶纤维丁酸弧菌[b]	阴性	B	弯曲杆状	+	醋酸盐，甲酸盐，乳酸盐　丁酸盐，H_2，CO_2	41
白色瘤胃球菌	阳性	B	球状	–	醋酸盐，甲酸盐，H_2，CO_2	43 ~ 46
	阳性	B	杆状（孢子）	+	醋酸盐，甲酸盐，丁酸盐，H_2，CO_2	–

续表

微生物	革兰氏染色反应	种系发生	形状	运动性	发酵产物	DNA（mol% G + C）
淀粉分解者						
栖瘤胃拟杆菌	阴性	B	杆状	−	甲酸盐，醋酸盐，琥珀酸盐	40 ~ 42
嗜淀粉瘤胃杆菌	阴性	B	杆状	−	甲酸盐，醋酸盐，琥珀酸盐	49
反刍月形单胞菌	阴性	B	弯曲杆状	+	醋酸盐，丙酸盐，乳酸盐	49
溶淀粉琥珀酸单胞菌	阴性	B	椭圆形	+	醋酸盐，丙酸盐，琥珀酸盐	−
短链球菌	阳性	B	球状	−	乳酸盐	37 ~ 39
乳酸盐分解者						
解乳月形单胞菌	阳性	B	弯曲杆状	+	醋酸盐，琥珀酸盐	50
埃氏巨球形菌	阳性	B	球状	−	醋酸盐，丙酸盐，丁酸盐，戊酸盐，己酸盐，H_2，CO_2	54
琥珀酸盐分解者						
食琥珀酸施瓦茨氏菌	阴性	B	杆状	+	丙酸盐，CO_2	46
果胶分解者						
多对毛螺菌	阳性	B	弯曲杆状	+	醋酸盐，甲酸盐，乳酸盐，H_2，CO_2	−
产烷生物						
瘤胃甲烷短杆菌	阳性	A	杆状	−	CH_4	31
运动甲烷微菌	阴性	A	杆状	+	CH_4	49

a. B，细菌；A，古菌

b. 这些生物主要降解植物细胞壁的多聚糖——木聚糖。

表 6-3   **瘤胃微生物的分类和生理特点（引自 A. E. Douglas，2000）**

分类（约 1966 年）	分类（现在）	发酵产物[a]	基质
细菌			
产琥珀酸拟杆菌	产琥珀酸丝状杆菌	S, F, A	纤维素
白色瘤胃球菌	白色瘤胃球菌	A, F, E	纤维素
生黄瘤胃球菌	生黄瘤胃球菌	S, F, A, H_2, E	纤维素
溶纤维丁酸弧菌	溶纤维丁酸弧菌	B, F, L, A, H_2	纤维素,半纤维素,淀粉,果胶,糖
嗜淀粉拟杆菌	嗜淀粉拟杆菌	S, F, A, L, E	淀粉
反刍月形单胞菌	反刍月形单胞菌	L, A, P, B, H_2, F	糖,淀粉,乳酸

179

续表

分类		发酵产物[a]	基质
约 1966 年	现在		
栖瘤胃拟杆菌	栖瘤胃普雷沃氏菌	S,A,F,P	淀粉,半纤维素,果胶,β-葡萄糖,蛋白质
	苏格兰普雷沃氏菌	S,A,F	淀粉,半纤维素,果胶,β-葡萄糖,蛋白质
	短普雷沃氏菌	S,A,F	淀粉,半纤维素,果胶,β-葡萄糖,蛋白质
	雷恩特氏普雷沃氏菌	S,A,F	淀粉,半纤维素,果胶,β-葡萄糖,蛋白质
溶淀粉琥珀酸单胞菌	溶淀粉琥珀酸单胞菌	S,A,P	淀粉
溶糊精琥珀酸单胞菌	溶糊精琥珀酸单胞菌	S,A,F,L	Maltodextrins
短链球菌	短链球菌	L,A,F,E	淀粉,糖
啮齿真杆菌	啮齿真杆菌	A,F,B,L	
埃氏消化链球菌	埃氏巨球形菌	P,A,B,Br	
多对毛螺菌	多对毛螺菌	L,A,F,E,H_2	果胶,糖
	厌氧消化链球菌	Br,A	缩氨酸,氨基酸
	嗜氨基酸梭菌	A,B	氨基酸,缩氨酸
	斯氏梭菌	A,Br,B,P	缩氨酸,氨基酸
产琥珀弧菌	产琥珀酸沃林氏菌	S	苹果酸盐,延胡索酸盐
解脂厌氧弧菌	解脂厌氧弧菌	A,S,P	丙三醇,乳酸盐
反刍甲烷杆菌	瘤胃甲烷短杆菌	CH_4	H_2,CO_2,甲酸盐
原生动物			
全毛虫	*Isotricha*,*Dasytricha*	A,B,L	可溶解糖
内毛虫	*Entodinium*,*Diplodinium*	A,B,H_2	淀粉颗粒
	Epidinium,*Orphryoscolex*		
真菌	*Neoxallimastix*,*Caecomyces*	A,L,H_2,F	纤维素
	Piromyces,*Oprinomyces*,		
	Aneromyces		

a. A,醋酸盐;P,丙酸盐;B,丁酸盐;F,甲酸盐;L,乳酸盐;E,乙醇;Br,挥发性脂肪酸支链

三、瘤胃微生物种类、数量及作用

瘤胃中的生物化学反应很复杂,涉及非常多的微生物。多种多样的微生物种群使微生物适应反刍动物食料变化,有时是纤维素、半纤维素,有时是淀粉。瘤胃微生物都是异养的,

大多数需在厌氧条件下才能生存。瘤胃内的微生物种类很多，主要为细菌和原生动物纤毛虫。微生物的体积约占瘤胃液的10%，其中细菌、纤毛虫约各占约50%。但就细菌的数量、代谢活动的强度而言，均远远超过纤毛虫。除细菌、纤毛虫外，还有多种酵母、螺旋体、放线菌等，亦参与分解饲料和重要有机化合物的合成过程，另外，瘤胃中的噬菌体，也是瘤胃微生物活动过程中不可忽视的组成部分。但这些微生物的数量很少，对它们的研究也不充分。瘤胃中微生物区系、数量受动物种类、年龄、饲料条件等多种因素的影响。

1. 瘤胃中的细菌

细菌是瘤胃中数量最多的微生物，1克瘤胃内容物中，细菌数为$10^7 \sim 10^{12}$个。瘤胃内细菌的种类繁多，大多数是无芽孢的厌氧菌，也有一些兼性厌氧菌，如牛链球菌，以及乳杆菌属中的一些种类。细菌能降解纤维素、淀粉、半纤维素和其他未消化的营养物，将纤维素分解成糖，然后发酵成酸。根据微生物对底物的利用和发酵产生终产物的情况，可将瘤胃细菌进行分类（表6-2，表6-3）。

纤维素发酵是瘤胃细菌的一个重要功能。纤维素分解菌能产生纤维素酶。参与纤维素分解的细菌主要有：产琥珀酸类杆菌（*Bateroides succinogenes*）、黄色瘤胃球菌（*Ruminococcus flavefaciens*）、白色瘤胃球菌（*R. albus*）、小瘤胃杆菌（*R. parvum*）、溶纤维运动杆菌（*Cillobacterium cellulosolvens*）和溶纤梭菌（*Clostridium cellulosolvens*）等。在1毫升瘤胃液中含分解纤维素细菌总数为$10^6 \sim 10^{10}$个。与几种细菌同时存在时相比，纯培养细菌的消化纤维素能力明显降低。

水解纤维素的细菌通常能利用半纤维素，但许多能利用半纤维素的细菌却不能分解纤维素。分解半纤维素的细菌主要包括：丁酸弧菌属（*Butyrivibrio*）、多对毛螺菌（*Lachnospira multiparis*）、瘤胃类杆菌（*Bateroides ruminicola*）和溶纤维丁酸弧菌（*Butyrivibrio fibrisolvens*）等。

淀粉的水解也是瘤胃微生物重要功能之一。淀粉分解菌产生的α淀粉酶和β淀粉酶，水解的最终产物主要是麦芽糖、葡萄糖等。许多纤维素分解菌也具有分解淀粉的能力。分解淀粉的细菌主要有：嗜淀粉类杆菌（*Bateroides amylophilus*）、反刍新月单胞菌（*Selenomonas ruminantiun*）、溶淀粉琥珀酸单胞菌（*Succinimonas amylolytica*）和牛链球菌（*Streptococcus bovis*）等。

瘤胃中分解蛋白质的细菌数量达10^9个/ml，约占瘤胃微生物总数的38%。蛋白质在细菌蛋白酶的作用下，经过脱氨基作用，产生氨基酸、氨等物质，进一步被微生物合成菌体蛋白。参与分解蛋白质的细菌主要有：丁酸弧菌属、琥珀酸弧菌属（*Succinovibrio*）、反刍新月单胞菌及其变种、普通类杆菌（*Bateroides vulgatus*）、展开消化链球菌（*Peptostreptococcus evolutus*）和包柔氏螺旋体菌（*Borrelia*）等。

脂肪分解细菌（解脂细菌）在动物和人的消化道、水、土壤及动物源产品中均可发现。这些细菌有多种形态，为革兰氏阴性能运动的杆菌，严格厌氧，适宜生长温度为38℃。每毫升瘤胃液中含解脂细菌数为$4.3 \times 10^7 \sim 6.7 \times 10^7$个。参与分解脂肪的细菌主要有：解脂菌属中的梭形梭杆菌（*Fusobaterium fusiforme*）、多态梭杆菌（*F. polymorphum*）、具核梭杆菌（*F. nucleatum*）、小梭杆菌（*F. vescum*）、甚尖梭杆菌（*F. praeacutum*）和反刍新月单胞菌变种等。

瘤胃中的甲烷，主要由瘤胃中物质分解产生的二氧化碳或甲酸，与产生的氢发生反应而形成。产甲烷细菌对氧气极为敏感，培养困难，所知种群较少。从瘤胃中分离到的主要有：反刍甲烷菌（*Methanobacterium ruminantium*）、运动甲烷杆菌（*M. mobile*）、甲酸甲烷杆菌（*M. formicicum*）、索氏甲烷杆菌（*M. soehngenii*）、以及甲烷单胞菌（*Methanomonas*）等。

2. 瘤胃中的原生动物和真菌

瘤胃中原生动物和真菌的数量比细菌少得多。原生动物约为 $10^4 \sim 10^5$ 个/ml，而真菌只有 4×10^4 个/ml。但原生动物比细菌大 20～100 倍，生物量可占总生物量的 50%，且可吞食细菌、食物颗粒和其他原生动物等，故原生动物的作用不可低估。瘤胃中原生动物主要是纤毛虫，有时亦有少量鞭毛虫存在。目前所知，在反刍动物瘤胃中有 120 多种纤毛虫，其数量为每毫升含 $10^5 \sim 10^6$ 个，有时每毫升达 2 百万个以上。瘤胃中常见的纤毛虫主要有毛口目（Trichostomatida）和内毛目（Entodiniomorphida）两大类群。毛口目以等毛虫（*Isotricha*）和厚毛虫（*Dasytricha*）为代表，细胞除胞口外，体表被有一致的纤毛。内毛目的纤毛仅限于身体一或两个区域，包括围绕口的口周纤毛和其他的离口纤毛，口周纤毛是取食结构又是运动结构，离口纤毛是附属性运动结构，只体型较大的种类有。

这两大类纤毛虫都食细菌，食物包括细菌、植物碎片、淀粉和糖等。细菌、颗粒由胞口吞食，可溶性糖等通过质膜进入。但毛口目利用溶解性糖类作为能量来源，内毛目则利用淀粉颗粒。

纤毛虫对食物的选择与个体大小有关，不同种纤毛虫对食物有偏爱现象：较小的内毛虫喜食淀粉粒，尖尾内毛虫（*Entodinium caudatum*）利用植物性淀粉粒、麦芽糖和葡萄糖作为合成储存性多糖的原料，体内多糖储存可达自身干重的 6%～7%。体型较大的如前毛虫（*Epidinium*）、双毛虫（*Diplodinium*）等食植物碎片，但不清楚纤维素是虫体自身降解的还是由纤毛虫体内的细菌降解的，但已证实无尾前毛虫的无细胞提取液中有半纤维素酶，说明有的纤毛虫可降解纤维素。等毛虫胞口较大，能取食颗粒性食物，如植物淀粉粒，厚毛虫胞口较小，不能取食淀粉粒。

原生动物对瘤胃的功能并非必不可少，因为除去共生的原生动物后，动物仍很健康，或者说没有原生动物共生的动物也能健康成长，消化过程仍能进行。但原生动物对发酵作用仍有重要影响。原生动物对淀粉颗粒的吞食缓冲了瘤胃 pH 值，避免过酸，原生动物对细菌的捕食和原生动物的溶解 lysis 增加了瘤胃 NH_3，并降低氨基酸供应。原生动物的作用可能是对细菌的吞食造成捕食压力，提高细菌的繁殖率和代谢活力。原生动物每分钟大约要吃掉 1% 的细菌。

纤毛类原生动物能进行厌氧生长，发酵植物的许多化合物产生能量。某些原生动物群体能消化纤维素和淀粉。另外一些能发酵可溶性的碳水化合物。有一些原生动物也可以降解纤维素。但是与细菌相比，作用不那么显著。瘤胃中的原生动物含有大量的蛋白质，并能储存大量的碳水化合物，当这些原生动物被反刍动物消化时，其中的碳水化合物和蛋白质便被反刍动物所分解利用。有些原生动物以瘤胃中的细菌为食物。瘤胃中的碳从细菌转移到原生动物，然后再转移到反刍动物，从而构成了一个短而有效的食物链。与细菌相比，原生动物更容易被反刍动物消化，因为细菌具有很难消化的细胞壁。

瘤胃真菌生长比细菌慢，生长量低，只占瘤胃中微生物量的 6%。瘤胃中的真菌包括一些酵母菌，但分布最广的是厌氧性的、似壶菌（chytrid-like）的真菌，它们是真菌中最原始的类群，具有多鞭毛的游动孢子（zoospores）。早期的研究者发现瘤胃有大型的微生物，被归入原生动物。实际上，大多数这些鞭毛体是壶菌 *chytridomycetes* 的游动孢子（zoospores）。瘤胃真菌具有复杂生活史，游动孢子萌发成菌丝体（mycelium），覆盖食物颗粒，孢子体（sporangia）释放出游动孢子（zoospores）。瘤胃真菌具有很高的纤维素酶活性。瘤胃真菌以发酵的方式存在，能将纤维素发酵成挥发性脂肪酸（VFAs）。瘤胃中的真菌除了可降解多糖和纤维素外，对于部分木质素、半纤维素和果胶的降解也起着一定的作用。

四、共生对动物和瘤胃微生物的互利作用

反刍动物和瘤胃中的微生物群体之间的相互关系界于互营关系和互惠共生关系之间，双方都可以获得好处。

某些微生物群体仅出现在瘤胃这种特殊生境中；其他一些微生物群体可以出现在其他环境中。瘤胃中的微生物消化植物组分，产生低分子量的脂肪酸和微生物菌体蛋白质，以便反刍动物利用。瘤胃中某些细菌群体需要生长因子，有些细菌群体能产生维生素供给自身和反刍动物。反刍动物为微生物提供了一个单一、稳定、厌氧、温度适宜和酸性的环境。动物吞食的植物性食料为微生物群体提供源源不断的营养，稳定提供的基质保持了微生物的作用表面。反刍动物的唾液也有助于微生物对植物性材料的分解。反刍动物胃的蠕动使微生物得到充分生长和保持代谢活性。动物吸收低分子量的脂肪酸，脂肪酸的去除又使微生物能连续大量生长，否则低分子量脂肪酸的大量积累对微生物产生毒性。

第四节 光合微生物和无脊椎动物的共生关系

有些无脊椎动物和生活在它们体内或体表的光合微生物建立了互惠共生的关系，微生物作为初级生产者为动物提供有机营养，动物则为微生物提供适宜的生境和营养盐等。这些动物宿主生活在淡水，有的在海水中，分类地位从原生动物到尾索动物，如纤毛虫、海绵、水螅、珊瑚虫、软体动物、被囊类动物、棘皮动物、扁形动物等。共生光合微生物则是蓝细菌和单细胞真核藻类。这种共生关系的建立具有很强的选择性，且宿主和共生微生物之间具有从形态到生理和行为上的相互适应，是长期协同进化的结果，并具有重要的生态功能。

一、共生微生物

在无脊椎动物中，有大约160属的种类具有共生藻类，其中在原生动物和腔肠动物中最为普遍。藻类-原生动物的共生关系广，在淡水和海洋原生动物中都有发现。如绿草履虫，浮游有孔虫类 Globigerinoides 等。藻类-腔肠动物共生十分普遍。几乎所有热带浅水的海葵、软珊瑚、扇形柳珊瑚、石珊瑚组织中都有动黄藻共生，某些热带水母也有动黄藻共生。有共生藻类的还有海绵动物、环节动物、棘皮动物、被囊类、扁形动物、腹足类软体动物等。

大部分与无脊椎动物共生的藻类仍保留细胞的完整性，但有少数动物如有些软体动物就仅保留藻类的叶绿体。共生的微生物或生活在动物的一些特殊细胞内，如许多腔肠动物的内皮层细胞、中胶层的变形细胞等，或在动物细胞表面或者细胞之间的位置。

海水及淡水中的藻类只有一部分与共生关系有关。共生藻类根据其颜色可分为三类：虫黄藻（或称动黄藻 Zooxathellae）是指那些呈现棕色、金黄色或棕黄色的种类，虫绿藻（或

称动绿藻 Zoochlorellae）是带绿色的种类，虫蓝藻（Cyanellae）是带蓝色的种类。虫黄藻是最普通的共生藻类，主要是甲藻，也有少数硅藻和隐藻。虫绿藻主要生活在淡水，包括绿藻纲的一些种类，虫蓝藻较少见，属蓝藻类，是海绵动物和浮游硅藻中常见的共生藻类。

这种共生关系具有一定的专一性和连续性。一方面，存在共生藻类的动物具有共生性，它们在生命历程中，可能有一段时间是没有共生生物的，或者是它们的共生生物的数量减少。但那些本身就没有共生物的动物（称为非共生的），与藻类接触并不能组成共生体系。另一方面，自然界中不同的无脊椎动物存在着不同种类的共生藻类。有着自然宿主的藻类是不能和其他宿主形成稳定的共生关系的。在藻类-无脊椎动物的共生体系中，宿主和藻类的进化机制确保了共生关系具有连续性。宿主通过无性繁殖和母系遗传，使藻类从一个世代传递到下一个世代。但也有动物是从环境中获得合适的共生生物的。虫体与藻类的共生有一定的专一性。此时，这些动物会选择和上代有关联的同种藻类，尽管环境条件限制可能会影响其选择性，但最终仍偏爱这一特定的共生生物。

例如，扁形动物旋涡虫（*Convoluta roscoffensis*）和旋扁藻（platymonas）（*Tetraselmis convolutae*）是天然共生物。涡虫在捕食藻类后被感染。使幼虫与各种扁藻接触，虫体对 *T. convolutae* 有很高的选择性，而在没有旋扁藻可供选择时，涡虫也会接纳其他的种类，但有趣的是，当一种扁藻 *T. marinus* 首先与涡虫组成了共生关系，然后虫体再与 *T. convolutae* 接触时，后种藻类很快取代了前者。

水母 *Cassiopeia xamachana* 和甲藻 *Symbiodinium microadriaticum* 共生。当成年水母进行有性繁殖时，其幼虫是没有共生藻类的。水母的水螅体幼虫从周围环境有选择性地获取藻类。尽管环境中存在很多种类的甲藻和其他藻类，但水母总是和 *S. microadriaticam* 形成共生关系。新分离出的共生甲藻虽然能被不是它共生体的其他动物吞噬，但不会持续留在动物体内，不久将被排放出去。其他种类的共生甲藻，虽然也能被 *C. xamachana* 的螅状幼虫吞噬，但同样不会持续生活下去形成共生关系。

水螅（Hydra）也是通过吞噬作用获得共生物小球藻的。不同种类的小球藻被不同种类的水螅接受而成为共生生物。在吞噬中，被接收的藻类能特异性地避免被消化，进入水螅的内胚层细胞，从宿主细胞的顶部迁移到其主体部分，然后分散开。那些不被接受的藻类则被运送到动物细胞的基部，并在那里保留几个星期，但不分开，并最终被排放出去。

原生动物袋状草履虫 *P. bursaria* 体内的共生生物小球藻同样是通过捕食方式获得的。藻类的细胞壁上有所谓的"信号分子"，帮助动物细胞识别。藻类进入胞咽被吞入后，被包裹成几个独立的液泡，成为共生体。如果食物颗粒（通常是细菌）和藻类一并吞入，刚开始两种微粒可能被包入同样的液泡，但最终细菌被分入食物泡中，而藻类则成为共生体。溶酶体能混入食物泡中，但不能混入其共生体内。

过去曾经认为，藻类释放出一些可溶性小分子，加强了藻类的光合作用，这可作为"信号"从藻类传给宿主，向动物表明藻类是潜在有用的。如能释放麦芽糖的藻类易与一些宿主形成共生关系。然而在甲藻-海生无脊椎动物的共生关系中，甲藻 *Symbiodiniun* 和前沟藻 *Amphidinium* 的各个种类都能释放甘油，以作为加强光合作用的主要低分子化合物，但这些藻类仍被那些不是自己天然宿主的无脊椎动物所拒绝，看来能否释放加强新陈代谢的小分子并不是形成特异性共生关系的决定性因素。

共生关系的形成可能涉及藻类细胞壁上的"配位体"与动物细胞膜上"接受体"的特

别反应。藻类细胞表面特性包括电荷状况对水螅和共生藻类之间的识别起重要作用。最近对四种共生甲藻细胞壁的研究表明，藻类细胞壁上有由藻类释放出来的糖蛋白，有的成分可能就是共生生物和宿主之间的特别的"信号物质"，如对宿主指示是接收藻类等。这些渗出的蛋白质是在细胞中合成，并在细胞壁中运送的。

藻类-无脊椎动物共生体系的一个显著特征是，宿主个体细胞和藻类的数量总保持相对的稳定。宿主动物通过控制 pH 值、营养物（氮、磷、硫化物）的流动等，控制藻类细胞的生长和分裂，进而控制共生生物的数量。

共生关系产生了形态学、生理学以及行为上的相互适应。例如，大部分海洋共生藻类是甲藻，在与动物共生时，甲藻通常会失去运动鞭毛，身体上的纵沟也随之消失，细胞壁变薄。与扁虫共生的动绿藻，甚至连细胞壁也消失了。如果将上述藻类从动物体中分离出来重新进行培养，它们将长出鞭毛和细胞壁或其他在自由生活时的典型结构。有的珊瑚与虫黄藻共生时触手的长度会缩短。在某些软珊瑚中，消化区缩小退化，已不适于消化动物食料。还有一个最普遍的现象，即所有与藻类共生的无脊椎动物都生活在很浅的水层，以便有足够的光照供藻类细胞进行光合作用。共生藻类为适应因动物运动而经常变化的光环境，也产生了不同的适应机制。藻类在宿主内能精细地调节其光吸收装置去优化光合作用，使之在经常快速波动的光环境下，也能使碳同化维持在一个很高的水平上。不同种类的共生甲藻有着不同的适应机制，一些种类是改变光合单位（PSUs，光收获和色素蛋白反应中心的组成部分）的尺寸，一些种类是改变 PSUs 的数量，还有一些种类是改变碳固定速率。强化光合作用能产生大量氧气，含氧量过高可引起氧的压力提高，高氧压将导致化学反应生成氧基自由根（自由氧根），这会导致细胞毁灭。然而，许多藻类细胞同时能产生使自由氧根失去活性的酶，如超氧化物歧化酶、抗坏血酸过氧化物酶和谷胱甘肽过氧化物酶等。

共生过程，实际上是微生物和宿主之间相互适应，同时适应环境，最后形成互惠互利的关系的过程，是生物长期协同进化的结果。

二、生态功能

互利共生是生态系统中最重要的种间关系。光合微生物-无脊椎动物的共生关系对双方都有利。藻类在光合作用中制造的有机物质输送给动物，而藻类所需要的无机盐类则从动物转移给藻类细胞。此外，由于共生藻类光合作用过程产生氧气，动物就可获得更多的氧气，特别是在动物密度较大的情况下，这种供氧方式意义更大。例如，某些水母与藻类共生时，藻类能利用水母体内的代谢产物，而水母可利用藻类光合作用产生的氧气来呼吸。在藻类-珊瑚共生体系中，珊瑚虫可从动黄藻得到营养以及增加其沉淀碳酸钙的能力，而动黄藻则从珊瑚虫的新陈代谢废物中获得其所需要的营养盐。

光合微生物-无脊椎动物共生体系在生态系统中具有重要作用。许多共生体系是建立在共生伙伴之间的营养交流基础上的。共生藻类是宿主有机营养的来源，如果没有共生藻类，这些无脊椎动物甚至会死亡。例如，没有被旋扁藻（*T. convolutae*）感染的旋涡虫虫体生长缓慢，并且达不到性成熟。这种共生体系还是维持某些生态系统的核心。组成巨大的珊瑚礁的珊瑚纲动物和特殊的动绿藻、动黄藻共生，藻类分布在珊瑚虫的组织内，珊瑚虫提供营养盐，藻类则提供各种复杂的光合作用产物。这种共生的结果是在浅海处的珊瑚靠光合作用的帮助产生了巨大的珊瑚礁。虽然一个珊瑚个体没有藻类共生体能够存活下来，但是缺乏共生生物的现代珊瑚礁生态系统，将不可能生存下来。

第五节　发光细菌与海洋生物的共生

一些海洋无脊椎动物和海洋鱼类可和发光细菌建立互惠共生的关系，这对动物的生存具有重要意义。

一、发光细菌及其发光机理

生物发光分为萤火虫发光、水母发光和细菌发光。发光细菌是丰度最高、分布最广的发光生物。陆地、淡水、咸水和海洋中都有分布。发光细菌普遍存在于海洋环境及海洋生物体上。自然界中的发光细菌除少数如发光异短杆菌（*Xenorhabdus luminhescens* X.1）是陆生细菌外（在线虫体内共生，该种亦曾报道从病人的伤口中分离培养出），其余的发光细菌均为海洋细菌。在咸水中，发光细菌也有分布，在青海湖的裸鲤（*Gymnocypris prezewalskii*）体表就曾发现有发光细菌。

发光细菌在海洋中的分布非常广泛，自浅海至深海，几乎所有的海洋环境中都可发现它们的踪迹，它们主要以共生、腐生、寄生和自由生活方式在海洋环境中存在，但因在海水中发光细菌密度不高，所以其荧光不易被人们察觉。

发光细菌最常见的存在方式是和一些海洋鱼类和头足类动物高度特异性地联合共生。海洋动物发光的现象非常普遍。约三分之二的深海鱼类和许多种乌贼（属头足类 Myepsida 亚目）都有共生发光细菌，并能充分利用发光现象。

发光细菌一般是革兰氏阴性的兼性厌氧菌,无芽孢和荚膜,有端生鞭毛一根或数根,最适温度 20~30℃,pH6~9。目前已知的海洋发光菌至少有三属:是弧菌属(*Vibrio*)、光发杆菌属(*Photobacterium*)及 *Shewanella*,陆地上则有异短杆菌属(*Xenorhabdus*)。常见的发光细菌见表6-4。发光杆菌属(*Photobacterium*)的种类为细杆状,以磷发光杆菌(*Photobacterium phosphoreum*)为代表,该种细菌常与深海鱼类如小龙氏鱼(*Rondeletia*)共生,呈现蓝绿色磷光。

表6-4　　　　　　　　　　**常见的发光细菌**

发光细菌		DNA 的栖息地 G+C（%）	
弧菌属 *Vibrio*	哈维氏弧菌 *V. harveyi* 美丽弧菌 I 型 *V. splendidus* I 费氏弧菌 *V. fischeri* 火神弧菌 *V. logei* 霍氏弧菌易北变种 *V. cholerae var albenis*	45~48	海洋
发光杆菌属 *Photobacterium*	磷发光杆菌 *P. phosphoreum* 鲾鱼发光杆菌 *P. leiognathi* 曼达帕姆发光杆菌 *P. mandapamensis*	39~44	海洋
异短杆菌属 *Xenorhabdus*	发光异短杆菌 *X. luminescens*	43~44	非海洋

发光细菌在有氧的自然环境下可产生荧光酶，将还原态的黄素单核苷酸（$FMNH_2$）和长链脂肪醛类（如十二烷醛）氧化为长链脂肪酸，同时释放出其最大发光强度在 450 ~ 490nm 处的蓝绿色荧光：

$$FMNH_2 + RCHO + O_2 \xrightarrow{\text{细菌荧光酶}} FMN + RCOOH + H_2O + 光$$

与发光系统有关的基因称为 lux 基因，目前已发现的 lux 基因有 21 个。将 lux 基因导入细菌体内会引起发光现象，在很少细菌细胞存在时就可检测到。在用病毒载体导入仅 1 小时后，*Salmonella* 的几个细胞就可检测出来。在操纵子中 luxI 基因编码合成自我诱导物（auto-inducer）（可诱导发光反应）的酶，自我诱导物透过细胞膜，并当细胞密度升高至足够浓度时，其在细胞内聚集，然后与一个激活体蛋白结合，启动 lux 发光系统的表达。激活体蛋白是 luxR 基因的产物。自我诱导物在不同发光细菌间不能相互诱导。

发光细菌在低密度的菌液中，每个细胞的发光亮度都很低，但当细胞继续分裂繁殖达到较高密度时，其分泌的小分子"自我诱导物"也逐渐累积而提高浓度，于是可加强细菌发光基因的表达，使每个细胞的发光亮度均大幅增加。因此，在细胞密度提高与单位发光亮度增加的双重效应之下，发光细菌的生物萤光强度会大大增加。由于这个原因，共生在海洋动物发光器中的发光细菌亮度较高，而散布在海水中的发光细菌不仅细胞浓度较低，且每个菌细胞的亮度也低，肉眼难以察觉。

一般情况下，发光细菌能连续发光，然而由于发光会受到抑制或其他条件的影响，发出来的往往是闪光而非连续的光。

发光细菌的发光反应对外界刺激十分敏感。发光细菌的发光过程极易受到外界条件的影响。凡是干扰或损害细菌生理过程的任何因素都能使细菌的发光强度发生变化。当有毒有害物质与发光细菌接触时，发光强度立即改变，并随着毒物浓度的增加而发光减弱。因此，发光细菌的发光反应可以用作简易的环境测试指标。发光菌检测法由于灵敏度高，目前已用于微毒检测。该法是以一种非致病的明亮发光杆菌作指示物，以其发光强度的变化为指标，测定环境中有害有毒物质的生物毒性。

二、发光细菌与海洋生物的共生关系

海洋发光菌的生活方式主要有四种：①自由浮游生存在海水中，密度不高，以海水中的有机物质维生。②附着生存在海洋生物体表，以海洋生物分泌的有机物质维生，例如鱼类、软体动物、甲壳类生物体表均可分离出这些发光细菌。③共生于海洋动物的消化道，许多鱼类的消化道中常含有大量的发光菌，其功用与扮演的角色尚不明确，但这些发光菌可随着鱼类的排便而散布到广阔的海洋中。④共生于海洋动物的发光器内。许多深海鱼类或软体动物具有发光器用来诱捕或吸引异性交配。发光器是特殊囊状器官，内含大量的发光细菌，这些器官一般有外生的微孔，微孔允许细菌进入，同时又能和周围海水相交换。宿主不同，发光器的位置也不同，一般在动物的眼睛、腹部、颌等部位。

与宿主共生的发光细菌通常是持续发出连续性的荧光，宿主动物可以各种方式调控光的开启与强弱，以达到信号的传递与惊吓的目的。宿主主要是以在解剖学上类似相机快门的构造来控制发光器光线放射的。这些发光器内具有光色层组织，发光菌生存在这些组织之间，宿主可利用肌肉的收缩来控制这些光色层组织及外部遮盖的开启。海洋鱼类中，两个亲缘关

系近的属 *Photoblepharon* 和 *Anomalops* 具有最复杂的发光器，可以控制光的发射。它们在位于眼睛下方的特殊小囊中藏有发光细菌。*Photolepharon* 的控制作用是通过拉开或闭合覆盖在小囊上的黑色栅栏组织实现的，而在 *Anomalops* 中，发光器官本身能朝着黑色组织旋转。雄性四盘耳乌贼（*Euprymna* 属）的发光器官也十分有趣。发光腺埋藏在墨汁囊中，局部被反射组织包围着，腺体的正上方是透光的透明细胞组成的透镜体。乌贼通过肌肉收缩压迫墨汁囊，将墨汁压入光源与透镜的间隙，用以控制光的反射。

三、共生体系的生态功能

动物和共生的发光细菌间互惠互利。动物为细菌提供养分和安定适宜的生境，细菌发出的荧光则被动物用于捕食、照明、识别、警示、避害等。少数种类的海洋发光菌是海洋生物病原菌，感染的目标生物包括一些养殖鱼类（如鳗鱼）及对虾等。

发光动物的生物荧光具有如下功能：①诱捕饵食，吸引猎物：一些深海鱼类在额上方鳍条末端可形成皮膜发光器或在口腔内发光，可以吸引其他动物接近，然后伺机将其吞食。这是由于深海中通常生物密度较低，捕食不易，因而发展出来以光线引诱饵食自动送上门的策略。②照明，方便觅食：发光细菌使动物能在黑暗处看清物体，如角安康、长尾鳕等动物就利用共生发光细菌发出的光来照明和觅食。③惊吓与驱离敌人：发光器的突然发光或将发光物质从动物体内排泄到皮肤或外界环境，可以造成惊吓与转移注意力的效果，从而争取逃脱时间，达到避免捕食的效果。例如，生活在一片黑暗中的深水墨鱼（乌贼），会喷射出发光的液体，使追赶的敌人不知所措，自己趁机逃生。④对比补光，掩藏行踪：在海洋中，许多掠食者常自下方向上搜寻猎物的阴影从而加以捕食，因此许多鱼类在其腹面共生一些发光细菌，在白天时藉细菌发光造成对比补光、减少阴影的效果，使掠食者不易发现其行踪。⑤信号：发光细菌发出的光有助于鱼类配偶的识别，促进群游交配，还可以作为一种聚集的信号。

第六节　动物病害发生生态学及生物防治

一、病害发生的生态学原理

自然生态系统是生物和非生物环境相互作用构成的有机整体，具有自身调节和控制能力。生物与生物之间，生物与环境之间存在错综复杂的相互联系。系统内每种生物占有特有的生态位（niche），具有独特的生理生态要求，生物之间通过营养联系构成复杂的食物网（food-web），各生物种群数量受到包括寄生和捕食在内的多种因素的制约，既不会减少到灭绝程度，也不会无限制地增长，而是在特有的上下限幅度内维持动态平衡。在一定条件下，由于环境条件特别适宜，天敌极少甚至没有时，某些种群迅速繁殖，密度大大增加，造成猖獗。如果能引起动物疾病的病原微生物种群大量繁殖，动物病害就会发生，给动物造成危害。

能引起动物疾病的微生物有病毒、细菌、真菌、原生动物和藻类的部分种类。致病过程有二：一是生长在动物体外的微生物产生毒素或其他有毒物质引起动物疾病，或改变了动物生活的环境，使动物不能继续生活下去。二是动物体内或表面的微生物产生毒素引起感染，造成致病条件。

在富营养化湖泊中，藻类的大量繁殖刺激异养微生物生长，进而消耗水中的溶解氧，使水中需氧的动物如鱼、虾缺氧而出现有病症状甚至死亡。有的藻类如有些微囊藻能产生藻毒素，毒害水生动物。某些微生物对硫的氧化所产生的硫酸会使动物致病甚至死亡，沉积物中反硫化细菌代谢产生的硫化氢会使栖居的动物中毒，有些微生物产生有机毒素随食物被动物吞食，引起敏感动物致病死亡，某些情况下，有的毒素还可在食物网中浓缩，使高营养级的动物致病。

生活在动物体内或体表的感染性病原微生物或寄生微生物，有的能产生可损害动物组织的酶，如透明质酸酶能分解联系细胞的透明质酸，凝固酶使动物细胞黏着凝聚；有的具有侵袭力，可在动物细胞中繁殖；有的甚至是专性寄生的。侵入细胞内的微生物干扰动物细胞的正常功能，改变细胞的通透性，导致宿主动物细胞的渗漏，从而致病。

病原微生物的传播方式一般有接触传播、水传播、空气传播和食品传播，也可通过媒介传播。感染微生物一般通过破损的皮肤，正常的开口如呼吸道、胃肠道和生殖道侵入宿主动物。有的微生物在正常情况下不致病，但在特殊环境下能成为机会致病菌。侵入的病原微生物还受到各种环境因子（如 pH 值）、动物体免疫系统、以及土著微生物拮抗作用等的制约。

总之，疾病在动物群落中的发生是一生态学过程，取决于病原微生物和宿主生物的生物学特性，以及影响病原体在宿主之间传播的生物和非生物因素。

二、生物防治的原理和方法

生物防治是生态学中种群调节机制理论的应用。

生物防治是通过动物病原体的天敌如其寄生者、病原物和捕食者以及利用拮抗作用如产生抗生素等来降低种群密度，进而控制病害的方法。在生态系统中，任何物种一般都有一种或一种以上的天敌，故生物防治有巨大潜力。

例如，绿缰菌能产生毒素，将蝗虫杀死，绿缰菌能产生孢子，通过孢子在蝗虫个体之间传播，用绿缰菌控制草原蝗虫已取得成功。

球孢白僵菌（*Beauveria bassiana*）是当前世界上研究和应用最多的一种广谱虫生真菌，它可寄生于 6 目 15 科的 200 余种昆虫和螨类上。它致病力强，防治害虫效果好，对人、畜、作物无毒害。球孢白僵菌的致病机理主要是穿透体壁而发生感染，还可通过穿透昆虫消化道和呼吸道而进行感染。真菌首先附着在昆虫体表，然后分生孢子萌发，菌丝借助于自身分泌的水解酶和菌丝机械压力的联合作用穿透寄主体壁，进入血腔中，在血腔中大量生长并产生毒素和胞外蛋白酶，引起虫体死亡。血腔内 pH 值改变、昆虫脱水也会导致虫体死亡。昆虫对球孢白僵菌的侵入虽有防御能力，但其防御机制不能有效地抑制该真菌的生长。球孢白僵菌的分生孢子在寄主血细胞形成的孢囊中仍能萌发并长成菌丝。

抗生素如青霉素广泛用于治疗细菌感染。抗生素是由某些微生物产生的能杀死或抑制其他微生物的物质。抗生素中的特定类群——β-内酰胺类抗生素是一类由真菌产生的抗生素。β-内酰胺类抗生素是细胞壁合成的强烈抑制剂，青霉素是这类抗生素的典型代表。转肽反应是细胞壁合成的重要特征，它能使与糖链相连的短肽间交联。青霉素能与转肽酶结合，使其丧失催化转肽反应的活性，因此转肽酶又称青霉素结合蛋白（PBPS）。此时，细胞壁仍能继续合成但无法交联，最后导致肽聚糖骨架断裂。抗生素-PBPS复合物能促进自溶素的释放，后者能消化已有的细胞壁。因此青霉素能削弱细胞壁，使细胞壁降解，由于细胞内外渗透压不同，最终导致细胞裂解。

三、生物防治的环境学意义

化学防治只对短期解决危害有作用，且会使防治对象产生抗药性，在杀死防治对象的同时也杀死了其他微生物，并污染水和土壤环境，毒物还可通过食物链而被浓缩和放大，危及整个生态系统。

生物防治不但能收到良好效果，而且具有其他方法不可比拟的优点。生物防治安全、无毒、长期持续性地起作用，并对环境质量没有损害，不引起环境污染。故生物防治的应用具有重大的环境学意义。

对脊椎动物和人类而言，生物防治是无毒害的。生物防治的作用是定向的，由于是针对特定种类的生物，能有区别地作用于病原体和其天敌，对其他生物不会产生毒性或致病性。如苏芸金杆菌以色列亚种定向杀灭蚊子幼虫，对其他生物无害。最新的生物灭蚊剂就是利用其定向作用，将苏云金杆菌以色列亚种悬浮剂洒入水中，蚊子的幼虫饮用后，经酶解会产生有毒物质，使其肠道在几分钟内麻痹、停止取食，后因败血症及饥饿而死亡，这样就将烦人的蚊子扼杀在幼虫阶段。就广泛应用的苏芸金杆菌而言，它对于鱼类、禽类、哺乳动物和人类是完全安全的，这已有大量试验可以证明。某些苏芸金杆菌菌株所产生的耐热性外毒素虽然对高等动物有一定毒性，但毒性远远小于对昆虫的毒性。金龟子乳状病芽孢杆菌也证明对哺乳动物是无害的。

生物防治在应用时可持续地起作用。1888年引入加利福尼亚州用于防治柑橘害虫吹棉介壳虫（*Icerya purchasi*）的澳洲瓢虫至今仍在发挥作用。

当然，在将微生物用于生物防治时，同样需要慎重注意其安全性。如多角体病毒和颗粒体病毒到目前为止尚未发现对哺乳动物有致病性，初步研究证明无包含体病毒也对高等动物无毒性。但由于研究不充分，暂还不能用于害虫的微生物防治。真菌中常用的白僵菌和像僵菌，用鼠类进行的毒性和致病性试验也表明是安全的，但白僵菌的孢子对人的呼吸道有过敏性反应，虽然症状大多在脱离接触后短期内可以消除。某些微孢子虫是鱼类、甲壳类的病原体，对哺乳动物和人类的致病性也未肯定，故必须经过严格选择才能使用。立克次体是一些哺乳动物和昆虫的共同病原体，加之立克次体防治害虫的效果也不佳，因此它们不宜用于微生物防治。

思 考 题

1. 动物对微生物的捕食方式有哪些？各有何生态学意义？
2. 昆虫生境中的共生微生物主要有哪些？
3. 昆虫肠道内的共生微生物主要有哪些？
4. 细胞内的共生微生物主要有哪些？
5. 昆虫和共生微生物有何生态功能？
6. 共生微生物的转移方式有哪些？

7. 瘤胃微生物主要有哪些？共生对动物和瘤胃微生物各有何作用？

8. 光合微生物和无脊椎动物的共生关系对双方有何生态学意义？

9. 试述发光细菌与海洋生物共生关系的生态功能。

10. 试述动物病害发生的生态学原理。

11. 生物防治的理论依据是什么？有何环境学意义？

第七章 微生物与植物的相互关系

植物和微生物之间存在着密切的关系。植物是陆地土壤有机物质的主要来源,因而也是土壤中绝大多数微生物直接或间接的营养来源。在自然界中,植物与微生物生活在一起,微生物存在于植物根、茎、叶、花、果实各部分的表面,有些微生物还进入植物组织内部。它们互相影响,在营养上相互补充,有的甚至互惠共生,其间的共生固氮对自然界氮循环有重要作用。一些微生物还是植物的病原菌,微生物引起的植物病害每年造成巨大的经济损失。

第一节 微生物和植物根的关系

植物的根为微生物提供了重要的生活环境,有些微生物仅能在植物根附近生活。植物的根间接或直接影响周围微生物的数量、组成和活性,微生物对植物也有多方面的影响。

一、根际 (rhizospere)

根际是指受植物根系活动的影响,在物理、化学和生物学性质上不同于土体的那部分微域土壤范围。该术语由 Hiltner 在 1904 年创立,用来描述被植物根所影响的那部分土壤。根际的范围不十分明确,最初是指距根表面 2mm 内的部分,现在一般是指离根面数毫米(5mm 或更大)之内,受根系分泌物控制的薄层土壤范围。在根际范围内,沿远离根面的方向呈现出有机质、O_2、CO_2、H_2O 和 pH 值的梯度。根际包括两个基本部分:①根际土壤;②直接和植物根接触的土壤——根面。

由于微生物群落能利用几乎任何可利用的营养物质,因此大多数普通土壤都不会含有丰富的微生物所需营养物。相反,紧靠植物根的根际,却是土壤中唯一营养丰富的环境。这是由植物自身的影响所造成的。由于植物根在根际土壤中的分布、发育,并在生长过程中和土壤进行着频繁的物质交换,不断改变周围的养分、水分、pH 值、氧化还原电位和通气状况,从而使根际范围内土壤的化学环境和生物化学过程在不同程度上不同于根际以外的土壤,成为微生物生长的特殊生态环境。较丰富的营养物质反过来也提升了微生物的活性和数量。根际的存在是土壤-植物-微生物相互作用的结果。根际微生物基因的表达也是受这些相互作用的控制,而且这种相互作用还受到环境因子的直接或间接影响,微生物群体同样也能对植物的生长产生有益的或有害的影响。

土壤是一种不连续的环境,其所含的大量有机和无机组分构成多样的环境条件。因此,对许多微生物来说,土壤是一种独特的环境。根际则是土壤中能为微生物持续提供基质和生长因子的独特生态系统。

根际影响的产生原因在于植物根释放出的有机物和无机物。由于这些释放物质和植物根自身的影响，使根际土壤显著区别于非根际土壤和主体土壤。

1. 根系分泌物

根系分泌物是根向生长基质中释放的有机物质的总称。植物的根在整个生长期间进行着活跃的新陈代谢活动，根系不仅从环境中摄取养分和水分，同时也不断地向生长介质中释放各种无机离子和大量的有机化合物。近来已经证实活着的根面细胞对根际生态的影响要比其他植物源碳基质大。

渗出物是由根细胞非代谢渗漏出的一类低分子量化合物，渗漏是由根中相对于土壤较高的化合物浓度引起的简单扩散；分泌物是植物活性细胞在代谢过程中分泌出的化合物，分泌是逆浓度梯度的，需要消耗代谢能量；溶解物是由老化细胞自溶所释放出的化合物；植物黏胶是根冠细胞、表皮细胞、根毛分泌和其他细胞分泌的胶状物，主要是壁细胞的多糖；黏胶是植物和微生物产生的胶状物质，从根尖到根毛区，根常常被一层脱落的根表面细胞以及植物和微生物产生的多糖包裹着，这种多糖被称为黏胶；分解物与脱落物：包括脱落的根冠细胞、根毛与细胞碎片。以根系脱落物或分泌物的形式进入根际的有机物相当可观，一般占光合固碳量的30%～40%。

根系分泌物包含多种有机物如氨基酸、有机酸、碳水化合物、生物碱、维生素、核糖衍生物、酶和其他化合物等。其中碳水化合物和氨基酸是根际微生物非常重要的碳源和氮源；有机酸和脂类物质能降低根际范围内的 pH 值，并能与金属化合物（如铁、锰等）发生螯合作用，增加其溶解性，从而有利于植物的吸收；生长因子（如维生素）和酶类物质能刺激微生物的生长和活性；其他各种化合物包括挥发性物质对有机体的生理起着刺激或抑制作用。

影响有机化合物释放的主要因子包括植物种类和种植方式、植物年龄、植物的生长阶段、光强度、温度、土壤因子、植物营养、植物损伤和土壤微生物等，同时植物的基因控制根表面细胞的释放。

2. 根际微生物（rhizosphere microbes）

分布在根际的微生物称为根际微生物。一般是指根面上和离根面 5 毫米范围内的微生物。根际环境对土壤微生物群落的组成和密度的影响被称为根际效应（rhizosphere effect）。根际效应是由植物根释放入土壤的有机和无机化合物所引起的。这种效应首先是通过营养选择与富集作用，使在根际发育的微生物种类、数量以及优势生理类群不同于非根际土壤。根际系统中存在着数量巨大的不同种类微生物，从根际到主体土壤中，这个数目就会下降。根际效应通常用根土比（R/S）来评价，R 为根际系统中微生物的数量，S 为主体土壤中同种微生物的数量。R/S 比值越大，根际效应越明显。

（1）根际微生物的数量

当植物的根生长进入土壤时，能分泌大量易被微生物利用的有机物，这些有机物为根际微生物提供了大量的营养和能源物质。因此，根际效应首先影响根际微生物的数量。根际微生物数量远高于非根际土壤（如表7-1所示），且其代谢活动也比非根际微生物旺盛。这种根际效应一般用根际土壤（R）与非根际土壤（S）中的微生物量的比值（R/S）来表示，R/S 值一般都在 5～20 之间，最高甚至超过 1000。

表 7-1   小麦根际土壤与非根际土壤微生物数量的比较

微生物	土壤微生物量（CFU/g）		
	根际土壤	对照土壤	R/S 值
细菌	120×10^7	5×10^7	24.0
真菌	12×10^5	1×10^6	12.0
原生动物	2.4×10^3	1×10^3	2.4
氨化菌	500×10^6	4×10^6	125.0
脱氮菌	1260×10^5	1×10^5	1260.0

引自 Environmental Microbiology，2000，page 428，Table 18.1. CFU：菌落形成单元。

（2）根际微生物区系

因受根系选择的影响，根际微生物的种类组成通常比较单纯，且各类群间的比例也与非根际微生物差异很大。

细菌和放线菌是根际中数量最大的栖居者，代表性的 R/S 比值为 20∶1。假单胞菌和其他革兰氏阴性菌在根际中特别有竞争力。典型的放线菌 R/S 比值为 10∶1。在根系分泌物的选择作用下，根际细菌群体中，以简单氨基酸类为养料的革兰氏阴性无芽孢杆菌占相当高的比例，革兰氏阳性无芽孢的杆菌、球状和多形菌较少；能分解纤维素和果胶质等复杂化合物的细菌种类所占的比例很低；能运动和快速生长的细菌占优势，氨化、硝化细菌也很多。最常见的根际细菌有假单胞菌、黄杆菌、产碱杆菌、无色杆菌、色杆菌、土壤杆菌和气杆菌等。在某些植物根际，节杆菌数量也较多。与非根际细菌不同，根际细菌通常需要氨基酸才能生长良好，而氨基酸主要从植物根获取。

根际中真菌的平板计数值通常比细菌小，然而根际的真菌栖居者普遍存在且极为重要，作为菌根真菌对植物有益，作为致病菌则对植物有害。

在植物生长早期，根际内真菌的数量很少，随着植物的生长、成熟、衰老，真菌的数量逐渐增多，且不同阶段出现的真菌种类往往不同。根际真菌可以生长于根面或侵入皮层细胞，甚至到达中柱。生活在健康根段上的真菌通常是几个优势属组成的稳定群落，它们在分解高分子碳水化合物中起着主要作用，大多数能分解利用纤维素、果胶质和淀粉。最常见的有：镰刀霉属（*Fusarium*），主要是尖孢镰刀霉（*F. oxysporum*）；黏帚霉属（*Gliocladium*）；青霉菌属（*Penicillium*），一般是淡紫青霉菌群（*P. lilacium* 群）；根柱孢属（*Cylindrocarpon*）；丝核菌属（*Rhizoctonia*）；被孢霉属（*Mortierella*）；曲霉属（*Aspergillus*）和腐霉属（*Trichoderma*）等。

土壤原生动物大多是根足虫和鞭毛虫，以及少量纤毛虫。根际原生动物的种类仍为土壤中常见的食细菌类型，如波多虫（*Bodo*）、尾滴虫（*Cercomonas*）、肾形虫（*Colpoda*）和小变形虫等。原生动物的数量通常与细菌的数量呈正相关。原生动物的根土比（R/S）一般多为 2∶1 或 3∶1，少数情况下也可高达 10∶1。

藻类属于光合自养型微生物，它们同其他腐生生物的竞争力较弱，在根际微生物群体中的量很少。

3. 根际微生物对植物生长的影响

根际微生物的种类和数量直接受根系分泌物的影响，根际微生物同时也对植物产生多方面的影响。

在正常情况下，根际微生物与其植物宿主保持着和谐的平衡。植物的生长与根际内能影响其生长、发育的特定微生物密切相关。在缺乏适当的根际微生物时，植物的生长会受到损害。这些能促进植物生长的细菌被称为植物促长根际细菌（plant growth-promoting rhizobacteria，PGPR）。它们对植物的促进作用包括两方面：①PGPR 产生的生理活性物质直接促进植物生长；②PGPR 产生的代谢物质能抑制或阻抗根部病原菌的生长，间接地促进植物生长。

根际微生物对植物生长的有益影响主要表现在下列方面：

（1）根际微生物在改善植物营养、促进矿物质吸收方面的作用

根际微生物大量聚集在植物根系周围，它们旺盛的代谢活动加强了有机物质的分解，促进了植物营养元素的转化，从而增加了对植物的养分供应（表 7-2）。

表 7-2　　　　　　　　　　　　根际微生物活动对养分有效性的影响

微生物活动	影响方式
呼吸作用（消耗 O_2）	使氧化态 Fe^{3+}、Mn^{4+} 还原
分泌 H^+ 和有机酸	酸化根际，提高 P、Fe、Zn 等养分的有效性
释放毒素	抑制某些微生物或植物生长，间接影响养分有效性
分泌铁载体	活化铁，抑制其他微生物的生长
微生物参与变价元素的转化	增加或降低 Mn、Fe 等的有效性
细菌的硝化作用	增加浓度 NO_3^-
细菌的溶磷作用	增加磷的有效性
固氮作用	增加有效氮的供应
反硝化作用	导致 NO_3^--N 的气态损失
真菌与植物共生形成菌根	扩大宿主植物根系的吸收面；增加植物 P、Cu、Zn 等元素的吸收

根际微生物可以促进植物对矿物质的吸收。根际微生物具有的氨化作用和硝化作用，利于植物对氮的吸收。根际微生物可去除 H_2S，使植物免受其毒害。例如，水稻和其他浅水植物根际中的白硫菌属（*Beggiatoa*），可使植物根免受 H_2S 毒害。白硫菌属是一种微需氧的、能氧化硫化物的丝状菌。该菌能在有害的 H_2S 毒害稻根细胞色素之前，将其氧化成无毒的 S 或硫酸盐，从而利于植物吸收。

植物根际范围内存在大量能分解有机磷和促进无机磷溶解的细菌。这些微生物产生的核酸酶和磷脂酶等加速了相应物质的分解，使磷素释放出来，以便植物吸收和利用。与无菌土壤栽培相比较，有根际微生物的土壤所栽培的植物具有较高的磷吸收率。

一些 PGPR 在缺铁性胁迫条件下能产生铁载体（siderophore，sid），铁载体是一种特殊的对微量三价离子具有超强络合力的有机化合物。它能将络合的 Fe^{3+} 转运至细胞内，并还原为 Fe^{2+} 而用于合成其他含铁化合物。许多研究报道表明，有些 PGPR 因其产生铁载体的速度

快且量大，在与不能产生铁载体或产量较少的有害微生物竞争铁素时占有优势，从而可以抑制这些有害微生物的生长与繁殖。

此外，根表面上的微生物还有利于植物吸收 Ca^{2+}，这是由于根际中微生物产生大量的 CO_2，使钙的溶解性增加，有利于植物吸收和利用。

（2）联合固氮作用

根际生活的固氮细菌能和植物进行联合固氮作用，将大气中的游离氮固定为氨，增加植物氮素营养的供应。这些游离固氮生物能定殖于植物细胞上或内部，与植物形成联合体，在这种联合体中它们由植物提供丰富的可利用碳源；它们自身则固定氮供植物吸收利用。这种临时或联合共生的植物和微生物彼此都不发生形态变化。

联合关系越紧密，就越利于根的渗出物被微生物利用。除了定殖于根际环境外，一些固氮生物还能在根的外层甚至根的内层组织上定殖。重氮营养醋杆菌已被证明能在甘蔗内层根细胞中进行固氮。

联合共生的例子如热带草 *Paspalum notatum* 和雀稗固氮菌，在这个系统中，微生物生存于草的根际环境中；热带甘蔗与重氮营养杆菌的共生系统中，固氮菌存在于根细胞内并被很好地保护起来免受氧对固氮的抑制作用，一些甘蔗栽培品种每年能固氮 100～150 公斤/公顷；另一个重要的例子是水稻的生长，它能被游离固氮作用加强，就像在水生蕨类植物 *Azolla* 和鱼腥蓝藻之间的联合共生所起的作用一样，水稻可以从这种结合的固氮活动中得到高达每年 50 公斤/公顷的固氮量。

虽然与根瘤菌不同，固氮螺菌（*Azospirillum*）的寄主专一性不高，但与植物之间也存在很强的联系，能与许多植物宿主共生，包括甘蔗、黑麦和高粱属的植物。由于其分布广泛，联合寄主种类很多，尤其是可与许多禾本科作物及牧草联合共生，固氮螺菌成为最受重视的联合共生固氮菌。此外，固氮螺菌能产生嗜铁素和植物生长刺激素，且能游动，对根分泌物有趋化性，还具有穿透植物组织的能力，使之能在根上定殖。

植物根际能否增强固氮菌的固氮作用，主要由植物的生理特征所决定。一般来说，高光效的 C_4 植物能将更多的有机物质输送到根部，从而有利于固氮微生物的生长繁殖。接种游离固氮生物（如固氮螺菌或固氮菌）可以提高植物产量。

但总的来说，联合共生固氮速率通常较低。它们的固氮量大多达到每年 20 公斤/公顷。原因可能是受到本身高能量、低氧含量的需求的限制，以及施用氮肥的抑制作用。这和游离固氮类似。所以，联合固氮不太可能对主要农作物生产产生明显影响，但可能对高山和草原草以及一些热带农作物产生显著作用。

（3）根际微生物产生的生长调节物质对植物生长的影响

在植物根际大量繁殖的微生物（如节杆菌、假单胞杆菌和土壤杆菌等）能利用根系分泌的各种无机盐和有机物质合成一些生物活性物质，如维生素、核酸、水杨酸和植物激素等。这些物质不仅能够刺激其他一些根际微生物的生长，还可加快种子萌发速率和根毛的发育，从而有利于植物生长。

从分蘖期的小麦根际分离到的细菌中约有 20% 能产生促进植物生长的物质，包括吲哚类（IAA）、赤霉素类、激动素类等生长刺激素和多种维生素类物质。许多假单胞菌能产生多种维生素和生长刺激素；丁酸梭菌能分泌各类 B 族维生素和有机氮化合物；一些放线菌能产生维生素 B_{12}。固氮菌在生长过程中能生成一些含氮化合物分泌到细胞外，其中有氨基酸和酰胺物质，也有硫胺素、核黄素、维生素 B_{12} 和吲哚乙酸等。这些物质能增加植物根的长度、侧根数、根毛长度和密度等，从而使根系表面积增大，提高了养分吸收能力。

（4）根际微生物分泌抗生素类物质

有些微生物（尤其是放线菌）可产生抗生素，使植物免受病原菌的侵袭。如豆科作物根际常存在着对小麦根腐病病原菌——麦根腐长蠕孢菌（*Helminthosporium sativum*）有拮抗作用的细菌，这些细菌的存在减轻了下一茬小麦的根病害。紫色链霉菌（*Streptomyces violasceus*）产生的抗生素和小单孢菌（*Micromomospora carbonicea*）产生的纤维素酶协同作用，可抑制蚜虫类引起的根腐病，从而促进植物生长。

（5）其他一些有益作用

一些根际微生物可以释放出植物间的抑制物质（allelopathic substances），使其宿主植物和其他植物形成偏害关系，保护植物生境不受侵犯。如幼龄小麦植株根际的微生物种群能抑制豌豆和莴苣的生长。

此外，根际中的菌丝体还可以转移植物中的放射性物质、残留的农药和重金属等有害物质，并累积在菌丝体中。

4. 根际微生物对植物生长的不利影响

（1）竞争有限养分

高密度的根际微生物需要利用根际大量养分，与植物竞争有效养分可导致养分的亏缺与耗竭。当某些矿质养分供应不足时，这种竞争作用尤为明显。例如果树植物的"少叶病"和燕麦的"灰斑病"分别是由细菌对锌和氧化锰的固定所致。根际微生物的活动还可导致植物对钼、硫、钙、铷等元素的吸收量减少。此外，大量根际微生物的活动对氧的消耗导致根际氧分压降低。据测定，根际细菌的数目与 O_2 的含量呈反比。根际反硝化细菌数量高于土体，微生物与根系对 O_2 的竞争会增加根际 NO_3^--N 的反硝化损失，从而降低了氮素的有效性。

（2）导致植物土传病害

由于不同植物根际条件的选择性，某些病原菌在相应植物的根际会大量聚集，从而助长了病害的发生。如花生由于青枯病而不能连作，是由于青枯病病原菌能在花生根际旺盛地生长，如果下一茬再种植花生，病害就会更加严重。

（3）产生毒性物质

某些有害微生物虽无致病性，但它们产生的有毒物质能抑制种子的发芽、幼苗的生长和根系的伸长。例如，马铃薯根际所繁殖的大量假单胞菌中至少有 40% 的菌株能产生氰化物，对植物产生毒性，削弱根的养分吸收功能。

另外，微生物所产生的植物生长素浓度过高时，也可以抑制根的延长，从而抑制植物的生长。

二、菌根（mycorrhizae）

菌根是一些真菌和植物根以互惠关系建立起来的共生体。植物形成菌根是一种正常现象。自然界中大部分植物都具有菌根。在菌根中，真菌和植物根的关系比根际更密切，更具专一性。根据形态学和解剖学的特征，菌根分为外生菌根（ectomycorrhizae）和内生菌根（endomycorrhizae）。

1. 外生菌根

外生菌根的真菌在植物营养根的表面生长繁殖，并交织成致密的鞘套（mantle）。鞘套外层的菌丝向外延伸，使表面呈毡毛状或绒毛状；而鞘套内层的许多菌丝透过根的表皮进入皮层组织，在外皮层细胞间蔓延，将细胞逐个包围起来，形成一种叫哈蒂氏网（Hartig net）的特殊网状结构。哈蒂氏网的形成构成了真菌和寄主间的巨大接触面，有利于双方进行物质交换。

外生菌根一般多见于裸子植物和被子植物。大部分松柏、栎属植物、山毛榉、白桦和针叶树具有外生菌根。外生菌根在北温带森林中普遍存在。常见的外生菌根真菌属于担子菌纲中的伞菌目（Agaricales），其中包括鹅膏菌属（*Amanite*）、口磨属（*Tricholoma*）、红菇属（*Russula*）和牛肝菌属（*Boletus*）。也有少数种类属于腹菌纲和子囊菌纲。外生菌根真菌大多数是广谱性寄主真菌，能同很多种植物形成外生菌根；少数为专性寄主真菌，只能同几种植物形成菌根。例如，小牛肝菌（*Bobetinus caripes*）只同落叶松属树种形成菌根，毒鹅膏菌（*Amanita phalloides*）只能同麻栎形成菌根。

大多数外生菌根真菌的最适生长温度为 $18 \sim 27$℃，嗜酸，最适 pH 值为 $3 \sim 7$。在碳源利用方面，外生菌根真菌一般只能利用简单和比较简单的糖类。葡萄糖、果糖、甘露醇是能被普遍利用的良好碳源。蔗糖、海藻糖、淀粉、纤维二糖、麦芽糖等也能被利用，但利用程度不如单糖。在氮源利用方面，外生菌根真菌对氮素的利用与其他真菌没有区别。大多数菌种能利用铵态氮，对硝态氮的利用较差或不能利用。此外，它们生长还需要一定量的生长素。如硫胺素或其组分嘧啶和噻唑是外生菌根真菌生长所必需的因素，但不同菌种的需求量有差异。外生菌根菌的代谢物包括生长素、赤霉素、细胞分裂素、维生素、抗生素、脂肪酶和其他酶类（其中最重要的是水解酶和氧化还原酶）。

外生菌根真菌产生的生长激素可以抑制根须的形成，结果使菌根发生形态学的变化，产生特征性的二歧式分枝（如松树所形成的外生菌根），促进植物枝根的生长和生长寿命的延长。外生菌根所形成的鞘套使营养根变得短而粗壮，前端膨大，替代了根毛的地位和作用。鞘套直径比未形成菌根的营养根大得多，加上鞘套上存在的一些外延菌丝，大大增加了植物吸收利用营养的范围，使菌根吸收营养（如磷酸盐和钾）的速率超过未感染根。

外生菌根可以增强植物的抗病能力。外生菌根之所以能保护寄主植物免受病害的原因主要有以下几个方面：

外生菌根的根际微生物群落起着防御病菌侵袭的作用。外生菌根根际的微生物数量要比非菌根根际的数量高得多，且在微生物群落的组成上也同非菌根根际存在着明显的区别。正是由于外生菌根根际的这种生态效应，起到了防御病害的作用。例如，黄桦（*Betula alleghamensis*）的外生菌根根际几乎没有腐霉和镰孢菌，而在非菌根根际这类根腐病菌却大量存在。

外生菌根的鞘套和哈蒂氏网有机械屏障作用。病原菌通常只能侵染没有木质化的幼嫩小根。如果病原菌要侵染已形成的外生菌根，首先必须通过由菌丝紧密交织而成的鞘套，然后通过皮层内的哈蒂氏网，才能进入根的细胞组织。试验证明，病原菌很难通过这两道屏障。

外生菌根真菌产生抗生素。许多外生菌根真菌能产生抗生素。例如，云杉白桩菇能产生覃炔素，对樟疫霉有拮抗作用，故在云杉白桩菇形成的外生菌根附近，由樟疫霉引起的病害的发病率大为降低。

外生菌根提高了植物对营养物的吸收能力和抗病能力，从而提高了植物对毒物的耐受能力，扩大了对湿度、pH 值等环境因子的耐受范围。在贫瘠土壤中栽种树木时，预先接种菌根真菌可提高树苗的存活率和生长速度。

2. 内生菌根

内生菌根的菌丝体主要存在于根的皮层中，在根外较少，可形成鞘套，但不一定形成哈蒂氏网。内生菌根又分为两种类型：一种是由有隔膜真菌所形成的菌根，另一种是由无隔膜真菌所形成的菌根，后者一般称为 VA 菌根，即泡囊-丛枝菌根（vesicular-arbuscular mycorrhizae）。

非 VA 型内生菌根仅见于少数几类植物，最常见的是兰科和杜鹃花科植物，所有的兰花和许多杜鹃花都具有这类非 VA 型内生菌根。兰科植物的种子若没有菌根真菌共生就不能萌芽，杜鹃花的幼苗也需要有菌根真菌共生才能存活。天麻（Gastrodia elata）的根已全部退化，叶子也退化成没有叶绿素的小鳞片，整个植株只剩下"块茎"和"花茎"两部分。天麻种子只有在有假蜜环菌（Armillaria mellea）生长的地方才能萌发、生长，如缺乏假蜜环菌与其共生时，天麻块茎将逐年退化而无法繁育。

自然条件下，兰花菌根真菌具有专一性，假蜜环菌和立枯丝核菌（Rhizoctonia solani）是能和兰花形成内生菌根的主要真菌种类。兰科植物与真菌间的生理学关系是不寻常的，因为在这种共生体中是由真菌提供碳源供给植物。这是菌根共生体中唯一的碳从真菌流向植物的例子。因此在有些情况下成熟的兰科植物甚至能在没有光合作用的条件下生存。令人感兴趣的还有许多兰科植物与包括立枯丝核菌 R. solani 在内的丝核菌属的一些种形成共生体，它们是常见的植物病原体。兰花内生菌根真菌能成为宿主植物的寄生菌，反过来植物能消化某些真菌菌丝，使这种共生体具有不稳定"相互寄生"的特点。兰花的菌根真菌表现出不同于其他菌根真菌的营养特征，它们更易于利用复杂的碳水化合物，同时也利用简单的化合物。通过真菌的水解作用，复杂的碳水化合物可以提供给植物根。宿主根和菌根菌可以相互交换营养物和维生素，这就是它们互惠关系的基础。

杜鹃花的非 VA 型菌根也可使植物得到更多的氮素营养和磷酸盐。共生体中的真菌是典型的内生菌根真菌，它们有胞内菌丝。在这种共生体中真菌供给植物氮而植物供给真菌碳基质。菌根明显提高了宿主在营养贫乏土壤中的生长能力。植物组织则为那些真菌提供良好的生境。真菌还能使植物更加耐受重金属和其他土壤污染物。大多数相关真菌属于子囊菌纲（Ascomycetes）和半知菌纲（Deuteromycetes）。

VA 菌根的外部形态不明显，因此过去常被忽视，或者被看成是植物病原菌。现已证明它们在自然界中分布极为广泛，大约90%的维管植物都有 VA 菌根，它们的发生远比外生菌根普遍得多。VA 菌根的真菌常见于肥沃的土壤中，特征是具有平滑的囊泡和分支状的丛枝，它们具有储存及在真菌和植物间输送营养的作用。

VA 菌根的主要真菌属于内囊霉目（Endogonales），已知有六个属的内囊霉目真菌能与植物形成 VA 菌根。其中以球孢霉属（Glomus）和巨孢霉属（Gigaspora）最为普遍。大多数菌根菌的寄主范围较广，一般没有明显的专一性。如叶点霉（Phyllosticta sp.）可以感染遍及北美的黄杉和各种冷杉。但也有专一性较强的种类，如 Rhabdocline parkeri 只感染黄杉，而对同一地区的其他针叶树种均不感染。

VA 菌根的菌丝不仅存在于根皮层薄壁细胞之间，而且可进入细胞内部，但植物细胞仍可保持活力。胞内和胞间的菌丝呈现出泡囊状和分枝状，根内感染的真菌和广泛分布于根外的外生菌丝相连，在根的外围形成一松散的菌丝网，甚至将根掩盖，但不会像外生菌根那样形成鞘套。

VA菌根形成后，植物为菌根真菌提供生长发育所必需的碳源和能源，真菌则能改善植物的营养状况，促进植物的生长。菌根真菌帮助植物吸收水分和其他无机养分（如Zn、Cu、S、Mo等），分解土壤中的有机质包括腐殖质，供给植物可吸收态氮和维生素类物质。VA菌根提高了植物从贫瘠土壤中吸收养分的能力，有VA菌根的植物比无VA菌根植物吸收磷素的效率要高得多。例如，在灭菌的土壤中，用内囊霉接种苹果苗，结果接种的树苗比未接种的生长高大，且含磷量高。VA菌根能提高植物的吸磷效率，首先是因为延伸到土壤中的外生菌丝扩大了根的吸收面，其次是菌根真菌表面存在磷酸酯酶，除能溶解无机磷化物外，还能水解有机磷化物，增加菌根周围的有效磷量，供给植物根吸收。磷在土壤中的扩散系数很低，土壤由于根系的吸收活动，根际很快形成一个无磷圈，而VA菌根的外生菌丝能延伸到这个无磷圈外，形成一吸收网，从而扩大了根的吸收面。因此，接种VA菌根真菌可使VA菌根植物在不良环境下生长。

目前，菌根研究成果已应用到农林业，通过接种菌根菌，提高林地的存活率及促进林地生长，特别是在营养贫瘠的废弃矿山等不利环境造林方面，菌根菌可发挥重大作用。新技术尤其是分子生物学技术的运用，对认识菌根的结构和功能，促进菌根学的发展和推动菌根技术在农林业的应用有十分重要的作用。

三、根瘤菌和豆科植物的共生固氮

根瘤菌（*Rhizobia*）和豆科植物的共生固氮作用是微生物和植物之间最重要的互惠共生关系。豆科植物被特定的根瘤菌感染后，植物和根瘤菌的生理都发生变化，形成根瘤（root nodules）。根瘤是根瘤菌和植物根彼此单独存在时所没有的形态结构，也具有彼此单独存在时所没有的固氮功能。共生固氮对保持土壤肥力，提高农作物产量有重要作用。

与自由生活的固氮菌相比，共生固氮菌的固氮能力大大增强。例如，自由生活的固氮菌的联合固氮作用每年每公顷可固氮25kg，而粮食类豆科植物（如豌豆、蚕豆和大豆等）形成的根瘤能固定植物所需总氮量的50%，固氮速率大大提高，每年每公顷能固氮100kg；草料豆科植物（如紫花苜蓿和三叶草）可固定其所需总氮源的大部分氮，每年每公顷能固氮200kg到300kg。因此，豆科植物和根瘤菌形成的根瘤共生体对农业生产具有重要的意义，能显著增加土壤中化合氮的含量，使豆科植物在贫瘠的土壤中生长良好。豆科植物很多，包括非常重要的农作物如豌豆、蚕豆、大豆、紫花苜蓿和一些结荚植物。能在豆科植物上结瘤的固氮细菌都属于能运动的革兰氏阴性杆菌，包括根瘤菌（*Rhizobium*）、慢生根瘤菌（*Bradyrhizobium*）、中华根瘤菌（*Sinorhizobium*）和固氮根瘤菌（*Azorhizobium*）共4个属16个种。

1. 根瘤的发生和发育

根瘤的形成是植物和根瘤菌由遗传因素决定的一系列复杂过程共同作用的结果。根瘤菌与豆科植物之间的共生是专一性的。一种根瘤菌菌株通常只能感染某一种特定的豆科植物。一根瘤菌群只能感染相应交互接种群（cross-inoculation group）中的豆科植物。

并不是所有根瘤菌感染植物所形成的根瘤都具有固氮能力。如果根瘤菌是无效的，它所形成的根瘤就是不具有固氮能力的无效根瘤；无效根瘤个体小，数量多，表面光滑，切断面呈白绿色。如果根瘤菌是有效的，它所形成的根瘤就是具固氮能力的有效根瘤；有效根瘤个体较大，表面光滑或有皱纹，剖面呈粉红色或红色。

根瘤菌感染豆科植物形成根瘤的过程主要包括以下几个阶段：

1）根瘤菌和相应豆科植物之间的相互识别以及根瘤菌在植物根毛上的吸附。结瘤早期豆科植物根系可分泌多种有机物，如类黄酮化合物、少量酚类化合物和甜菜碱等，这些化合物对根瘤菌具有趋化作用，使得根瘤菌被吸附到植物根毛表面，在植物根部大量繁殖聚集。所有根瘤菌和慢性根瘤菌都能在菌表产生钙结合蛋白（rhicadhesin），并利用这种钙结合蛋白在根毛上吸附。其他一些物质如被称为植物凝集素（lectins）的植物糖蛋白，在植物与根瘤菌吸附的过程中也发挥着重要的作用。

2）根瘤菌侵入根毛形成侵染线（infection thread）。在根瘤菌分泌的结瘤因子（nod factors）作用下，根毛细胞壁变软，根毛发生卷曲，根瘤菌从变软的细胞壁进入根毛。在根瘤菌进入根毛细胞的部位，根毛细胞壁内陷，并开始分泌一种含纤维质的物质，将根瘤菌包围起来，形成一条管状结构的侵染线（infection threads）。

3）根瘤菌通过侵染线向主根推进。根瘤菌在侵染线内不断繁殖，并沿侵染线不断向根毛基部和表皮细胞延伸。

4）根瘤菌在植物细胞中转变为变形的菌细胞——类菌体（bacteroids），发展为固氮状态。当侵染线到达根的皮层细胞后，它的前端膨大，不再形成侵染线壁，根瘤菌被释放到植物细胞中。从侵染线释放出的根瘤菌在细胞中迅速地大量繁殖，并转变成逐渐膨大、畸形和分叉的类菌体。单个或多个类菌体被部分植物细胞膜包裹，形成共生体（symbiosome）。只有当共生体形成以后固氮作用才开始。

5）根瘤菌和植物细胞继续分裂，形成成熟的根瘤。植物开始衰老时，根瘤逐渐衰退，类菌体将最终从根瘤中被释放入土壤。被释放出的类菌体不具有分裂增生的能力，但总会存在一小部分休眠的杆状细胞。这些杆状细胞能利用衰退根瘤的产物为营养进行增殖扩散，并能感染其他植物根或在土壤中游离生活。

2. 根瘤形成的遗传基础

根瘤的形成取决于结瘤基因的存在。根瘤菌感染豆科植物形成根瘤的过程中，指令特定结瘤步骤的基因被称为结瘤基因。结瘤基因大多与结瘤因子（nod factors）的合成和外运有关，这些基因可分为调节基因（Nod D）、共同结瘤基因（common nodulation genes, Nod A, B, C）和寄主特异性结瘤基因（host-specific nodulation genes）3类。对于根瘤菌（*Rhizobium spp.*）来说，结瘤基因大多数位于质粒（plasmids）上，而慢性根瘤菌属（*Bradyrhizobium spp.*）、固氮根瘤菌属（*Azorhizobium spp.*）和百脉根根瘤菌（*Rhizobium loti*）的结瘤基因均在染色体上。所有的根瘤菌都存在共同结瘤基因（common nodulation genes, Nod A, B, C），基因 Nod D 也普遍存在于所有根瘤菌中，且是唯一一种能在缺乏相应寄主时表达的结瘤基因。

根瘤菌的共同结瘤基因和寄主特异性结瘤基因的表达控制着根瘤的形成，这些结瘤基因大部分从植物和根瘤菌相遇就开始表达直到根瘤菌被释放入寄主细胞。

目前认为基因 Nod D 的产物能与相应的寄主植物分泌物特别是类黄酮（flavenoids）相互作用，诱导共同结瘤基因 Nod ABC 的表达，引起根瘤形成。类黄酮是一类复杂的酚类化合物，对细菌内膜有很高的亲和性，能插入内膜磷脂双分子层。

寄主特异性结瘤基因（host-specific nodulation genes）决定结瘤因子的寄主专一性。寄主特异性结瘤基因的差异取决于根瘤菌的种类，目前已在不同的根瘤菌中鉴定出 50 多种寄主特异性结瘤菌基因。结瘤因子（nod factors），是主要的寄主专一性决定因子之一。目前已知结构特征的根瘤菌的结瘤因子至少有 13 种。结瘤因子是三到六聚的乙酰葡萄糖胺组成的寡糖，并受到多种修饰（如脂肪酰基化及磺基化），很可能是根瘤原基形成和早期结瘤基因表达所需的唯一信号分子，是根瘤菌与寄主特异识别的主要信号。结瘤因子由 Nod ABC 和寄主特异性结瘤基因共同编码合成，Nod ABC 编码合成结瘤因子的寡糖骨架，因此所有的根瘤菌的结瘤因子都具有相同的基础结构；寄主特异性结瘤基因负责添加修饰基团，为结瘤因子提供寄主专一性。大部分根瘤菌菌株不能产生单一的结瘤因子，但有相当多的根瘤菌菌群能产生具有不同结合特征的结瘤因子，这些结瘤因子能产生协同作用诱导结瘤反应。结瘤因子是决定根瘤菌特异性寄主的主要因素。

3. 根瘤的形态和功能

当根瘤菌从侵染线释放出时，细胞开始分裂，在感染后的 1 ~ 2 星期，可见的根瘤开始出现。根据结构特点，豆科植物根瘤可以分为有限型根瘤（determinate nodules）和无限型根瘤（indeterminate nodules）。有限型根瘤无分生组织，生长发育一段时间后，各部分同时分化成熟，根瘤体积不再增大。这类根瘤外形一般为球形，如大豆根瘤。无限型根瘤具有顶端分生组织，在根瘤成熟后仍可继续生长，使根瘤体积增大，甚至可以分叉。这类根瘤的外形多为圆柱形、囊状、鸡冠状，如豌豆、三叶草和苜蓿等植物的根瘤。无论是哪种根瘤，固氮作用都开始在根瘤形成大约 15 天后。

固氮是固氮菌和植物共同作用的结果。一般条件下，根瘤菌尽管能生长繁殖，但不能固氮，只有进入宿主植物根，宿主提供固氮所需的条件，才能固氮。在纯培养时，根瘤菌只能在严格控制的微好氧条件下才具有固氮能力。这是因为，根瘤菌需要氧为固氮作用产能，而固氮酶对氧敏感，在氧压较高时又容易失活。在根瘤中，植物不但向真菌不断提供低浓度、高流量的自由 O_2，且 O_2 浓度的精确水平由能与 O_2 结合的豆血红蛋白（leghemoglobin，Lb）控制，Lb 在氧化态（Fe^{3+}）和还原态（Fe^{2+}）之间循环起着调节氧的缓冲剂的作用，解决了类菌体固氮需氧与不需氧的矛盾，使呼吸作用和固氮作用能协调地进行。然而，植物不能独立地合成 Lb，植物合成 Lb，需要与根瘤菌共同作用的诱导。

根瘤固氮的产物并不为根瘤菌自身同化所利用，绝大部分通过类菌体周膜分泌到植物细胞浆中，在那里被同化为酰胺态或酰脲态简单化合物，然后转运到植物其他部分中去利用。无限型根瘤的固氮产物为 NH_3，并最终以天冬酰胺的形式运输到植物的嫩枝。有限型根瘤的固氮产物 NH_3，最终以嘌呤的形式运输到植物嫩枝。

根瘤共生固氮在遗传上也是根瘤菌和宿主植物共同作用的结果。一般根瘤菌具有固氮作用的全部遗传因子，而感染性（结瘤作用）是由根瘤菌和豆科植物共同决定的。植物基因控制能否结瘤或形成无效根瘤，根瘤菌带有决定感染性和专一性的基因。豆血红蛋白中血红素部分由根瘤菌的基因决定，而蛋白部分由植物基因决定。

根瘤共生固氮量取决于植物品种和根瘤菌菌种。同时根瘤共生固氮也受包括土壤湿度、土壤中氧气含量、温度、土壤酸度、化合态氮素、矿质营养等环境因子的影响。

四、其他的共生固氮作用

自然界中除了根瘤菌和豆科植物的共生固氮外，还存在其他形式的将氮气转化为氨的生物转化过程，由包括细菌、蓝藻和放线菌弗兰克氏菌在内的原核生物来完成。非豆科植物也能和放线菌、蓝细菌和根瘤菌形成根瘤共生，固定大气中游离的氮。这些固氮生物能独立游离存在或和其他微生物、植物、动物一起共生并成为其中一部分。能够利用大气中的氮气作为它们生长所需氮源的生物被称为固氮生物。

放线菌能与很多双子叶植物建立共生体，形成根瘤。这些植物主要包括：赤杨属（*Alnus*）、杨梅属（*Myrica*）、沙棘属（*Hippophae*）、木麻黄属（*Casuarina*）、多瓣木属（*Dryas*）等。根瘤的形态、结构与豆科植物的根瘤不同，而和根的内部结构有很多相似之处，具有顶端分生组织，在其后分化出成行排列的细胞，内部则类似于根的中柱，外部是皮层，内生菌存在于内皮层和外皮层之间的细胞中。

赤杨属的桤木能与一种弗兰克氏菌属（*Frankia*）的放线菌形成固氮根瘤。弗兰克氏菌所产生的固氮酶同根瘤菌固氮酶一样对氧敏感，因此，弗兰克氏菌以菌丝体和泡囊（vesicles）生长在寄主细胞内的液泡中。泡囊有很厚的细胞壁，能延缓 O_2 的扩散，能将氧压保持在固氮酶活性有效的水平。弗兰克氏菌的泡囊同一些蓝细菌所产生的异形细胞一样停留在固氮点。弗兰克氏菌的寄主专一性不高，一个弗兰克氏菌株可和几种不同的植物形成根瘤。

能与蓝细菌（蓝藻）形成根瘤的植物比能与任一其他固氮菌形成根瘤的植物都多，包括真菌、苔藓植物、蕨类植物、裸子植物和被子植物。与根瘤菌和放线菌不同，蓝细菌的寄主主要集中在原始植物。热带和亚热带大量生长的红萍就是蓝细菌和蕨类植物的共生体。在蓝细菌和植物组成的共生体中，蓝细菌改变自养的特征而行异养代谢，植物通过光合作用给蓝细菌提供所需的营养物来补偿蓝细菌不能进行光合作用所造成的损失。固氮中形成的氮素化合物转运到宿主植物。

根瘤菌还能和一些非豆科植物建立共生体形成根瘤固定大气中的氮。已发现分布于热带和亚热带的山麻黄属（*Trema*）根部就带有这种根瘤，山麻黄根瘤不含豆血红蛋白，呈红棕色，根瘤菌在根瘤中也以类菌体的形式存在。

无论是形态结构、遗传调节还是生态功能各方面，从根际、菌根到根瘤，微生物和植物之间的相互关系都越来越密切。

第二节　植物茎叶、果实上的微生物

植物的茎叶和果实表面是某些微生物的良好生境，异养细菌、蓝细菌、真菌（特别是酵母菌）、地衣和某些藻类能有规律地出现在这些好气的植物表面。这些微生物群体被称为附生微生物（epiphytic microorganisms）。

一、微生物种类及组成

1. 叶上的微生物
邻近植物叶表面的生境称为叶际（phyllosphere），叶的直接表面生境称为叶面（phyllo-

plane）。

叶际生境主要被各种细菌和真菌种群所占据。如某些松树的绿色针叶叶际一般被各种假单胞细菌定植，其中多见荧光假单胞菌。叶表面微生物善于利用糖和糖醇作为碳源，而树下枯枝落叶层的细菌群体更善于利用脂肪和蛋白质。多年生黑麦草叶表面的优势细菌种群包括萤光假单胞菌、盖氏利斯特菌（*Listeria gayilmurrayi*）、腐生葡萄球菌（*Stapphlycoccus saprophyticus*）和野油菜黄单胞菌（*Xanthonomas campestris*），还有其他的粉红色和黄色细菌。

酵母菌（yeast）是植物叶面常见的微生物。在叶际正常寄居的真菌种群有 *Sporobolomyces roseus*、*Rhodotorual gutinis*、胶红酵母（*Rhodotorula mucilaginosa*）、罗伦隐球酵母（*Cryptococcus laurentii*）、牧草球拟酵母（*Torulopsis ingeniosa*）和出芽短梗霉（*Aureobasidium pullulans*）等。

许多其他真菌如子囊菌纲（Ascomycota）、担子菌纲（Basidomycota）和半知菌纲（Deuteromycota）的种类也可在叶际分离出来。*Ascochytula*、小球腔菌属（*Leptosphaeria*）、格孢腔菌属（*Pleospora*）和茎点霉属（*Phoma*）真菌在叶际营腐生生活，在感染植物以前不能大量生长，且仅在植物开始衰老后才能在叶际生长。格孢属（*Alternaria*）、附球菌属（*Epicoccum*）和匍柄霉属（*Stemphylium*）真菌仅在极其有利的条件下才能在叶际生长。常见于叶际的外来真菌种群有隐球菌（cryptococcus）、毛发菌（pilobalus）、漆斑菌属（*Myrothecium*）、小玉霉属（*Pilobolus*）等，这些真菌的正常生境是土壤，在叶际营腐生生活，一般不致病。

热带雨林多雨高湿的条件，有利于蓝细菌和单细胞绿藻等喜湿性微生物的生存。它们常聚集于叶面，和植物争夺光线，但植物也可以通过在叶面上形成不易透水的蜡质，使得叶表面上的水分很不容易蒸发，从而不利于微生物的生长。

2. 花上的微生物

花是附生微生物的一个短暂生境。在花生境内曾发现两种酵母菌：拉考夫假丝酵母（*Candida reukaufii*）和铁红假丝酵母（*Candida pulcherrima*）。由于这两种酵母菌需要高糖的生境，因此它们不能在叶面上定殖，而能在花上生长良好。此外，其他许多酵母菌如假丝酵母属（*Candida*）、球拟酵母属（*Turolopsis*）、克勒克酵母属（*Kloeckera*）和红酵母属（*Rhodotorula*）的种类，分别在花的不同部位如花蕊、柱头、花瓣等处发现过。一般雄蕊、柱头的真菌要比花冠和花萼多。

3. 果实上的微生物

花从受精到果实成熟，生境条件发生了改变，微生物群落也会发生演替。在果实成熟期，酵母中的酵母菌（Saccharomuyces）往往变成优势菌群，此外，柠檬形克勒克酵母（*Kloechera apiculata*）和铁红假丝酵母也常见于果实表面。不同种的植物果实具有不同的生境特点，也有着不同的特定酵母菌群。苹果、梨、葡萄、橘子、柠檬和樱桃表面都寄居着彼此不同的酵母菌群。

4. 植物茎或干上的微生物

地衣和各种真菌如多孔菌（bracket fungi）和层孔菌（shelf fungi）是树皮上最显著的微生物。真菌黏菌纲的团毛菌属（*Trichia*）、煤绒菌属（*Fuligo*）和 *Licea* 的种类能在树皮上形成子实体。刺盘孢属（*Colletotrichum*）和外囊菌属（*Taphrina*）见于木质茎和树皮。在植物茎、干和枝上生长的一些地衣子实体可以固定大气中的氮以供周围植物利用。

在水生生境中，植物的茎也为附生微生物提供了合适的生长环境。例如在高盐沼泽地中生长的植物树干上生长着蓝细菌，这些蓝细菌能固定大气中的氮，给沼泽地提供丰富的氮源，成为沼泽中固氮的重要生物。

在植物表面的附生微生物直接暴露在多变的气候条件下，它们必须抵抗直接的阳光辐射、干旱和周期性变化的高温和低温。大多数真正的附生微生物能合成具有色素和特殊保护功能的几丁质细胞壁，叶表面的酵母和细菌群体能产生丰富的色素，这些色素可使它们免受太阳的直接照射而避免损害，这些都是对恶劣环境条件的适应。经常见到的附生微生物都能抵抗干燥和低温。此外，许多附生微生物通过长期进化形成各种孢子释放机制，从而能从一种植物表面运动到另外的植物表面。有时微生物、昆虫和植物之间存在着密切的协同关系。如无花果、酵母菌和无花果黄蜂之间存在着互相促进的关系，昆虫对传播水果表面的微生物也起着很重要的作用，果蝇就可以传播水果表面上的酵母菌。

生长在植物表面的微生物种群之间也存在着或正或负的相互作用。耐渗透压酵母菌在果实上的生长可降低糖的浓度，使生境变得有利于其他微生物种群的侵入。酵母菌产生的不饱和脂肪酸可以抑制革兰氏阳性菌在果实表面上生长。细菌在植物果实上的生长发育依赖于酵母菌产生的硫胺素和烟酸这些生长因子，同时酵母的生长也依赖于果实上细菌提供的生长因子。

二、生态功能

植物的茎、叶、果实是微生物的特殊生境，植物为微生物提供栖息场所、水分、营养和保护作用等，同时这些微生物也对植物产生多方面的影响，为植物提供养料、生长因子等，有着重要的生态功能。有些微生物还对植物产生负面影响。

1. 共生固氮作用

除了植物根外，植物的其他部位也能同微生物形成互惠共生的关系，实现固氮作用。如水生蕨类植物红萍（*Azolla*）和红萍鱼腥藻（*Anabaena azollae*）的关系就是如此。红萍生长在热带和亚热带的静水表面，红萍鱼腥藻则生活在其小叶鳞片腹面充满黏液的小腔中。红萍叶在生长过程中，形成内陷的腔将红萍鱼腥藻包围。红萍鱼腥藻能固定大气中的氮，为寄主提供氮源，而红萍则为红萍鱼腥藻提供营养物质和生长因子。

红萍在地球上分布非常广泛，在热带和亚热带地区尤为繁茂。在亚热带水稻田中，在适合的条件下，这种共生体中的蓝细菌每天每英亩可固定数公斤氮。红萍对低 pH 值和盐度不敏感，且在施入氮肥的农田中，仍可进行固氮作用。所以，目前已有一些国家利用红萍作为水稻的氮肥，播种水稻后，农民将一层厚厚的红萍铺在稻田上；当水稻发芽时，水稻从表面的红萍中挤出，导致红萍死亡并释放出氮供水稻吸收。

固氮细菌也见于陆生植物的叶表面。如针叶松叶面微生物所固定的氮留在林冠（Canopy）中，并被微生物群体再循环；有些氮进入土壤；有些氮则被叶子直接吸收，还有些氮为食草动物利用。有些细菌还能感染 *Myrsinaceae* 植物（如圆锥紫金牛）和 *Rubiaceae*（如蔓虎刺之类）的叶子形成叶瘤，叶瘤也具有固氮功能。例如热带植物穿根藤和能固氮的色杆菌（*Chromobacterium*）和克雷伯氏菌（*Klebsiella*）分别形成能固氮的叶瘤共生体。

2. 保护植物并改善植物营养

内生真菌（fungal endophytes）能生长在一些禾本科植物的茎叶组织中，不仅对植物无不良影响，而且能产生有利作用，同植物形成互惠共生关系。如欧美广泛栽种的牧草牛尾草

（*Festuca arundinacea*）同内生真菌 *Acremonium coenophialumg* 共生，能使寄主更耐干旱，更有效地利用土壤氮素，积累更多的干物质。内生真菌不会引起植物病害，但在从寄主植物获得光合产物的同时，它们会合成一些生物碱如麦角肽（ergopeptides）、lolines、lolitrems 和 peramines。这些生物碱对线虫、蚜虫、昆虫和哺乳类草食动物有毒性或有威慑力，如 lolitrems 对哺乳动物的神经系统具有毒性，能导致家畜的蹒跚病。因此，内生真菌同植物形成共生能使植物具有防护能力，不仅能阻止害虫侵袭，而且对牲畜有毒，避免了被食草动物取食。

3. 微生物对植物的负面影响

有些细菌能对植物产生负面影响。如内生真菌引起一些植物"干死病"（choke disease）和冰晶形成细菌引起的植物霜冻伤害等。子囊菌属的 *Epichloe typhina* 是一种无症状的内生菌，从植物开花期开始感染寄主，植物开花期大量的内生真菌发育形成子囊孢子，可使花停止生长。某些叶际细菌能引发冰晶形成（ice crystal formation），冰晶体的形成对植物具有霜害作用（frost damage）。丁香假单胞菌（*Pseudomonas syringae*）和草生欧文氏菌（*Erwinia herbicola*）的一些菌种能产生表面蛋白质，并引起冰晶体的形成。很多植物的叶面都可观察到大量活跃的冰核形成菌（ice-nucleation-active bacteria）。生活在叶面的冰核形成菌当周围温度达到 $-2 \sim -4℃$ 时，便可启动具有破坏性的冰晶体形成，从而引起植物死亡。这些附生菌是植物的条件致病菌，仅当温度达到引起结冰时才会造成霜害。研究表明，通过物理、化学诱变使冰核形成菌失去合成冰晶体启动蛋白质的能力，然后利用这些突变菌株代替野生菌株时，在周围环境温度达到 $-7 \sim -9℃$ 时，冰晶体才开始形成。因此，可通过基因工程的方法，使丁香假单胞菌失去合成冰晶体表面蛋白质的能力，然后将这些基因工程菌株应用到田间农作物，可降低霜害，但其环境影响现在还不清楚。

第三节　农杆菌和植物根的关系及其作用

农杆菌（*Agrobacterium*）是一类生活在土壤中的细菌，能引起大量植物形成肿瘤。目前研究最多的两种农杆菌是能引起冠瘿病（crown gall）的根癌农杆菌（*Agrobacterium tumefaciens*）和能引起发根（hairy root）的发根农杆菌（*Agrobacterium rhizogenes*）。

近年来，随着对农杆菌遗传机制等研究的深入，农杆菌的特殊作用受到强烈关注。在医学、农业等方面，农杆菌都有重要理论和应用价值。

一、农杆菌对植物根的侵染作用

植物创伤后通常形成良性的组织堆积，即所谓的愈合组织。而根癌农杆菌感染创伤组织后形成的肿瘤不同于愈合组织，它能像动物肿瘤一样不断地增殖，肿瘤一旦形成，就能在没有植物激素和细胞分裂素供给，也无农杆菌细胞存在的条件下继续生长。引起肿瘤的根癌农杆菌细胞中存在称为 Ti（tumor induction 肿瘤诱导）质粒的大型质粒。在发根农杆菌中，称为 Ri 质粒的类似质粒是形成发根所必需的。根癌农杆菌在感染后，一部分 Ti 质粒，称为转移 DNA（transfer DNA，T-DNA），整合到植物的基因组中。T-DNA 携带控制肿瘤形成和合成多种称为冠瘿碱（opine）的修饰氨基酸的基因。T-DNA 在植物细胞中的表达诱导肿瘤形成。冠瘿碱由转移 T-DNA 的植物细胞产生。冠瘿碱是农杆菌的主要碳、氮和能源，其他土壤微生物不能代谢，从而使农杆菌在自然界中为自己赢得了独有的生存空间。羧乙基精氨酸（octopine）和 nopaline（它们都是精氨酸的衍生物）是最常见的冠瘿碱。

冠瘿病的发生过程大致为：农杆菌感染受伤植物—农杆菌附着在植物细胞上—T-DNA 从细菌质粒转移给植物细胞，并整合到植物染色体上—肿瘤形成并合成冠瘿碱。

为诱导肿瘤形成，农杆菌必须首先在植物受伤组织附着。植物组织对农杆菌的识别，由农杆菌和植物表面互补的受体分子的相互识别完成。植物的受体分子是一类复杂的多聚糖。农杆菌的受体镶嵌在细胞壁的脂多糖中，是一类含 β-葡聚糖的多聚糖。植物受到伤害后，将会分泌出含有酚类化合物（如 acetosyringone，p-hydroxybenzoic 酸和香草醛 vanillin）的汁液，农杆菌对这些酚类化合物的趋化性促使农杆菌向植物受伤部位移动并附着于植物细胞表面。农杆菌在植物受伤点附着后，迅速合成微纤维，固定在植物受伤点，在植物细胞表面形成大的细菌聚集体。

细菌聚集体上的农杆菌向植物细胞转移质粒。Ti 质粒大约 200kb，由可转移 DNA（T-DNA）区、毒性区（Vir 区）和冠瘿碱分解代谢编码区等构成。虽然农杆菌感染植物是众多基因共同作用的结果，但真正能转移到植物细胞的基因，实际上只有一小部分 Ti 质粒片段，即 T-DNA，长约 20kb。T-DNA 两端是两个 25bp 的重复序列，分别称为左边界和右边界，两个边界序列之间是生长素、细胞分裂素和冠瘿碱的合成基因。Ti 质粒中的毒性（virulence）基因对 T-DNA 的转移非常关键。毒性基因编码合成 T-DNA 转移所需的蛋白质，协助完成 T-DNA 从农杆菌向植物的转移及整合过程，使 T-DNA 插入到植物细胞核染色体中。植物受伤分泌出的酚类化合物同时诱导毒性基因的表达。T-DNA 区内的基因表达调控序列与真核生物类似，故可以在宿主植物中表达，进而诱导肿瘤形成。因此，对冠瘿病遗传机制的研究有望为控制人类恶性肿瘤提供参考。

发根农杆菌的转化机理与根癌农杆菌类似，其中含有的质粒称为发根诱导（Ri）质粒，Ri 质粒中也含有致瘤基因。Ri 质粒的 T-DNA 也含有与发根生成有关的植物激素合成基因和冠瘿碱合成基因。植物根被 Ri 质粒感染后，Ri 质粒中的致瘤基因引起植物激素分泌增多，导致植物根组织过度生长，表现病状。

二、农杆菌在转基因植物中的作用

冠瘿病和发根病包含有独特的植物-细菌关系，其中细菌 DNA 可物理性地转移给植物细胞。事实上，T-DNA 的转移只与两个边界序列有关，尤其是右边界对 T-DNA 的准确转移是不可缺少的，而边界序列之间含有什么基因并不影响 T-DNA 的转移。因此，Ti 系统可被用作导入 DNA 到植物中的载体，可以用所希望转移到植物中的基因代替 T-DNA 区中的致瘤基因，然后利用农杆菌将这个改造后的 T-DNA 转移到植物基因中，获得我们所希望得到的转基因植株。植物通常难以转化，但通过农杆菌就容易实现。

双子叶植物是农杆菌的天然寄主。自 1983 年农杆菌被首次用于烟草基因转化以来，现已被广泛用于双子叶植物的转化，如烟草、马铃薯、番茄、大豆、甜菜、拟南芥菜、茄子以及十字花科芸薹属植物等。随着对农杆菌-植物之间的相互关系以及 T-DNA 转移机制的不断深入了解，以前曾难以被农杆菌转化的单子叶植物，特别是主要的粮食作物，如水稻、玉米、小麦和大麦，近年来也成功地被农杆菌转化。目前由农杆菌介导的转基因植物已扩展到许多经济作物、粮食作物、蔬菜、花卉、药用植物、水果、树木及牧草等，有些已经实现了商品化。农杆菌正发挥着多方面的重要作用。

1. 在植物品种改良上的作用

农杆菌在改良作物的遗传性状方面发挥了重要作用。例如，利用农杆菌培育抗病虫害、抗除草剂植物品种。将苏芸金杆菌的毒性基因与根癌农杆菌 Ti 质粒重组，再通过农杆菌导入番茄细胞中，培育出抗鳞翅目害虫的番茄。实验表明，用这种转基因番茄植株的叶片饲喂新生害虫幼虫，48 小时内幼虫全部杀死，且对叶片很少伤害。

抗甘草膦除草剂植株的培育很有实用价值。甘草膦是一种广谱除草剂，对杂草有极大的杀灭作用，对动物无毒，在环境中极易分解；然而它能杀死其他所有的植物，因此，生产上仅局限于种植前使用。通过对鼠伤寒沙门氏菌诱变，分离得到对甘草膦除草剂有抗性的突变体，并提取出被改变的基因与根癌农杆菌 Ti 质粒重组，导入烟草、番茄、白杨和棉花的叶片细胞中，就能得到具有遗传抗性的植株。

此外，还有很多利用 Ri 质粒转化使植株及其后代表现出许多可遗传的变异性状的事例，如植物矮化、节间缩短、根系发达、生长加快、花型叶型改变等，在园艺植物品种改良中有很大的应用价值。

2. 在植物栽培中的应用

许多木本植物扦插繁殖时生根率很低，限制了繁殖速度，用发根农杆菌处理这些植物的插条，能够明显提高生根率，从而促进地上部分的生长。例如，欧洲榛（*Corylus avellana*）的两个栽培品种 *Ennis* 和 *Casina* 插条生根很困难，由 IBA 处理可以促进生根，但会引起芽的脱落，而用发根农杆菌处理插条，既可以促进生根，又不会引起芽的脱落。用发根农杆菌处理橄榄树枝条，结果其生根率提高，根的生长量增大，进而使地上部分（包括树干直径、树体高度、开花量、结实率和单果重）的生长量明显高于对照。

3. 在植物次生代谢产物生产中的应用

通过发根农杆菌 Ri 质粒转化诱导出的毛状根具有生长迅速、激素自养、生长条件简单、次生代谢产物含量高且稳定、分化程度高，不易变异等特点。因此毛状根培养技术被认为是一条利用生物技术生产次生代谢产物（如药物、天然色素、香料、天然调味品等）的新的有效途径。目前，通过毛状根培养可以生产的次生代谢产物有生物碱类（如吲哚、喹啉、莨菪烷、喹嗪烷等）、甙类（如人参皂甙、甜菜甙等）、黄酮类、醌类（如紫草宁等）、多糖类、蛋白质（如花粉蛋白等）和一些重要的生物酶（如超氧化物歧化酶）等。

传统的植物转基因方法直接将裸露的 DNA 向植物组织转移，因而 DNA 在植物基因组中的整合缺乏限制因素，随机性大，规律性差。农杆菌转化系统与 DNA 直接转化方法不同，它是一种生物转化系统，因而具有主动性；它选择性地转移 Ti 质粒上以两个 25bp 重复序列为端点的 T-DNA；在 VirD$_2$ 蛋白的帮助下，可以主动地插入到植物染色体上。此外，农杆菌转化系统获得的转基因植株还具有拷贝数低（一般 1~3 拷贝）、可转移基因片段较长等优点。因此，农杆菌已被用作转移外来基因到植物内的主要载体工具。但其存在的生物安全性问题还无法评价。

第四节　植物的微生物病害发生生态学及生物防治

一、病害发生生态学

植物的绝大多数病害都与微生物有关。那些能引起植物病害的微生物被称为植物病原微生物。真菌是主要的植物病原微生物，但某些细菌、病毒和原生动物也可以引起许多植物病害。病原微生物能引起植物功能失常，从而降低其生长和维持生态位的能力。因此，植物病原微生物不仅会产生严重的生态问题，也会造成重大的经济损失。

植物病害的发生是微生物对植物的偏害作用引起的，是一个涉及宿主、病原微生物和各种环境条件的复杂的生态学过程，是特定生物和特定环境相互作用的结果。

1. 病原微生物侵入宿主

植物微生物病害的发生和发展是由于微生物以某种形式进入植物体内，并在其中生长繁殖，进而使植物表现出病症的过程。植物微生物病害的发生可以归结为四个阶段：①病原微生物和植物接触；②病原微生物侵入植物体；③病原微生物在植物中生长；④植物病害症状的出现。

病原微生物可以通过许多方式与植物的根面、叶面或其他表面接触。大部分植物病原真菌以孢子的形式通过空气传播，与植物茎叶接触。大多数病毒和一些细菌、真菌病原体以昆虫作为媒介进行传播，这些病原体大多与植物叶面接触。有些病原微生物可利用土壤中的动物（如线虫）进行传播，它们与植物的接触位点在根面。土壤中能运动的病原体如假单胞菌和霉菌的粉孢子，能在植物根分泌的趋化物质作用下，被吸引到植物根面。

空气传播的病原真菌孢子具有在易感植物的茎叶上附着的能力。如：子囊菌（水稻作物稻瘟病病原体）*Magnaporthe grisea* 的分生孢子能有效地黏附在植物表面。孢子能在植物表面附着是由于孢子顶端储藏的黏液在水分和露水的作用下膨胀，使孢子顶端破裂，黏液流出胶黏叶面的结果。

植物病原微生物可以通过植物伤口或自然开口（如气孔）进入植物体。发芽的孢子菌丝能做出一系列反应找寻和识别气孔。*Uromyces appendiculatus* 锈菌的发芽夏孢子能识别豆类植物（*Phaseolus vulgaris*）的气孔保护细胞形成的高约 $0.5\mu m$ 的脊。当菌丝遇到这样的脊时，就会发生形态变化，形成能通过气孔的附着胞（变平的菌丝）。高小于 $0.25\mu m$ 和大于 $1.0\mu m$ 的脊均不能引起这样的反应。病毒通常通过携带它们的昆虫所造成的伤口进入植物体内，但也有其他一些病毒存在于地下水中，病毒在植物吸收水分时一起进入植物体。有些植物病原微生物能直接穿透植物体表，穿透有的是物理性的，形成穿透器（penetration peg）穿过表皮，有的是病原微生物产生的酶使穿透点邻近的植物组织软腐。

2. 病原体对植物宿主的损害

成功进入植物的病原微生物能产生分解酶、生长调节剂和毒素（或诱导植物产生毒素）干扰植物的正常功能。例如，果胶酶能使植物组织崩溃；纤维素酶和半纤维素酶能分解植物细胞壁成分，使细胞分解；生长调节剂能使植物生长物质降解或失活，导致植物矮小。某些植物病原微生物产生的生长素、吲哚乙酸（IAA）与树瘿的形成有关；某些病原真菌产生的赤霉素和细胞分裂素使植物茎疯长；某些病原菌产生的乙烯能引起植物代谢发生变化，导致植物组织的损害；病原微生物能产生毒素或诱导植物产生毒素均能干扰植物的正常代谢。如能引起烟草野火病（wildfire disease）的烟草假单胞菌（*Pseudomonas tabaci*）所产生的 β-羟二氨基庚二酸毒素能干扰蛋氨酸的代谢。一些植物病原真菌能产生具有高选择性的毒素，包括低分子量的环缩氨酸（low-molecular-weight cyclic peptides）和直链聚合酮醇（linear polyketols）。这些毒素表现出对线粒体和细胞膜的干扰，能破坏细胞膜，使感染易于扩散。

3. 被感染的宿主发生异常变化

被病原微生物感染了的植物，其形态和生理都将发生异常变化。

病原微生物的入侵可直接引起植物形态反应，形成小突起结构，小突起的形成可防止病原体的进一步扩散。被感染了的植物组织细胞壁常被改变，导致细胞膨大或畸形。某些病原微生物的入侵可能影响细胞的透性，导致植物细胞的泄漏或死亡。细胞透性的变化可能由果胶酶或毒素引起。植物细胞透性的改变还可造成水流不平衡、水运输障碍，从而导致植物脱水和枯萎的症状。如镰孢霉（*Fusarium*）侵入番茄后能减少流经木质部的水分，从而使番茄枯萎。某些病原微生物可造成气孔功能失调，改变植物对水分的运输和蒸发；有多种病原细菌都能堵塞气孔引起植物枯萎。如斯氏欧文氏菌（*Erwinia stewartii*）造成玉蜀黍的蔫萎；嗜管欧文氏菌（*Erwinia tracheiphila*）引起黄瓜的蔫萎；青枯假单胞菌（*Pseudomonas solanacearum*）造成烟草的枯萎；而诡谲棒杆菌（*Corynebacterium insidiosum*）引起苜蓿的枯萎。某些病原微生物可以改变植物的代谢活性，使患病植物有时表现出呼吸速率的改变，这是由于电子传递不能耦联或者是改变了糖代谢中的糖酵解途径。某些病原微生物可以干扰植物对 CO_2 的固定作用。叶片上的某些病原微生物有时能导致植物患缺绿病，阻碍植物进行氧化光合磷酸化和产生固定 CO_2 所需的 ATP。某些病原微生物还能造成蛋白质合成的变化，如植物疯长和树瘿的形成是由于控制蛋白质合成的核酸功能的改变，蛋白质合成的改变又会造成代谢途径和酶活性的变化。

病原微生物的入侵使植物表面和细胞壁失去完整性。因此，一旦植物第一次被病原微生物入侵表现出病害症状，就容易受到机会病原微生物的二次入侵。

4. 宿主对病原体的抵抗

植物对病原微生物的侵入也不是被动的，植物可以通过许多方式抵抗病原微生物的入侵。

植物在遭受病原微生物袭击后，能做出反应合成一些被称为植物抗毒素的抗生素物质。这一防御机制能减慢甚至阻止病原微生物的感染过程，并能增强植物对病原微生物的免疫能力。此外，植物体表面存在许多物理屏障可以阻止病原微生物入侵，如植物表皮组织的蜡质层、角质层和木栓层以及植物表面生长的正常微生物菌群和菌根的菌套等。所有这些防御机制对植物免受病原微生物的侵入都起着积极的作用。

5. 影响病害发生的其他因素

病原微生物与植物之间的寄生关系受许多环境因素的影响。

①季节变化对植物病害发生的影响。大多数植物病原微生物在温暖的季节生长良好，并引起最严重的植物病害。冬季许多植物病原微生物不活动，但有少数真菌能在低温下旺盛生长，并引起植物病害。如核瑚菌属和镰刀菌属的病原菌只能在寒冷季节或寒冷地区的植物体上生长繁殖，并引起谷类植物和草发生雪霉（snow mold）。②湿度影响植物病害的发展。有

的植物病原微生物通过雨水传播。在某些地区降雨的分布和植物病害的发生有密切关系。如在生长季节大量降雨，空气湿度高，则葡萄的霜霉病和梨树的火疫病最为严重。又如大部分病原真菌的孢子在叶面萌发需要相对高的湿度。因此通过根系感染引起的病害在土壤湿度接近饱和点时最为严重。③土壤 pH 值对土传病原微生物的感染力的影响。如 *Plasmodiophora brassicae* 在 pH 值接近 5.7 时才能引起十字花科植物根肿病，但 pH 值升到 7.8 则又不能引起植物病害。疮痂病链霉菌（*Streptomyces scabies*）使马铃薯产生疮痂病的 pH 值范围在 5.2 ~ 8.0。④宿主植物的营养状况也会影响宿主对病原微生物的反应。缺乏矿质营养的植物对病原微生物更加敏感。⑤另外，还有其他一些环境因素也影响着植物病害的发生和发展。风可以传播病原微生物。光照强度小时，植物对病原微生物的敏感性增强。

二、植物的微生物病害

1. 病毒引起的植物病害

很多病毒都可以感染植物，引起植物疾病。病毒通常由植物伤口或被感染的花粉进入植物细胞。病毒引发的典型病害是叶片损伤。典型的植物病原病毒如表 7-3 所示。因为病毒的体积小，所以首先通过寄主植物所表现出的病症来鉴别它们的存在。近年来，已有多种新的分子技术用于鉴定病毒，如聚合酶链式反应（polymerase chain reaction，PCR）和反转录酶 PCR（reverse transcriptase，RT-PCR）分析等。

表 7-3   **部分重要的植物病原病毒及其危害**

病原病毒	核酸类型	宿主植物	病害或病症
烟草花叶病毒（Tobamovirus）	（ssRNA）	烟草	叶片褪绿和畸形
小麦花叶病毒（Furovirus）	（ssRNA）	小麦	矮小和叶斑驳病
Potexvirus	（ssRNA）	马铃薯	植物体矮小
Potyvirus	（ssRNA）	豆类	叶斑驳病和叶萎黄
Phytoreovirus	（dsRNA）	水稻	肿瘤
Caulimovirus	（dsRNA）	花椰菜	生长缓慢

注：ss 单链，ds 双链。引自 Environmental Microbiology，2000，Table 18.8，page 443。

在进入易感植物细胞以前（包括存在于媒介中），病毒只有保持完整才能维持其感染能力，结构不完整就会失去活性。病毒的媒介很多，各种昆虫（如蚜虫、叶蝉、水蜡虫、蚂蚁和线虫等）和部分真菌（如芸苔油壶菌，*Olpidium brassicae*）都可作为病毒的媒介，它们在病毒的转移过程中起着非常重要的作用。病毒在媒介中的存活时间可以比在土壤中长，媒介中的病毒不会受到其他微生物酶的攻击以致失活，而在土壤中游离生活时是不能幸免的。环境因子（如土壤结构和湿度）因能影响媒介的存活和运动，很大程度上决定着病毒的传播。病毒性植物疾病的分布常常随媒介的空间分布而变化。

此外，植物病毒也可通过参与植物繁殖活动的植物组织（如花粉和种子）传播，使病毒能保留在易感的宿主植物种群中。如烟草脆裂病毒（tobacco rattle virus）可以在被感染的矮牵牛属植物的花粉上检测到，它们结合在花粉上通过空气传播到易感的植物体。

类病毒也能引起植物病害，如类病毒能引起马铃薯的纺锤体疾病、菊花矮小症和柑橘裂皮病。类病毒是缺乏蛋白质保护衣壳的 RNA 分子。目前，对它如何能成功地进入植物体，又如何编码自身的机制还不清楚。

2. 细菌和放线菌引起的植物病害

除链霉菌属（*Streptomyces*）为丝状放线菌外，大多数植物病原菌，都属杆状菌。植物病原菌能以寄生的形式存在于植物体内或以附生的形式存在于植物叶面，也能在植物残骸或土壤中营腐生生活。一些病原菌如欧文氏菌属（*Erwinia*）主要存在于植物体内营寄生生活，而其他一些病原菌如青枯假单胞菌（*Pseudomonas solanacearum*）主要存在于土壤中营腐生生活。然而，大部分病原菌都是通过寄主组织进入土壤的，且只有当土壤中存在植物组织时才能保持相当大的细菌群体。一些重要的植物病原菌如表 7-4 所示。由表 7-4 可看出蔬菜和水果尤其容易遭受病原菌的感染。

表 7-4 部分重要的植物病原菌

病原菌	宿主植物	病害和病症
丁香假单胞菌 *Pseudomonas syringae*	烟草、蔬菜	叶面出现斑点
荧光假单胞菌 *Pseudomonas fluorescens*	土豆	根软腐
野油菜黄单胞菌 *Xanthomonas campestris*	谷类、果树和十字花科植物如白菜等	叶面出现斑点、黑根
嗜管欧文氏菌 *Erwinia tracheiphioa*	黄瓜和各类瓜类	维管束萎缩
胡萝卜软腐欧文氏菌 *Wrwinia carotovora*	果树和蔬菜	根软腐
根癌农杆菌 *Agrobacterium tumefaciens*	果树	冠樱病
疮痂病链霉菌 *Streptomyces scabies*	土豆	土豆结痂
Xylella fastidiosa	葡萄	Pierce's 病（Pierce's disease）

引自 Environmental Microbiology, 2000, Table 18.6, page 441。

冠瘿病是由土壤传播病原体根癌农杆菌引起的。这种病害表现在植物出现不受控制的细胞分裂，这通常导致在植物顶冠周围形成一种典型的瘤或肿块。这种疾病感染许多双子叶植物，特别是核果、蔷薇属和葡萄。导致疾病的大多数必需细菌基因是质粒携带的，肿瘤诱导（Ti）质粒的片段被转移进宿主植物细胞，在那里被整合进植物并在其中发挥功能。

病原菌的传播方式多种多样。大部分的植物病原菌不能形成休眠阶段，所以必须一直和植物保持密切的接触，如解淀粉欧文氏菌引起果树火疫病后，仍留存在感染组织或被昆虫、雨滴带到未被感染的植物组织中。冬天，尽管它们停止生长，但仍附着在树干和树枝上。春天，雨水和昆虫又把它们带到新的植物中去。有些病原菌则永久地生活在土壤中，它们通过感染植物根致使植物发生病害。如一些能引起植物软腐病的荧光假单胞菌在根际作为腐生菌大量存在，并通过根面感染植物。此外，种子也可以传播许多病原菌，这些病原菌通过污染的种子表面或存在于种子珠孔中被携带。病原菌在种子上的时期是到达土壤前的过渡期。例如栖菜豆假单胞菌（*Pseudomonas phaseolicola*）被携带在种子珠孔中，引起豆类的孔环病。锦葵黄单胞菌（*Xanthomonas malvacearum*）也存留在种子上，种子萌发以后出现在子叶叶缘，引起棉花疫病。部分病原菌是专性寄生的，非专性寄生的种类能在土壤中繁殖。

　　和其他病原体一样，细菌病原体在引起植物病害的过程中必须能适应植物的生长期，克服植物表面的保护作用侵入植物组织，还得有自身的传播方式，确保能存活下来。另外，只有当群体发展到足够大时，才能引起植物病害。

　　3. 真菌引起的植物病害

　　大部分的农牧业经济损失都是由植物的真菌性病害引起的，全球每年因病原真菌引起的农作物病害，所造成的经济损失达几十亿美元。

　　大部分病原真菌都属丝状菌，且几乎都有复杂的生命周期，其生命史的一部分在感染植物中完成，一部分在土壤或土壤中的植物残骸中渡过。因此，真菌病原体的存活力和感染力受到包括生物（微生物）和非生物土壤环境因素（温度和湿度）的制约。许多真菌具有成为植物病原微生物的潜力，它们产生的各种孢子便于在植物中传播，产生的休眠孢子使它们能在宿主植物外存活。因此，病原真菌的种类很多，几乎所有农作物都易感染上病原真菌，发生种子、根、茎、叶和果实的疾病。一些重要的病原真菌及其宿主植物如表 7-5 所示。

表 7-5　　　　　　　　　　　部分重要的病原真菌及其危害

病原真菌	宿主植物	病害或症状
腐霉 *Pythium*	几乎所有植物	种子和根的腐烂（立枯病）
疫霉 *Phytophthora*	蔬菜、果树	根腐
单轴霉 *Plasmopara*	葡萄	绒霉腐（*Downy mildew*）
根霉 *Rhizopus*	果树和蔬菜	果树和蔬菜的软腐病
叉丝单囊壳 *Podosphaera*	果树	粉霉病（*Powdery mildewy growth*）
链格孢霉 *Alternaria*	蔬菜	叶萎蔫
镰孢霉 *Fusarium*	蔬菜和田间作物	叶枯萎
柄锈菌 *Puccinia*	谷物类	茎叶的锈病
黑粉菌 *Ustilago*	谷物类	谷物的黑穗病
丝核菌属 *Rhizoctonia*	草本植物	根、茎的腐烂
蜜环菌属 *Armillaria*	果树	根腐烂

　　引自 Envrionmental Microbiology，2000，Table18.5，Page 440。

　　在所有病原真菌中最重要的是锈菌和黑粉菌，它们可以引起严重的农作物病害，锈菌和黑粉菌每年能造成数百万美元的经济损失。自然界存在 20 000 多种锈菌和 10 000 多种黑粉菌。锈菌和黑粉菌都属于担子菌纲真菌，具有复杂的生活史。黑粉菌引起的重要农作物疾病有：燕麦的松散黑穗病、玉米黑穗病、小麦的袋状黑穗病和洋葱黑穗病等。

三、植物病害的生物学防治及其生态学原理

控制植物病原体的一个较新的方法就是生物学防治（biological control），利用微生物代替化学物。由于生物学防治是通过改变生态系统中的平衡来实现的，所以起作用的时间要比化学方法更长，另外，如果生物控制方法成功了，它的作用时间也比化学控制要长。植物的病虫害综合防治中，生物控制方法通常是最成功的。

生物防治是利用生物种群之间相互制约的关系，人为地进行干预，以达到防治病虫害的目的。生物防治可定义为利用生物或它的代谢产物来控制有害动、植物种群或减轻其危害程度的方法。更广泛的定义是指利用天然的或改造的生物体、基因产物降低有害生物的作用，并有益于有益生物如作物、树木、动物、益虫及微生物的过程。

对动植物病害和致病生物的生物防治是微生物生态学中一个很有经济价值的应用领域。生态学是生物防治的理论基础。微生物之间、微生物同高等生物之间的偏害关系（如捕食、寄生和拮抗）构成了生物学控制动植物病害和致病微生物的生态学基础。从食物网的错综复杂可见，自然界中没有一种生物可幸免被捕食或被寄生，其本身往往又是捕食者或寄生物。从生态学角度出发控制病原微生物的生物学方法有：改变宿主和媒介种群、改变病原体贮主和直接利用微生物的病原性和寄生性。

改变宿主种群主要是筛选有抗性的物种或通过预先接触病原体以获得更大的抗性。这在生态学上是减弱病原微生物对宿主种群的偏害作用；媒介种群是病原体的携带者，在许多情况下还是病原体生命循环中的候补宿主，因此，消除或减少媒介种群能控制经媒介传播的病害的爆发；改变病原体贮主的基本点在于切断病原体的传播途径，减少健康个体与致病微生物的接触机会；微生物之间的偏害作用和寄生作用是一自然的过程，利用和强化此过程可以用来控制病原微生物，保护宿主免受感染。

生物学防治方法可以通过在土壤中引进微生物或利用土著微生物区系来实现，可以在植物根、根际内或根附近的土块中进行，目的都是降低特殊病原体的数量和活性。

使用定居的拮抗生物的生物学防治方法具有作物轮作和土地耕作、土壤中掺入有机改良剂（amendments）等，这些相对于病原体来说明显增加了土壤中的拮抗生物的种群，使宿主根在受到感染以前病原体活性就受到了抑制。

生防微生物（生防菌）主要通过产生抗菌物质以及在植物表面特定位点上与病原菌竞争空间和营养（位点竞争）等方式限制病原细菌的生长和活力。此外，重寄生作用和诱导抗性也是生防菌作用的两种具有潜在重要性的机制。抗菌物质主要有抗菌素（多数是广谱性的）、细菌素（只限对亲缘关系密切的微生物才有抑制作用）和噬铁素（自由 Fe^{3+} 离子，通过螯合作用使活性降低，主要表现在根际环境中对根部病害的抑制作用）。位点竞争作用包括在植物表面的位点竞争和在植物体内的位点竞争。前者可发生在植物表面区域，因为植物表面对细菌繁殖、长期存活和进入寄主细胞都是重要的场所，因而在这时拮抗与病原菌的竞争就会对病原菌的附生阶段以及病害的发生有限制性影响。后者是指拮抗菌占据了与病原相同的内部小生境（维管束组织），从而限制了病原菌的扩展。寄生作用包括寄生互作（噬菌体和食菌蛭弧菌）和直接摄食（如原生动物对根围细菌的摄食）两种类型。诱导抗性的机制多数是由于位点的竞争和抗菌物质的作用以及诱导植物合成能抑制病原物活动和繁殖的

物质，如植物保卫素和植物凝集素等。

代表性的生防微生物如防治番茄细菌性斑点病（*Pseudomonas syringae*）的 *Pseudomonas yluorescens*，大白菜软腐病（*Erwinia carotovora*）的 *Bacillus subtillis* 和冠瘿病（*Agrobacterium tumefaciens*）的 K84 菌株等。

用根癌农杆菌 K84 菌株（*Agrobacterium tumefaciens strain* K84）对冠瘿病的生物防治很具典型意义。在植物茎干接种非致病菌株 K84 可成功地预防冠瘿病。这种商业上重要的生物控制方法最早是在 1980 年在澳大利亚发展起来的。控制技术的机理是 K84 菌株产生一种细菌素来抑制与其有密切亲缘关系的细菌，亦既根癌农杆菌的其他致病菌株。这种细菌素被称为土杆素 84（agrocin 84），是一种能抑制 DNA 合成的腺嘌呤核苷酸的类似物（fraudulent adenine nucleotide）。由于 agrocin 的部分分子结构与冠瘿碱 agrocinopine 相似，具有 agrocino-pine 透性酶的菌株就能吸收 agrocin。这样，能合成冠瘿碱 agrocinopine 的根癌农杆菌吸收 ag-rocin 84 后，DNA 合成就受到阻碍，而那些不能吸收 agrocinopine 的突变菌株就对 bacteriocin 不敏感。将植株接种非病原性的 K84 菌株，这些菌株产生一些物质抑制了亲缘关系近的细菌，也就是抑制其他的根癌农杆菌菌株的 DNA 合成。进而有效防治了冠瘿病。

接入生物控制剂可有效地控制病原体。生物控制剂能产生大量的化学代谢物，将产生这些代谢物的微生物接种到根际，或直接将这些代谢物加到根际，使之参与控制植物病害。生物控制剂源于 20 世纪 60 年代，那时许多科学家，尤其是前苏联的科学家，利用接入细菌来提高农作物的产量。这些所谓的细菌肥料（bacterial fertilizers）通常是指固氮菌属和芽孢杆菌属的一些种类，当时认为产量的提高分别是氮固定和磷溶解的缘故，现已证明主要是根际内拮抗作用的结果。目前已引入术语植物促生根际菌剂（PGPR）和有害根际微生物（DRMOs），PGPR 被认为能通过在根部系统地定殖阻碍 DRMOs 的定殖来促进植物生长。荧光假单胞菌就被证明能产生一种作用于病原体的吩嗪抗生抑制物。

生物控制剂代谢物的著名例子是一种自然微生物苏云金芽孢杆菌产生的晶体毒素。苏云金芽孢杆菌在生长过程中产生一种类晶体，它对特定的昆虫类群有毒性作用。这种有毒的晶体 Bt 蛋白质只有被内脏环境是碱性的（动物胃部是酸性的）昆虫吃了后才会起作用。在昆虫的内脏中，毒素与特殊受体结合，最终导致内脏的麻痹。昆虫停止进食，并死于组织损伤和饥饿的联合作用。Bt 毒素作为商业性的微生物杀虫剂在全球范围内都有销售，并以多种商业名字出售。更有趣的是毒素基因能被转移入植物体内以产生自我保护免受病虫伤害。

其他用于生物控制的代谢物包括微生物产生的 HCN、抗生素和载铁体。最近发现鼠李糖脂生物表面活性剂是一种抵制一类称为游动孢子（zoosporic）的植物病原体的有效生物控制剂。一种声名狼藉的游动孢子植物病原体就是致病疫霉（phytophthora infestans），它是西红柿枯萎和 19 世纪 80 年代爱尔兰马铃薯饥荒的始作俑者。

生物防治具有专一性强、可持续、环境友好等方面的优点，是理化防治手段不可企及的。当然，一种微生物的最终成功不仅仅依赖于与其他根际微生物的相互作用，还应包括与植物根本身的相互作用。

思 考 题

1. 讨论 R∶S 比值作为评估根际影响的作用和局限。

2. 根际与普通土壤在物理、化学和生物上的有何差异，这些差异是怎样产生的？

3. 阐述游离固氮在农作物生产和自然生态系统中有怎样的重要性。

4. 共生固氮作用在作物生产中有何重要性？

5. 阐述根瘤菌和豆科植物间的相互作用。

6. 试比较主要菌根真菌与植物间的相互作用。

7. 试比较根瘤菌与土壤细菌。

第八章　微生物对环境有机污染物的降解与转化

在地球漫长的历史进程中，生物多聚物的缓慢进化和以这类物质为基质的微生物分解能力的进化是平行进行的，地球上没有任何的自然有机物过度积累就说明这一点。微生物分布广泛，代谢类型多样和适应变异能力强的特点为微生物对生物物质的巨大分解能力提供了基础。自然界物质中既有易于分解的蛋白质、脂肪、多糖，也有难以分解的木质素。环境有机污染物的进入对存在于环境中的微生物是一个挑战和选择压力。与自然存在的有机物不同，环境污染物既有自然来源，也有人工合成的，而且大多是人工合成生产的。后者也称为人造化合物（man made compounds）、人为化合物（anthropogenic chemicals）、合成化合物（synthetic compound）、合成有机化合物（synthetic organic compound）。它们中的许多其化学结构是自然界现存化合物中所没有的，因此也称为异生物源物质（xenobiotics）、异生物源有机化合物（xenobiotic organic compound）（xenote 希腊文中意为外来的）。也有许多研究者把异生物源物质定义为现存酶所不认识的化合物。

环境有机污染物的导入和存在导致生物降解研究的兴起和深入。生物降解（biodegradation）被定义为生物因子（特别是微生物）作用下对物质的分解，一般来说生物降解是一个由微生物引起的衰变过程。从严格意义上说生物降解表示微生物可以完全裂解或矿化复杂的有机物成为无机物组成成分，如 CO_2、水和矿质成分。生物转化（biotransformation）则主要指化合物部分结构的改变。从一般意义上来说生物降解、生物转化与微生物降解（microbial degradation）、微生物转化（microbial transformation）是一致的。大部分有机污染物的生物降解发生在好氧条件下，但许多有机化合物的生物降解在厌氧条件下也能发生，但其降解速率不如在好氧条件下那样快。一些微生物也能利用化合物如 NO_3^-、SO_4^{2-} 或 F^{3+} 作为电子受体氧化有机物。某些化合物生物降解（如卤化烃）至少在开始时在厌氧条件时降解更快。本章把降解底物定位在有机污染物，微生物的降解作用统一使用生物降解的术语。存在于环境中的大量有机物（自然物质和部分污染物）易于被微生物所降解，可以称为易生物降解物质（readily biodegradable substances），其余的化合物（主要是污染物和少量自然物质）则难为微生物所降解，可以称为很少或抗降解物质（poorly biodegradable substances or resist biodegradable substances）和顽固性化合物（recalcitrant substances）。我们一般把这类抗降解的化合物称为难降解污染物。许多难降解污染物还具有较强的生物毒性，所以这部分污染物也被称为有毒有机物（toxic organic chemicals）或有害有机物（hazardous organic chemicals）。有机污染物的被降解程度可用完全降解（complete degradation）、部分降解（partial degradation）来表述。完全降解指有机物被氧化成 CO_2、水及其他无机物，并且形成新的微生物生物量。部分降解指分子的部分分解（如一个季碳原子上的脂肪链）或形成一种新的更稳定的化合物（如从简单的酚形成多酚）。与部分降解相关的是初步降解，初步降解来源于表面活性剂的降解研究，指分子的很少转化导致化合物某些特征性质的丧失，如表面活性剂疏水性脂肪（hydrophobic aliphatic）链的足够的缩短从而失去表面活性和发泡能力。部分或不完全降解的原因是：①缺乏合适的降解酶；②共代谢；③导致聚合或合成比母体化合物更稳定、更复杂的化合物；④产生毒性更强的中间化合产物。

生物降解作为生态系统物质循环过程中的重要一环，在其中起重要的作用。在 C、H、O、N 和 S 的循环中，没有微生物的活动这些元素就会被束缚在复杂的不被降解的物质中，它们就不能回到自然循环中。另外，微生物对死亡生物体的降解可以防止生物体积累在地球表面。

环境难降解污染物因其难以降解而长期残留，这就引起两个方面的问题，一是它们的分布广泛，另一个是生物富集。难降解污染物在环境中的存留时间长，因而可以输送到很远的地方。有的污染物不但难降解，而且是脂溶性的，它们在生物体中不但未被分解和大量排泄，还会贮积下来，再沿着食物链传递，使更高营养级生物比低营养级生物积累更多的污染物，从而对生物和人类造成严重的健康损害。由于每天都有大量环境污染物进入环境，填埋渗漏，空气、水、土地中有害污染物污染事件不断被披露，生物降解引起了人们的极大关注。

研究难降解污染物的降解是当前生物降解的主要课题。这种研究有重要理论和实际应用价值。一是通过研究可以查明化学结构与生物降解的相互关系，为化学家合成新的易降解有机物（环境友好材料）提供理论基础。二是可以为处理含难降解化合物的污水、废弃物以及修复污染环境提供理论指导。三是可以预测特定化合物在环境中的残留和归宿，为生态风险评价提供依据。生物降解性即一种化合物对自然生物过程的敏感性已经成为我们评价一种商业产品价值的重要标准，通过生物降解性，我们可以评价一种商品的可接受性。由于这些理由，人造化合物的微生物降解研究正成为十分活跃的研究领域。

生物降解和传统上所说的对蛋白质、多糖等有机物分解在本质上是一样的，但又有分解作用所没有的新特征（如共代谢、降解质粒等），因此可视为是分解作用的扩展和延伸。

生物降解对生物地球化学循环及维持生态系统的健康有重要的意义，主要包括：①推动元素的地球化学循环；②微生物的降解过程是生态系统中碎屑食物链的起点；③移去污染物、降低生物毒性可以维持生态系统的健康。

生物降解性和抗生物降解性是一种对立统一的相互关系，一定条件下会相互转化。降解是在一定条件下作用的结果。有机物降解作用是一个复杂的过程，难以区分酶催化生物转化反应和纯碎的物理/化学效应。这样，转化产物可能是通过多途径产生的，包括：①微生物中发生的酶催化作用；②在环境中发生于胞外的酶催化作用；③物理化学催化；④转化可以是这些原理结合的结果。例如，酶催化产生的产物可以被物理化学方式进一步转化，反过来也是一样。这个问题的进一步复杂化还在于微生物能改变环境的物理化学性质。例如，微生物活动能影响生境的 pH 值和氧化还原状况，这样直接导致物理化学催化的变化。灭菌这种方法常被用来区别生物和非生物过程，但事实上灭菌不仅消除了微生物的活性，也影响了调查条件下培养源的物理化学性质。灭菌的大部分技术也能导致土壤理化性质的改变。灭菌土壤失去催化转化反应能力可以或不可以指示是微生物和酶所为。虽然理化过程能导致一种化合物的转化，但矿化大多数是微生物活性的结果。最重要的，许多科学家已经成功纯化参与各种转化反应的微生物酶，因此消除了所有关于代谢生物本质的所有怀疑。由此我们可以说生物降解是所有有机污染物衰减的最重要原因。

第一节　生物降解机理、过程及影响因素

生物降解机理（基本条件）、过程及影响因素是生物降解中的基本问题，从这个问题出发有助于我们进一步理解生物降解的其他问题。

一、生物降解的机理

生物降解是微生物与降解基质的相互作用，本质上是基质的热力学和微生物生理能力相互作用的结果。这种概念可用图 8-1 所示。

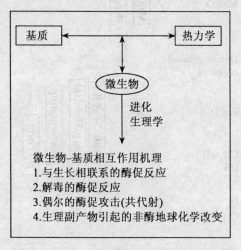

图 8-1　生物降解性主要决定因子示意图

微生物生物降解过程中所催化的反应大多是一种氧化还原反应，这种氧化还原反应必须遵循一种热力学准则。图 8-2 图示了还原和氧化基质的相互关系，氧化-还原半反应（half reaction）的等级垂直排列。垂直轴是 E_H 和等同的 pE。半反应等级左边的化合物处于氧化态，而右边的化合物处于还原态。而且氧化态和还原态的转换受到所处系统的氧化还原态和微生物产生的酶系统催化机理的控制。高氧化条件位于图的上半部，而高还原条件排于下部。我们可以用图预示哪些半反应对的结合（combinations of half-reaction pairs）是热力学上可行的。在标准条件下下部反应产生电子，而上部反应接受电子。热力学上有利的半反应是上左下右对角线连接的反应，如光合作用的有机碳（如 CH_2O，图右下方）可以和存在于自然生境的最终电子受体（O_2、NO_3^-、Mn^{4+}、Fe^{3+}、SO_4^{2-}、CO_2）连接起来。这些耦合的半反应的每一个都是由微生物所控制，碳氢化合物被氧化，而电子受体被还原。连线的长度和微生物得到的自由能成比例。微生物代谢碳氢化合物时用 O_2 作为最终电子受体比用硝酸盐产生更多的 ATP。反过来用硝酸盐作为最终电子受体又比用 Mn^{4+} 和 Fe^{3+} 得到更多的能量。这种模式连续下行到 CO_2 被还原成甲烷。在反应系统中存在着半反应热力学、微生物生物学和地化学三方面的结合。值得注意的是合成卤代化合物（如四氯乙烷、多氯联苯）也存

在于图 8-2 的等级中。这些化合物可被微生物作为最终电子受体加以利用。对卤代化合物被还原的认识有助于了解生物降解性和从环境中消除环境污染物。最终电子受体提供了可用于区分野外地点的生物化学体系和生理条件的标准。

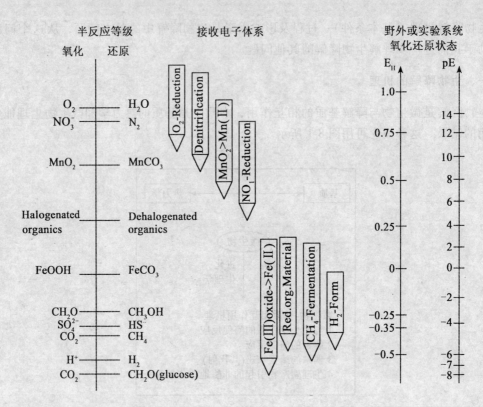

图 8-2　综合生物地球化学氧化还原反应中热力学，微生物学和生理学的一种简单最终电子受体等级

二、生物降解总体过程

自然有机物的分解过程是有机物合成过程（如光合作用）的逆过程。其终产物是 CO_2、H_2O 及其他无机物。有机多聚物（如纤维素）的分解过程具有代表性，纤维素先经胞外酶降解成双糖，进入细胞再被进一步分解，微生物利用分解过程中产生的中间代谢产物及能量合成新的微生物量以生长繁殖。从这我们可以看到有机多聚物的分解过程实际上是大分子在特异性酶的作用下相关的化学键被打断，裂解出小分子物质，而后小分子物质进入细胞进一步被降解利用。环境污染物的降解过程和自然多聚物分解过程相似，也经历一个逐步降解过程。

三、生物降解的基本条件

生物降解是一个十分复杂的过程。其中细胞对底物的吸收，底物被代谢、降解和利用是最关键的环节，与这些重要环节相关的是生物可利用性、降解基因及降解酶，以及有机污染物的潜在营养性。

1. 生物可利用性（bioavailability）

在生物降解过程中细胞对底物的吸收可以归结为污染物的生物可利用性。污染物的生物可利用性是其被微生物的利用能力。微生物的细胞膜是双层类脂结构。有机化合物通过细胞膜传输进入细胞内并达到的酶活性部位的过程是生物降解的基本条件。大多数微生物的活跃代谢需要高水活度（>0.96），以水溶态存在的有机物易于进入细胞，设想存在适当的代谢途径，则污染物的降解能快速进行。而低水溶性的有机物则难以进入细胞被利用。以液相存在低水溶性化合物进入水体时与水形成一个两相体系（如液态烃），微生物吸收利用这种有机物有三种模式：①溶解的有机化合物进入细胞内被降解利用；②细胞直接与有机化合物接触，或与分散在水相中的微小或亚微的液滴接触，其疏水基能溶进细胞的脂肪部分被降解，有机物以这种形式在水和化合物的界面处被逐步拉入细胞中并被代谢。微生物和不溶于水的有机物之间的有限接触面妨碍了不溶解化合物的代谢速率。加入表面活性剂（或分散剂）或微生物产生的生物表面活性剂（或分散剂）能提高低水溶性有机物的溶解度，增加其生物可利用性，从而提高吸收和生物降解的速率；③微生物细胞的疏水性表面和污染物表面的直接接触，促进吸附在细胞表面污染物的生物降解。已有研究证明选育细胞表面疏水性更强的微生物可以促进低水溶性的污染物的降解，此外产表面活性剂的菌株也可以提高细胞表面的疏水性，促进生物降解。

以液相存在的低水溶性化合物进入固相（如土壤）时还受到土壤和沉积物对其吸附作用的影响。强势（共价键）结合或进入微生物不能进入的土壤微孔后，这部分污染物将残留而不被降解。弱势（氢键、范德华力、疏水相互作用）结合仍可使污染物释放出来回到溶液中被降解。

对于固态的化合物，当其进入水相或固相介质中，微生物利用化合物的方式是直接与底物接触和吸收利用溶解态的底物。对其来说利用溶解的基质更加重要。因此低水溶性对固态有机物的生物降解的影响比液态有机物更大。

生物可利用性是生物降解的前提条件，提高生物可利用性，特别是提高难生物降解污染物（许多都是低水溶性的）的生物可利用性最关键的问题是提高其水溶性。近年来在生物修复技术中大量使用表面活性剂、乳化剂、分散剂正是要提高其溶解性，从而提高生物降解性，加速生物修复过程。

2. 降解基因及降解酶

生物降解过程中的每一步都是由细胞产生的特定的酶所催化。胞外酶和胞内酶都对污染物的降解起重要作用。大分子必须在胞外被裂解成较小的亚单位以后才能进入细胞。如果没有合适的酶存在，由胞内酶或胞外酶引起的降解都会在任何一步上停止。缺乏合适的生物降解酶是导致有机污染物持久存在的一个常见原因，尤其是那些现存的降解酶不能识别的那些含有不常见化学结构的化合物。催化污染物降解的降解酶一般是特异性的，但也有一些特异性较低，如一些加氧酶，有相对较宽的底物范围，这些酶会导致污染物的共代谢。在污染物的降解酶中大部分是诱导酶，但也有组成酶，从成本效益的角度上说诱导酶要优于组成酶。

微生物的降解都是由降解基因编码的，降解基因通过转录和表达而产生降解酶，当然降解基因并不一定能表达出高酶活性，因此在生物降解中为降解基因的表达，创造良好条件也是极为重要的，如在构建降解遗传工程菌中，一般需要强有力的启动子。

3. 有机污染物的潜在营养性

生物降解过程中，大部分被降解的有机污染物被用作能源、碳源、氮源、其他营养或作为最终电子受体。这种有机污染物可以认为是微生物营养基质的扩展和对易于利用基质的替代。其他一些降解（如共代谢）则不能为微生物提供能量。前者称为代谢性生产转化（metabolically productive transformation），这种降解是生产性的，可以形成新的生物量；后者称为共代谢转化（cometabolic conversions），这种降解是非生产性的，不能形成新的生物量。从微生物生理学的角度来说生产性降解是最为经济有效的。由此可以看到能给微生物生长繁殖提供能源和营养素的物质有助于微生物的生物降解。

4. 生物活性

生物降解的潜力转化成生物降解的能力的基本条件是降解微生物具有生物活性，为微生物构建良好的环境条件可使降解基因得到表达，为微生物的生长和降解过程提供条件。

四、影响生物降解的环境因素

决定生物降解性的因素包括：①结构和物理状态；②化合物对生物的驯化时间；③环境条件，在决定实际的一种化合物降解时其和结构一样重要。

任何可以对微生物存活、活性及污染物状态产生影响的环境因素都对环境污染物的生物降解产生极其重要的影响。主要的环境因素包括末端电子受体、有机质含量、氮磷含量及环境温度、pH 值、盐度、水活度等。

1. 末端电子受体

末端电子受体主要包括氧及硝酸盐、铁离子和硫酸盐等。氧对污染物的生物降解是非常重要的，生物降解中以氧作为电子受体的氧化反应都要在好氧条件下进行，一般说来好氧的生物降解比厌氧快得多，好氧生物处理比厌氧生物处理有高得多的效率。例如进入淡水湖泊和河流好氧区的石油类烃一般对微生物降解是敏感的，但积累在厌氧沉积物中的石油一般是相当持久的。在缺氧条件下，硝酸盐、铁离子和硫酸盐可以代替 O_2 作为可利用的末端电子受体，氧化降解苯、甲苯、苯甲酸盐等一类芳香烃化合物。

2. 有机质含量

环境污染物的生物降解需要一定量的微生物，而微生物的数量要靠有机物含量来支持。高有机质含量可以支持一个庞大的微生物群落，这种微生物群落对外来污染物具有很强的降解能力。对于只能以共代谢方式进行降解的某些污染物，只有提供充足易于利用的初级基质，才能产生足够的降解污染物的酶。这种情况下提供充足的有机质特别重要。

3. 氮磷营养

氮磷营养对环境污染物的降解有重要影响。微生物在利用有机物特别是利用主要由碳和氢组成的烃时也消耗像氮和磷这样的主要营养物。有研究者在监测一个温带湖泊中烃降解的季节变化时，发现这种变化受氮和磷可利用形式的控制。降解的最大速率出现在可利用氮磷含量高的早春，但在这些营养物被快速消耗后降解速率降低，而投入氮磷后又使降解速率提高。在一个降解系统中碳、氮、磷的平衡供应是十分重要的，微生物生物量平均碳氮比约为 5:1 ~ 10:1，一般降解系统的碳（BOD）氮磷之比约为 100:10:1。然而在某些情况下可以使用相当不同的比率。有研究发现碳氮比达到 200:1，碳磷比达到 1000:1 仍可有效降解（修复）土壤中的烃。为什么要使 C:N 和 C:P 比值高于细胞的比值？这是因为有机碳的代谢过程中大量的碳被转化为二氧化碳释放掉，使得系统内的碳大量损失，与此相反氮、磷都掺入微生物量而保留在系统内。

4. 温度

温度对微生物的生长以及环境污染物的溶解度可以产生很大的影响。微生物及生物降解可以在很宽的温度范围内进行，但中温、高温条件下生物降解速率要比低温高得多。

5. pH 值

环境介质的 pH 值对微生物生长、代谢活性以及环境污染物的溶解性都产生极大的影响。尽管极端的嗜酸、嗜碱微生物可以在极端 pH 值条件保持很高的活性，但总体上说中性 pH 值或稍偏酸、偏碱条件下，有机污染物的降解速率最快。

6. 盐度

嗜盐微生物可以在高盐度条件下生长，但非嗜盐微生物的生理活性却很容易受到盐度的影响。研究表明向淡水沉积物样品加盐后烃降解速率降低。

7. 水活度

任何微生物的最适生长都需要适合水活度，水活度对环境污染物的降解也产生很大影响。高水活度有助于大多数微生物的生长，也有利于环境污染物的溶解。研究说明在高水活度条件下污染物的生物降解具有较高的速率。

第二节　微生物降解有机污染物的巨大潜力

微生物作为分解者具有对自然有机物的巨大分解能力，自然界没有大量的有机物积累就充分说明这一论点。大量的有机污染物（其结构与自然界化合物不同）进入环境是对微生物适应进化能力的一种机遇与挑战，在新的选择压力下，微生物群落也能或慢或快地进化出能降解这些化合物的酶系，获得对它们的降解能力。这样微生物就具有对所有有机物的降解能力。Alexander 形象地把这种一般性的认识概括为"微生物的绝对可靠性原理"（principine of microbial infallibility）。此外微生物在个体特征、生态分布、生理功能、遗传变异方面的诸多优势，使微生物具有对环境污染物降解的巨大潜力。

一、微生物分解自然有机物的能力良好基础

存在于地球表面种类繁多、数量庞大的无机（如 SO_2、NH_3、H_2 和 CH_4）和有机（碳水化合物、脂肪、蛋白质、核酸和烃）物质被扩散到同样多样的生境。生境的物理化学特征异质性强，包括 pH 值、温度、盐度、氧压、氧化还原电位、水势等。这些多样的化合物和多样环境是微生物进化过程中的选择压力源。微生物进化的结果是利用这些化合物生长和存活。微生物的生长和存活推动了元素的生物地球化学循环，并为地球上其他生物的栖居提供了条件，深刻了解和认识微生物在维持生态系统中的作用提供了从理论上和实践上研究微生物对有机污染物降解过程的重要思路。

微生物应对自然有机物的存在而进化出生物降解活性。这些有机物包括多聚物、腐殖质和如 CH_4 的 C_1 化合物。了解这些天然有机化合物的归宿是重要的，这是因为针对这些化合物进化出来的降解活性是降解处理的基础，这种处理可用于解决于泄漏到环境中的有机污染

物的问题。

有机多聚物包括植物多聚物、构成真菌和细菌的细胞壁多聚物及节肢动物骨骼多聚物，三种最常见的多聚物是植物多聚物纤维素、半纤维素和木质素。还有其他多种多聚物，包括淀粉、几丁质、肽聚糖。按结构分两类，以糖为基础的多聚物，包括环境中大多数多聚物，及以烷基苯为基础的多聚物（如木质素）。纤维素是最丰富的植物多聚物，也是地球上最丰富的多聚物，它是由 β-1，4 葡萄糖亚单位连接而成的线性分子，每个分子含 1000～10000 亚单位，分子量高达 $8 \times 10^6 U$。纤维素分子量大，不溶于水。微生物对纤维素的降解是由胞外酶和胞内酶结合进行。胞外酶是 β-1，4 葡聚糖内切酶和 β-1，4 葡聚糖外切酶。内切酶在多聚物内随机水解纤维素分子，产生越来越小的纤维素分子。外切酶连续地从纤维素分子还原性末端水解出两个葡萄糖亚单位，释放出纤维二糖。纤维二糖被纤维二糖酶（既是胞外酶也是胞内酶）水解成葡萄糖，纤维二糖和葡萄糖都可被细菌和真菌吸收。

其他植物多聚物半纤维素、淀粉、几丁质的降解和纤维素相似，但酶类组成及过程会有一些不同。

木质素在结构上和所有以碳水化合物为基础的多聚物不同。木质素的基本结构是两种芳香族氨基酸——酪氨酸和苯丙氨酸。它们被转化成苯丙烯亚单位如香豆醇、桦柏醇和芥子醇。500～600 个苯丙烯亚单位随机聚合，结果形成无定形的芳香族多聚物木质素。同其他有机多聚物相比，木质素的生物降解较缓慢且不彻底。木质素降解缓慢是因为是其由高度异质的多聚物构成，且含比碳水化合物残基更难降解的芳香族残基。分子的巨大异质性，妨碍进化出可与纤维素降解相比的特异性降解酶。作为替代，一种非特异性胞外酶依赖 H_2O_2 木质素过氧化物酶与一种能产生 H_2O_2 的胞外氧化酶结合。过氧化物酶和 H_2O_2 系统产生氧自由基，自由基与木质素多聚物反应释放出苯丙烯残基。这些残基被微生物细胞吸收和降解。

苯丙烯残基是自然界中的芳香族化合物，其结构同几种有机污染物分子如 BTEX（苯、甲苯、乙苯、二甲苯）、多环芳烃、杂酚油相似。实际上苯丙烯的降解途径与芳香族化合物降解途径非常相似。深入研究过的能降解木质素的白腐真菌原毛平革菌（*Phanerochaete chrysosporium*）也能降解结构上与木质素相似的污染物。

二、微生物降解有机污染物的潜力

有机污染物是一个很难界定，而内涵又十分复杂的概念。对一种具体的化合物而言，在不同的场合，不同情况下会得到不同的结论。但从化合物的结构上说部分有机污染物结构和自然界有机物结构相似，部分结构与自然基质结构部分相似，有的其结构与自然基质结构差异极大。

从总体上说微生物对自然有机物和有机污染物的降解模式是一致的，本质上降解途径的每一步都是由细胞产生的特定酶所催化。大分子必须在胞外被裂解成较小的亚单位才能进入细胞。生物降解过程的前提是现存酶能否认识这种化学结构。这样在环境条件能满足微生物生长的正常情况下，那些结构与自然基质结构相似的有机污染物易于降解，如石油烃中的链烷烃。对结构上与有机基质不同的有机污染物，微生物一时不能降解它们，但微生物群落能通过基因突变、接合作用、转化及转座造成的基因转移和重组而获得生物降解能力。已经从自然环境中分离到大量能降解大量结构上与常见有机物完全不同有机物的微生物，DDT、2，4，5-T 这样难降解污染物的降解菌都已从土壤中分离出来。这就是说微生物可以通过学习和进化而获得对各种异生物源化合物的降解能力。从某种意义来说，生物降解是绝对的，而不降解却是相对的。

此外即使微生物无法进化出任何的降解能力，但微生物中存在一种共代谢能力，许多微生物的降解酶具有广基质专一性，使许多降解酶在降解其专一性的底物的同时能共代谢结构相似的污染物，从而从水平方向上扩大了降解范围，促进生物降解。一种微生物的共代谢降解不会使一种污染物被完全降解，但微生物群落众多不同种类的微生物却可以使污染物被完全降解。

和有机污染物的广泛扩散和分布相匹配的是降解生物（主要是降解微生物）的无处不在。现在已有大量的可以降解各类污染物的微生物从土壤、水体及其他环境介质中分离出来。主要是细菌和真菌。细菌中最重要的是好氧革兰氏阴性细菌，包括假单胞菌属、鞘氨醇单胞菌属、伯克霍尔德氏菌属、产碱菌属、不动杆菌属、黄杆菌属、甲烷氧化菌、硝化细菌。革兰氏阳性细菌包括节杆菌属、诺卡氏菌属、红球菌属和芽孢杆菌属。某些反硝化细菌、硫酸盐还原菌和甲烷产生菌也参与有机物的厌氧降解。参与污染物降解的真菌主要有平革菌属（白腐真菌）、青霉菌属、曲霉属、木霉属和镰孢。平革菌属的某些种能够降解结构上极为复杂的污染物，如农药 DDT、多环芳烃、木质素等。

三、微生物降解有机污染物的优越条件

微生物在降解有机污染物方面在形态结构、生长繁殖、生态分布、生理功能、遗传潜能群落组成、迁移能力诸方面具有巨大的优势，这些保证了微生物对有机污染物降解的巨大潜力。

1. 体积小，比表面积大

微生物在形态结构上具有个体微小（small size）、高比表面积（high specific surface area）的特点。这一特点使微生物能与环境介质及其中的环境污染物密切接触，使微生物能进入所有存在环境污染物的位置，并有助于环境污染物扩散到细胞内，有助于微生物对环境污染物的降解。

2. 生长繁殖快

微生物在生长繁殖上具有潜在的高生长速率（potentially rapid growth rate）的特点。微生物在不同条件下的繁殖速度差异极大，高速生长时 18 分钟可以分裂一次，而慢时繁殖一次则需要数月以至更长。这样在大量有机污染物存在时，微生物能以较快的生长速率生长，并可达到较高的生物量浓度，从而为处理高浓度污水，废弃物，修复污染环境创造条件。

3. 分布广泛

微生物在生态环境中无处不在的生态分布（ubiquitous distribution）是微生物净化环境的最大优势。微生物在自然的生态环境中分布极为广泛，江河湖海、土壤矿层、大气上层以及人体、动植物几乎无处不有微生物的存在。甚至在高等生物及其他生物不能生存的极端环境下也有微生物的存在。微生物的这一特点为利用微生物消除污染物，净化污染环境提供了良好条件。很多难降解的环境污染物由于长时间存留在环境中，因而可以随大气、水流而传播到离使用地点很远的地方。有研究表明南极冰雪中存在 DDT，那里也同样存在相当数量的微生物，那里的 DDT 因而也被降解。

4. 代谢多样性

微生物在生理功能上具有代谢多样性和高代谢活性潜力（potentially high rate of metabolic activity）特点，这些特点使微生物在环境污染物面前表现出极高的生理活性。微生物代谢多样性表现为多样降解酶、多样降解途径和对污染物的多样利用方式。微生物在适应自然有机物的过程中进化出非常多样的降解酶，既有胞内酶又有胞外酶，既有降解利用小分子化合物的酶，也有分解大分子的酶，微生物的所有的酶都不同程度地介入环境污染物的降解过程。六大酶类都可以发挥作用，氧化还原酶类、转移酶类、水解酶类、裂合酶类、异构酶类、合成酶类都出现在降解过程中。有的是结构酶，有的是组成酶。微生物在降解有机物的过程中还表现出多样的特点，不同的微生物种类，甚至不同的菌株对同一有机物可以有不同的代谢途径，甚至在不同条件下同一菌株也可有不同的代谢途径。微生物对环境污染物还表现出不同的利用方式，有的作为唯一碳源及能源；有的是共代谢，不从降解过程中得到能源。此外微生物在营养丰富，环境条件适宜的条件下具有极高的代谢活性，其利用和合成有机物的以体积计的代谢活性要比其他动植物高出千万倍。微生物灵活多样的生理特征使微生物面对多样的污染物而能做出不同的生理反应。

5. 易变异，适应能力强

微生物具有遗传方面的变异，适应能力强的特点，为微生物进化出对新的环境污染物的降解能力提供了良好条件。没有任何生物的变异能力比得上微生物，可以很容易得到微生物抗性菌株、缺陷型菌株，而且微生物的遗传背景是研究得最清楚的。微生物的自发突变、诱发突变易于发生，遗传重组的途径多样，这为微生物从遗传信息角度适应异质的污染环境和污染物的选择提供了基础，此外微生物还有丰富的降解遗传信息，除染色体（细菌为似核）编码降解酶外，核外遗传物质——质粒也可以在降解中起重要作用。

6. 种类多，数量大

微生物在群落结构上具有种类繁多，数量庞大的特点，这种特点为微生物降解各种各样的污染物提供了物质基础。种类繁多，数量庞大的微生物群落使其能经受得起各种环境压力，即使在几乎灭绝的条件下仍有少数能生存下来，适应新的环境而能生长繁殖下来能对污染物进行降解，另一方面庞大群体可以保证即使在极低的突变率时也有一定数量个体发生突变，并且由于环境的选择而使这种有利于降解的突变保存并逐步发展起来。

7. 微生物的迁移能力

微生物在生态环境中的迁移可以通过主动运动和被动迁移而获得。这种迁移可以使降解菌从一个地方迁移到另一个地方，使它们到达被污染环境。在生物修复中使外源降解菌迁移到作用位点是提高生物修复能力的重要问题。

四、生物降解作用的认为强化

大量研究工作表明微生物降解环境污染物的潜力远未充分开发利用，对现有降解菌的生理遗传改造，还可以进一步提高这种降解能力。生物降解作用的强化提高是生物降解中的重要研究课题。提高生物降解能力的方法从组织层次上包括：①群体降解水平的提高，如向环境投入营养物可以从总体上提高微生物的生理活性。②微生物种群降解能力的提高，通过对降解微生物的生理遗传改造，提高降解能力。这包括生理层面的驯化适应，遗传层面的遗传修饰改造及遗传工程改造。③酶工程的降解酶改造扩大酶底物范围，提高降解能力。

从种群水平的工作程序可以包括对现存降解能力的提高以及构建新的降解能力。

1. 现存生物降解能力的提高

（1）自然生物降解多样性的分析和解降能力资源开发利用

自然发生的微生物活性过去是，现在也是所有生物技术应用的出发点和基础。分离具有新的代谢能力的细菌菌株，并对它们的降解途径作出生物化学和遗传学阐述，这样有利于开发自然发生的多样性和降解能力资源。主要的应用方面是可以克隆遗传基因构建新的遗传工程菌以及构建协同式菌群，构建畅通的代谢降解路线。

在芳香化合物生物降解中，各种双加氧酶的羟化作用可以增加化合物的极性，促进生物降解，因此在这类化合物降解启动有重要作用。导入的两个羟（基）氢氧基（hydroxyl-group）位于邻位或对位，完成催化过程的酶是多成分的双加氧酶，酶是由一个电子传递链和具有催化活性的 α- 和 β- 亚基组成的。这类酶的多样性和底物范围受到特别关注。鞘氨醇单胞菌（*Sphingomonas sp.*）RWI 菌株产生的二噁噗（dioxin）双加氧酶是最先被报告的酶，其能进行一种成角（度）（angular）的使一对邻近的碳被氧化的双氧化，其中的一个碳被包含在两个芳香环之间桥的之中（one of which is involved in one of the bridge between the two aromatic rings）。编码二噁噗双加氧酶的基因也有独特的特点，一般的双加氧酶的编码基因成簇，而这种酶却非预期地分散于染色体。另一个能进行成角（度）双氧化的咔唑（carbazole）1, 9α- 双加氧酶（in *Pseudomonas sp.* strain CA 10）也有其特点，其末端的加氧酶由单一蛋白质 CarAα 组成，和典型（classical）的由大的 α 和 β 亚基组成的加氧酶不同。CarAα 的核苷和推想的氨基酸序列也是独特的，与其他的末端加氧酶（包括二噁噗双加氧酶）的大亚基仅展现出很少的相似性。对羟化作用的大量双加氧酶的研究说明环激活的双加氧酶存在着广泛的多样性，从这个角度出发，我们还可以发现具有新的特异性的基因。

细菌降解多样性不限于环激活的双加氧酶，也包括降解芳香烃化合物代谢产物的酶。芳香环断裂是卤代芳香烃降解的主要关键反应，其降解酶的多样性也广受关注。长期以来认为通过间位（meta）裂解途径代谢 3-氯代儿茶酚是不可能的，这是由于反应产物将失活二醇外（extradio）双加氧酶。但恶臭假单胞菌 GJ31 菌株却含有一种新的氯代儿茶酚 2，3-双加氧酶，这种酶能有效地打断 3-氯代苯酚（在 2，3-位置），这导致同时环断裂和脱氯，细菌能通过间位断裂途径降解氯代苯的途径已被详细研究，抗自杀失活的残基已被定位。五氯酚和 γ-六氯环己胺（林丹）也以同样方式被降解。

参与各种硝化芳烃化合物降解的新的类型的间位断裂双加氧酶也有报告。环裂解的基质通常是二酚，二酚中的二个羟基不是邻位（ortho）就是对位（para）。在代表性反应中，仅一个羟基存在于环断裂基质 2-氨基酚中，其经历环断裂到 2-aminomuconic 半醛，氨基明显替代第二个羟基功能。

（2）表达生物表面活性剂提高异生物源化合物的生物可利用性

环境中的疏水性有机化合物长时间抗生物降解的主要原因是它们的生物可利用性受到溶解性的限制。提高它们的生物可利用性，从而促进生物降解最可能的方法是应用（生物）表面活性剂。大量的研究都表明导入表面活性剂可以促进生物降解。然而表面活性剂在生物修复中的有效性的报告是混淆不清的（mixed）。生物表面活性剂的本质作用已被解释为可以增加疏水性、水不溶性生长基质的表面积，通过增加溶解度或从表面上解吸下来，以及调控微生物对表面的吸附及脱离从而增加化合物的生物可利用性。这样加入表面活性剂对生物降解的净效率将是化合物的溶解度增加和细菌对这些化合物直接吸附降低的综合结果。表面活性剂的加入会降低细菌吸附到非水液体表面，这样降低了在疏水性化合物上的生长。实际上表面活性剂的相应效应我们还了解很少，是极其复杂的不同环境中微生物和土壤、沉积物、污染物相互作用的结果，所以在使用单一表面活性剂时往往有不同的效果。这样我们对这些相互作用还有待进一步研究了解，在使用表面活性剂时要优化表面活性剂，了解生物降解和靶环境条件的相互作用。产生生物表面活性剂的具有降解能力的菌株将有助于生物降解，将是一种最好的选择。

（3）提高细胞吸收有机污染物能力，促进生物降解

许多有机污染物要进入细胞内才能被胞内酶降解，因此把有机物运输进入细胞对生物降解也是十分重要的。许多芳香化合物可以通过能量依赖迁移系统被细菌吸收。Pao 等指出有三类（three families）透性酶负责酸性芳烃化合物及其代谢产物的转运。新的研究资料表明异生物源化合物也是被特异的运输系统转运，Leveau 等首先报告了一种转运 2，4-二氯苯氧醋酸盐（2，4-dichloro phenoxyacetate）的运输系统（transporter）。对手性化合物（chiral）的对应选择（enantioselective）吸收也已得到证实，除草剂 2-（2，4-二氯苯氧基）丙酸盐就是这样的结构，其被 *Sphingomonas herbicidovorans* MH 降解时就存在三种可诱导的质子-梯度-驱动吸收系统（inducible，proton-gradient-driven uptake system）。在降解蒽的荧光假单胞菌中也存在对非电性的（noncharged）疏水性蒽分子的主动运输系统。这些研究结果说明我们为修复而设计超级生物降解菌（或称为超级生物催化剂 superior biocatalysts）时也必须考虑对污染物的吸收机制。

（4）增强对有机污染物的趋化性，促进生物降解

微生物对污染物的趋化性也可以增强发生在自然环境中的生物降解。已有研究证明恶臭假单胞菌的 4-羟基苯酸盐的运输系统 pcak 也使细菌对这种化合物的趋化性起作用。其他许多运输系统（如透性酶）也能起到决定趋化性的化学受体作用，它们和已描述的化学受体是不同的。Grimm 和 Harwood 报告说，恶臭假单胞菌的降解质粒（NAH7）上的 nahy 基因编码的膜蛋白 Nahy 也决定着对萘的趋化性。它的羟基-末端区类似于趋化性的转换器（trans-ducer）蛋白，因此具有对萘化学受体的功能，其也可以成为像联苯这样相关的化合物的化学受体。对趋化性遗传基础的研究将使我们能够利用趋化性的特征来增强生物降解作用。

（5）改变细胞表面特征提高适应环境和生物降解能力

许多高度疏水性的环境污染物（如甲苯等）对微生物具有很强的毒性，其可以积累在细胞膜上，干扰细胞膜，使细胞失活，从而就会阻碍所希望的生物降解。具有降解能力的微生物也会因细胞膜受损而失去其降解功能。现在已经发现对有毒污染物的耐受能力是它们具有降解能力的重要因素。

耐受能力的原理主要有三种。

①细胞膜组成成分中脂肪酸从顺式（cis）转变成反式（trans）的异构化可以提高耐受能力。反式脂肪酸较高的刚性使膜结构对有机溶剂的干扰敏感性较小。编码使脂肪酸从顺式异构化成反式的酶的基因已被克隆。使溶剂耐受性增强的微生物磷脂生物合成量增加的现象已被观察到。

②通过修饰外膜蛋白和脂多糖来降低细胞表面的疏水性，从而减少有机溶剂在细胞膜上的积累，这从另一个角度提高耐受性。

③微生物存在溶剂泵出系统，从而提高耐受性。

许多分离出来的溶剂耐受细菌已被证明能降解矿化有机溶剂，它们的代谢能力已被用于工程化的生物修复。在许多芳烃严重污染的地方，溶剂耐受菌成为最先的定殖菌，成为这些污染物去除的优势菌。使用有降解能力的溶剂耐受菌可以成为生物修复有前途的方法。

对有机溶剂的这种耐受性我们实际上可以理解为一种适应，一种对环境的适应。适应环境是生物降解的前提条件，有人已构建出重组子耐放射异常球菌（Deinococcus radiodurans），其能在高辐射环境下氧化甲苯、氯苯等污染物；用于极端环境修复的极端降解菌已得到应用，例如在北极和南极地区，降解 PCB 的耐冷细菌已分离出来。细胞表面的疏水性的改变不仅代表一种对有机溶剂的防御机制，同时也对细菌表面吸附产生影响。在生物修复中，我们希望外源接种细胞不是堵塞在周围而是迁移到所希望的地方。黏附缺陷型菌株在运动迁移上具有优势，现在能在土壤中快速迁移的突变株已被筛选，并已得到实际应用。

2. 发展新的生物降解能力

（1）构建降解型基因工程菌

构建组合式、互补式降解能力的新菌株可以大大提高微生物的降解能力。构建超级生物催化能力的一种策略是把源于不同生物的降解片段合理组合并转移到一种受体菌株，从而在对异生物原物质生物降解中避免形成截止式产物或毒性更强的代谢产物，因而达到完全的降解过程。这种策略已被成功用于降解高毒性化合物三卤代丙烷（trihalopropanes）。例如 Bosma T 等先构建一个广宿主范围质粒（broad host-range plasmids），这种质粒含有编码卤代（键）烷烃脱卤酶的基因（来自 Rhodococcus sp. Strain M15-3），可在不同的异源启动子控制下实现表达，这种酶能有效地把三卤丙烷转化成二卤丙醇。

有研究者在氯苯酸盐降解途径上结合一段氧化途径，这种途径能把（氯）二苯转化（由 bph 基因编码酶进行）成（氯）苯酸盐。实现这种组合的方法是通过细胞的接合融合得杂合菌株，或把 bph 基因转入氯苯酸盐降解菌。Hrywna Y 等克隆出氯苯酸盐邻位和对位脱氯酶的编码基因，并在降解二苯和共代谢氯代二苯菌株（睾丸酮丛毛单胞菌 Comamonas testosteroni strain VP44）中表达。结果表明构建的工程菌株能生长并对 2-和 4-氯二苯脱氯降解（构建基因工程菌见本书第十五章）。

（2）构建转基因植物，提高植物的净化能力

植物已被广泛用于污染环境的生物修复。把来源于细菌的遗传信息转入植物将更有利于提高植物的净化能力。转基因植物白杨（poplar plantlets）能表达细菌的汞还原酶，已经证明能在离子汞表现出毒性的水平下萌发和生长，并能释放出元素汞，因此能有效地把土壤中的结合汞排出。同样转基因植物能表达修饰的有机汞裂解酶，它们能旺盛生长在较高浓度的高毒性有机汞条件下，有机汞裂解形成的离子汞会积累在可任意利用的植物组织中。阴沟肠杆菌 PB2（Enterobacter cloacae PB2）能以 TNT 作为 N 源生长，其表达的季戊四醇四硝酸盐（pentaerythritol tetranitrate）还原酶能还原 TNT 的芳香环，并释放出亚硝酸盐。把细菌这种酶的基因转入烟草，其种子也能表达这种还原酶，也能在丙三氧（基）三硝酸盐或 TNT 毒性浓度条件下萌发和生长，而此时野生型种不能萌发和生长，其幼苗也比野生型幼苗对丙三氧（基）三硝酸盐有更快、更完全的脱硝能力。实际上转基因植物在生物修复中可以作为细菌的替代物。

（3）降解酶的定向改造和进化，提高降解能力

　　酶是生物化学反应过程的核心，各种降解酶也是生物降解过程中的关键因素。研究酶基因的克隆和表达、酶蛋白的结构和功能的关系以及对酶进行再设计和定向加工的基因工程、蛋白质工程方法和技术的发展及进步为发展更优良的新酶或新功能酶提供了广阔的前景，这也为降解酶的发展提供了新的技术手段。

　　酶分子本身蕴藏着很大的进化潜力，许多功能有待开发。目前酶工程主要采用基因定点突变（site directed mutagenesis）和体外分子定向进化（in vitro molecular directed evolution）两种方式对天然酶分子进行改造。

　　1）基因定点突变。基因定点突变的基因突变是在了解酶蛋白的三维空间结构及编码序列，搞清结构与功能关系的基础上，根据蛋白质的空间结构知识来设计突变位点，然后通过点突变使已知的 DNA 序列中一定长度的核苷酸片段发生替换、插入或缺失。而改变蛋白质结构中特定位置（如活性中心）的氨基酸残基，从而改变酶的特性，最后通过筛选选出有益的突变从而提高酶的活性或开发了新的酶。目前已利用定点突变技术改进天然酶蛋白的催化活性、抗氧化性、底物特异性、热稳定性及拓宽酶反应的底物范围，改进酶的别构效应（allosteric effect）。这种方法与使用化学因素，自然因素导致突变的方法相比，具有突变效率高，简单易行，重复性好的特点。

　　点突变的方法及技术也可以用于降解酶的改进，并且已显示重要的应用前景。卤代烷烃（haloalkane）脱卤酶是异生物源化学物降解中最先受到关注的酶，为了详细了解不同卤烷烃脱卤酶的专一性，蛋白质序列和酶的三维结构模式已被进行了比较，功能上重要的氨基酸被指出，这些氨基酸可以作为将来定位诱变实验的目标。根据已知的三维结构，Vollmer 等构建了一个黏康酸盐异构酶（muconate cycloisomerase）（参与自然芳香化合物的降解）的变异株，其结合穴（binding cavity）中的氨基酸也见于氯（代）黏康酸盐异构酶（chloromuconate cycloisomerases）（参与氯化芳香烃的降解）的相同位置，并能增加某些氯代黏康酸盐的特异性常数（specificity constants），然而在许多其他方面，突变体酶保留了野生型的特点，这说明不论结合穴是简单改变，还是更复杂的改变都可以造成酶的可见差异。

　　在不能取得结构信息时，对酶之间的氨基酸序列所作的对比分析能找出对催化活性有重要作用的氨基酸残基。通过具有不同底物专一性或催化特点的相关酶的杂合体（hybrids）的分析，可以得到关于酶决定基质专一性的酶区域（regions）的信息。这种方法已被用于查明联苯双加氧酶底物专一性差异的相应的残基。Parales 等的研究表明 2-硝基甲苯 2，3-二加氧酶的 α-大亚基的 C-末端区域决定的酶的专一性。Beil S 等研究甲苯和氯苯双加氧酶产生的杂合酶（hybrid enxyme），结果证明甲苯双加氧酶活性中心（active site）附近一个氨基酸从 Met 220（甲硫氨酸）转换成 Ala（丙氨酸）能使酶对 1，2，4，5-四氯苯转化和脱氯。

　　有研究结果说明二苯双加氧酶（伯克霍尔德氏菌 CB400 菌株）的底物专一性是由活性中心的三个区域决定的。Zielinski M 等进一步研究这些区域中的 23 个氨基酸的效应。结果证明替代这些氨基酸会直接影响与底物的相互作用，另一方面也证明不与底物相接触的许多氨基酸（Ile 243，Ile 326，Phe 332，Pro 334，and Trp 392）也强烈改变中心双加氧作用的表现。这说明预测中没有影响的氨基酸残基也可以对专一性起关键作用。这样应用定位突变可以使一种单一的酶扩大其生物降解基质的范围。

　　2）体外分子定向进化。酶的体外分子定向进化是在人工模拟自然进化过程的条件下，通过容错 PCR、DNA 改组、交错延伸、随机引物引导重组和递增截短等方法对编码酶的基因进行随机突变和体外重组，经高通量筛选获得性能更优良或全新的酶。

酶定向进化通常分三步进行：第一，通过随机突变和（或）基因体外重组创造基因多样性。第二，导入适当载体后构建突变文库。第三，通过灵敏的筛选方法，选择阳性突变子。这个过程可重复循环，直至得到预期性状的酶。其中获取多样性基因是整个工作的基础，是酶的定向进化成功的关键。

①基因随机突变。容错 PCR（error-prone PCR）技术、化学诱变剂介导的突变、致突变剂产生随机突变和随机寡核苷酸突变可以造成基因随机突变。容错 PCR 技术是一种相对简单、快速廉价的随机突变方法，通过改变 PCR 反应条件，使扩增的基因出现少量碱基错配，从而导致目的基因的随机突变。化学诱变剂（如羟胺）直接处理带有目的基因片段的质粒也可产生随机突变，然后用限制性内切酶切下突变的基因片段，克隆到一定的表达载体中进行功能筛选。致突变株体内的 DNA 突变率比野生型高出数千倍，将带有拟突变基因的质粒转化到致突变株内培养，也可以产生随机突变，频率一般为 1/2000。

②基因体外重组。体外重组有同源基因重组（homology-dependent gene recombination）和非同源基因重组（homology-independent gene recombination）。同源基因重组在体外重组中占有重要地位。

a. 同源基因重组。同源基因重组的主要方法包括 DNA 改组、家族 DNA 改组（family DNA shuffling）、交错延伸过程（staggered extension process，StEP）、随机引导重组（random priming recombination，RPR）等方法。DNA 改组系将一群密切相关的序列，如多种同源而有差异的基因（或一组突变的基因文库），在 DNase I 的作用下随机切成小片段，这些小片段可通过自身引导 PCR（self priming PCR）延伸并重新组装成全长的基因。这些重排产物的集合又称为嵌合文库（突变文库）。再对嵌合文库进行筛选，选择改良的突变体。家族 DNA 改组（也被称为自然发生的同源序列的 shuffling 或 DNA shuffling）采用一系列天然存在的同源性较高的基因作为起始基因进行 DNA 改组操作。此法存在重组子产率低的问题，解决这一问题是减少亲本背景，人们进行了两项改进，以单链 DNA（ssDNA）替代双链 DNA（dsDNA）或用限制性内切酶取代 DNase I。由此形成的 DNA 片段没有交错重复，从而减少了同源双链（home duplex）的形成，提高重组频率。这种方法已在降解酶定向进化中得到应用。交错延伸过程是在 DNA 改组的基础上发展起来的简化的 DNA 改组方法。这种方法将含有不同点突变的模板混合，短暂地进行退火（annealing）及延伸反应；在每一轮中，那些部分延伸的片段根据序列的互补性与不同模板退火并进一步延伸，反复进行，直到获得全长基因片段。随机引导重组利用随机序列引物产生大量互补于不同部分模板序列的 DNA 短片段，由于碱基的错误掺入或错误引导，这些 DNA 片段中也含有少量的点突变，在随后的 PCR 反应中，DNA 小片段可相互同源引导和扩增成全长基因，然后克隆到适当的载体上表达并通过适当的筛选系统加以选择。

b. 非同源基因重组。非同源基因重组不要求酶基因序列的同源性。主要的方法是递增截短法（incremental truncation），这种方法的核心是以核酸外切酶Ⅲ代替 DNase I 对靶序列进行切割，由于其 5′-3′外切核酸酶的作用，因此得到的递增截短片段库（incremental truncation libraries，ITLs），理论上包括了靶序列 DNA 单碱基对删除的各种情况，使得在较低的复性温度下，可实现非同源序列间发生重组。依靠这种方法可获得不依赖 DNA 序列间同源性的杂合酶。

c. 选择和筛选。当突变体酶赋予细胞生长或存活优势，赋予寄主对药物的抗性或可满足营养缺陷型菌株的生长需求时，可容易地从有 10^6 以上的酶蛋白突变体的文库中筛选出所需要的酶。

d. 家族 DNA 改组在降解酶定向进化中的应用。联苯双加氧酶（BphDOX）催化联苯和相关化合物开始的氧化。这种酶是一种多组分酶（multicomponent enxyme），其中的一个大亚基（由 bphA1 基因编码）决定基质的专一性。Suenaqa A 等以类产碱假单胞菌（*Pseudomaonas pseudoalcaligenes* KF707）KF707 菌株和洋葱伯克霍尔德氏菌 LB400 菌株（*Barkholderia cepacia* LB400）的 bphA1 作为同源基因进行 DNA shuffling，得到许多定向进化的 Bph DOX，其中一个大肠杆菌克隆表现出对苯、甲苯和烷基苯极强的降解能力。这种酶中的 4 个氨基酸残基（H255Q，V2581，G268H 和 F277y）从 KF707 改变成 LB400 酶。随后的定点突变说明这些氨基酸决定单环芳香烃的降解。

Barriault D 等以来源于伯克霍尔德氏菌菌株 LB400、睾丸酮丛毛单胞菌 B-356（*Comanonas tostosteroni* B-356）和圆红球菌 P6（*Rhodococcus globerulus* p6）的 bphA 基因的关键片段作为同源基因进行家族 DNA 改组，以儿茶酚代谢物作为检测手段所得到的几种 BPhA 突变体表现出更强的降解 PCBs 的能力，也显示出对 2，2′-、3，3′-和 4，4′—氯二苯的更强的降解活性。

（4）未能培养微生物生物降解信息资源的开发利用

目前得到充分利用的生物降解信息资源主要来自可培养微生物，但未能培养微生物也含有丰富的降解信息资源，这部分资源的开发利用对生物降解的强化可以起重要作用。

一般认为环境样品中的微生物中仅有 3% 可被培养，而其余的 97% 未能培养，前者称为可培养微生物（culturable microorganisms），而后者称为未能培养微生物（unculturable microorganisms），也被称为活的未能培养微生物（viable but nonculturable microorganisms）。从遗传学上说未能培养微生物中的一部分有与可培养微生物同样或相似的系统发育水平，但因对其生理、营养需求知识缺乏而不能应用现行培养技术培养出来，或因它们某些生理学原因抗拒现行培养方法而不能培养。而另一部分则代表新的完全与可培养微生物不同的新谱系（novel lineages），它们根本不能用标准的方法加以培养。

现在所进行的研究工作说明污染环境中不但可培养微生物携带有降解污染物的遗传信息，未能培养微生物也携带有贡献于生物降解的遗传信息。

传统上的微生物多样性依赖于微生物培养技术，而现在评估多样性的分子生物学方法已经跨越传统的培养的方法，成功地用于评价和解释各种环境上的分类多样性，这也包括各种污染地点的多样性（表 8-1）。最近，分子技术已发展了特征化和监测各种环境的功能多样性，图 8-3 是其中的流程图表。Abed R M 等应用这种方法研究受石油烃严重污染地在污染物降解后的微生物聚丛及其群落的变化，受污染地生态系统微生物多样性的分析表明这种系统多样性包括培养和未能培养微生物的多样性，两者的多样性都贡献于生物降解。Marchesi J R 和 Weightman A J 比较研究可培养的 α-卤代羧酸（α-halocarboxylic acid）降解菌的脱卤酸基因库和环境样品的总基因组（metagenome）（宏基因组）直接分离的核酸（direct isolation of nucleic acids），结果表明革兰氏阳性细菌占有总多样性的显著部分，然而由于培养的障碍，建立在富集技术基础上的研究至今尚未报告有革兰氏阳性的 α-卤代羧酸降解菌。MacNaughton S J 等用磷脂脂肪酸和变性梯度凝胶电泳分析方法对照研究了石油污染地和未受污染地的微生物群体差异，发现对照点缺乏 α-变形细菌（α-proteobacteria），而实验点却含有范围广泛的该类细菌。这说明有受污染地中未能培养的微生物参与石油烃的生物降解。

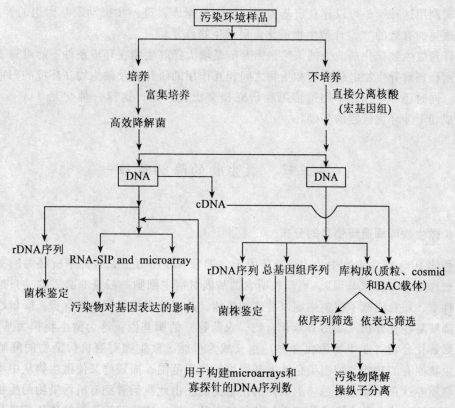

图 8-3　最新生物技术研究污染环境的分类和降解多样性

注：BAC：细菌的人工染色体；FISH：荧光原位杂交；RNA-SIP：RNA 稳定同位素探针。

表 8-1　　　　　　　　　　分子生物学指标指示污染地中污染物对群落结构的效应

污染物	技　　术	效　　应
酸矿水中的酸	16SrDNA 序列	酸矿水的高浓度硫酸对微生物群落的效应
4-氯酚	T-RFLP	土生土壤细菌群落的明显改变
石油组分	DGGE	系统多样性改变和对高水平污染物的耐受性
Methidathion（杀虫剂）	Domain-专一性 PCR 和 RFLP	对土壤微生物群体的影响
石油组分	DGGE	降解时蓝细菌和细菌群落的明显改变
Phenylurea	DGGE	Phenylurea 的长期使用对微生物群落结构和代谢潜力的影响
Phenanthrene	TGGE	根分泌物和 Phenanthrene 造成的污染环境内细菌群落的修饰
PCB	RT-PCR 和 16SrRNA 序列	检出两个新的谱系（lineages）

从环境样品中提取的总基因组（基因片段）是巨大的可利用资源，它们可以被克隆到细菌的人工染色体，fosmids 或 cosmid 载体，进行序列基础和表达基础的筛选，或者对整体的基因组序列（以功能序列为基础）直接进行筛选，从而分离和筛选出降解污染物的操纵子。同时利用这种资源可以建立宏基因组的巨大数据库，进一步推动宏基因组的开发利用，这将促进更加有效的"设计型生物催化，促进生物修复。"

设计超级生物催化剂能力的策略最需要的是增大降解生物在环境条件下的可靠表达，从这个角度说理解异生物源化合物和生物之间相互作用的研究以及微生物在环境的归宿、存活和活性，同时还和生物化学和遗传工程研究相交织在一起，这样一种交互（cross feeding）将提供成功干涉环境过程的基础。

第三节　微生物的降解质粒

一、微生物降解遗传信息的分布

染色体 DNA 作为细胞中的主要遗传因子，携带有在所有生长条件下所必需的基因，这些基因被称之为"持家基因"，而质粒所含的基因对宿主细胞一般是非必需的，只是在某些特殊条件下，质粒能赋予宿主细胞以特殊的机能，从而使宿主得到生长优势。降解性质粒携带有能降解某些化合物（如芳香族化合物、农药等）的酶基因，这为微生物扩大基质范围，利用难降解化合物（非生物源化合物）生长成为可能。微生物对有机污染物的降解利用拓展了微生物原有的功能，超出染色体上基因组的作用范围，而最终又使微生物从中得到能量和生长物质。这正是原来染色体上基因的正常功能。由此我们看到有机污染物的生物降解过程中的酶系从总体上是由染色体和质粒共同编码的，微生物降解污染物的遗传信息是由染色体和质粒共同携带的。微生物降解有机污染物，特别是降解那些难降解有机污染物的途径复杂多样，降解基因的进化过程十分曲折，因此其降解遗传信息（降解基因）在染色体、质粒中的分布也是多种多样的。从现在的研究结果看，一般有三种情况：①对易降解的有机污染物其降解酶大多是由位于染色体上的基因编码的。②对难以降解的有机污染物，一般前半部分的降解由质粒上的基因编码酶催化，并产生易于矿化利用的中间代谢产物。其后的降解（后半部分降解）则是由染色体上的基因编码酶进行的。③难降解化合物的前半部降解有时也会由质粒和染色体的基因编码酶共同完成，而后半部分的降解过程则由染色体上基因编码的酶进行。1，2-二氯乙烷的降解就是这样（图8-4）。

二、质粒与降解质粒

1. 质粒

质粒（plasmid）是细胞中独立于染色体，能进行自主复制的细胞质遗传因子，主要存在于各种微生物细胞中。质粒通常以共价闭合环状（covalently closed circle）的超螺旋双链 DNA 分子存在于细胞中。这种构型称为 ccc 型，此外还有 oc 型（open circular form）和 L 型（linear form）。近年来还在疏螺旋体、链霉菌和酵母菌中发现线型双链 DNA 和 RNA 质粒。质粒分子的大小范围从 1kb 左右到 1000kb。

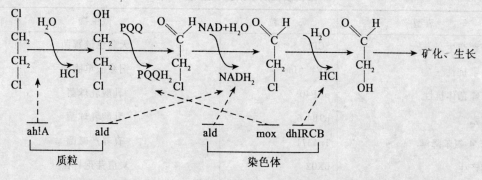

图 8-4 自养白色杆菌降解 1，2-二氯乙烷的途径，降解基因分别定位在质粒和染色体上

它们最基本的特性是能寄生在宿主细胞中，并和宿主细胞进行同步复制，在细胞分裂时，能保持恒定地传给子代细胞。一般来说，质粒的存在对宿主细胞并不是必需的，没有它细胞照样生存。在某些特殊情况下，质粒能赋予宿主细胞特殊的机能，从而使宿主细胞得到生长的优势。例如，抗药性质粒和降解质粒就能使宿主细胞在具有相应药物或化学毒物的环境中生存和发展。由于质粒携带细胞编码多种遗传性状的基因，它们是细菌进化的一个重要因子，因为要使宿主细胞迅速适应改变的环境条件，基因就得扩增，从而进行种内和种间的转移。

根据质粒所编码的功能和赋予宿主的表型效应，质粒被分为不同的类型。

（1）致育因子（fertility factor，F 因子）

致育因子又称 F 质粒，F 质粒在大肠杆菌的接合作用（conjugation）中起主要作用。

（2）抗性因子（resistance factor，R 因子）

抗性因子又称为 R 质粒，主要包括抗药性和抗重金属。带有抗药性因子的细菌对多种抗生素和其他药物呈现抗性。如 R1 质粒（94kb）可使宿主具有对氯霉素、磺胺等的抗药性，另外一些 R 质粒能抗碲、砷、汞、钴、银、镉的毒性。

（3）col 质粒

col 质粒因首先见于大肠杆菌而得名，其含有编码大肠菌素的基因，大肠菌素是一种细菌蛋白，只杀死近缘且不含 col 质粒的菌株，而宿主不受其产生的细菌素影响。

（4）毒性质粒

许多致病菌的致病性是由其所携带的质粒引起的，质粒具有编码毒素的基因。例如苏云金杆菌含有编码 δ 内毒素（伴孢晶体）的质粒，此外 Ti 质粒也属于此类。

（5）代谢质粒

代谢质粒含能编码降解酶的基因，也称为降解性质粒。另外一些能编码固氮功能的质粒也属代谢质粒范围。

（6）隐秘质粒

隐秘质粒是不显示任何表型效应的质粒，但它们的存在可以通过物理的方法检测。

质粒的功能极为多样，上述的质粒分类并不能包括全部的质粒表型，表 8-2 列出了细菌质粒赋予细胞表型的例子。

表 8-2　　　　　　　　　　　　　　　　细菌质粒赋予细胞表型的例子

表型	质粒	微生物
抗生素产生	SCPI	天蓝色链霉菌
抗生素抗性	RP4（IncP）	铜绿假单胞菌
细菌噬菌体抗性	pNP40	乳酸乳球菌
细菌素	p9B4-6	乳酸乳球菌
二苯/4-氯苯降解	Tn4371	真养产碱菌
荚膜产生	pX02	炭疽芽孢杆菌
趋化性/化学传感器	pNod	豌豆根瘤菌
大肠杆菌素免疫	ColE2-P9 +	大肠杆菌
菌落化抗原	pK88	大肠杆菌
接合转移	F	大肠杆菌
结晶蛋白（杀虫剂）	pHD2	苏云金芽孢杆菌
在土壤中的生态竞争	pRtrW14-2C	豌豆根瘤菌
电子传递蛋白	pTF5	氧化亚铁硫杆菌
肠毒素	pTP224	大肠杆菌
外多糖产生（半乳葡聚糖）	pRmeSu47b	苜蓿中华根瘤菌
半乳糖差向酶	pSa（IncW）	大肠杆菌
气泡形成	pHH1	盐杆菌
H_2S 产生	pNH223	大肠杆菌
溶血素产生	pJH1	粪肠球菌
农药降解（2，4-D）	pJP4	真养产碱菌
高速自发突变	pMEA300	嗜甲基拟无枝酸菌
氢吸收	pIJ1008	豌豆根瘤菌
杀虫剂降解（carbofuran）	pCF01	多种鞘氨醇单胞菌
铁吸收	pJM1	鳗利斯顿氏菌
乳糖发酵	pJM3601	乳酸乳球菌
赖氨酸的脱羧作用	pGC1070	摩氏摩根氏菌
黑素产生	pNod	豌豆根瘤菌
金属抗性	pMERPH（IncJ）	假单胞菌
固氮	pIJ1007	豌豆根瘤菌
结瘤功能（共生质粒）	pPNI	三叶草根瘤菌
Ti 质粒的致癌压迫	pSa	志贺氏菌

表型	质粒	微生物
色素形成	pPL376	草生欧文氏菌
植物生物碱降解	pRme41a	苜蓿中华根瘤菌
植物肿瘤	Ti	土壤杆菌
蛋白酶产生	pLM3001	乳酸乳球菌
限制/修饰	pRleVF396	豌豆根瘤菌
逆转录酶（线粒体质粒）	pFOXCI	*Fusarium oxysporum*
性信息素	pAD1	粪肠球菌
载铁体产生	pDEP10（IncF1me）	大肠杆菌
蔗糖利用	CTnscr94	森夫顿堡沙门氏菌
硫氧化（dibenzothiophene）	pSOX	真养产碱菌
耐酸性	RtrANU1173b	豌豆根瘤菌
耐盐性	pRtrW14-2b	豌豆根瘤菌
甲苯降解	To1	恶臭假单胞菌
UV 保护	R4b（InCN）	*S. typhimurium*
UV 敏感性	R391（FnCJ）	大肠杆菌
毒性	pX01	炭疽芽孢杆菌

2. 降解性质粒

降解性质粒是质粒中特别重要的一类，许多难降解化合物的降解酶类是由质粒上的基因编码的，这类质粒被称为降解性质粒（catabolic plasmid）。当然质粒编码的酶也可参与生物物质的降解。降解性质粒的分子量较大，一般为 $50 \times 10^6 \sim 200 \times 10^6 U$。细菌中的降解性质粒和分离细菌所处环境污染程度密切相关，从污染地分离到的细菌 50% 以上含有质粒，与从清洁区分离的细菌质粒相比，不但数量多，其体积也大（信息量大）。

自从 1972 年美国学者 Chakrabarty 发现降解水杨酸盐的 SAL 质粒以来，研究人员相继在假单胞菌、黄杆菌、气单胞菌等菌株中发现许多降解性质粒。到目前为止，从自然界分离的菌株中发现的天然降解性质粒共约有 50 多种。其中 666、氯苯、木质素、烷基苯磺酸、SDS、P-羟基苯甲酸、3，5-二甲苯酚、2，6-二氯甲苯等化合物的降解，都是由降解性质粒控制的。被广泛深入研究的部分质粒列于表 8-3。

表 8-3　　　　　　　　　　　**部分降解性质粒及其降解底物**

质粒	底物	大小/kb	宿主
pBS253	α-甲基苯乙烯	120	假单胞菌
pXAUI0	1，2-二氯乙烷	200	自养黄色杆菌

续表

质粒	底物	大小/kb	宿主
pFL40	2，2-二氯丙酸	nd	木糖氧化产碱菌
pJP4	2，4-二氯苯氧乙酸盐	78	真养产碱菌
pJSI	2，4-二硝基甲苯	180	假单胞菌
pKB740	2-氨基苯甲酸盐	8	假单胞菌
pUOI	2-氯乙酸盐	65	莫拉氏菌
pRC10	2-氯苯甲酸盐	45	铜绿假单胞菌
pUOI	2-氟乙酸盐	65	莫拉氏菌
pAC25	3-氯苯甲酸盐	117	恶臭假单胞菌
pU202	3-氯丙酸	230	假单胞菌
pSS50	4-氯苯甲酸	53	真养产碱菌
pSSD50	4-氯二苯	117	真养产碱菌
pOAD2	6-氨基乙酸二聚体	44	黄杆菌
ASL	烷基苯磺酸盐	91	睾丸酮丛毛单胞菌
pSAH	氨基苯磺酸盐	nd	产碱菌
pKA1	蒽	101	荧光假单胞菌
pADP-1	阿特拉津	97	假单胞菌
pCB1	苯甲酸盐（厌氧）	17	木糖氧化产碱菌
CAM	樟脑	>200	假单胞菌
pDL11	Carbofuran	120	无色杆菌
pPOB	羧基二苯醚	40	魔芋食酸菌
pCINNS	肉桂酸	75	施氏假单胞菌
nd	顺-1，3-二氯丙烯	50	菊苣假单胞菌
pP51	二和三氯苯	110	假单胞菌
pPH111	二和三氯苯甲酸盐	120	恶臭假单胞菌
NAH7	氧芬	83	恶臭假单胞菌
pSB1	二苯四氢噻吩	34	类诺卡氏菌
pTA431	二羟联苯	560	红串红球菌
pBS271	E-氨基己酸	500	假单胞菌
pBS271	E-己内酰胺	500	假单胞菌
OCT	乙基苯	>200	食油假单胞菌
pMOP	羟基和甲苯邻苯二甲酸盐	225	洋葱伯克霍尔德氏菌

质粒	底物	大小/kb	宿主
pBD2	异丙基苯	210	红串红球菌
nd	氨基甲酸甲酯	77	红球菌
pMOR2	吗啉	28	龟分枝杆菌
NAH7	萘	83	恶臭假单胞菌
AOI	烟碱	160	*Arthrobacter oxidans*
pWWO	硝基甲苯	117	恶臭假单胞菌
OCT	辛烷	>200	食油假单胞菌
pWWO	对和间二甲苯	117	恶臭假单胞菌
pPDL2	对硫磷	43	黄杆菌
pND50	对甲酚	nd	恶臭假单胞菌
pKA2	菲	31	手手叶林克氏菌
pPGH1	酚	200	恶臭假单胞菌
pWWl7	苯酸	270	假单胞菌
pRMeSu47b	多羟 buturate	1400	苜蓿中华根瘤菌
nd	喹诺酮	225	铜绿假单胞菌
Sal1	水杨酸盐	84	恶臭假单胞菌
nd	S-乙基-N，N-二丙基硫代氨基甲酸盐	50	节杆菌
pEG	苯乙烯	37	荧光假单胞菌
pWWO	甲苯	117	恶臭假单胞菌
pT2T	甲苯磺酸盐	50	睾丸酮丛毛单胞菌
pJP4	三氯乙烯	78	真养产碱菌
pGB	三甲基苯	85	恶臭假单胞菌

　　注：nd 表示未测定。质粒命名：每一个新分离到的质粒都给予一个编号，一般是小写字母 p 代表质粒，大写字母表示分离命名实验室的缩写，阿拉伯数字表示序号，如 pXy1234。降解质粒也有以降解基质缩写（大写）命名的，如 OCT。

三、降解质粒与降解过程

　　部分带有降解质粒的细菌对其底物的降解途径以及质粒编码的酶在降解中的作用被深入进行了研究。位于质粒上的降解基因编码的酶催化降解过程的前期反应，降解过程的中间产物又可被染色体上基因编码的酶进一步降解。从这些降解过程中，我们可以看到微生物降解质粒在生物降解中的重要作用。

质粒的降解底物非常多样，大多数污染物特别是难降解污染物的生物降解都有质粒的参与和起作用。下面以萘、甲苯和 2，4-D 的降解为例说明质粒的重要作用。

1. 萘的降解

恶臭假单胞菌 PPG7 的 NAH7 质粒中基因编码酶降解萘途径如图 8-5。萘通过不同的途径进入环境，从环境中已分离出许多降解萘的微生物，携带 NAH7 质粒的恶臭假单胞菌 PPG7 对萘的降解性具有代表性。质粒中的降解基因组成两个操纵子。上游操纵子编码把萘转化成水杨酸盐的酶，而下游操纵子编码的酶把水杨酸盐转化成 TCA 循环的中间代谢产物。多组分的萘加双氧酶催化上游途径中的第一步反应，把分子氧插入 1，2 位双键的两边。萘加双氧酶由 4 个亚基组成，酶由 nahA 基因簇中 nahAa、Ab、Ac 和 Ad 分别编码。反应产物是顺-dihydroldiol 萘。这种化合物的羟化环被 dihydrodiol 脱氢酶（NahB）再芳香化（rearomatized），导致失去两个质子。1，2-二羟萘双加氧酶（Nahc）加入分子氧断开羟化环的双键。这种环断开产物自发异构化成为 2-羟基苯并吡喃-2-羟酸盐。2-羟基苯并吡喃-2-羧酸盐异构酶（NahD）催化二次异构化得到 2-羟基苯基丙酮酸盐。这种分子被具有水解酶和醛缩酶功能的同一种酶（NahE）水解断开烷烃侧链，而后再被氧化，反应产物是水杨醛，水杨醛被氧化酶（NahF）进一步氧成水杨酸盐。

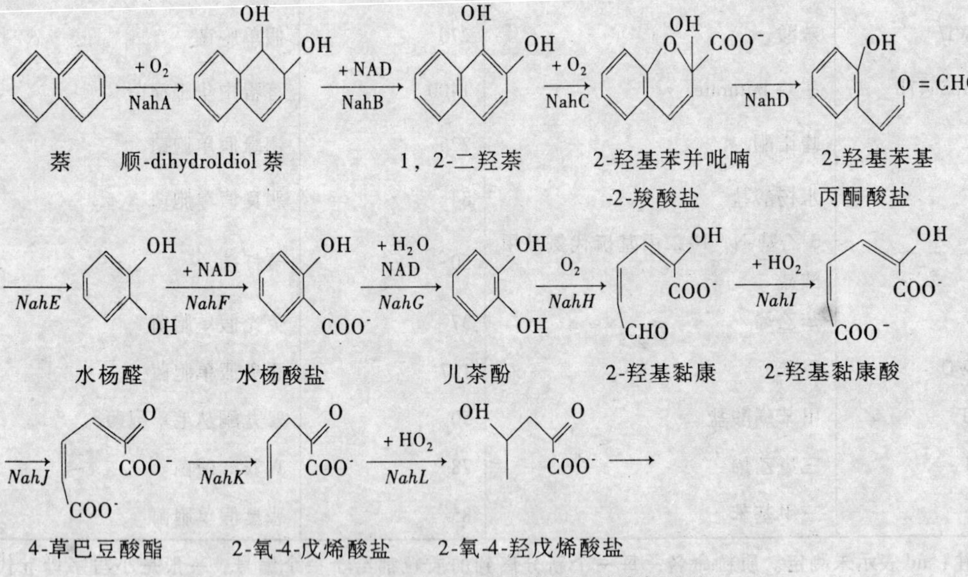

图 8-5　NAH7 质粒上基因控制的萘降解途径

下游途径的第一步是水杨酸盐水解酶（NahG）催化水杨酸盐单加氧氧化形成儿茶酚，儿茶酚氧化的第一步是环的间位断开，nahH 编码的儿茶酚-2，2-双加氧酶催化这一反应，把分子氧加到邻接一个羟基的双键两端。这种间位断开不同于邻位断开（邻位在 2，4-D 的降解中见到）。产物 2-羟基黏康半醛能被进一步代谢，通过水解去除 aldehyde 基团（NahN）得到 2-氧-4-戊烯酸盐。另一途径是 aldehyde 首先被氧化成 2-羟基黏康酸盐（NahI），而后又被 tautomerized 成 4-草巴豆酸酯（NahJ），其后在草巴豆酸酯脱羧酶（NahK）作用下也得到

2-氧-4-羟戊烯酸盐。其后在 2-氧-4-戊烯酸盐水解酶（NahL）水解作用下产生 2-氧-4-羟戊烯酸盐。最后这种分子被染色体基因编码的醛缩酶打断得到丙酮酸和醛，两者都进入 TCA 循环。

　　在本降解过程中编码间位断开途径的基因是水杨酸操纵子的部分，而实际上儿茶酚的降解情况是复杂多样的，一般能降解芳香化合物的微生物都能代谢儿茶酚。编码儿茶酚降解的基因已被定位在某些生物的染色体上，有的定位在质粒上，而某些生物可以把拷贝同时定位在染色体和质粒上。

　　2. 甲苯的降解

　　pWWO（TOL）质粒不但能降解甲苯，也能降解 m-和 P-二甲苯（m-和 P-xylene）和其他苯衍生物。质粒的结构如图 8-6 所示，编码降解酶的操纵子被命名为 xyl。基因由两个操纵子组成，两个操纵子涉及上游（upper）和下游（lower）间位裂解途径。它们编码的酶列

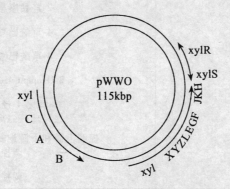

图 8-6　pWWO（TOL）质粒图

如表 8-4 所示，xyl CAB 编码的酶把甲苯降解成苯甲酸，而 xylXYZIEGFJKIH 编码的酶把苯甲酸降解成乙醛和丙酮酸。携带 pWWO 质粒的恶臭假单胞菌 mt-2 菌株降解甲苯途径如图 8-7 所示。

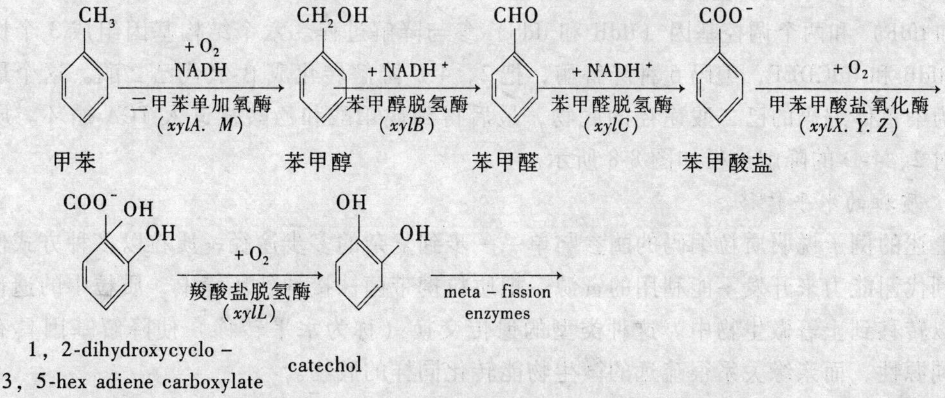

图 8-7　pWWO 质粒编码酶主导的甲苯降解上游途径

表 8-4   **pWWO（TOL）质粒基因编码的酶和调控蛋白**

基　　因	酶或功能
"上游途径"操纵子	转化甲苯和二甲苯类苯成苯酸和甲苯甲酸的酶
XY1 A	二甲苯单加氧酶
XY1 B	苯甲醇脱氢酶
XY1 C	苯甲醛脱氢酶
"下游（间位）途径"操纵子	降解苯酸和甲苯甲酸成乙醛和丙酮酸的酶
XY1 X Y Z	甲苯甲酸双加氧酶
XY1 E	儿茶酚 2, 3-双加氧酶
XY1 F	2-羟黏康半醛水解酶
XY1 G	2-羟黏康半醛脱氢酶
XY1 H	4-草酰巴豆酸变构酶
XY1 I	4-草酰巴豆酸脱羧酶
XY1 J	2-Oxopent-4-enoate 水合酶
XY1 K	2-氧化-4-羟戊酸醛缩酶
XY1 L	二羟环己二烯羧酸脱氢酶
XY1 R	控制上游和下游途径基因转录的蛋白质调控蛋白
XY1 S	调控蛋白

3. 2, 4-D 的降解

能降解 2, 4-D 的真养产碱菌菌株 JMP134（*A. eutrophus* JMP134）的 2, 4-D 降解质粒 PJP4 是被广泛深入研究的具有代表性的质粒。这种质粒广宿主范围（broud host-range plasmid），大小 78kb，能自主转移（self-transmissible）。6 个结构基因（tfdA、tfdB、tfdC、tfdD、tfdE 和 tfdF）和两个调控基因（tfdR 和 tfdS）参与降解过程。六个结构基因组成 3 个操纵子 fdA、tfdB 和 tfdCDEF，编码 6 种降解酶，把 2, 4-D 降解转化成 β-氧代己二酸。这个最后产物成为染色体编码的己二酸途径的底物，最后得到琥珀酸和乙酸盐进入 TCA 循环。质粒编码酶对 2, 4-D 的降解途径如图 8-8 所示。

4. 质粒的水平转移

上述的例子说明质粒编码的酶参与单——步到复杂的多步途径，质粒以多种方式使微生物得到代谢能力来开发不能利用的资源。把质粒携带菌株接种到环境中，质粒中的遗传信息还可以转移到土著微生物中。这种类型的遗传交换（称为水平转移）使降解基因具有高水平的同源性，而亲缘关系很疏远的微生物能转化同样的底物。

5. 降解基因的同源性与差异

虽然许多降解基因之间有很高的同源性，但 DNA 的序列和某些更复杂途径的调节控制也存在明显的差异。clc（pAC25 质粒）、tcb（PP51 质粒）和 tfd（质粒 pJP4）操纵子的比较研究可以说明，这三种操纵子都编码一种调控蛋白和降解氯代儿茶酚的酶，都有高水平的同源性。然而一定序列的差异已经改变调控蛋白的专一性。clc 和 tcb 以及 clc 和 tfd 途径的调控蛋白可以互换，然而 tcb 和 tfd 的调控蛋白不能互相替代。这说明这些基因可以有相同的起源，但出现差异，这可能是进化过程和一些其他选择压力所产生的突变积累的结果。

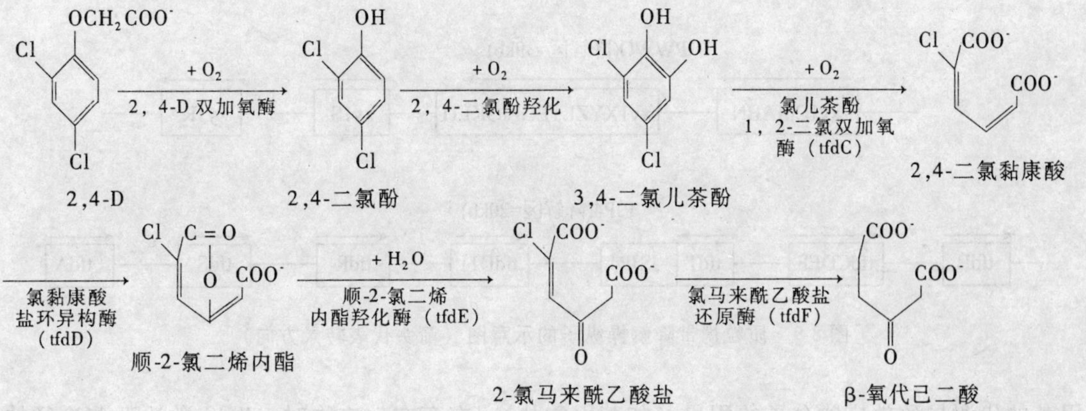

图 8-8　真养产碱菌（PJP4 质粒）降解 2, 4-D 的途径

四、转录调控

原核生物的基因调控主要发生在转录水平上，这是一种最为经济的调控。功能相关的基因组成操纵子结构，其受同一调节基因和启动子的调控。调节基因通过产生阻遏物或激活物来调节操纵区，从而控制结构基因的功能。质粒上与降解作用相关操纵子的结构基因的转录也和原核生物结构基因一样受到多层次的调控，但操纵子自身的调节基因的调控起重要作用。这些调节基因（如 nahR、xylR、xyLS、tfdR、tfdS、DMPR 等）编码的 LysR、Ntrc、Arac 等家族蛋白（family protein）激活或抑制结构基因的转录，这些调节蛋白中最重要的是 LysR 型蛋白。几种 LysR 型调控蛋白的例子示于图 8-9。

在恶臭假单胞菌 PPG7 的 NAH7 质粒中，nahR 编码 36kU Lys 型调控蛋白。这种蛋白质对编码萘降解的降解酶基因的转录作正调控控制。上游途径（nahABCFDE）把萘转化成水杨酸盐，这些基因是低水平组成型表达。下游途径转化水杨酸盐成 2-氧-4-羟戊烯酸盐。NahR 结合到上游和下游途径操纵子的启动子区域。水杨酸盐是上下游途径基因转录的正调控效应物，当水杨酸盐存在时，NahR 构型改变，它能更紧密结合到启动子部分。DNA 结合 NahR 和 RNA 多聚酶的结合增加频率，成功的转录开始。不像某些 LysR 型调节子，编码萘降解的基因的转录不受易于被微生物利用的化学物（如琥珀酸盐、葡萄糖或复合的丰富培养基）抑制。萘降解的调控代表一种在分子水平上对整个代谢途径控制的有效方式。这种效率对存在于代谢资源高度有限环境中的细菌群体十分重要。

携带 pWWO 质粒的恶臭假单胞菌降解甲苯过程由 xylR 和 xylS 产生的两种 XysR 型调控蛋白调控。XylR 正调控上游途径，在甲苯存在时，XylR 结合到启动子，上游操纵子和 xylS 基因一般是正调控的低水平组成型转录。由于 xylS 是下游途径的调控蛋白，两种操纵子被 XylR 以稍微不同的方式实行调控。XylS 一般微弱结合到下游操纵子的启动子。上游途径对

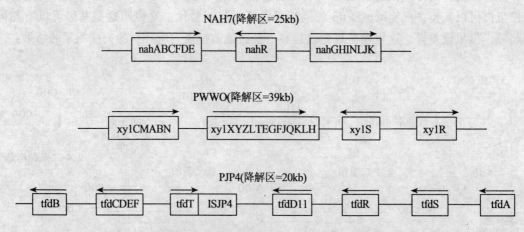

图 8-9　质粒携带降解操纵子的示意图（箭头代表转录方向）

甲苯的代谢导致效应物分子的积累（如苯甲酸盐）。在存在效应物时，XylS 激活下游途径的转录。如果苯甲酸盐直接作为碳源被提供，XylS 也具有独立于 XylR 的功能，对下游操纵子正转录调控。下游途径也可以被染色体编码的 LysR 调控蛋白所激活，这种 LysR 型调控蛋白对染色体编码的苯甲酸盐加双氧酶基因的转录负责。葡萄糖或琥珀酸盐存在时能抑制甲苯的降解。

在质粒 PJP4 起重要作用的 2，4-D 降解系统中，LysR 型调控蛋白被称为 tfdS，是由两个同样的基因 tfdR 和 tfdS 编码。这种蛋白质正调控 tfdA 和 tfdB 两个操纵子的转录，它们编码把 2，4-D 降解成 3，5-二氯儿茶酚的酶，这种蛋白质也调控 tfdCDEF 和 tfdD11。在存在二氯黏康酸盐（TfdD 的代谢产物）时，调控蛋白和被调控基因的操纵子的结合受到加强，从而产生转录的正调控。在质粒中还有另外一个 tfdD 拷贝（称为 tfdD11）是从 tfdR 启动子趋异转录的，这种 tfd 有更大的产量，另一个基因 tfdT 在起源上与 LysR 型调控蛋白相同，tfdT 是一个来源于插入事件的残迹（remnant），得到一个无功能的截短蛋白。

五、转座因子

转座因子是细胞中能改变自身位置的一段 DNA 序列。原核生物中的转座因子有三种类型：插入顺序（insertion sequence，IS）、转座子（transposon，Tn）和某些特殊病毒（如 Mu、D108）。IS 和 Tn 有两个重要的共同特征：它们都携带有编码转座酶的基因，该酶是转移位置，即转座所必需的，另一个共同特征是它们的两端都有反向末端重复序列（inverted termi-nal repeat，ITR）。转座因子的转座可引发多种遗传学效应，主要包括插入突变、产生染色体畸变和基因的移动和重排。

降解质粒中的转座子对降解能力的形成及转移有极其重要的作用，这主要包括作为降解信息的遗传载体，促进降解遗传信息的迁移和重组以及由此而产生的降解能力的进化。

降解质粒中普遍存在转座因子，其和降解操纵子的遗传重排和基因重复有密切关系。位于转座因子上的降解操纵子能转移到受体菌株的质粒或染色体 DNA 上，这种运动增加了基因水平迁移的潜力。源于质粒 PWWO 的转座子 Tn4651 带有完全降解甲苯基因，并带有转座所需的三个基因 tnPA、tnPS 和 tnPT。Tn5280 是 pP51 质粒上的降解转座子。质粒中 tcbAB 和 tcBCDEF 能使氯苯降解，其中 tcbAB 操纵子位 Tn5280。插入序列也常见于质粒中，IS6100 见于 OCT 质粒中的 alk 基因、pXAV 质粒中的 dhl 基因、质粒 pAD2 的 nyl 基因中，在最后的质粒中 5 次出现。这种序列也发现于质粒 pNAD2 中。质粒 pJP4 的 2，4-D（tfd）降解途径中含有一个插入序列（ISJP4）。ISJP4 携带 tfdT 基因，tfdT 基因能产生一种和其他 Ly-sR 型转录调控物同源的蛋白质。但这种蛋白质没有可见的（discernable）功能，不能激活 tfdCDEF 操纵子。这是由于 ISJP4 能干扰 tfdT 的开放读码，导致产生一种截短的、非功能的 TfdT 蛋白。

第四节 微生物对异生物源有机物降解能力的遗传进化

在漫长的生物进化中，生物（主要是微生物）对各种各样生物源的有机物的降解能力和这些有机物的存在是相伴产生的。在自然环境中没有任何一种有机物明显过剩，过量积累就很好说明这样的问题。20 世纪初叶展开的工业革命，特别是大量的人工合成化合物和原来没有进入自然循环的化合物（如石油中的一些多环芳烃成分）进入自然环境，各种污染物进入环境实际上可以创造出使降解基因进化增殖的生态位。面对这些陌生的外来者，面对原存酶所不认识的底物，暴露在这些新化合物面前的微生物能进化出对这些化合物的降解能力，这就是微生物降解异生物源有机物的遗传进化。

生物进化始终是生物学研究的重要课题，分子生物学的新研究技术及研究成果为生物进化研究提供了新的推动力。同样也为生物降解的遗传进化研究提供了基础。

一、遗传进化证据

异生物源有机物进入自然环境后会不断积累而达到危险的程度，产生无法规避的风险，至今的大量研究说明各种各样的有机污染物除了可被物理、化学、水解和光解外，都在不同程度上可被生物降解。许多以难降解污染物为唯一碳源能源的微生物已经分离出来，例如被公认极难降解的 DDT 在其使用的短期内人们不能从自然环境中分离到利用这些化合物的微生物，而经过一段时间以后，特别是在 20 世纪末，已有大量的文献报道，已经分离到许多可以 DDT 为唯一碳源生长的微生物，这说明微生物在长期的适应过程中进化出降解能力。芳香族化合物及其氯代芳香族化合物种类繁多，其降解过程及降解信息得到充分的研究，研究的结果为生物降解的遗传进化提供了许多确切的证据。这包括：

①已经分离能完全降解利用氯代芳香族化合物的微生物，这些微生物对有机物的降解途径及降解机理都已得到广泛而深入的研究。

②许多不同降解菌株带有相同功能的质粒、降解酶，它们降解过程的代谢调控具有相似性。TOL、NAH 和 SAL 质粒显示出明显的 DNA 同源性，带有降解氯代芳香族化合物基因的降解质粒 pJP4，pAC25，pSS50 和 pBRC60 有一个明显同源质粒骨架，这些骨架决定着复制和转移的功能。氯苯质粒 pP51 和 pJP4 降解基因的外侧区域同源。这些结果说明它们共有一个能自我传递的祖先。从美国、澳大利亚和加拿大分离出的 2，4-D 降解菌，其大部分相应降解基因与真养产碱菌 JMP134 的 pJP4 质粒的 6 个基因，特别是与 tfdA 有高度的同源性。

大部分降解菌拥有类似 tfdA、tfdB 和 tfdC 片段的结合，这三种基因的基因探针检测出各种水平的同源性。降解菌中的产碱菌属、伯克霍尔德氏属及红育菌属中的某些菌株和 tfdA、tfdC 有 60% 或更高的同源性。

③现在实验室研究利用各种分子生物学技术所组建的新的降解菌株实际上可以认为是自然环境进化过程的强化和实验室再现。

④芳香类及氯代芳香类化合物降解途径都展现出以中心代谢产物为中心的代谢途径，即中心代谢途径（central metabolic pathways），也即各类芳香族和氯代芳香族化合物都先后被转化成儿茶酚和氯代儿茶酚，这两种中心化合物再经间位或邻位裂解而被进一步降解。从中我们可以看到这些化合物的降解存在一条中心途径，可以认为这些化合物的降解进化是围绕这条中心途径经水平扩展、垂直扩展后完成的。

⑤调控系统的同源性。调控氯代芳香化合物降解基因的多为 LysR 家族的成员，这个家族的每种蛋白质至少有一个亚基是共有的。

二、生物降解遗传进化的主要方式

生物降解遗传进化的主要方式是新降解基因（一个或多个）的产生以及由此产生的对已有的降解途径的扩展和补充，把新化合物的部分降解汇入已有的降解途径中，从而形成特定化合物的完全降解途径。例如 2，4-D 这种农药是一种异生物源化合物，而其初始降解（降解菌为真养产碱菌 JMP134）产物 2，4-二氯酚是一种自然的化合物，而这种化合物的降解途径早已存在，因此 2，4-二氯酚降解菌仅需获得 2，4-D 降解第一步的基因 2，4-D-双加氧酶基因，就可以获得完全降解 2，4-D 的能力。农药甲基对硫磷的降解也类似，其初始降解第一步水解的产物是 P-硝基酚，而能降解这种化合物的细菌广泛存在于土壤和表水中，因此它们仅需进化出甲基对硫磷水解基因即能完全降解这种化合物。当然除了获得一个新降解基因就能完成整个降解途径外，也会有获得多个降解基因才能完成降解的例子。

获得一个新降解基因就可获得降解能力的细菌要比获得多个基因才能完成降解的细菌有更快的降解能力进化速度。2，4-D 的降解属于前者的例子，而阿特拉津（atrazine）属于后者，其降解过程中开始的多步降解产物是异生物源化合物。2，4-D 在 20 世纪 50 年代开始使用，而在 20 世纪 60 年代后期就分离到能以其为唯一碳源和能源的细菌，而阿特拉津在 1959 年就开始使用，而直到 1993 年后才分离到完全降解的这种农药的细菌。

三、遗传进化的机理

我们现在的实验手段还难以重现微生物生物降解的进化过程，但我们可以从现代分子生物学技术改造微生物成果，并结合对从自然环境中分离到的降解微生物的遗传分析来推断生物降解的遗传进化，阐明推动生物降解遗传化的基本机理。大量的实验研究和理论分析表明从根本上说生物降解的进化可以归结为微生物群落中新的降解基因的出现和基因的相互作用，而最终在一个微生物群落中出现降解特定有机物的全部基因。目前的研究表明基因突变、接合作用、转化、转座造成的新降解基因以及基因转移和重组使微生物进化出新的降解能力是生物降解遗传进化的主要机理。许多代谢活性的实验进化研究说明基因转移和重组对宿主细胞适应新化合物的重要性。通过基因转移和重组能克服新基质降解自然途径的生物化学障碍。基因转移可以产生更广谱的酶替代窄谱的专一性酶而产生代谢途径的水平扩展。也可以提供新的非关键性酶（peripheral enzymes）来介导基质到已存在的降解途径中而产生垂直扩展。

基因突变是基因内部遗传结构或 DNA 序列的改变，包括一对或少数几对碱基的缺失、插入或置换而导致的遗传变化。单一位点突变（single-site matation）可以在微生物基因中连续发生，从而会改变基因的结构或造成损伤，在 DNA 复制过程中出现差错。微生物在 DNA 复制中能对损伤进行修复，包括光复活修复、切除修复、重组修复和 SOS 修复。但在 SOS 修复中也产生一种错误倾向（error-prone）的 SOS 修复，这种修复识别碱基的精确度低，因此容易造成复制的差错，这是一种以提高突变率来换取生命存活的修复。基因突变和修复过程中的差错都可以产生相应的突变，在环境压力存在的条件下，环境压力的选择会积累 DNA 的进化。有研究证明单一位点突变能改变酶的底物的专一性或效应物的专一性。PW-WO 质粒中基因编码的儿茶酚 2，3-双加氧酶因酶的单一氨基酸被取代而使底物范围扩展到 4-乙基儿茶酚。

接合作用是通过细胞与细胞的直接接触而产生的遗传信息的转移和重组过程。

遗传转化是指同源或异源 DNA 分子（质粒和染色体 DNA）被自然或人工感受态细胞摄取，并得到表达的水平方向的基因转移过程。实验研究表明恶臭假单胞菌 mt-2 转移 TOL 质粒 PWWO 到假单胞菌 B13 菌株，使生物降解能力范围从 3-氯苯酸盐水平扩展到 4-氯苯酸盐和 3，5-二氯苯酸盐。这种转移提供 B13 菌株以 TOL 质粒的 xyl XYZ（甲苯甲酸盐双加氧酶），这种酶的底物范围比原菌株 B13 的氯苯酸盐加双氧酶更广。质粒转移已在微宇宙实验中得到证实，编码 3-氯代苯酸盐降解酶的产碱菌菌株 BR60 的降解质粒 pBRC60 被转移到土生受体菌并表达。

转座是转座子或插入序列插入同一 DNA 分子的新的位点或插入另一 DNA 分子的过程。基因片段的插入可以导致基因转移，实现 DNA 片段的重排，使沉默基因激活或活跃基因纯化。插入片段对不常见化合物的适应性和降解潜力有重要作用。研究证明洋葱伯克霍尔德氏菌至少带有 9 种不同的插入片段，它们在基因组中存在 1～13 个拷贝。插入片段（IS931）在 chq 基因座（chq gene locus）周围，对 2，4，5-T 降解起作用。这种片段不来源于这种菌，这说明 IS931 或这种降解基因的部分是从其他生物中获得。假单胞菌菌株 P51 的氯代苯加双酶基因的两侧有两种等同插入片段 IS1066 和 IS1067。IS1066、氯代苯加双氧酶基因和 IS1067 共同组成的称为 Tn5280 的复合片段也是一个功能转座子，能随机插到基因组。IS 片段的另一个重要作用是对沉默基因的激活。IS 片段的一端常常含有类似启动子（promoter like）序列，其能激活 IS 片段外基因的表达。在洋葱伯克霍尔德氏菌中，IS406 和 IS407 的插入能导致 lacZ 的激活。IS931 和 IS932 也能激活邻近基因的表达。人工构建的菌株可以重现自然条件下所发生的适应进化。例如氯代苯完全降解的途径需要广底物专一性（broad-substrate-specificity）的苯双加氧酶、广底物专一性的苯 glycol 脱氢酶，同时要有修饰邻位裂解途径。恶臭假单胞菌 F1 含有编码广底物专一性的苯加双氧酶和苯 glycol 脱氢酶的基因，假单胞菌 B13 的质粒带有裂解途径，通过这两个菌株的融合所得到的转化接合子（transconjugants）能完全代谢氯代苯。而从污染环境中，分离到一株假单胞菌 P51 也说明这种情况。这个菌株的质粒含有两个降解操纵子，一个编码修饰的邻位裂解途径，而另一个编码氯苯加双氧酶和氯苯 glycol 脱氢酶。氯代苯加双氧酶基因簇位于可转移的片段上，这说明现在的 pP51 质粒是氯代苯加双氧酶转座子转座到老 pP51 质粒上形成的，老的质粒仅含有修饰邻位裂解途径基因。

第五节　微生物的降解反应、降解途径、降解速率及降解指示系统

本节讨论生物降解中的几个基本问题：降解反应、降解途径、降解速率、归宿等基本问题。

一、降解反应

一般来说自然有机物的微生物代谢和有机污染物的生物降解在本质上是一样的，发生在前者的化学过程也见于各种污染物的降解过程中，主要包括氧化反应、还原反应、水解反应和聚合反应。

1. 氧化反应

氧化反应是许多有机污染物生物降解开始的第一步，是最重要的反应，特别是许多烷烃降解中的重要反应。羟化作用（hydroxylation）是最一般的氧化反应。例如芳香环氧化成儿茶酚的过程就是羟化作用的结果（图 8-10）。形成羟基会增加化合物的极性，从而提高化合物的水溶性，有助于提高生物降解性。催化这种反应的酶包括羟化酶和混合功能氧化酶。另一类重要的氧化反应是 N-脱烃作用（N-dealklation），也常是污染物降解的第一步，特别是 alkyl 取代的农药（烷基取代基农药），N-脱烃作用可被混合功能氧化酶所催化（图 8-11）。其他的氧化反应还包括氧化脱氢、氧化脱氯、脱羧作用、β-氧化、醚键的水解、环氧化作用、硫氧化作用（sulfoxidation）及芳香环、杂环的断裂。有些化合物经氧化反应后仍保持原底物的生物活性，如阿特拉津降解的第一步是氧化反应，其氧化反应的产物仍保持作为农药的生物活性。

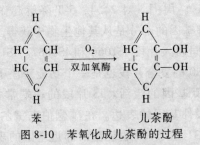

图 8-10　苯氧化成儿茶酚的过程

2. 还原反应

很多有机污染物在厌氧生物降解时发生还原反应（好氧条件下也有还原反应）。例如还原脱卤，酮（ketones）还原成醇（alchohols），亚砜（sulfoxide）还原成硫化物（sulfide）。在还原反应中，还原脱氯尤为重要，还原脱氯是许多化合物（包括有机氯农药、烷基溶剂、烷基卤化物）的一种重要降解方式。这些化合物包括许多毒性最强，最难降解的污染物。脱氯以后可降低毒性，提高可降解性。DDT 加氢转化成 DDD 就是一个烷基还原脱氯的例子。催化还原脱氯的催化剂是存在于细菌中的过渡金属复合物。

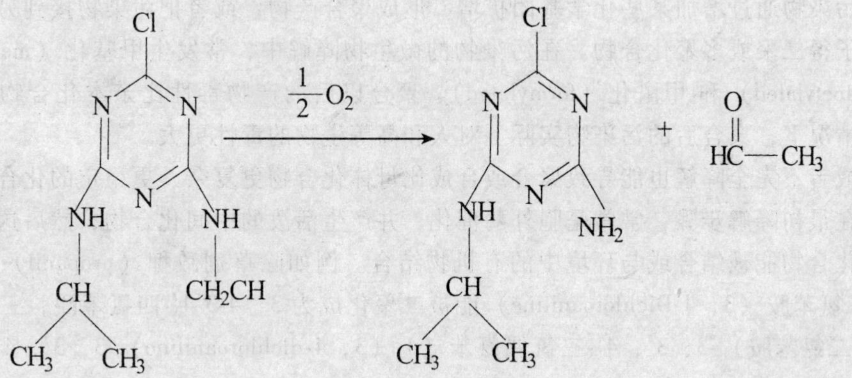

阿特拉津　　　　Deethylatrazine　　　　Acetaldehyde

图 8-11　阿特拉津的初始氧化

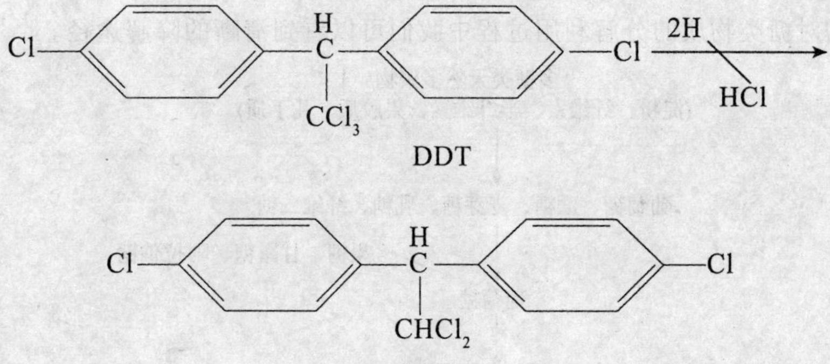

DDD

3. 水解反应

水解反应是有机污染物降解过程中的重要反应，反应是向反应系统加水使底物中的某些基团发生水解。许多有机污染物的生物降解常开始于水解反应。有醚（ether）、酯（ester）或胺（amine）键的化合物在酯酶、丙烯酰氨酶、磷酸酶、水解酶和裂合酶催化下生成醚、酯、磷酸脂或胺键。此外还可以发生水解脱卤，卤素原子被水产生的羟基取代。这种反应也被称为取代反应，这如下式反应。

$$CH_3CH_2CH_2Cl + H_2O \longrightarrow CH_3CH_2—CH_3OH + HCl$$

重要农药阿特拉津降解的第一步也是水解脱氯反应，且其产物不具有原来农药的活性。

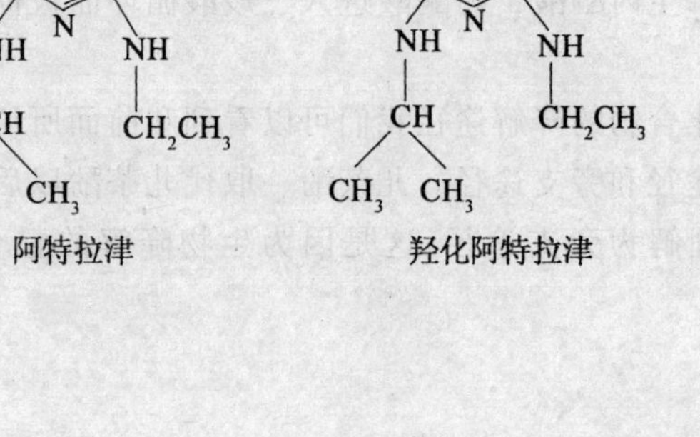

阿特拉津　　　　羟化阿特拉津

4. 聚合反应

有机污染物通过增加某些化学基团扩增，形成聚合产物，或者把污染物接到另一个分子或多个分子得二聚或多聚化合物。在污染物的微生物降解中，常发生甲基化（methylated）、乙酰化（acetylated）和甲酰化（formylated），聚合以后的产物毒性比亲本化合物要小，然而在某些情况下，聚合后的污染物实际上对人和高等生物的毒性更大。

部分或者不完全降解也能导致聚合或合成比母体化合物更复杂、更稳定的化合物。这种情况发生在最初降解步骤，常常是胞外酶催化，并产生活泼的中间化合物，然后这些高度活泼的中间化合物能被结合或与环境中的有机物结合。例如除草剂敌稗（propanil）的水解产物 3，4-二氯苯胺（3，4-Dichloroaniline）能被二聚化成为 3，4-3′4′-四氯苯醌，三聚化成为 4-（3，4-二氯苯胺）-3，3′，4′-三氯偶氮苯（4-（3，4-dichloroanilino）-3，3′，4′-trichloro-azobenzene）。

二、生物降解途径规律性

微生物对有机污染物的降解利用实际上是微生物对许多物质分解利用能力的扩展和延伸。从微生物对糖类物质的分解利用过程中我们可以看到清晰的降解途径。

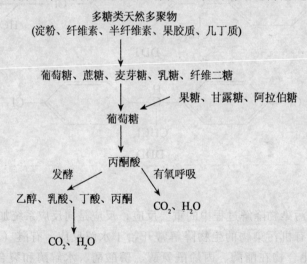

从中可以看到糖类物质分解途径的中心途径和旁支途径。中心途径是糖类物质从复杂多聚物产生的单糖，经葡萄糖、丙酮酸被进一步氧化成 CO_2 和 H_2O。旁支途径是不同的微生物以及不同条件下所产生的代谢途径，在局部上所发生的明显改变。在污染物的生物降解中，芳香烃化合物是环境中最常见的污染物，主要来源于石油烃、溶剂、农药等方面。芳烃化合物因其结构的复杂程度不同经过不同的降解步骤后产生儿茶酚或取代儿茶酚，它们再经邻位裂解或对位裂解，而后产生丙酮酸，丙酮酸进入三羧酸循环而被彻底降解。它们的降解过程可以表示为：

深入剖析芳香烃化合物的降解途径我们可以看到和前面所说的糖代谢降解途径有一致的模式，同样具有中心途径和旁支途径。儿茶酚、取代儿茶酚以后的降解途径可以认为是中心途径，而前面的可以理解为旁支途径。这是因为生物降解的整个进化实质上是对异生物源

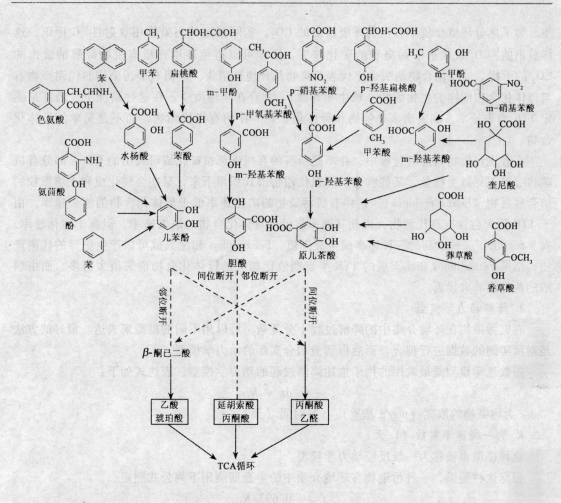

物质形成的新降解途径与已有的降解途径的接轨，如已在前面介绍的2，4-D的（2，4-二氯酚乙酸）的第一步降解产物2，4-二氯酚是自然界中存在的，已存在相关的降解途径，因此微生物对2，4-D的完全降解实际上只需进化出降解途径中第一步的催化酶（2，4-双加氧酶）即可。因此，环境污染物降解途径形拟为由无数支流汇成的一条大河。中心途径是主流，而旁支途径是支流，可表示为一种河流状结构。

三、降解速率及其动力学模型

1. 降解速率

有些环境污染物是非常持久的，而有些则不是。降解速率是决定污染物在环境中归宿的关键因素。表8-5列出了17种广泛使用农药的平均半衰期值，其范围从5~2000天。DDT是高抗性化合物，半衰期达2000天。而甲基对硫磷（methyl parathion）和EPTC是相应非持久的，其半衰期分别为5~6天。

有机污染物的降解速率（degradation rate）有三种不同的表示方式，包括矿化速率（mineralization rate）、母体化合物消失速率（parent chemical disappearance rate）或总有毒残基（TTR）消失速率（total toxic residae（TTR）disappearance rate）。矿化速率代表一种有机污染物被完全降解成CO_2、H_2O和无机离子，一般污染物降解时测定放出的CO_2代表矿化速率。为了区分环境介质中有机物呼吸放出的 CO_2，实际测定的污染物用放射性 ^{14}C 标记，这样放出的 $^{14}CO_2$ 就代表了污染物的矿化速率，这样可以避免环境介质有机物降解的放出的 CO_2 的干扰。母体化合物消失速率代表污染物从环境的消失。然而有些污染物的代谢产物有与母体化合物同样的生化活性（或生物毒性），并存在于环境中，在这种情况下，最好是测定 TTR 消失速率，测定出来是包括和母体化合物一样的有毒代谢物，而不是简单的母体化合物。

在有机污染物的降解过程中，并不是所有的有机碳都被矿化成可放出的 CO_2。部分有机碳将会掺入到微生物量，某些将会以有机代谢物形式积累下来，某些会转化成和土壤颗粒的结合残留物（bound residues）。这样有机污染物的矿化速率低于母体化合物的消失速率。由于 TTR 消失包含有毒代谢物，因此其速率将低于母体化合物的消失速率，但高于矿化速率。表 8-6 列出了三种农药的三种速率的半衰期值。Fenamiphos 和涕灭威可以产生更毒的代谢产物，结果 Fenamiphos 和涕灭威的 TTR 半衰期值比相应的母体化合物消失值大得多。而虫螨威的两种值非常接近。

2. 降解动力学模型

有机污染物在环境介质中的降解过程十分复杂，可以用不同的模型来表达。最好的方法是对所实测的数据进行拟合，而后得到最切合实际的动力学模型。

指数速率模型是最常用的用于描述降解过程的动力学模型，表达式如下：

$$- dc/dt = K_1 c$$

c 为污染物的浓度（mg/g 基质），t 是时间（天），

K_1 为一级速率常数（1/天）

这种模型也被称为一级反应动力学模型。

根据这种模型，一种污染物在环境介质中的半衰期能用下列公式测定：

$$t_{1/2} = 0.693/K_1$$

这里 $t_{1/2}$ 是污染物的半衰期（天），上面（表 8-5）列出的半衰期值是在假设一级反应的动力学基础上得到的。

另一种常用的模型是双曲线速率模型，表达式为：

$$\frac{- dc}{dt} = \frac{K_1 c}{K_c + c}$$

c 为污染物浓度，K_1 为最大反应速率（mg/（g·天）），而 K_c 则为最大反应速率一半时的浓度（mg/g）。

表 8-5　　　　　　　　　某些常用的农药在土壤中的平均半衰期

农药	用途	半衰期/天
草不绿（Alachlor）	H	15
涕天威（Aldicarb）	I, N	30
阿特拉津（atrazine）	H	60
西维因（carbaryl）	I	10

农药	用途	半衰期/天
虫螨威（carbofuran）	I，N	50
虫菌清（chlorothalonil）	F	30
毒死蜱（chlorpyrifos）	I	30
2，4-D	H	10
DDT	I	2000
EPTC	H	6
Fenamiphos	I，N	50
草甘膦（glyphosate）	H	47
甲基对硫磷（methyl parathion）	I	5
Metolachlor	H	90
对硫磷（parathion）	I	14
2，4，5-T	H	30
氟乐灵（trifluralin）	H	60

F：杀真菌剂　H：除草剂　I：杀虫剂　N：杀线虫剂

表 8-6　　　　　　　　　　　　　按三种降解速率计算的几种农药的半衰期

农药	半衰期/天		
	矿化	母体化合物消失	TTR 消失
涕天威（aldicarb）	130	2	42
虫螨威（carbofuran）	293	24	25
fenamiphos	274	2	130

四、环境有机污染物在环境中行为

环境污染物在环境中的行为就是它们在生物降解过程中的去向。概括起来主要有三个方向。①环境污染物的彻底氧化，降解产物以气体或其他形态重新进入环境，如降解的终产物 CO_2、N_2 进入大气，以 H_2O 形式溶入环境。②降解过程中的中间代谢产物被综合进入细胞，成为微生物生物量。③未被完全降解而残留在生态环境中。

1. 环境污染物的彻底氧化

还原态化合物的彻底氧化及氧化态化合物的再合成是推动元素生物地球化学循环的两个重要过程。环境污染物完成降解产生的 CO_2、HO_2 以 NO_3^-、PO_4^- 可被光合生物进一步利用进行光合作用，合成有机物。环境污染物的降解过程推动了化合物的循环。

2. 中间代谢产物被综合成微生物生物量

微生物在利用营养物过程中，产生的能量和中间代谢产物用于合成新的大分子物质

（如蛋白质、核酸等），形成新的微生物生物量。一般情况下，微生物利用易于分解有机物时的生长是一种平衡生长，即底物有机碳量各有一半被氧化成 CO_2 和被掺入细胞生物量。但环境污染物作一种底物被微生物降解利用时掺入生物量的有机碳的比例远少于对一般有机物的利用。在处理污水和固体废弃物的过程中，我们一般希望以较少的生物量处理尽可能多的环境污染物，因此在污水处理中减少污泥量，提高污泥的生理活性仍然是一个重要的研究课题。

3. 环境污染物的残留

环境污染物在环境中的降解受到诸多因素及环境条件的影响，同时在与其他易于利用基质共存时，它们一般被滞后利用，因此实际上的完全降解在短期内很难达到。^{14}C 标记农药研究表明，仅有 $1\% \sim 50\%$ 的 ^{14}C 活性被放出。很多污染物的降解产物可与环境介质相结合，这就是污染物的残留。残留主要有结合残留。这些结合物不能用极性和非极性溶剂抽提出来，因此这些结合物也称为非可抽提 ^{14}C 活性。研究表明许多环境污染物（特别是农药）降解产物酚类化合物、氨基化合物或 anilines 可以共价结合到腐殖酸、棕黄酸、腐殖质上，这些称为结合残留物（bound residues）。在土壤中的结合残留物相当稳定，很难被降解。同时这种结合残留物一般可以大大降低其生物活性。对农药来说这种农药残留物对靶和非靶生物是无害的。另一种残留称为老化残留（aged rdsidues）。进入环境的污染物和环境介质相互作用，这种相互作用在土壤环境中的过程尤其复杂。在土壤中的相互作用包括土壤表面的吸附，溶解到土壤溶液，挥发到土壤孔隙空间，通过大孔和微孔扩散到内部土壤基质中，和仍然作为固体留在固体表面。可被微生物降解的部分主要是液相的部分，被吸附的部分一般难以被降解，当它们进入液相又可被降解，这又成为生物可利用的。对于那些疏水性农药，降解速率依赖于从土壤解吸的速率和程度，以及取决于从固相或气相溶解到液相。农药扩散到土壤基质内部，特别是扩散到微孔中，这种扩散主要依赖于化合物的挥发性和溶解性。这个过程被称为"老化"（aging）。这些残留下来的污染物（主要为农药）难以被微生物攻击，不被降解，因此这部分残留常被称为"老化残留"（aged residues）。老化农药残留物不能被有机溶剂在常温下抽提出来，但提高温度时可以抽提出来。老化农药残留物可以构成最终农药对地下水污染。

五、降解与解毒作用

许多环境污染物对人类及高等生物具有强烈的毒性，生物降解可以用于去除有毒化合物的毒性。微生物转化有毒化合物成为无机自然分子，如 CO_2、水、甲烷、硝酸盐和硫酸盐，结果最终使污染物脱毒，生物降解是脱除有机物毒性的有效方法。脱毒作用也可以发生在没有完全矿化的情况下。但有时降解过程中有些产物可能事实上具有比开始的分子有更强的毒性，或可以持久存在和积累在生境中。例如在厌氧条件下，四氯乙烯被代谢产生氯乙烯（vinyl chloride），这种产物不仅毒性非常高，而且也抵抗进一步的生物转化。这样对这些不完全降解的代谢产物我们更关心的应是证明其是无毒的。然而也应注意到即使最终被矿化的污染物也可能被转化成有毒的中间产物，这些中间产物也可以短时积累到可能的毒性水平。

许多毒性很强的有机物可以强烈抑制微生物的降解作用，但通过加入一些具有很强的吸附能力的多聚物（如环糊精）可以降低其生物毒性并促进生物降解，在有毒有机物的污水处理中这种方法可被利用。

六、环境污染物的酶促降解

对进入环境的合成化合物的转化取决于微生物酶对这些非生物源化合物的认识和对稳定性结构（如卤代有机物的碳卤键）的催化反应。环境污染物的抗降解性（顽固性）部分是由于酶的活性和酶专一性的问题。降解酶对环境污染物的降解是十分重要的。卤代脂肪族化合物结构多样，应用广泛，如用作起泡剂（氯甲烷）、冷却液（氯乙烯）、土壤熏蒸剂（1，3-二氯丙烯、溴甲烷）、杀虫剂（六氯环己胺）。化学合成中的中间产物（1，2-二氯乙烷、氯乙烯、氯乙酸）和溶剂（三氯乙烷、三-和四-氯乙烯）。各种氯代烷烃化合物也见于生产过程的废弃物中。脱卤酶受到广泛而深入的研究，这里以脱卤酶为例来说明降解酶的专一性、反应动力学及酶的工程化改造。

1. 脱卤酶酶催化脱卤

有学者把酶催化脱卤的方式归纳为氧化脱卤、脱卤化氢、取代脱卤、甲基转移脱卤和还原脱卤等五种。

（1）氧化脱卤（oxidative dehalogenation）

氧化脱卤在卤代脂（肪）烃和卤代芳香烃化合物的降解中十分重要，其脱卤过程是由单加氧酶和双加氧酶完成的，而其中有的反应是共代谢完成的，而有的反应则是以正常的代谢方式完成的。卤代烯烃、卤代短链烯烃和某些卤代芳香烃化合物可以通过共代谢方式实现酶催化降解（参阅后面的共代谢部分及图 8-15），具有这种功能的是单加氧酶和双加氧酶。目前已知的有甲烷单加氧酶、氨单加氧酶，酚单加氧酶，2，4-二氯酚单加氧酶、甲苯单加氧酶、甲苯 2，3-双加氧酶、丙烷单加氧酶、烯烃单加氧酶和异丙基苯双加氧酶。除了共代谢外许多微生物产生的单加氧酶、双加氧酶也能直接氧化卤代化合物脱卤。如假单胞菌 CBS3 菌株产生的 4-氯苯乙酸，3，4-双加氧酶能氧进行氧化脱卤（图 8-12A）。

（2）脱卤化氢

脱卤化氢酶从卤代有机底物消除 HCl，导致形成双键。少动鞘氨醇单胞菌（*Sphingomonas paucimobilis*）UT26 矿化农药 γ-六氯环己烷（六六六）时会发生脱卤化氢（图 8-12B）。

（3）取代脱卤（substitutive dehalogenation）

取代脱卤包括水解脱卤、硫解脱卤和分子内取代脱卤三种。

①水解脱卤（hydrolytic dehalogenation）：被研究的脱卤酶大部分是水解脱卤酶。卤代的杂环类、芳香类和脂（肪）环化合物的水解脱氯已有许多研究报道。最先被分离纯化的卤代脂（肪）烃脱卤酶来源于自养黄色杆菌菌株 GJ10。这种细菌可以利用 1，2-二氯乙烷作为碳源（图 8-12C）。

②硫解脱卤（thiolytic dehalogenation）：谷胱甘肽 S-转移酶催化形成氯化物和 S-氯甲基谷胱甘肽。这种不稳定的中间产物被水解成谷胱甘肽，氯化物和甲醛，甲醛是甲烷营养菌生长的中心代谢物（图 8-12D）。

③分子内取代脱氯（dehalogenation by intramolecular substitutive）：卤代醇卤代氢裂合酶（Halohydrin hydrogen-halide lyases）（如卤代醇脱卤酶（haloalcohol dehalogenases）专一性催化邻位卤代醇和卤代酮的分子内取代反应，得到环氧化物。2，3-二氯-1-丙醇、1，3-二氯-2-丙醇、3-氯-1，2-丙二醇和其他卤代醇的降解（由假单胞菌菌株 05-K-29、AD1 等进行的）

被认为是这种分子内的取代（图 8-12E）。

（4）甲基转移脱氯（dehalogenation by methyl transfer）

甲基营养同型产乙酸（homoacetogen）脱卤醋酸杆菌（*Acetobacteriam dehalogenans*，即菌株 MC）能利用氯甲烷作为唯一能源，产生乙酸。可被氯甲烷诱导的氯甲烷脱卤酶能转移作用底物甲基基团到四氢叶酸，产生甲基四氢叶酸和氯，甲基四氢叶酸被进一步代谢成乙酸盐，并通过乙酰-COA 途径进一步反应（图 8-12F）。

（5）还原脱氯（reductive dehalogenation）

还原脱氯对高氯代化合物（如 PCDD 和 PCDF）的降解是十分关键的反应过程。

①共代谢还原脱氯（co-metabolic reductive dehalogenation）

许多产甲烷、产乙酸、硫酸盐还原和铁还原细菌能进行共代谢脱氯。这种共代谢主要见于卤代脂（肪）烃。反硝化假单胞菌菌株 KC 及腐败希瓦氏菌（*Snewanella putrefaciens* 2000）菌株 2000 能通过共代谢降解三氯甲烷。这个过程受控于呼吸电子传递链的电子载体。细胞色素 C、维生素 K_{12} 被认为参与三氯甲烷的还原。

②耦联碳代谢还原脱氯（reductive dehalogenation linked to carbon metabolism）：还原脱氯反应并不严格限于的厌氧细菌，紫色非硫细菌的深红红螺菌（*R. rubrum*）、度光红螺菌（*R. photometrium*）和血色红假单胞菌（*Rhodospseudomonas rutila*）在有氧条件下利用 C_2 和 C_3 卤代羧酸光能生长时，卤素取代基的还原是伴随着相应的羧酸的同化而进行的。

③呼吸过程中的还原脱卤（reductive dehalogenation as a respiratory process）：许多菌株能把还原脱卤和能量代谢耦合在一起，它们以卤代脂（肪）烃或卤代芳香烃作为电子受体还原脱氯。一种硫还原细菌蒂氏脱硫念珠菌（*Desulfomonile tiedjei*）利用甲酸盐或 H_2 作为电子供体，3-氯苯（甲）酸盐作为末端电子受体还原脱氯。还原脱氯和 ATP 合成的化学渗透假设的耦联（chemiosmotic coupling）已被证明。一种命名为 *Dehalococcides ethenogenes strain* 195 的细菌利用 H_2 作为电子供体和 PCE（五氯乙烷）为电子受体，完全脱氯 PCE 成为乙烯。PCE 和 TCE 还原脱氯酶都是膜结合酶，并含有类咕啉辅因子。

A.

B.

C.

$$CH_2Cl-CH_2Cl \xrightarrow[H_2O \quad H^+Cl^-]{DhlA} CH_2OH-CH_2Cl \xrightarrow[PQQ \quad PQQH_2]{Mox} \underset{CH_2Cl}{O=C-H}$$

$$\xrightarrow[NAD^+ \quad NADH+H^+]{H_2O \quad Ald} \underset{CH_2Cl}{COOH} \xrightarrow[H_2O \quad H^+Cl^-]{DhlB} \underset{CH_2ClOH}{COOH} \longrightarrow 中心代谢途径$$

D.

$$CH_2Cl \xrightarrow[GSH \quad H^+Cl^-]{} [GS-CH_2Cl \xrightarrow[H_2O \quad H^+Cl^-]{} GS-CH_2OH]$$

$$\xrightarrow[GSH]{} H-\underset{H}{\overset{O}{C}} \longrightarrow HCOOH \longrightarrow CO_2$$

$$\Downarrow$$

同化

E.

$$\underset{Cl \quad OH}{CH_2-CH-CH_2Cl}$$

$$\downarrow I \quad H^+Cl^-$$

$$\overset{O}{CH_2-CH-CH_2Cl}$$

$$\xrightarrow[H_2O]{} \downarrow II$$

$$\underset{OH \quad OH}{CH_2-CH-CH_2Cl}$$

$$\downarrow III \quad H^+Cl^-$$

$$\overset{O}{\underset{OH}{CH_2-CH-CH_2}}$$

$$\xrightarrow[H_2O]{} \downarrow IV$$

$$CH_2OH-CHOH-CH_2OH$$

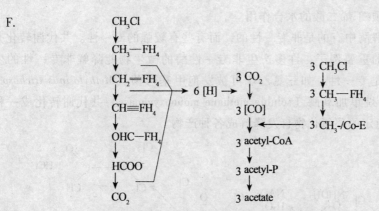

图 8-12 部分脱卤酶的脱卤反应

氯代烷烃脱卤酶催化 C-卤键水解切开（cleavage）（图 8-11C）的最先例子是自养黄色杆菌（*Xanthobacter autotrophicus*）和水生弯杆菌（*Ancylobacter aquaticus*）对 1,2-二氯乙烷的降解，降解的第一步反应是由 35kU 的脱卤酶催化的，催化产生 2-氯乙醇和氯化物。这种酶的底物范围很广，还能降解 1,2-二溴乙烷，1,3-二氯丙烯以及长链氯烷烃等很多环境污染物。

卤代烷烃的降解酶中具有水解功能的是一组酶，一般属于 α/β-水解酶，它们的活性中心中都有一个具有亲核攻击功能的 ASP（天冬氨酸）残基。

自养黄色杆菌的脱卤酶（dehalogenase DhlA）的三维结构已被用 x-射线晶体衍射法进行了分析。酶的活性中心是一个疏水的穴，位于具有 α/β-水解酶折叠结构的球状主域（globular main domain）和分离的帽状区域之间。用 x-射线晶体衍射法和同位素掺入法研究了催化原理。实验结果说明 DhlA 催化卤代化合物的断开是通过 ASP124 的羟化亲核取代（nucleophilic displacement）所进化的。产生的共价烷基-酶中间产物被活性水分子水解。水位于被脂化的 ASP124 的羰基碳上，HIS289 以及 ASP260 通过减少一个质子使水分子活化。两种色氨酸包含在与底物卤素的结合中，面卤原子随后从底物中释放出来。

1,2-二氯乙烷是一种不存在于自然界的人工合成化合物，大量研究证明现在降解化合物的酶是近 50 年从一种更加原始的脱卤酶进化而来。支持其是最近进化而来的证据包括：①编码酶的基因的序列具有序列重复。②脱卤酶基因的组成型表达（黄色杆菌属和弯杆菌属菌株）。③基因定位质粒和从不同生物中分离到 1,2-二氯乙烷脱卤酶缺乏进化趋异性。

2. 酶的专一性

任何酶都有其底物专一性，酶的专一性分为两种类型，包括结构专一性和立体异构专一性。结构专一性按酶对底物专一程度的不同分为：绝对专一性（absolute specificity），酶对底物的要求非常严格，只作用于一种底物，不作用于任何其他物质。相对专一性（族专一性、基团专一性）：酶作用底物不只是一种，对作用键两端的基团要求程度不同，对其中一端的要求严格，对另一个则要求不严格。键专一性酶只要求作用于一定的键，对键两端的基团并无严格的要求，这也是一种相对专一性，又称为"键专一性"，这类酶对底物结构的要求最低。立体异构专一性包括旋光异构专一性和几何异构专一性。旋光异构专一性是当底物具有旋光异构体时，酶只能作用于其中的一种。几何异构专一性是当底物具有顺、反两种结构时，只能催化其中一种结构，如延胡索酸水化酶只能催化延胡索酸即反-丁烯二酸水合成苹果酸，但不能催化顺-丁烯二酸的水合作用。

环境污染物的降解酶中有的是非专一性的，而有些有较强的专一性。共代谢转化是非专一性酶参与降解反应的重要例子，许多产生非专一性酶的微生物能降解非专一性的生理底物。如许多加氧酶不是专一性，如三氯乙烷可被发孢甲基弯菌（*Methylosinus trichosporium*）OB3b 产生的溶解性甲烷单加氧酶（soluble methane monooxygenase）共代谢转化成一种环氧化物（epoxide），不稳定的环氧化物自发降解成各种产物。

而利用卤代脂肪烃作为惟一碳源和能源的微生物在利用性降解时的降解酶是专一性的。碳卤键的断开可能取决于酶的专一性，但单个酶的底物专一性不一定和化学结构直接相关。在以氯代脂肪烃化合物作为碳源方面，化合物的结构特征是重要的，从这个意义上这类化合物的降解酶从总体上说有专一性，并具有一定规律性（图 8-13）。

3. 酶催化反应动力学

氯代烷烃的脱氯酶的反应动力学受到较为深入的研究。研究者用稳态（steady state）和前稳态（pre-steady-state）相结合的动力学实验确立动力学原理和推算与此相关的速率常数（图 8-14）。

使用中止一流荧光淬灭实验（stopped flow fluorescence quenching experiments）证明酰化的卤素离子从包埋活性中心穴中的释放制约整个酶的转化速率，而酶的构象改变可使卤素快速释放，构象改变是酶的帽状区域（cap domain）的部分运动，这种运动使水进入到活性中心，并使卤素离子溶剂化。

对脱卤酶转化 1, 2-二溴乙烷和 1, 2-二氯乙烷所有步骤的速率都作了测定，发现 C-Cl 键的打开速率要比 C-Br 键慢得多，这使二溴乙烷的 K_m 值比二氯乙烷小得多。卤化物的释放是 1, 2-二氯乙烷和 1, 2-二溴乙烷水解速度的主要限制步骤（表 8-7）。对许多其他底物转化的动态动力学分析说明，酶对溴化合物的亲和力明显高于氯化合物，这是因为对碳-Br 键有较高的打开速率和对溴化合物有较高的二级结合速率常数（higher second-order association rate constant）。一般来说对于相应易于转化的底物在高浓度情况下，溴和氯化同系物以同样的速率转化，这是因为卤素释放所需要的构象改变是速度限制因素。而对于难转化的底物，溴化的同系物的转化要比氯化的同系物快得多，这是因为碳—卤键的断开是速率限制的。

4. 酶的工程化改造

（1）卤代烷烃降解酶突变体的筛选

大量的研究证明许多降解酶的突变体可以提高卤化物的降解和卤素释放速率。脱卤酶 Val226 Ala 突变体对 1, 2-二溴乙烷的转化的 K_{cat} 值高出野生型 1.8 倍。但 K_{cat} 的增加并不见

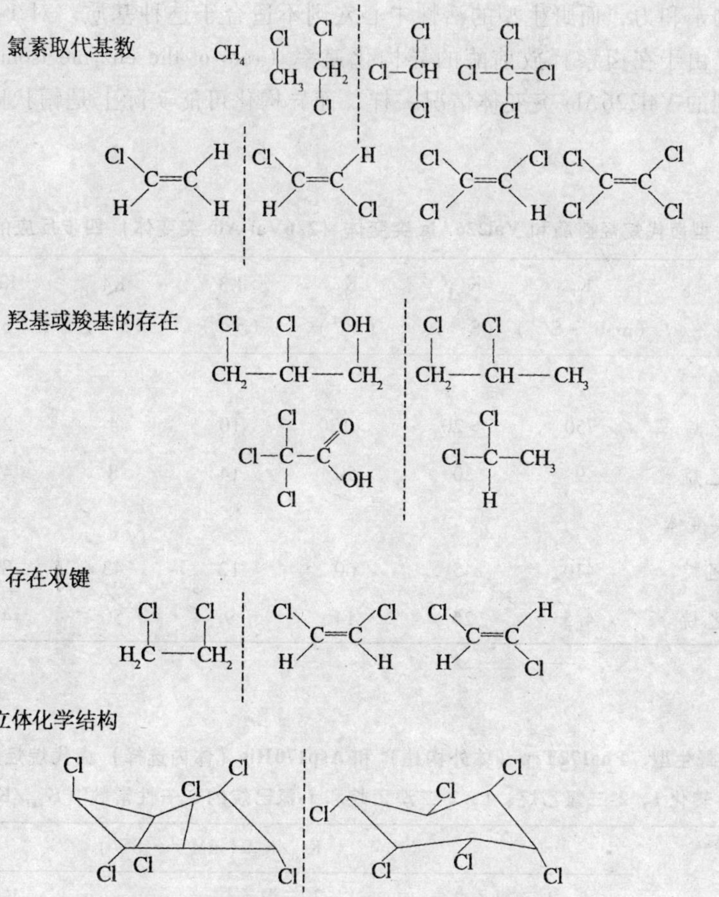

图 8-13 结构特征和微生物可以利用作为生长基质的卤代化合物的关系

破折线左边化合物能支持一种或多种微生物的生长，而右边则为难以利用的同系化合物。

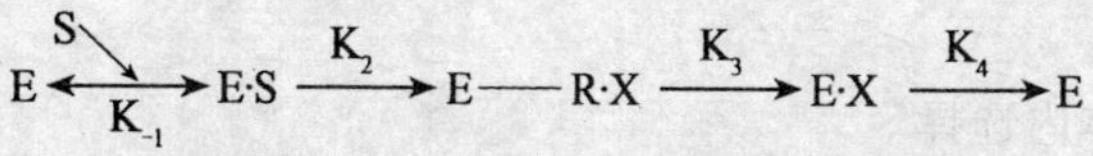

图 8-14 卤代烷烃脱卤酶的动力学模式

1. 形成米氏复合物；2. 碳卤键断开；3. 共价中间产物断开；4. 构象改变和卤素脱出

于对 1，2-二氯乙烷的转化（表 8-7），这可以解释为碳-卤键断开速率的明显降低，造成这种结果的原因是 C—Cl 键断开速率明显低于 C—Br 键，对突变体来说碳—卤断开成为对 1，2-二氯乙烷转化的最慢的步骤。从这里也可以看到提高转化 1，2-二氯乙烷酶的活性比提高 1，2-二溴乙烷的酶活性要困难得多。提高活性的效应也见于卤代烷烃脱卤酶 phe172Trp 突变体（表 8-8）。Phe172 是螺旋-环-螺旋结构覆盖的活性中心穴疏水帽状区域残留基中的一个。Phe172Trp 突变体酶比野生型对 1-氯乙烷有 10 倍高的 K_{cat}/K_m 值。研究表明其活性中心螺旋-环-螺旋结构的可塑性比野生型酶更高。这种增加使它更易结合 1-氯己烷这样的大底物，有更强的亲和力，而野生型的活性中心穴则不适合于这种基质。对 1，2-二溴乙烷转化速率的增加是由于在卤素释放前酶的异构化速率（rate of the enzyme isomerzation）的提高，这与前面提到的 Val226Ala 突变体情况一样，而异构化可能实际上是帽状区域部分构象的改变。

表 8-7 野生型卤代烷烃卤酶和 Val226Ala 突变体（226Val Ala 突变体）四步反应的动力学常数

| | K_1 | K_{-1} | K_2 | K3 | K4 | Kcat | K_m |
	$(mM^{-1} \cdot S^{-1})$	(S^{-1})	(S^{-1})	(S^{-1})	(S^{-1})	(S^{-1})	（mM）
野生型酶							
1，2-二溴乙烷	750	>20	>130	10	4	2.8	0.004
1，2-二氯乙烷	9	20	50	14	8	4.6	0.72
Val226 Ala 突变体							
1，2-二溴乙烷	410	45	60	12	43	8.1	0.035
1，2-二氯乙烷	4.5	25	14	9	50	4.9	3.1

表 8-8　野生型、Phe172Trp（体外构建）和 Asp170His（体内选择）卤代烷烃脱卤酶转化 1，2-二氯乙烷、1，2-二溴乙烷和 1-氯己烷的专一性常数（K_{cat}/K_m 值）

酶	K_{cat}/K_m $(mM^{-1} \cdot S^{-1})$		
	1，2-二氯乙烷	1，2-二溴乙烷	1-氯己烷
野生型	6.2	300	0.063
Phe172 Trp	0.56	240	0.67
Asp170 His		30	0.40

（2）新专一性的体内选择

通过对酶突变体的体内选择可以选择出降解原来不能降解底物的突变体，即为选择新的专一性，新专一性的体内选择。通过对自发突变的选择使脱卤酶适应新的底物，突变体能利用野生型酶难以水解的 1-氯己烷。研究表明帽状区域的 N 端部分有短的定向重复，其对卤代烷烃脱卤酶适应新底物起重要作用。两个定向重复是 15bp 的优先重复和 9bp 重复。如果缺失两个重复就会失去 1，2-二氯乙烷的水解活性，但仍具有对几种溴代脱卤酶底物的活性。这说明编码帽状的 N 端部分定向重复的 DNA 序列一定是最近进化出来的。而这个新的酶是在一个较老的脱卤酶是对工业产生的二氯乙烷适应中选择的。

（3）构建多酶体系的工程菌

对低分子卤代脂肪烃转化能力的瓶颈来源于断开碳-卤键和反应中间产物对生物的毒性。因此通过在合适生物中表达脱卤酶基因和构建带有多种能攻击顽固的结构和有毒的反应中间产物的酶的生物，可以提高微生物对化合物降解能力。有人已成功构建出基因工程菌，可以使极难降解的四氯化碳得到降解。

（4）利用已有的能转化非生物源化合物的有价值酶作为资源，开发具有区域和立体构型转化效应多样活性的酶。

（5）蛋白质工程的定位突变

定位突变技术是按照预先设计，精确地使靶基因在特定位点发生碱基序列的变化，进而使基因表达及其调控、基因产物发生相应改变。利用这种技术可以对目前的降解酶做进一步的工程改造，从而产生出具更强降解能力的酶。降解酶的定向改造和进化，见本章第一节。

七、降解菌及其降解基因的指示系统

把基因产物易于检测的报道基因（reporter genes）连锁到需要指示的降解基因的启动子上或整合到降解微生物的染色体（或质粒）上就可以构成降解基因的指示系统。利用这种指示系统，通过对基因表达的检出来评估降解基因及微生物的活性。这种系统依据的原理是大多数基因编码的产物及其活性不易检出，而一些可以作为报道基因的产物及活性却易于检出和定量测定。把报道基因连锁到降解基因或插入到降解微生物的载体上表达就可以检测到降解微生物的降解活性。报道基因的基本要求是易于检测，高度灵敏，可定量并能稳定表达（表 8-9）。

表 8-9　　　　　　　　　　　　环境微生物中有用报道基因的特征

特征	说明
可检测性	报道基因的产物必须是环境中不常见的，必须易于检测，例如，土壤颗粒能掩盖色素的产物。
灵敏度	单细胞就能检测到自然环境中基因表达的时空差异。
定量能力	最好能测定基因产物的量，并能与种群大小和种群活性相联系。
基因产物的稳定性	稳定时，基因产物体现累加的转录活性而不是现时的活性水平。不稳定时检测的灵敏度降低。

目前已经有多种基因被认定为可作为报道基因，主要包括代谢糖基因及发光基因，计有 lacZ、gusA、xylE、luxL、lux（DABE）基因以及绿荧光蛋白（GFP）基因。

lacZ 基因：基因编码 β-半乳糖苷酶，它能把乳糖这种二糖切割成葡萄糖和半乳糖。在补加 x-Gal 的琼脂上生长的菌落产生蓝色，对其进行比色分析可定量分析 β-半乳糖苷酶的切割产物，此外也可用荧光和化学发光试验来定量分析活性。但样品必须至少含有 $10^5 \sim 10^6$ 个细胞才能定量分析。由于易于检出和有多种载体进行融合，lacZ 是细菌培养物中基因调节研究的最常用的报道基因。

gusA 基因：这种源于大肠杆菌的葡萄糖醛酸酶基因也是一种非常有用的标记，因为这种酶有许多荧光底物，而且从环境中分离出来的细菌很少能产生这种酶。许多底物被降解时能产生荧光，如 5-溴-4 氯-3-吲哚-β-D 葡萄糖苷酸。gusA 基因融合已广泛用于研究病毒性植物病原体、植物和真菌的基因表达，所有这些有机体缺少固有的 β-D 葡萄糖醛酸酶活性。这些条件使少到单个细胞的 gus 活性都能灵敏地测定。

xylE 基因：xylE 基因来自恶臭假单胞菌（*Pseudomonas putida*）的（降解）甲苯（TOL）质粒，编码儿茶酚 2，3-双加氧酶。这种酶能把邻苯二酚转化成 2-羟基黏康半醛，产生一种黄色色素，可用分光光度法测定。这个基因在没有接触过芳香烃污染物的微生物中很少见，使它有助于基因表达的系统的原位测试，已成功用于多种革兰氏阴性细菌。

发光报道基因在指示系统中的应用极为普遍，主要有 lux 和绿色荧光蛋白标记。

lux（lux CDABE）基因：这种基因编码荧光素酶及反应过程中的醛底物，luxAB 编码活性荧光素酶，而 luxCDE 编码醛的合成酶。荧光素酶在作用底物荧光素时会发出荧光。把 lux 基因插入被研究的操纵子中，在那个操纵子被诱导时就会发光。这种基因在土生微生物中是极不常见的，因此已被广泛使用。大多数 lux 系统需要每个样品中含约 10^5 个细胞才能对发光进行检出，这种检出以一种不毁结构的方式直接进行，发出的光通常用闪烁计数器的单光子计数方式进行定量分析。这种基因在评估基因表达方面极为有用，并且已经用于评估异生物源有机物（如萘）生物降解。lux 系统的应用还在不断扩展，光纤维埋进土壤可以用来指示微生物对土柱中污染物降解的原位反应。

GFP 标记系统（绿色荧光蛋白标记系统）：GFP 基因见于维多利亚多管水母（*Aequorea victoria*）。GFP 自身能把这种水母的蓝色生物发光转变成绿色，其原因还不清楚。当 GFP 基因在细胞（真核或原核的）中表达时，形成环状结构。紫外光（395nm）激发 GFP 会产生亮绿色荧光（509nm），这种亮绿色荧光可被测定，也可以作为细胞存在和数量的指标。与上述的 lux 系统相比，因为单个细胞中就有充足的 GFP，所以可以测定单个细胞的基因转录而不是集群细胞的转录。同时 GFP 荧光不需要细胞代谢，因此并不活跃生长的细胞也能表达，这可能是许多环境中的实际情况。另外 GFP 和 lux 之间还有一个重要的差别，lux 表达一停止发光就会停止，而 GFP 蛋白只要保持完整就会继续发光。这种 lux 是一个比较可靠的实时的活性指示基因。

第六节　环境有机污染物的共代谢降解

共代谢是环境有机污染物生物降解的重要方式。一种情况是共代谢的基质和加入物质在结构上相似，加入物质可以促进基质的降解，而另一种是易于被利用的基质可以促进难降解物质的降解。如缺陷短波单胞菌（*Brevundimonas diminuta*、*Pseudomonas diminata*）的一个菌株生长在易于利用碳源（如酵母提取物、肽或蛋白肽）上时能水解杀虫剂对硫磷成为 P-硝基酚。

共代谢有多个意义相似，但又不完全一致的解释。①生长在一种可利用基质中的微生物可以同时转化（包括氧化）另一种并存但不能作为唯一碳源和能源的化合物。这种能使一种化合物转化（包括氧化）但不能成为碳源，取得能量和其他营养的现象称为共代谢或协同氧化。②只有在初级能源物质存在时，才能进行的有机化合物的生物降解过程。③微生物在利用生长基质时，可同时转化并存的但不能作为唯一碳源和能源的化合物的现象。④微生物转化一种不能利用作为能源和生长的化合物的现象。这种现象源于微生物酶的广谱专一性（broad-specificity），这些酶能认识与其酶促作用底物在结构上有相似之处的化合物，但酶促作用的产物一般不能被这种微生物的酶促反应进一步代谢。从某种意义上说共代谢实际上是微生物降解能力的水平延伸。共代谢的概念源于共氧化，研究者发现微生物在利用一种营养物质时能同时利用结构上相似的基质，那时就把这种现象称为共氧化。例如甲烷假单胞菌能利用甲烷，不能利用乙烷、丙烷和丁烷。但如果把甲烷和乙烷、丙烷、丁烷混合在一起时，甲烷假单胞菌在利用甲烷时，乙烷、丙烷、丁烷也同时被氧化（表 8-10）。

此后许多科学工作者认为共氧化从本质上说就是一种共代谢过程，而且共代谢的概念范围更广，从此共代谢的概念被普遍接受。

目前共代谢的概念倾向在两种情况下使用，如定义②所说的在存在初级能源物质时，能进行原来所不能进行的有机物的生物降解过程。从这种解释出发，把那些不能为微生物作为能源和碳源的有机物或者那些难以降解的有机物投到一个含有大量易于微生物利用的有机物混合降解系统中，这些难以利用和降解的有机物的生物降解会得到促进，降解速率会得到提高，从而有利于这类有机物的去除，这对处理含难降解有机物的污水有重要的意义。但最普遍使用的共代谢是产生于酶的广谱专一性的代谢反应。研究得最深入、最具代表性的共代谢例证来源于甲烷营养菌（*Methanotrophs*）和其产生生物溶解性甲烷加单氧酶（soluble methane monooxygenase）。这个过程如图 8-15 所示。

表 8-10　　　　　　　　甲烷假单胞菌利用甲烷时对气态烷烃的共氧化

辅基质	产物	同位素回收百分比
[1，2-14C] 乙烷 a	乙酸	69.0
	乙醇	1.0
	乙醛	17.3
	CO_2	5.5
	细胞物质	3.8
	胞外物质	3.6
[2-14C] 丙烷 b	丙酸	9.6
	1-丙醇	1.0
	丙酮	18.0
	CO_2	31.6
	细胞物质	8.6
	胞外物质	31.7
丁烷 c	丁酸	ND
	1-丁醇	ND
	2-丁醇	ND

注：a 气相组成：乙烷 5%，甲烷 45%，空气 50%

　　b 气相组成：丙烷 30%，甲烷 40%，空气 30%

　　c 未测定 ND：未测定

一、共代谢降解

许多难降解有机污染物是通过共代谢开始降解而完成降解全过程的。这类污染物包括：稠环芳烃、杂环化合物、氯代有机溶剂、氯代苯环类化合物以及农药等。能进行共代谢降解的微生物包括好氧微生物、厌氧微生物和兼性微生物等。

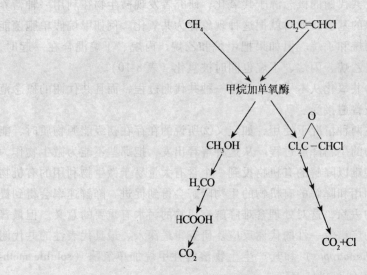

图 8-15　甲烷加单氧酶催化的甲烷营养菌对 TCE 的氧化

其后的降解步骤可能是由其他细菌或在某些情况下由甲烷营养菌自发催化的

三氯乙烯（TCE）的共代谢被深入研究，现以 TCE 为例简要说明共代谢的降解过程。TCE 是一种很稳定的被广泛使用的工业溶剂，已经成地下水中最常见的环境污染物。TCE 的分布广，其特别引人注目之处是 TCE 能被厌氧细菌还原脱氯成为氯乙烯（vinyl chloride），这种化合物对实验动物具有致突变和致癌性，也是人类的致癌剂。近百年许多科学工作者一直致力于得到能以 TCE 作为唯一碳源和能源的降解菌，但一直没有成功，由此 TCE 的共代谢成为人们关心的课题。至今已发现至少有 9 种细菌氧化酶能共代谢 TCE，它们是：溶解性甲烷单加氧酶（*Methylosinus trichosporium* OB3b）、甲苯 2-单加氧酶（*Pseudomonas cepacia* G4）、甲苯 4-单加氧酶（*P. mendocina*）、甲苯双加氧酶（*P. putida*）、氨单加氧酶（*Nitrosomonas europaea*）、颗粒性甲烷单加氧酶（*Methylocystis parvus* OBBP）、丙烷单加氧酶（*Mylobacterium* sp.）、酚羟化酶（*Alcaligenes eutrophus* JMP134）、异戊二烯氧化酶（*Rhodococcus erythropolis*）。其中甲烷营养菌（*Methylosinus trichosporium* OB3b 、*Methylococcus capsulatus*）及其产生的溶解性甲烷单加氧酶，恶臭假单胞菌 F1 及其产生的甲苯加双氧酶受到深入的研究。溶解性甲烷加氧酶在低铜浓度时合成，酶系由三种蛋白成分组成，羟化酶成分含有双核铁中心作为氧结合和反应位点。溶解性甲烷单加氧酶氧化 TCE 如图 8-16 所示。甲苯双加氧酶对 TCE 的氧化如图 8-17 所示。

甲烷营养菌氧化甲烷的第一步是由甲烷单加氧酶催化的，这种酶是广底物专一性的，其在甲烷和 TCE 同时存在的情况下也能共代谢催化 TCE 氧化过程的第一步。这种细菌并没有从共代谢步骤中获得能量上的好处。TCE 共代谢的降解产物可以被其他细菌或许也可能是甲烷营养菌进一步催化降解。在修复被 TCE 污染的环境中，我们可以向环境中投入甲烷、甲苯、丙烷甚至氨这样的共基质（co-substrate），利用甲烷营养菌、甲苯利用菌、丙烷利用菌及氨氧化菌的共代谢能力来净化 TCE 污染环境。在纯培养条件下的共代谢是一种截止式转化（dead-end transformation）。然而在混合培养和自然环境条件下，开始的共代谢可以为其

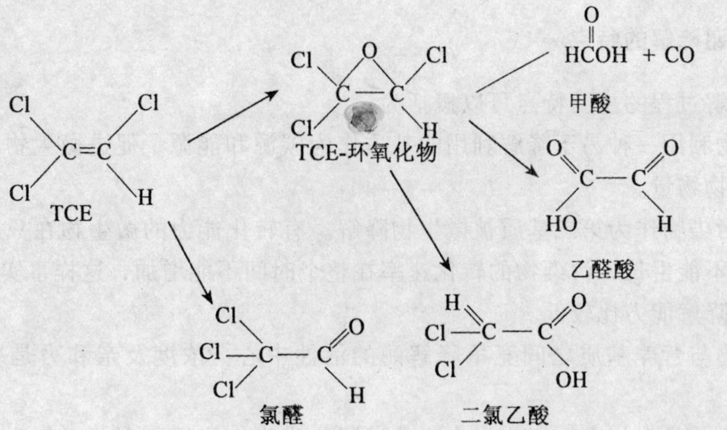

图 8-16 溶解性甲烷单加氧酶对 TCE 的氧化

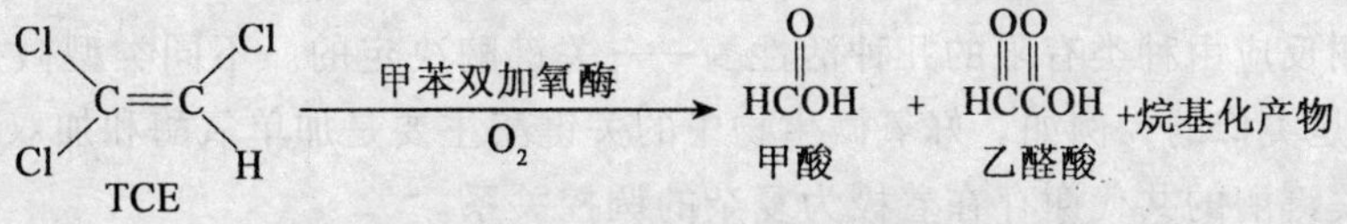

图 8-17 甲苯加双氧酶对 TCE 的氧化

他微生物所进行的共代谢或其他降解铺平道路。以这种共代谢方式,使难分解的污染物经过一系列微生物协同作用而得到彻底降解。同时这种偶然转化中的共代谢可能有害,能导致对进一步降解具有更大抗性和毒性化合物的产生。

共代谢过程除 TCE 这种方式外,还可以有其他多样的方式,例如能利用 DCA(1,2-二氯乙烷)作为唯一碳源和能源生长的假单胞菌 DCA1 能共氧化利用 DCP(1,2-二氯丙烷)。用 DCA 作为辅基质共代谢 DCP 时会出现一种竞争性抑制,造成共代谢过程中降解微生物生长慢,降解速率低的问题。有研究表明 DCA 降解过程中的中间代谢产物乙酸易于被 DCA 利用菌氧化利用,加入氯乙酸能使细胞表达 DCA 单加氧酶,而又不与 DCP 竞争这种单加氧酶,使 DCA 单加氧酶可以共代谢 DCP。

在氯代芳烃中,氧化脱氯对高氯化合物是无能为力的,如四氯乙烯就不能氧化脱氯,还原脱氯可以使高氯化合物实现脱氯,同样在还原脱氯中也存在共代谢,已经发现在甲烷产生菌的纯培养中氯乙烯和氯乙烷也发生还原脱氯。

二、共代谢机理

许多难降解环境污染物的生物降解开始于氧化酶的氧化,而许多氧化酶具有广基质谱(broad subserate spectrum)的特征。这种特点使这些酶在氧化其专一性底物的同时也作用于化学上与其专一性底物相似的化合物。专一性底物在这个共代谢系统中被称为共基质(co-substrate)和主要生长基质,被共代谢的底物称为共代谢底物(即难降解有机物)。能进行共代谢的酶被称为关键酶。共代谢降解的产物一般不能被产生共代谢降解酶的微生物进一步降解和利用。但可被其他的微生物降解和利用。关键酶可被辅基质或其他结构类似物所诱导。

三、共代谢降解的特点

共代谢降解过程的主要特点可以概括为：

1）微生物利用一种易于降解利用的基质作为碳源和能源，促进微生物的生长和产生数量较多的微生物物量。

2）有机污染物作为第二基质被微生物降解。有转化能力的微生物在只存在这种化合物时不能繁殖，不能生长，污染物的转化速率在整个时间不能增加，这样事实上，由于开始转化的种群小，降解能力比较低。

3）污染物与营养基质之间竞争降解酶的活性中心，浓度及亲和力是决定反应的关键因素。

4）污染物共代谢的产物不能作为营养被同化成为细胞质，有些对细胞有毒害作用。转化反应的产物可以积累在环境中。

5）共代谢是需能反应，能量来自营养基质的产能代谢。

6）共代谢反应由种类有限的几种活性酶——关键酶决定的。不同类型微生物所含有的关键酶的功能是类似的，例如，好氧微生物中的关键酶主要是加单氧酶和加双氧酶。

7）围绕关键酶的共代谢存在着极为复杂的调控关系。

①关键酶控制着整个反应节奏，其浓度由共基质（第一基质）诱导决定。共基质的诱导作用决定着共代谢中微生物体内关键酶的浓度，但由于共基质和共代谢底物之间存在一种对酶的竞争作用，高浓度营养基质反而导致降解速率的下降；能量基质能提供高降解速率，但是高浓度能量基质不利于长期维持微生物的降解活性（高能量导致共基质的急剧消耗，降低诱导酶的能力）。事实上共氧化氯代化合物对在混合培养中的细菌的竞争是一个劣势。共代谢氧化需要还原等价物，因此降低了用于生长的可利用能量。而且可能形成的有毒中间产物有损于生长。

②毒性中间产物抑制关键酶的活性。微生物能够迅速启动自我修复功能以对抗毒性抑制作用。

③微生物通过关键酶提供共代谢反应所需要的能量。

四、共代谢的应用

共代谢反应广泛存在于氯代有机溶剂、氯代苯环类化合物、卤代芳烃、杂环化合物以及农药等环境有机污染物的生物降解中，共代谢现象加深了我们对生物降解过程的认识，同时也在生物修复、净化环境中具有很大的应用价值。

①在难降解有机物生物降解试验中，不能单一设置以该物质为唯一碳源与能源的试验系统，应加入共代谢的共基质，采用污染物逐步消失试验。

②以共代谢原理指导人工合成材料的成分组成。如原来由聚氯乙烯组成的塑料是难降解的，现在国外研究加入淀粉物质使其易于为微生物降解。以淀粉作为能源，然后再对难降解物质作用。如美国研制的可自行销毁的塑料薄膜是由玉米淀粉（副产品）和聚乙烯构成的复合材料，在土壤微生物作用下可迅速被降解。又如把土豆屑（食品工业的重要废品）转化成乳酸（土豆屑→糖→乳酸）制成乳酸塑料也易于降解。

③在污水处理中通过添加初级基质来处理含难降解污染物的污水，使难降解物质得到生物降解。

④构建共代谢的生物降解系统修复难降解有机污染物污染环境。一般对不存在利用这种污染物作为惟一碳源和能源微生物情况下，修复过程可以向污染环境加入共基质诱导共代谢的关键酶代谢降解这种难降解污染物（具体应用见生物修复相关章节）。

⑤研究表明水杨酸、邻苯二甲酸等可以作为共代谢共基质加到石油烃污染环境中有助于修复污染环境。

⑥许多多环芳烃具有相似的结构，相互关系复杂，大量研究表明微生物对多环芳烃的降解中存在共代谢的关系，这样获得对一种多环芳烃降解能力的微生物就有可能共代谢结构相类似的一类多环芳烃的降解能力。

第七节　常见有机污染物的生物降解

目前有 10 万种以上的化合物被商业生产，其中有数百种被大量生产，这其中大部分是有机化合物，有机化合物的环境污染物给人类带来极大的风险，生物降解是降低，规避风险的重要途径。有机污染物种类多样，结构复杂，难以对它们作统一科学的分类。综观大量被公认的有机污染物，我们可以看到它们中的大部分结构基础是烃键和苯环，且最终的形态是从这个基础上衍生出来的，为了便于从结构上对它们的生物降解进行比较分析，并从中认识生物降解的规律，本章把常见有机污染物分类为烃类化合物和其他化合物。

现存微生物对有机污染物的降解能力是它们对结构类似的化合物降解能力的延伸和扩展，不同种类微生物的进化历程、生存环境以及对新有机物的接受驯化，以及获得新的降解能力途径不同，因此有机物的污染物的生物降解会因不同的生物种类，不同的微生物群体，不同的生态环境而不同，呈现出错综复杂的情况，可以有不同的降解途径。因此我们对有机污染物的生物降解的认识还是很初步的，这里介绍的只能代表其中的一种或数种。

一、烃类化合物的生物降解

1. 脂肪烃化合物

进入环境成为污染物的脂肪烃化合物来源多样，包括石油烃中的直链烃、带支链烃、表面活性剂的烷基取代物、卤代一碳或二碳化合物（如 TCE）。卤代物是普遍使用的工业溶剂。这类化合物的一般降解规律：①中等链长的直链脂肪烃（链长 10 到 18 个碳的直链烷烃）比更短或更长的更易于被利用。更短链长的烃有很高的水溶性，对细胞脂和膜具有损伤，破坏细胞的完整性。而链长更长的烃水溶性降低，因而降解性降低。②饱和脂肪烃和不饱和的烯烃降解性相当。③烃的支链会降低生物降解性。④卤素取代基会降低生物降解性。

（1）无取代基的脂肪烃化合物

①烷烃。烷烃与自然界普遍存在的脂肪酸、植物蜡结构相似，环境中许多微生物都能利用直链烷烃作为唯一的碳原和能源。大量能降解直链烃的微生物已从烃污染环境中分离出来，假单胞菌属、产碱菌属、芽孢杆菌属等许多菌都具有这种能力。好氧条件下直链烷烃生物降解的途径主要有四种。最常见的途径是加单氧酶把一个氧原子掺入烷烃末端的一个碳中

生成伯醇，另一种情况是加双氧酶将两个氧原子掺入烷烃，生成过氧化物。此外也有双末端氧化和亚末端氧化，最终都生成脂肪酸，脂肪酸最后经 β-氧化被彻底氧化分解。带有 OCT 质粒的食油假单胞菌（*Pseudomonas oleovorans*）降解庚烷的途径如图 8-18。降解过程的酶是位于质粒上的 alkBGTJKL 编码的（alk 源于 alkane（链烃））。

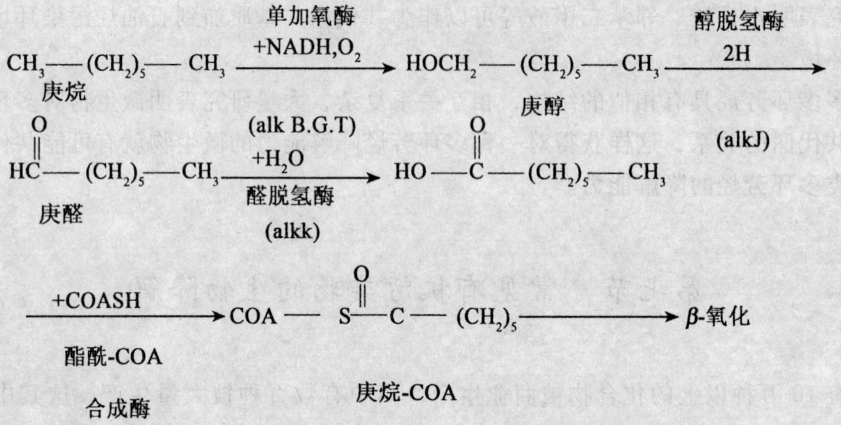

$$CH_3 —— (CH_2)_5 — CH_3 \xrightarrow[+NADH, O_2]{单加氧酶} HOCH_2 —— (CH_2)_5 — CH_3 \xrightarrow[2H]{醇脱氢酶}$$

庚烷 　　　　　　　　　　　　　　　　庚醇

$$\overset{O}{\overset{\|}{HC}} — (CH_2)_5 — CH_3 \xrightarrow[\substack{醛脱氢酶 \\ (alkk)}]{\substack{(alk\ B.G.T) \\ +H_2O}} HO — \overset{O}{\overset{\|}{C}} — (CH_2)_5 — CH_3 \quad (alkJ)$$

庚醛

$$\xrightarrow{+COASH} COA —— S — \overset{O}{\overset{\|}{C}} — (CH_2)_5 —— \longrightarrow β\text{-}氧化$$

酯酰-COA

合成酶　　　　　　　　　　　　庚烷-COA

图 8-18　携带 OCT 质粒的食油假单胞菌降解庚烷的途径

alKB（膜结合水解酶）、alKG（红氧（化）还原蛋白（rubredoxin））和 alKT（红氧（化）还（原）蛋白还原酶）编码的多成分单加氧酶把烷氧化成醇。后两种蛋白构成一条短的电子传递链。alKJ 和 alKK 催化醇的循序氧化产生醛和酸。alKL 的基因产物把 COA 共价连接到酸性的羟基上得到庚烷 COA，而后再经 β-氧化被完全降解。

在严格厌氧条件下饱和脂肪烃降解缓慢，这一点有大量事实可以支持，在自然地下油库厌氧条件下尽管存在大量微生物，但不会被降解。

②烯烃。烯烃是在分子中含有一个或多个碳碳双键的烃。烯烃的生物降解速率与烷烃相当。图 8-19 以单烯为代表，好氧条件下的降解步骤包括对末端（1）或亚末端（2）甲基的氧化攻击，攻击方式如同烷烃。另外的开始步骤是攻击双键，产生伯醇（3）仲醇（4）和环氧化物（5）。而这些最初的降解产物都会被进一步氧化生成脂肪酸，并逐渐经 β-氧化分解。在好氧条件下烯烃易于生物降解，降解途径是先将双键羟基化为醇，而后进一步被氧化为醛，最后转化为脂肪酸。

$$CH_3 —— (CH_2)\ n —CH=CH_2 \xrightarrow{+H_2O} CH_3 —— (CH_2)n —\underset{\underset{OH\ 醇}{|}}{CH} — CH_3$$

烯烃

（2）卤代脂肪烃化合物

卤代脂肪烃化合物被广泛使用。像三氯乙烯（TCE）被广泛用作工业溶剂。由于使用和处置不当，这些溶剂是地下水中最频繁检测到的有机污染物之一，其生物降解受到广泛的研究。卤代脂肪烃的降解速度比没有卤代的脂肪烃慢得多，同一个碳原子键合二或三个氯原子则其好氧降解受到抑制，此外从 C3 到 C12 的一氯化烷烃的降解速率随碳链的加长而增加，这可以解释为随着链长的加长，氯原子对酶-碳反应中心的电子效应的减弱。

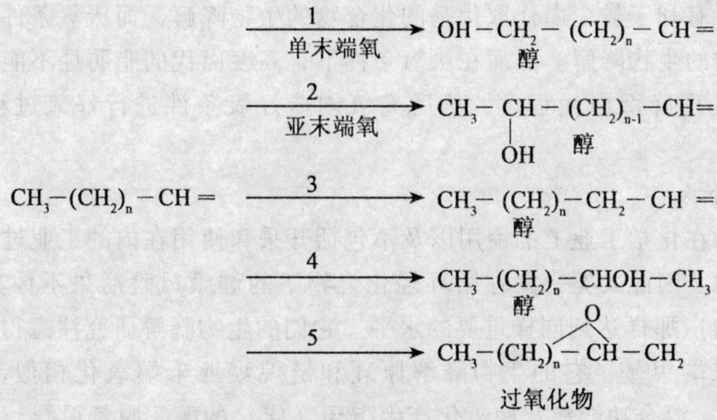

$$\xrightarrow[\text{单末端氧}]{1} \text{OH}-\text{CH}_2-(\text{CH}_2)_n-\text{CH}=$$
醇

$$\xrightarrow[\text{亚末端氧}]{2} \text{CH}_3-\underset{\underset{\text{OH}}{|}}{\text{CH}}-(\text{CH}_2)_{n-1}-\text{CH}=$$
醇

$$\text{CH}_3-(\text{CH}_2)_n-\text{CH}= $$

$$\xrightarrow{3} \text{CH}_3-(\text{CH}_2)_n-\text{CH}_2-\text{CH}=$$
醇

$$\xrightarrow{4} \text{CH}_3-(\text{CH}_2)_n-\text{CHOH}-\text{CH}_3$$
醇

$$\xrightarrow{5} \text{CH}_3-(\text{CH}_2)_n-\text{CH}-\text{CH}_2$$
过氧化物

图 8-19 烯烃的生物降解

卤代脂肪烃的好氧生物降解反应有两种基本类型：

①亲核的取代反应（反应物带来一对电子），一卤或二卤代化合物的卤原子被羟基取代（图 8-20）。

②单加氧酶和双加氧酶催化的氧化反应，这些酶能氧化高度氯代的 C_1 和 C_2 化合物（如三氯乙烯）。能氧化包括甲烷、氨、甲苯和丙烷各种非氯代化合物的细菌可产生这些单加或双加氧酶。这些酶没有严格的底物专一性，它们能共代谢氯代脂肪烃（参阅本章第六节）。通常氯代脂肪烃的共代谢降解需要相对大比率的底物。研究证明以甲烷或甲酸盐为碳源生长的甲烷营养菌产生的甲烷单加氧酶，以甲苯为碳源的甲苯营养菌产生的甲苯双加氧酶，以氨为营养的欧州亚硝化单胞菌产生的氨单加氯酶和以丙烷为营养的母牛分枝杆菌 SOB5 产生的丙烷单加氧酶都具有共代谢降解卤代脂肪烃的能力。

卤代脂肪烃在厌氧条件下还原脱氯（图 8-21）（参阅本章第五节的环境污染物的降解酶），电子由还原性金属转移到卤代脂肪烃上，产生一个烷基和一个游离卤原子。而烷基基团能吸引一个氢原子（1）或失去第一个卤原子形成一个烯烃（2）。

$$\text{CH}_3-\text{CH}_2\text{Cl}+\text{H}_2\text{O}\longrightarrow \text{CH}_3\text{CH}_2\text{OH}+\text{H}^+ +\text{Cl}^-$$

图 8-20 卤代脂肪烃的取代脱氯

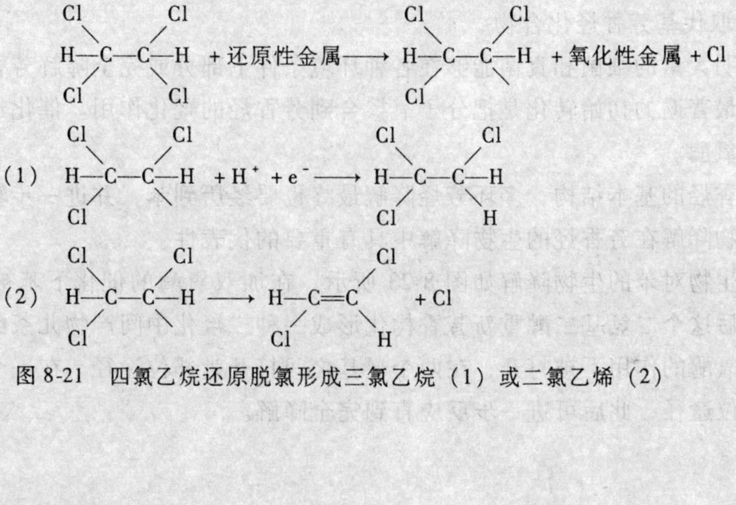

图 8-21 四氯乙烷还原脱氯形成三氯乙烷（1）或二氯乙烯（2）

271

通常好氧条件有利于较少卤代取代基的化合物的生物降解，而厌氧条件上有利于较多卤代取代基的化合物的生物降解。然而在厌氧条件下，高度卤代的脂肪烃不能完全降解。因此开始厌氧条件下处理降低卤代程度，然后充氧创造好氧条件进行好氧过程使卤代物完全降解。

2. 脂环烃化合物

脂环烃化合物在化学工业上的使用以及不包括开采和使用在内的工业过程所产生的对环境释放都是有限的。因此人类暴露在脂环烃化合物下的健康风险后果不像其他化合物（特别是芳香烃化合物）那样达到同样重要的水平。它们的生物降解研究注意得较少。

脂环烃没有末端甲基，它的生物降解原理和链烷烃亚末端氧化相似，以环己烷为例（图 8-22）来说明。混合功能氧化酶氧化产生脂环（族）的醇，脱氢得酮。进一步氧化形成一个内酯。不稳定的内酯环断开得到羟基羧酸。羟基再被顺序氧化成醛基和羧基。得到二羧酸可被进一步氧化分解。有人从污泥中分离到一株诺卡氏菌能以环己烷作为唯一的碳源生长。然而更常见 是这个降解过程是一个共生的共代谢反应。在这一系列反应中，一种微生物将环己烷经由环己醇转化为环己酮，但这不能使环己酮内酯化和开环，而另一种不能开始氧化环己烷的微生物却能使环己酮内酯化和开环，并进一步氧化分解。

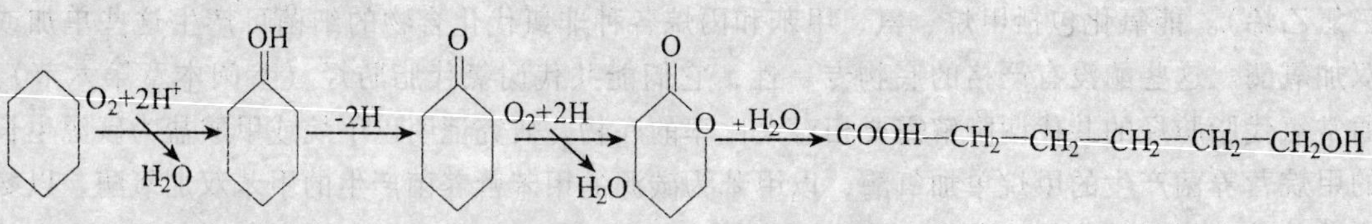

图 8-22　环己烷的降解途径

3. 芳香烃化合物

芳香烃化合物含有至少一个不饱和环状结构，通常是 C_6R_6，R 可以是任何基团。苯是这个不饱和环状化合物家族的母体烃，含有两处或更多合在一起的苯环化合物称为多环芳烃（PAH）。芳烃化合物的氢原子可以被许多基团所取代，从而形成取代基芳香烃化合物。芳香烃化合物既有自然来源的，但更多来自许多工业部门的废水、废弃物。由于对人类健康和生态系统的潜在毒性和影响，芳香烃化合物的生物降解被广泛研究。

（1）无取代基芳香烃化合物

研究表明大量的细菌和真菌能够在各种环境条件下部分或完全降解芳香烃化合物。在好氧条件下，最普遍的初始转化是把分子氧掺合到芳香烃的羟化作用。催化这种反应的是加单氧酶和加双氧酶。

苯是芳香烃的基本结构，多环芳烃降解最终也要经历到苯，并进一步转化，最终完全降解。苯的生物降解在芳香烃的生物降解中具有重要的代表性。

原核微生物对苯的生物降解如图 8-23 所示。在加双氧酶的催化下苯被转化为顺式二氢基二醇，然后这个二氢基二醇重新芳香构化形成一种二羟化中间产物儿茶酚。儿茶酚的环在第二个加双氧酶的作用下被打开，在两个羟基之间打开为邻位途径，在一个羟基的下一个位置打开为间位途径，此后可进一步反应直到完全降解。

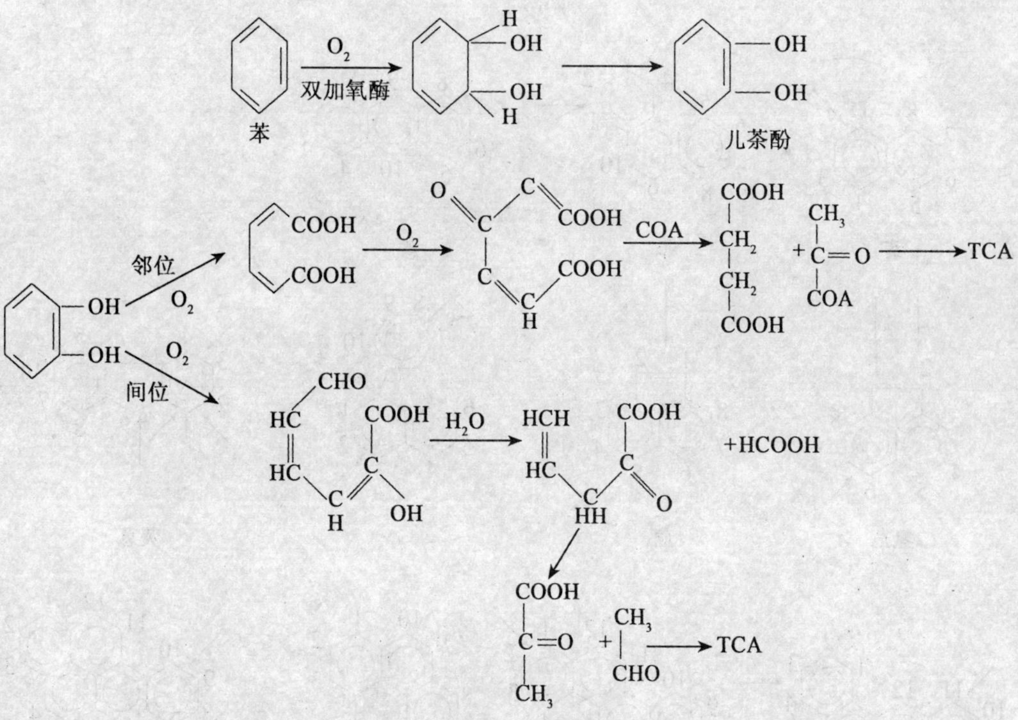

图 8-23 苯经儿茶酚的降解过程

真核微生物对苯的降解是用细胞色素 P-450 加单氧酶攻击芳香烃化合物，把分子氧的一个氧原子掺合到化合物中而另一个氧原子被还原成水，结果生成一种芳烃氧化物。接着在酶作用下与水加成生成反式的二氢基二醇。另一种情况下，芳烃氧化物能被异构化为苯酚，而苯酚能和硫酸盐、葡萄糖醛酸、谷胱甘肽缀合，这些缀合物能被排出（图 8-24）。

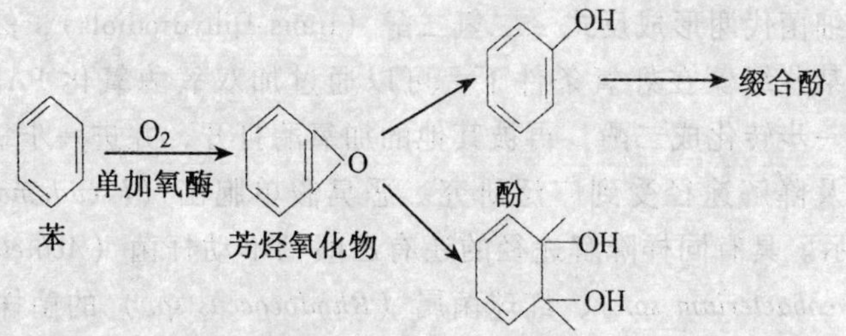

图 8-24 真核微生物分解苯的过程

多环芳烃的生物降解过程十分复杂，一般来说二环（如萘）、三环的多环芳烃（如蒽、菲）研究得较为广泛深入，而更多环，更复杂的多环芳烃（如䓛、chrysene 和亚苄基芘（benzola pyrene））研究得相对较少，较不深入。总体上其降解是从攻击其一个环开始，而后再打开另一个环，最后成为单环化合物，单环化合物的生物降解类似苯的生物降解，最终完全降解。常见几种多环芳烃的酶攻击位点如图 8-25 所示。

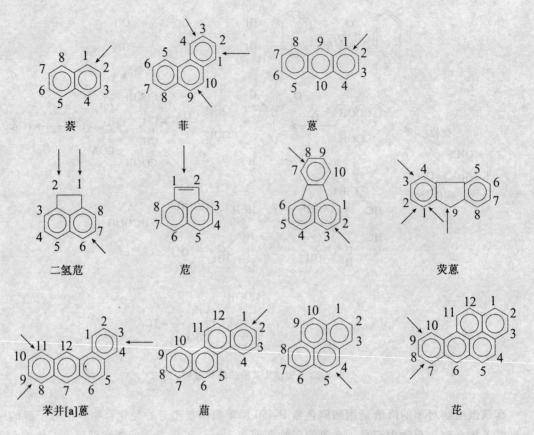

图 8-25　多环芳烃酶攻击位点示意图

多环芳烃的好氧生物降解主要有三种途径，其一是被细菌和绿藻氧化成顺式二氢二醇（Cis-Dihydrodiols），再经苯酚、环断裂被降解。其二是被甲烷营养菌代谢形成苯酚。其三是被真菌、细菌和蓝细菌代谢形成反式 – 二氢二醇（trans-Dihydrodiols），然后进一步降解。

大部分细菌和某些绿藻在好氧条件下，可以通过加双氧酶氧化 PAHs 形成顺式二氢二醇，二氢二醇被进一步转化成二酚，再被其他的加氧酶打开，并进一步氧化降解。

二环萘的降解及降解途径受到广泛研究。恶臭假单胞菌（*Pseudomonas putida*）降解萘的途径如图 8-4 所示。具有同样降解途径的还有乙酸钙不动杆菌（*Acinetobacter calcoaceticus*）及分枝杆菌属（*Mycobacterium sp.*）、红球菌属（*Rhodococcus sp.*）的菌株。

铜绿假单胞菌（*Pseudomonas aeruginosa*）在好氧条件下降解三环蒽的途径如图 8-26 所示。这种细菌把蒽转化成蒽顺式-1，2-二氢二醇（cis-1，2-dihydrodiol）、1，2-二羟蒽（1，2-dihydroxyanthracene）、cis-4-（2-hydroxyo-aphth-3-y1）-2-oxobut-3-enoic acid、2-hydroxy-3-naphth-aldehyde 和 2-hydroxy-3-naphthoic acid。后者再被矿化成水杨酸和儿茶酚。荧光假单胞菌、红球菌的菌株也能利用蒽。

三环菲的生物降解途径与蒽相似，假单胞菌能代谢降解菲（图 8-27）。菲被转化成菲顺式-3，4-二氢二醇（phenanthrene cis-3，4-dihydrodiol）、3，4-二羟菲（3，4-dihydroxyphenan-

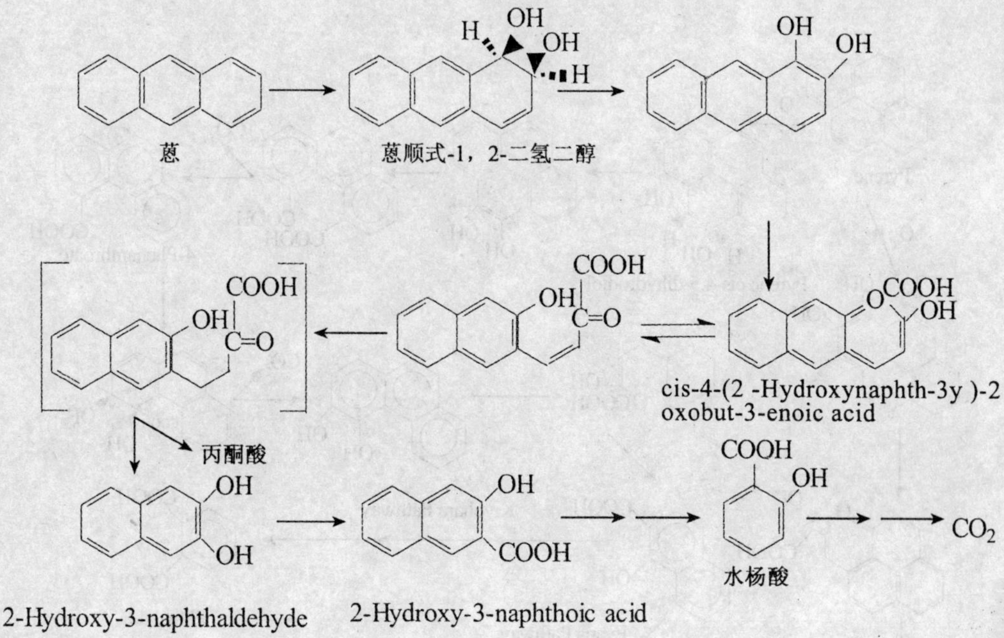
OH
H
OH
H
OH
OH
蒽
蒽顺式-1，2-二氢二醇
COOH
OH
C=O
COOH
OH
C=O
COOH
O
OH
cis-4-(2 -Hydroxynaphth-3y)-2
oxobut-3-enoic acid
丙酮酸
OH
OH
OH
COOH
COOH
OH
水杨酸
CO_2
2-Hydroxy-3-naphthaldehyde
2-Hydroxy-3-naphthoic acid

图 8-26　铜绿假单胞菌等细菌代谢三环蒽的途径

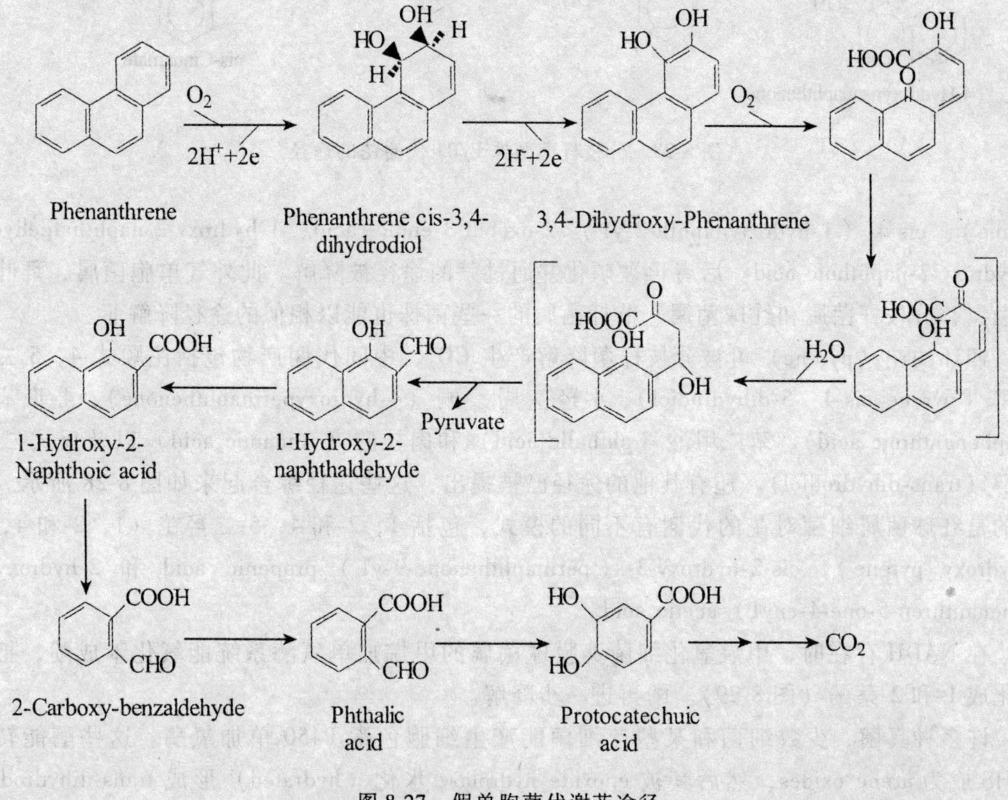
O_2
$2H^+ + 2e$
HO
OH
H
H
$2H^+ + 2e$
HO
OH
O_2
OH
HOOC
O
Phenanthrene
Phenanthrene cis-3,4-
dihydrodiol
3,4-Dihydroxy-Phenanthrene
OH
COOH
OH
CHO
Pyruvate
HOOC
O
OH
OH
H_2O
HOOC
O
OH
1-Hydroxy-2-
Naphthoic acid
1-Hydroxy-2-
naphthaldehyde
COOH
CHO
COOH
CHO
HO
HO
COOH
CO_2
2-Carboxy-benzaldehyde
Phthalic
acid
Protocatechuic
acid

图 8-27　假单胞菌代谢菲途径

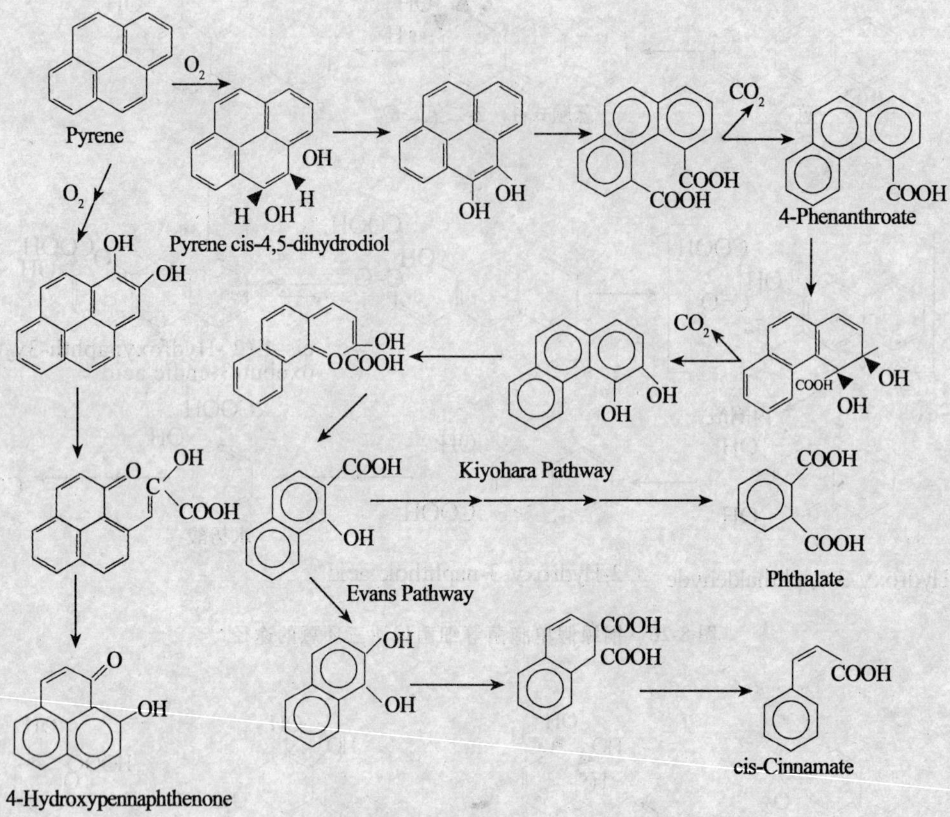

图 8-28 分枝杆菌菌株 PyR1 代谢芘的途径

threne）、cis-4-（1-hydroxynaphth-2-y1）-2-oxobut-3-enoic acid、1-hydroxy-2-naphthaldehyde、1-hydroxy-2-naphthoic acid。后者再被矿化并通过萘的途径被降解。此外气单胞菌属、拜叶林氏菌属、分枝杆菌属和红球菌属、节杆菌属的一些菌株也能以相似的途径降解菲。

四环的芘（pyrene）可被分枝杆菌降解产生 CO_2，中间代谢产物包括芘顺式-4，5 二氢二醇（pyrene cis-4，5-dihydrodiol），4-羟基周萘酮（4-hydroxyperinaphthenone），4-菲苯酸（4-phenanthroic acid）、苯二甲酸（phthalic acid）和肉桂酸（cinnamic acid）以及反式-二氢二醇（trans-dihydrodiol）。还有其他的途径已被提出，这些途径综合起来如图 8-28 所示。相应的是红球菌属细菌对芘的代谢有不同的模式，包括 1，2-和 4，5-二羟芘（1，2-和 4，5-dihydroxy pyrene），cis-2-hydroxy-3-（perinaphthenone-9-y1）propenic acid 和 2-hydroxy-2-（phenanthren-5-one-4-eny1）acetic acid。

在 NADH 存在时，甲烷氧化细菌荚膜球菌属的甲烷加单氧酶系统能氧化苯成酚，把萘氧化成 1-和 2-萘酚（图 8-29）。酚再进一步降解。

许多种真菌、少数细菌和某些蓝细菌能产生细胞色素 P450 单加氧酶。这些酶能转化 PAHS 成为 arene oxides，然后其被 epoxide hydrolase 水化（hydrated）形成 trans-dihydrodiols 或非酶促作用重排形成酚。只具有这些途径的微生物能够消除这些化合物的毒性，但不能利用其作为碳源。

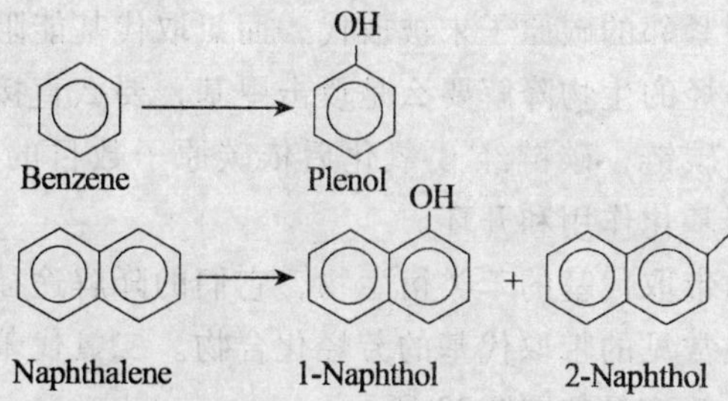

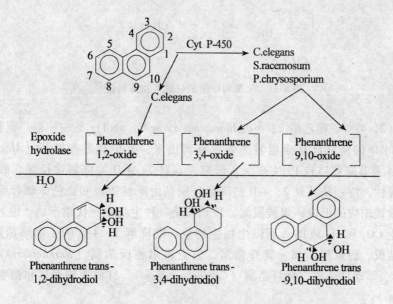

图 8-29　甲烷氧化细菌氧化苯和萘途径

许多真菌能代谢二环萘成萘反式-1，2-二氢二醇（trans-1，2-dihydrodiol）、1-和 2-naph-thol、4-hydroxy-1-tetralone，以及 glucuronide 和 sulfate 螯合物。包括蜡状芽孢杆菌、灰色链霉菌、分枝杆菌等某些革兰氏阳性细菌能代谢萘成 1-naphthol。有的分枝杆菌菌株也能代谢萘产生 trans-1，2-dihydrodiol。海洋蓝细菌某些颤藻也能代谢萘成 1-naphthol。

菲是重要的三环芳烃化合物，能被众多真菌所代谢。雅致小克银汉霉（*Cunninghamella elegans*）代谢菲形成菲 trans-1，2-，trans-3，4-和 trans-9，10-dihydrodiols 和一种糖苷复合物（glucoside conjugate）（图 8-30）。其他真菌总状共头霉（*Syncephalastrum racemosum*）、白腐真菌原毛平革菌（*Phanerochaete chrysosporium*）、丝状细菌黄微绿链霉菌（*Streptonyces flavovirens*）、分枝杆菌的菌株以及海洋蓝细菌 *Agmenellum quadruplicatum* 也具有类似的代谢能力。

图 8-30　不同真菌种对菲的代谢

（2）有取代基芳香烃化合物

有取代基芳香烃化合物特别是氯代芳烃化合物是一类非常重要，有广泛应用价值的化合物。它们被广泛用作溶剂、熏蒸剂（如二氯代苯）、木材防腐剂（如五氯苯酚）以及用作农药（如 2，4-D、DDT、2，4-5-T 等）。微生物降解这类氯代有机物的困难在于其碳-氯键非常有力，要使它断裂需要很大的能量投入。没有取代基的芳香烃化合物常见的中间产物是顺二羟基苯或儿茶酚。这需要紧邻的碳原子未被取代，而氯取代基能阻塞这些位置，增加生物降解的困难。甲基化的芳香烃的生物降解要么是攻击甲基，要么直接攻击苯环。烷基化的衍生物首先被攻击的是烷基的碳链，碳链经 β-氧化后依碳原子数目的不同生成相应的苯甲酸或苯乙酸。然后是苯环的羟基化作用和开环。

苯酚和甲酚也是简单的带取代基的苯类衍生物，它们的降解途径如图 8-31 所示。

氯代芳香烃化合物是最常见的带取代基的芳烃化合物。二氯代苯和五氯苯酚是常见的氯代芳香烃化合物，它们的降解途径如图 8-32 所示。

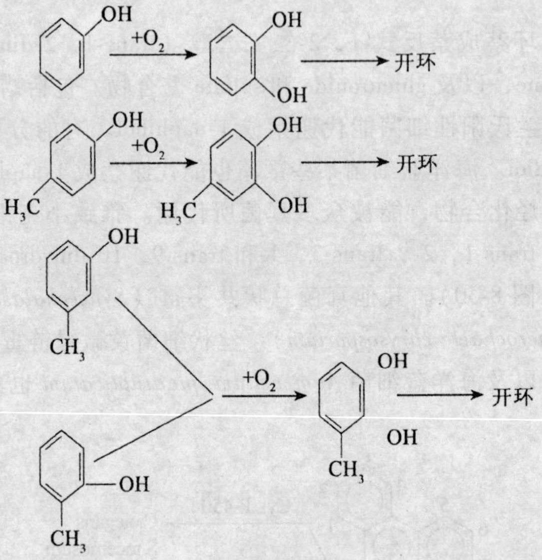

图 8-31　苯酚和甲酚的好氧生物降解途径

2，4-D（2，4-二氯酚乙酸 2，4-dichlorophenoxy acetic acid）是一种被广泛使用的农药。许多降解 2，4-D 的菌株已从全世界的各地分离出来，其中真养产碱菌（*Alcaligenes autrophus*）JMP134 及其降解质粒 PJP4 被深入研究。其对 2，4-D 的降解途径在含酸有机氯化合物中具有代表性，特别是其对 2，4-D 的降解分别是由降解质粒和染色体联合编码的。最终降解过程导致琥珀酸的形成，氯被脱除。琥珀酸是一种生化中间代谢产物，进入到中央代谢途径，以产生 CO_2 和 H_2 或掺入到微生物生物量。能降解 2，4-D 的土壤细菌除产碱菌外，还包括节杆菌属、假单胞菌属、黄杆菌属、伯克霍尔德氏菌属（*Burkholderia*）、红育菌属（*Rhadoferax*）、不动杆菌属、棒杆菌属（*Corynebacterium*）、红假单胞菌属和鞘氨醇单胞菌属（*Sphingomonas*）。

2，4，5-T 是和 2，4-D 结构类似的氯代化合物，其生物降解的速率大大慢于 2，4-D，其降解途径也类似于 2，4-D，其主要的差异在于多一次脱氯过程（图 8-33）。

大量研究表明许多氯代芳烃化合物在厌氧下更易于生物降解，特别是还原脱氯是许多氯代化合物在厌氧条件首先发生的降解过程。五氯酚在厌氧条件的降解过程如图 8-34 所示。

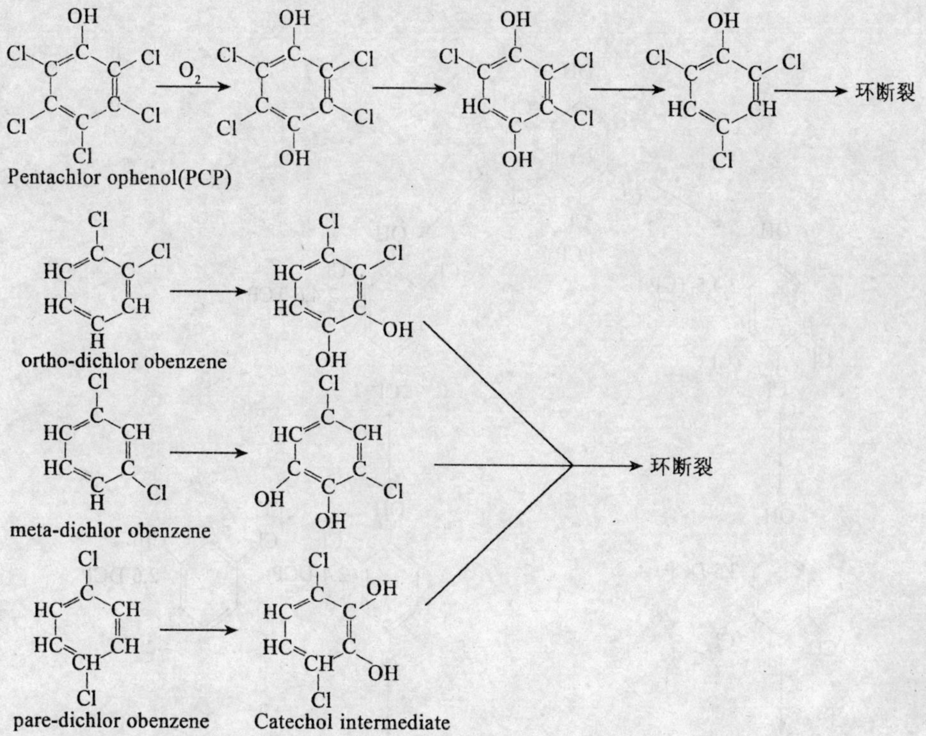

图 8-32　五氯苯酚（PCP）和三种二氯苯最开始的好氧降解

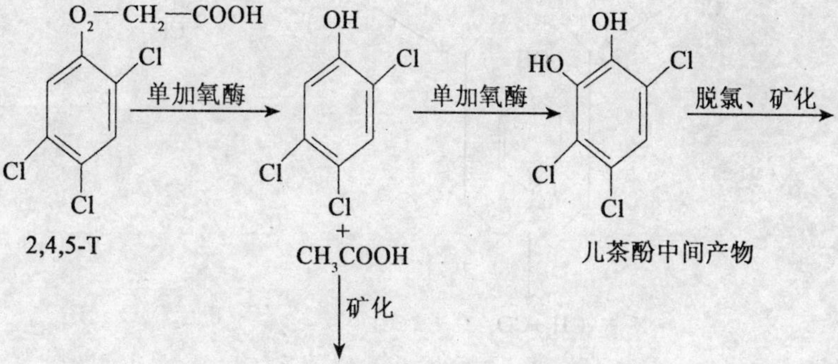

图 8-33　2，4，5-T 的生物降解

二、其他化合物的生物降解

其他化合物主要指有机氮、有机磷化合物。有机氮化合物可以作为微生物的唯一氮源。而有机磷化合物被降解后可以释放出大量的磷到环境中。

阿特拉津（atrazine）是一种在过去 30 年中一直被广泛使用的除草剂。已分离出多种能以这种除草剂为唯一氮源的微生物，其中假单胞菌 ADP 菌株的降解能力被广泛研究，其所带质粒 pADP-1 编码的酶可把阿特拉津降解成氰尿酸（cyanuric acid），而染色体上的基因编码的酶可以使降解产物进一步降解。阿特拉津的降解过程如图 8-35 所示。反应第一步是基

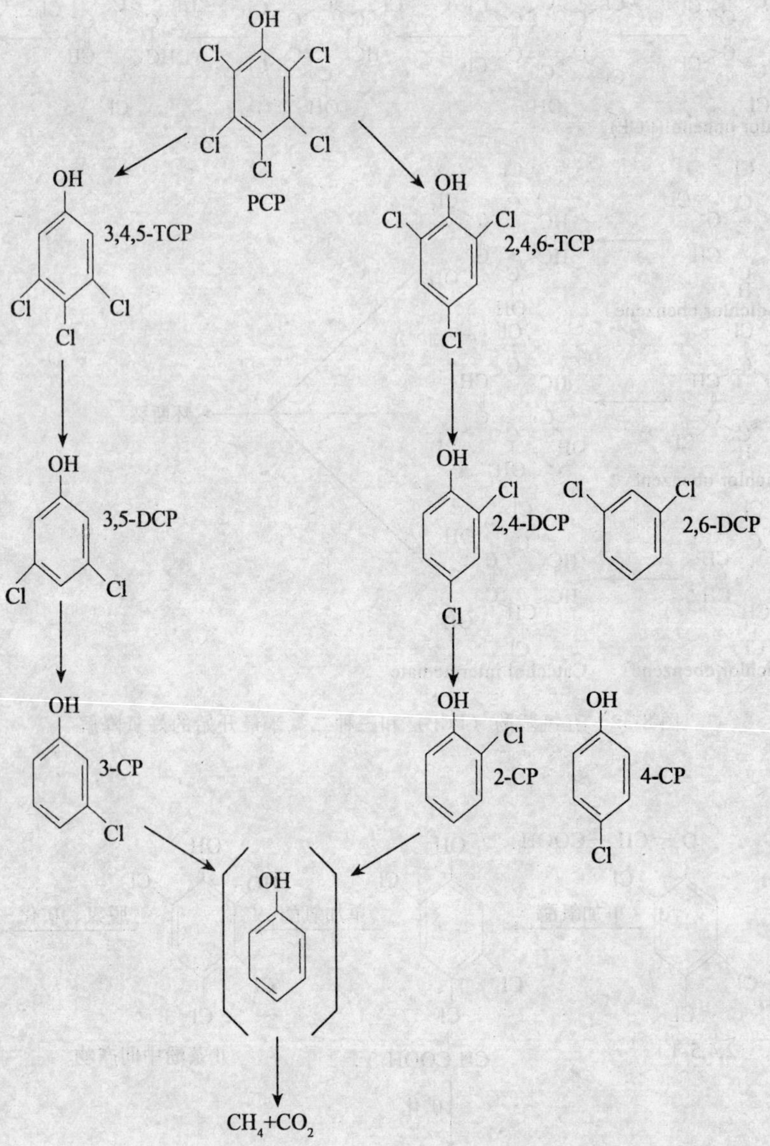

图 8-34　五氯酚（PCP）厌氧条件下的生物降解

因 atsA 编码组成型表达的阿特拉津氯水解酶催化完成的，反应中水分子的羟基置换三嗪环上的氯，产物是羟化阿特拉津，并释放出盐酸。羟化阿特拉津的 N-乙基侧链接着被 atzB 编码的氨水解酶水解而得到 N-isopropylammelide。这种化合物再一次水解脱氨而得到氰尿酸，催化降解反应的是由 atzC 编码的水解酶。

尼龙（nylon）是纺织工业上应用广泛的多聚物，其基本单元是 6-aminohexanoate。黄杆菌菌株 K11225 所带质粒 pOAD2 编码的三种酶能催化短的尼龙低聚物（2～20 共价结合分子）生成 6-aminohexanoate。这些酶都可以打断酰胺键，但攻击的是不同类型的多聚物。nylc 的基因产物 endo-型 6-aminohexanoate 低聚物水解酶能够线性化和解聚 N-carbobenoxy-6-amin-

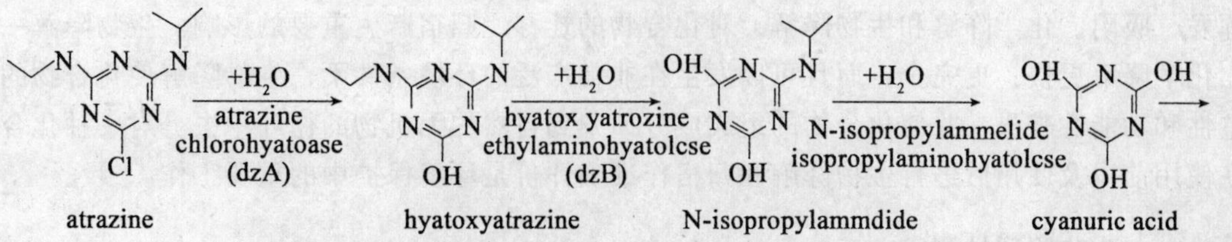

图 8-35　PADP-1 质粒编码酶降解阿特拉津途径

ohexanoate 三聚物。6-aminohexanoate 环状二聚物的降解如图 8-36 所示。nylA 编码 6-amin-ohexanoate 环状二聚物水解酶打开酰胺键中的一个，使二聚物线性化。nylB 编码的另一种水解酶，能水解上述的降解产物存在的一个酰胺键，而后得到二个分子的 6-aminohexanoate。

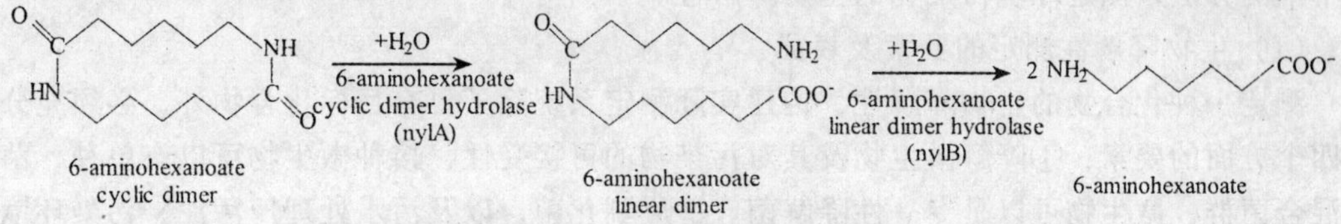

图 8-36　pOAD2 质粒上基因主导的尼龙低聚物的降解途径

对硫磷（parathion）是广泛使用的有机磷农药之一，常用于农业害虫的控制。此外许多有机磷类化合物还被作为化学武器。缺陷短波单胞菌（*Brevundimonas diminuta*）MG 带有质粒 pMCSI，质粒上的基因编码的广谱（broad-spectrum）有机磷水解酶打开对硫磷的磷酯键（phosphotriester bonds）。这种反应是水分子亲核加成到酐键（anhydride bond）的结果，得到二乙基（diethy1）thiophosphate 和 P-nitropheno1（图 8-37）。opd 编码的酶是组成型表达的，酶降解产物可被进一步降解。

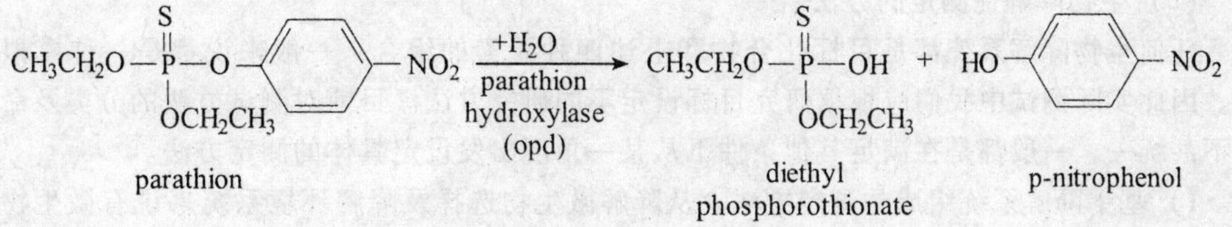

图 8-37　质粒 pMCS1 质粒上基因主导的对硫磷的降解途径

第八节　有机污染物的降解性测定及归宿评价

种类繁多的各种化学物总会通过不同途径进入环境系统，大气、土壤、地下水和地表水等，它们的迁移能力和最后的归宿决定着它们将到达（分配）的位置，以及在这些位置中存在的浓度及时间。制约迁移归宿的主要因素是它们在环境中的行为，这些过程包括稀释、挥发、吸附、化学降解和生物降解，对化合物的迁移、归宿产生重要的影响。生物降解一般比化学降解更快、更完全，而且可以发生在非常广泛的环境条件下，生物降解使化合物的完整性和功能性丧失，并使化合物的组成成分回归到自然的无机物的循环中去。对一种化合物在使用前以及使用后进行生物降解和归宿作准确评价是环境保护中的重要工作。

一、生物降解性测定

1. 测定方法

研究生物降解性的最根本的目的是依据生物降解的测定结果指示污染物的生物降解性，评估含污染物污水、废弃物生物处理的可行性和修复潜力以及它们在环境中的残留及生态风险。环境污染物的生物降解是一个十分复杂的过程，研究者可以按需要选择不同的终点，采用不同的方法来测定环境污染物的生物降解性。

（1）生物降解性测定的要素及表征

测定一种化合物的生物降解性，构建实际测定系统除了要有目标化合物外，必须充分考虑四个方面的要素：①降解微生物及其对污染物的可接受性，接种微生物可以有单种、菌群及混合菌群，微生物可以是专一性降解菌、适应驯化菌，以及污水处理厂污泥、污染环境微生物菌群、生态环境中微生物群聚生境（如底泥、土壤等）的微生物源。②降解系统的组成，从单一污染物加上其他营养物的培养液、污染物加环境样品模拟系统到微宇宙、中宇宙，甚至原位测定的野外现场调查。③检测终点，包括母体化合物的消失、矿化产物的产生（如 CO_2、NO_3^-、CH_4 等）、电子受体的消耗（如 O_2、NO_3^- 等）、挥发性物质产生、能量产生（如 ATP）、生物量增加、降解酶活性、生物毒性（母体化合物及中间代谢产物的毒性）等。④实际测定的环境条件，如 pH 值、温度、大气压、水活度、静态、动态等。

表征生物降解性的数据包括一级或二级速率常数、半氏常数、生物降解比速率（每克初始微生物，每小时对基质的去除数量）、达到标准化合物同样生物降解程度所需时间、BOD 在理论需氧量中的比例、降解半衰期等。

（2）生物降解性测定的方法

任何生物降解系统都是目标化合物和上述四种要素的组合，一般来说都是一种模拟试验。因此实际测试中我们应根据研究目标设定不同研究方法。目前对测试方法的分类及命名都不甚统一，一般都是在满足其他条件下从某一角度出发设定具体的测定方法。

1）基于降解系统组成的测定方法。从降解微生物选择及降解环境系统来说有微生物方法和环境学方法。微生物学方法：其通常使用纯培养在最适条件下研究化合物的降解，然而其条件是自然环境所没有的，因此其结果不能直接预测它们在环境中的实际行为，降解性通常被高估，但对进行生物处理仍有重要参考价值。但使用的不同微生物接种物如在数量、驯化、纯培养、混合菌群、菌群等方面的差异可以得到不同的结果。环境学方法：其着眼于化合物在受污染水体和土壤中的降解性，通常使用取自污染区域或废水处理厂的混合微生物源或模拟自然条件下培养于实验室的混合微生物培养物来进行实验研究，对所得结果的评价更接近于野外的实际情况。模拟条件的不同情况使环境学方法实际上是极其多样的。

2）基于终点的测定方法。选择不同的测定终点也代表不同的方法，常用的有母体化合物的消失、O_2 消耗测定、CO_2 产生测定、活性污泥挥发性物质产生测定、酶活力测定、ATP

量测定、总有机碳测定等。

①母体化合物的消失测定。母体化合物的消失是生物降解和生物转化的最具体最直接证据，对许多难降解环境污染物的生物降解性大多以母体化合物的消失作为表征，这是因为难降解污染物最初（或是第一步）的降解是极为关键的，开始的降解可以带动整个降解过程。这种方法也有其不足，母体化合物的消失并不等同于完全降解，还要考虑到中间代谢产物的抗降解、积累及毒性等问题。

②氧消耗测定。O_2是好氧生物降解的电子受体，生物降解过程伴随着O_2的消耗和CO_2的产生，BOD测定就是建立在这种理论基础上。通过O_2的消耗来判定生物降解性是一种十分科学的方法。O_2消耗主要用华氏呼吸仪或电化学方法测定。通过测定氧的消耗测定基质的可生物氧化率、基质的生化呼吸曲线。

基质的可生物氧化率测定：基质的可生物氧化率测定以微生物作用下分解特定污染物的耗氧量为分子，完全彻底氧化所消耗的理论需氧量为分母，二者的比值即为基质的氧化率。

$$氧化率 = \frac{微生物作用下（实际）耗氧量}{完全氧化的理论耗氧量} \times 100\%$$

氧化率是可降解性的一种指标，氧化率越大，基质的可生物降解性越高。

这种方法在实际的应用中可以用 COD 或 TOD 替代完全氧化的需要量，以 BOD_5 替代实际耗氧量，以 BOD_5/COD 或 BOD_5/TOD 比值可评定其降解性。比值越大，说明该物质越易生物降解。据国内外有关研究报道，基质氧化率和生物降解性的关系如表 8-11 所示。

表 8-11　　　　　　　　　　　　　　　　　氧化率与生物降解性

BOD_5/COD	生物降解性	例子
>0.4	易生物降解 降解速度较快	甲醛、乙醛、甘油、酚等
0.4~0.3	能生物降解 降解速度一般	一般城市污水、醋酸钙等
0.3~0.2	难生物降解 降解速度较慢	丙烯醛、丁香皂等
<0.2	较难生物降解 降解速度很慢	丁苯、异戊二烯等

基质的生化呼吸曲线测定：测定基质降解过程中的耗氧量，以时间为横坐标，耗氧量为纵坐标，即可绘制出基质的生化呼吸曲线，亦称耗氧曲线。当微生物处于内源呼吸阶段（即利用自身细胞物质作为呼吸基质）时，其呼吸速度是恒定的。耗氧量与时间成直线关系，这条线被称为内源呼吸线。当供给微生物有机营养时，耗氧量随时间的变化是一条特征曲线，称为生化呼吸线。为评价基质的可生物降解性，常将基质的生化呼吸曲线与内源呼吸线进行比较。该比较可以出现如图 8-38 所示的三种情况。

③脱氢酶活性测定。降解酶在生物降解中起重要作用。脱氢过程在微生物氧化分解有机物中起重要作用。有机物的生物降解性能可以从脱氢酶的活性上明显反映出来。脱氢酶对毒物尤其敏感，它的活力下降往往与毒物的侵袭有关。因此，测定脱氢酶的活性也是进行有机物生物降解研究的常用方法之一。

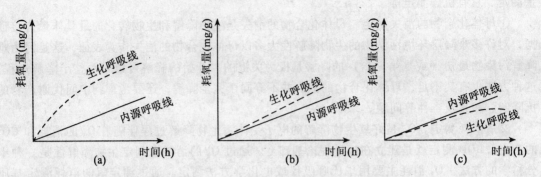

图 8-38　微生物呼吸线与内源呼吸线的比较

a. 生化呼吸曲线位于内源呼吸线之上，说明该有机物可被微生物氧化降解，两条呼吸线之间距离越大，说明该化合物降解性越好。

b. 两条线基本重合：说明该有机物不能被微生物氧化分解，因为虽然投加了基质，微生物所进行的仍只是内源呼吸，但它对微生物的生命活动亦无抑制作用。

c. 生化呼吸曲线位于内源呼吸线之下：说明该有机物不仅难以生物降解，而且对微生物产生明显的毒害（或抑制）作用。生化呼吸曲线越接近横坐标，表明毒害越大。

④ATP量测定。三磷酸腺苷（ATP）是生物体内一种高能的磷酸化合物，它在能量的贮存和转换中起着重要的作用。测定 ATP 的含量，不仅可以反映生物的活性，而且还能反映活性生物量的多少。目前已有快速测定 ATP 量的精密仪器，故这一方法已越来越引起人们的注意。

⑤总有机碳（TOC）测定。取一定量样品经微生物作用，然后测定作用前后试样中总有机碳的变化，以此来评定被测有机物样品的生物可降解性。有机物所含有的总碳量叫做TOC（total organic carbon）。水中的碳除了包含于有机物中外，还存在于碳酸、重碳酸中。因此，由总碳量 TC（total carbon）减去无机碳 TIC（total inorganic carbon）便可求出 TOC。测定时把微量水样通过温度达到 950℃ 的燃烧炉，使水样中的有机碳和无机碳全部氧化，生成 CO_2 后用紫外线气体分析仪测出；与此同时，将另一份同样的水样在 150℃ 左右的温度下，使无机碳化物氧化，生成 CO_2 并测定之，二者之差即为 TOC。

因为有机物的生物降解也可看做是含碳有机物物质的无机化和转变为细胞物质的过程。所以只要掌握好一定的活性污泥和时间等条件，所得到的检测试样中总有机碳的变化值，便可用来表示相应有机物的可生物降解的程度。

⑥CO_2 产生量测定。有机碳化合物完全矿化降解的最终产物是 CO_2，测定降解过程中CO_2 的产生量是对生物降解中有机物转化成 CO_2 程度的最好指标，尤其适于监测混合有机物的降解过程。同时 CO_2 收集和测定简便精确，因此测定 CO_2 来监测生物降解过程特别重要，例如监测堆肥过程中 CO_2 的产生量可以有效指示处理过程及效率。

⑦活性污泥中挥发性物质测定。活性污泥中的挥发性物质，是活性污泥中具有生物活性的部分。因此，活性污泥中挥发性物质含量的多少，可反映一定条件下生物活性的强弱。生物活性可间接表示基质的生物降解性能，因而假如其他条件保持恒定，仅仅改变待测物质的种类或浓度，那么经过一定时间后测定活性污泥中挥发性物质的含量，所得数据应与有机物的生物可降解性有关。

⑧专一性$^{14}CO_2$测定。收集测定^{14}C标记有机污染物生物降解放出的$^{14}CO_2$，并以此评价这些有机污染物的生物降解性具有科学、特异和精确的特点，是生物降解测定中首推的方法。这种试验分批进行，放射性标记试验化合物和实际的环境样品一起培养，监测放射性产生能力。这种专一性使我们能测出一种化合物的真实浓度，证明生物降解的完全性，以及实际的动力学过程。这种方法已被用于活性污泥、河流河口、海洋水体、淡水和海洋沉积物、地下水和表层及表层下土壤降解。这种试验方法有许多优点，首先其易于测定，CO_2易于吸收在碱性溶液中，也易于通过液体闪烁计（LSC liquid scintillation counting）定量测定。这种方法也有某些限制，用CO_2作为唯一的终点，只能确定化合物经历矿化以后的归宿，不是矿化而是转化的化合物有较少的应用，而且有时也不与母体化合物的消失相适应，此外化合物及其代谢产物被综合到生物量或自然腐殖质材料中而造成在某些系统中的低回收使得某些物质的归宿带有不确定性。这种低回收的情况难以测定单个化合物在复合物中的生物降解程度及存在的代谢产物，而且这种唯一一种终点分析使我们对降解原理的理解不足。

3）基于有机物降解难易的测定

①易于生物降解化合物的降解试验。易生物降解物质应满足下列条件：

a. 它们能作为微生物的唯一碳源与能源。

b. 它们能完全矿化成CO_2和水。

c. 它们不需要任何复杂的适应和选择的微生物降解菌。

d. 它们的降解速率和存在于污水中的有机物相应。

e. 降解快速进行，且不出现不希望的环境效应。

模拟自然条件用相应浓度的基质和仅部分适应的微生物，当试验已经证明易于生物降解时，则能确实地假设这种化合物在自然条件下也易于生物降解，不需要进一步试验。试验通常包括 BOD 分析和 CO_2 产生来决定 TOC 的失去。但阴性结果不一定说明这种化合物在各种环境条件下是抗降解的。

②潜在生物降解性化合物潜在降解性测定。其目的是决定是否降解是基本可能的。潜在降解性试验一定程度上模拟生物污水处理厂和自然条件，维持一定的条件，为微生物降解提供基本条件。在这种条件下不能充分达到希望降解程度的化合物被定为难降解的（poorly biodegradable）。这些条件的限定是非常重要的，分类为难降解的基质的降解在环境中已被证明很大程度上依赖于具有长世代时间的微生物。用生物柱和生物膜反应器进行实验倾向于能富集更长世代的微生物。这就是说降解基质时要用选择的微生物，使用常用的污水处理过程的降解试验不能说明易于生物降解。

③厌氧条件下的生物降解试验。大部分有机物在好氧条件下更好转化，但有些化合物在厌氧条件下能更快降解。例如许多卤代化合物（特别是多氯联苯等氯代化合物）在厌氧条件下能更好脱氯。厌氧生物降解性评价有特别重要性，因为污水处理中污泥的修复在厌氧条件下进行，某些工业污水在厌氧过程中成功处理，在自然条件下，厌氧降解可以发生在河流、湖泊沉积物下层及地下水的深水层。厌氧过程在试验类型中应有其重要地位，特别是那些在好氧条件下具有抗性的化合物。

④降解试验层次性方法。首先进行易生物降解试验，但一个单独的试验的正和负的结果对基质的降解性评价是不充分的，要多种试验并行，通常包括结合 BOD 分析和 CO_2 产生来决定 DOC 失去。如果两种试验证明易于生物降解，这种试验即告完成。如果试验结果是阴

性的，接下来进行潜在生物降解性试验。如试验仍达不到希望的降解性程度，基质被定为难降解的（poorly biodegradable、resistant biodegradable）。一般来说使用特殊的试验方法，即要选择微生物和较不普遍的污水处理过程，则化合物不能认定为易于生物降解。如果需要，研究工作的下一步是对降解微生物进一步研究。

现存的许多生物降解试验方法主要存在的问题是不模拟野外的实际情况，局限于选择的终点，所确定的化合物浓度多从实验出发有利于实验而不是考虑化合物正常进入或存在于环境基质中的量。此外动力学分析常不进行，而且数据先被套入一种预先设定的模型（如一级反应）。

用不同的方法测定的化合物的降解性其总的趋势是一致的，但具体的数值因不同条件的差异有较大的差异也是正常的。

2. 实验设计

（1）试验化合物的剂量和加入

实验设计对生物降解（包括实际的^{14}C试验系统）有重要的影响。设计中的一个重要方面是化合物的剂量及如何被加到系统中。合适的剂量应是环境中的实际浓度，但试验研究中的剂量往往高于环境浓度，因此提高测试灵敏度是一个值得关注的问题。有研究者对一种与日常使用阳离子表面活性剂相对应的长链胺化合物在活性污泥中的矿化作了研究，化合物采用两种不同的处理方式（分别溶于异丙醇和20%异丙醇-水两种系统中）被注射到试验系统，结果发现矿化的差异非常明显，前者的矿化快而彻底，后者却慢而不完全，如图8-39所示。

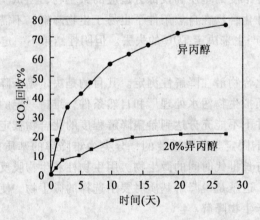

图8-39　长链胺化合物在活性污泥中的降解时剂量的效应

一种硬脂酸被以水溶液的形式注射到土壤，其在土壤的不同组分中的矿化也充分说明矿化速率的剂量效应（图8-40）。

从图中可见其在沙中矿化最快，而在棕黄酸中矿化最慢。这些例子说明矿化速率和矿化程度高度受到化合物的剂量及被接受试验系统的影响。产生不同结果所提出的问题是什么代表真实，什么是正确的。在第一个例子中两种注入方式都不能准确代表这种化合物进入废水的方式。但这种来源于注入方法的生物降解试验敏感性说明一种化合物在环境中的物理/化学形式的关键重要性，而且需要在实验中再现这种形式。

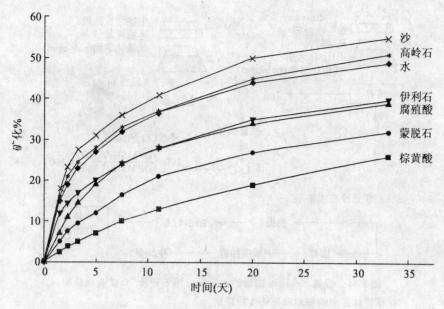

图 8-40　硬脂酸钠在土壤中矿化时剂量的效应

（2）数据处理

数据处理是实验设计中一个重要方面。现在的问题是常常没有进行动力学分析或数据被局限于事先认定的模式中，而一般都用一级反应的模式来描述生物降解和化合物的消失。有人研究过一种阳离子表面活性剂（AES，alkl ethoxylate sulfate）的生物降解，经拟合 AES 的初级降解可用一级衰减模型描述，AES 的半衰期少于 5 分钟，但实际检测数据说明当模型指示没有 AES 的 30 分钟后仍存在，实际的低水平（＜1%）仍然检测到（即使在 3 小时后）AES。利用一种简单的一级消失模式和几分钟的半衰期会明显高估污水处理的去除。最适合的方法应是按准确测定的数据拟合出降解动力学数学模型。

3. 生物降解试验方法改进

理想的生物降解试验应包括母体化合物消失的精确分析，代谢物的形成、消失及矿化。同时找到一种最合适的描述公式。改进生物降解测定方法主要包括三个方面：①增加检测的终点，包括母体化合物、代谢物和放出的 CO_2。②以一种更符合实际的方式把化合物加到试验系统。③对数据进行更强有力的动力学分析以准确测定生物降解速率和找到最合适的描述生物降解过程的模式。

（1）多终点检测

增加检测的终点包括母体和代谢物的量，特别要测定综合到生物量成分（即蛋白质、脂质、核酸和细胞壁）中的量。为此发展了一系列的分析技术，包括 Rad-HPLC、Rad-TLC 和 Rad-GC/MS 以及系列抽提方式回收母体、代谢物和生物量成分。

图 8-41 是这种多终点的试验流程，称为 die-away 试验。试验的化合物培养于新近从环境中得到的样品（如活性污泥、生污水、河水、河水稀释的排放水、厌氧消化池污泥等）。氯化汞灭菌的样品作为非生物对照，这种处理作为分析母体化合物回收、各种生物量组分放射性的非专一性回收及水解、吸附在试验容器或挥发的非生物失去的对照。定期从两种处理取子样品和冻干处理，冻干固体用合适的溶剂抽提以回收类似代谢物，抽提物用 LSC 分析

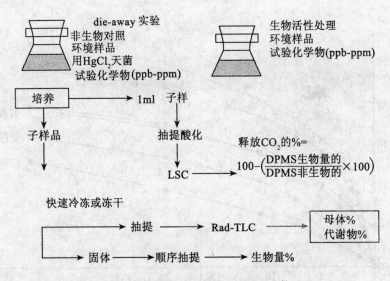

图 8-41 普通 die-away 试验的示意图，用于评价^{14}C 试验化合物
在环境样品中的初步和最终生物降解

测定总的放射性，用 Rad-TLC 测定相关的母体和各种代谢物的丰富度。提抽后的固体被直接分析或定量转移到微离心管作生物量的生物化学分馏。分别用冷三氯乙酸抽提以回收低分子胞质成分，用醇/醚回收脂肪，热的 TCA 回收核酸，用 10mol/L NaOH 回收蛋白质。此后再以溶剂提抽并离心，并用 LSC 计数回收悬浮物的放射性，最后是全部抽提后固体焚烧测综合到细胞壁的量，每次分馏的数据与非生物对照比较。另外^{14}CO$_2$通过酸化子样品测定，并比较两种处理的不同。放出的^{14}CO$_2$用碱液回收并用 LSC 定量测定，溶解的^{14}CO$_2$通过酸化子样品测定。吸收酸化后放出的 CO$_2$并在碱液中测定。通过比较两种试验的差异我们可以理解化合物在环境样品中的生物降解情况。

图 8-42 是这种试验设计所得数据的图形。试验说明了 AES（alkyl ethoxylate sulfate）在活性污泥中的降解，试验化合物是一种^{14}CE$_3$S 同系物，均在 1 和 3 羟乙基上标记，注入剂量最后浓度为 1mg/L。从图中可见化合物加入后化合物母体的消失立即开始并快速进行。和母体消失同时发生的是放射性被吸收到生物量中，^{14}CO$_2$的放出和极性代谢物的短时间（瞬时）出现，这种代谢物被鉴定为 PEG 磺酸盐（polyethylene glycol sulfate）。这一结果说明 AES 降解是在醚键处断开导致 PEG 磺酸盐和脂肪醇的释放，脂肪醇其后又被矿化和综合到生物量中。经过 3 小时的降解，大约 95% 放射性从母体中放出，这等同于在生物量和^{14}CO$_2$中的分配。这种分配和大约 0.5 的生长收获是相一致。连续试验更长的时间仅会得到生物量中的碳转化成^{14}CO$_2$的数据。从这组试验数据可以看到使用矿化作为唯一的终点将会总体上高估降解母体化合物及它们初级代谢产物所需要的时间（即把短的降解时间估计长了）。

（2）受试化合物的模拟注入

试验设计中分析以外的一个重要问题是把受试化合物注入到试验系统中。对中高溶解度化合物，将其水溶液注入即可，但对大多数低水溶性和吸附性化合物则要特别注意注入方式，实际测试中一般应模拟其进入系统的方式。例如某一种洗涤剂成分进入污水的过程是其和各种其他清洁剂，特别是与表面活性剂一块被排放到下水道，然后进入污水系统。由此接

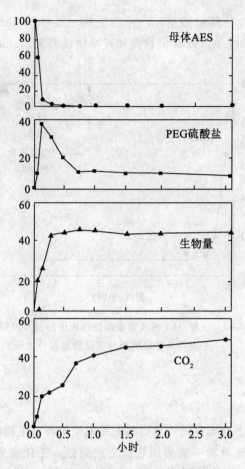

图 8-42 AES 在活性污泥中开始降解的情况

种这种化合物到试验系统的最好方式是把其溶入污水中。这种方法不仅模拟化合物如何正常进入污水，也使化合物在试验系统中的均质分布，还改进了取子样品时的可替换性。

又如研究洗涤剂在土壤中降解时，先要考虑其是如何到达土壤的，大部分的洗涤剂成分是作为污泥的一部分到达土壤的，而污泥是作为土壤调理剂（amendment of soils）使用的。试验化合物接入土壤的理想方法该是把少量的污泥样品置于试验容器（test vessel）中，以溶质或水的形式直接把试验化合物加入污泥中，把土壤加到容器，并混合污泥和试验化合物到土壤，因此这种方法可更加准确模拟洗涤剂成分如何正常进入土壤，而不是注入到土壤。这是一处模拟自然过程的方法。

（3）数据动力学分析

对数据的动力学分析也是试验中的重要问题，已有商业出售的回归软件（Jandel Table Cwrve2D）把数据输到多重等式（multiple equations），以进行非线性回归。实际上，每一生物降解数据系列能符合于各种衰减和利用等式。这些等式包括：零级（zero-order）、一级（first order）、统计学一级（logistic first-order），以及 firse-order with log or three-helf order with growth or three half-order without growth。最合适模式可用统计学方法作检验。图 8-43 说明选用最适模型的必要性。从图中可见一级（first order）和 three-half order 模型符合于一种 AES

同系物在活性污泥中初步生物降解数据。r^2 检验说明一级（first order）衰减模型准确描述 AES 的消失，实际符合（fit）的 closer 的检测和残留物说明 3/2-order 模型更加合适和准确。

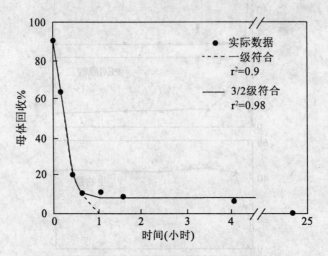

图 8-43　一种 AES 同系物在活性污泥中的初步降解：
一级与 3/2 级模型与实际数据符合比较

二、生物降解性评价

生物降解是环境中许多合成有机化合物消失的主要机理，生物降解速率是任何暴露模型的最重要参数。生物降解性评价一般要回答以下的问题：①化合物是完全降解还是部分降解？是易于生物降解，还是难以生物降解？难以生物降解化合物的降解速率。②化合物在环境中的半衰期。③有毒化合物毒性的消失状况。

生物降解评价中如果一种化合物能完全降解，则安全评价的焦点是母体化合物而不是任何化合物代谢产物的影响。降解在化合物存在的环境中能否实现，其生物降解过程的动力学是一个重要问题。对部分降解化合物关心的问题不仅是在生境中降解，而且还包括以一定速度降解是否足以降低暴露浓度，防止在整个时间内积累。部分生物降解也有真实的环境好处，这包括代谢产物在整个环境的较少分散和较低的环境的浓度，较低的浓度能转变成较高的安全系数。

为了进行科学的降解评价，需要得到可靠、精确的生物降解数据，这些数据最好在模拟原位的条件下取得。在测定生物降解动力学数据中，最重要的问题是测试化合物的浓度的确定，最科学的浓度应是化合物存在浓度。另外，化合物的环境组成应模拟原位的环境。在某些情况下，一种化合物的环境组成对降解的速度和程度有明显的影响。另一方面微生物群落的水平、组成和生理状态对原位发生的降解有重要影响。微生物群落的适应决定着一种可降解化合物降解的速率和程度，是否使用预先暴露或驯化群落取决于化合物进入环境的输入模式。如果一种化合物是偶然或不连续的释放，这时使用一种预先驯化的群落来测试可能产生错误的结果。如果一种化合物是连续排出，群落将得适应和继续适应，因为污染物对环境的污染代表一种新的生态位。在这种情况下，相应的生物降解速率适应新群落的速率。接种微生物生物量的高低也对降解产生重要影响，有人研究低微生物群体作为微生物源降解易降解的线性烷基苯磺酸钠盐时，发现其降解率经历 30 天后仍比用活性污泥作为微生物源低得多。为了避免使用过低的降解微生物生物量，有人建议接种物的内源呼吸在 28 天试验中不应低于 0.5mg/L。最后试验基质将是相应的，如果要测定的是某一种化合物在活性污泥或土壤中的降解速率，试验应在活性污泥或土壤中进行。这种污泥和土壤具有所有与它们相关的贡献，包括固体、水量、pH 值和氧浓度。

测定和筛选出的生物降解性数据必须小心评价。降解速率只有在所有的实验条件（特别是接种物）一致才能确实地进行比较。测定有机基质生物降解性的 OECD 方法允许使用广泛的微生物接种物（从来源和数量两个方面）。表水、处理厂排出物和活性污泥都可以作为接种物。接种物的量从每升基质数毫升到数十毫升，这样接种物的微生物数量相差上十倍。这样使用不合适的接种物来源和数量会造成假的负结果，因为它不仅能影响生物降解的总体过程，也影响降解程度。在这些情况下，实验室间实验结果比较是困难的。一个实验室把一种基质划到易生物降解，但另一个实验室可以把同样的化合物划到难生物降解。使用少量接种物（低量微生物）往往造成这样的问题。这种方式取得的数据和实际的降解性不一致，实际有机基质的降解性被低估。

三、建立在生物降解测试基础上的归宿评价

归宿是一种化合物进入环境经历一段时间以后的存留状态。归宿评价可以预测特定化合物对环境的影响。定量的归宿评价依据的是化合物的内在的物理化学特性，这包括挥发压（vapor pressure）、Henvy's 定律常数、水溶性和 Kow（辛醇水分配常数）以及 QSBR（quantitative structure biodegradation relationship）预测或筛选水平生物降解试验（screening level biodegradation test）以及实际的生物降解测试。

生物降解测试给我们真实可靠的化合物的降解情况。建立在生物降解测试基础上的归宿评价比仅依赖物理化学特性以及 QSBR 要科学可靠得多。试验结果可以得到对一种化合物环境归宿的一种定量指示，说明其是否将分配到大气、土壤、沉积物或水柱，说明化合物的真实存在。当然在实际的归宿评价中只有生物降解的数据仍然是不够的，因为实际的测定并不能覆盖所有的实际情况，仍需要把化合物的各种参数、负荷、迁移等综合到评价的数学模型才能对环境污染物在环境中的归宿作出评价。需要指出的是许多归宿模型是不准确的，因为：①许多模型不能准确指示各种归宿过程和它们的相互作用。②数学模式对归宿过程的不适当表达。③模型的不适当参数化，如参数是在化合物不适当浓度、不适当基质的生物测试中得到的。

四、生物降解性测定的完整过程

生物降解的过程总体上和传统上的微生物纯培养是一致的，都是利用基质取得能量和前体物质合成新的细胞生物量，但又有明显的差异，这些差异表现在：①测定常在野外现场或用取自野外地点的样品（水、土、沉积物、工业排放水等）进行。②相关的基质是环境污染物，其和微生物生理学家传统的研究基质结构类似性较小。③被研究的污染物在环境中的浓度常常很低。④自然的微生物群落作为降解反应生物群，人们对它们是不了解的。⑤当用纯培养研究污染物代谢时，生物一般已从野外生境分离，而选择的依据是培养物的生物降解

能力。

生物降解性测定从方法学上说应是设计出一系列实验来证实、测定和揭示污染物的纯化学改变以及对有机污染物归宿产生影响的相关的微生物生物学和遗传学特征。这个过程类似于证明传染病病原体的过程。完整的生物降解研究包括二个阶段（图 8-44）。第一阶段处理土壤、沉积物、水和工业排出水样品，并构成一个黑箱（black boxes），再以分析化学方法测定污染化合物消失。第二阶段开始污染物降解微生物的分离纯化，然后再进行精确的生理和酶学评价，并对编码降解基因的 DNA 序列、表达及调控作分子水平的研究。但一般的生物降解试验仅进行第一阶段。

第一阶段：实验富集和净代谢活性的测定

↓

1. 野外地点的土壤、沉积物、水体或工业污水

↓

2. 无菌取样、包装、转移到实验室

↓

3. 分成重复的生物和非生物处理

↓

4. 如果合适，加入相关放射性标记或未标记的有机化合物

↓

5. 用分析化学、生理学方法间隔测定母体化合物和核心反应物（coreactants）的消失、产生的代谢产物或生理终点

↓

6. 比较从生物和非生物处理中所得到时序的数据

↓

7. 从深层解释上述结果示于第二阶段

第二阶段：纯培养的分离和污染物代谢的生理学、生物化学和分子基础的检测

8. 分离已在第一阶段表现出代谢活性的纯培养

↓

9. 污染物代谢中微生物的生长特征、细胞收获、顺序诱导（sequential induction）和其他生理学特征

↓

10. 提取、鉴定和污染物代谢相关的代谢物、酶和辅因子

11. 代谢物、酶和辅因子无细胞抽提液检测

↓

12. 通过筛选克隆 DNA 文库、转座子突变或其他方法测定编码污染物代谢的基因组或质粒 DNA

↓

13. 进行杂交、限制性图谱、序列 DNA 分析寻找开放阅读框（open reading frames）及与同样基因的系统发育关系（phylogenetic relationships），以及对其他相关问题的了解

14. 通过包括转座子突变、表达克隆的构建、插入失活和诱导物实验、报道基因实验这样的遗传和分子技术详细了解基因表达和调控

图 8-44　理解生物降解过程的二个阶段方法，第一阶段从环境样品开始，第二阶段延伸到单种微生物代谢污染物的生物化学和分子方面

第九节　有机物的结构与生物降解性及归宿预测评价

面对"寂静的春天"，化学家、环境学家、政府官员深刻反思，我们能否合成不使环境污染、不损害人体健康的化合物呢，我们能否在人工合成化合物进入环境前就了解它们在环境中的行为呢？科学家对此作出肯定的回答，并由此提出了绿色化学的观念，我们能够预知一种有机化合物的生物降解性，能够合成对环境友好，不损害人体健康的化合物。这样有机物化学结构与生物降解性的相互关系就成为生物降解中的一个最重要的问题。

一、有机物的结构与生物降解性

生物降解性（biodegradability）是说明基质被微生物过程改变接受性特性的概念。有机化合物的生物降解是它们分子结构的部分简单化或完全瓦解。大量的实验研究结果和实际的监测数据都雄辩地说明有机物的化学结构与生物降解性之间存在着密切的相互联系。

在长期的研究中我们积累了大量的有机化合物生物降解性数据和资料，许多人对其中的规律作了归纳总结。一般认为下面的分子特征是抗生物降解的。①卤素，特别是氯和氟的取代；②链分支，特别是季碳和叔碳；③硝基（nitro）、亚硝基（mitroso）、偶氮基（azo）、芳香胺基和 arylamino 基；④多环残基（如 PAHS），特别是有 3 个以上的叠加环；⑤杂环残基，如嘧啶环；⑥脂肪烃醚键（aliphatic ether bonds）。

在大多数情况下这些特征影响一种化合物作为诱导剂基质的能力。例如把一个 Cl 原子加到苯环上就使环较不适于加氧酶的攻击。上述列出的肯定不是增强抗性的全部基团，而且一种化合物的抗性的产生是复杂的，不能理解为一个单个的原子或基团就使一种化合物成为抗性的，而实际抗性形成能力是十分复杂的。

和增强抗性的基团不同，也有一些基团具有促进生物降解作用，一般认为如下的情况可以促进生物降解。①存在酶催化水解的潜在位点，如酯、酰胺；②化合物能通过导入氧形成羟基、醛基和羧酸；③存在未取代（unsubstituted）的线性烷链（特别是≥4C）和苯环。其中第二种情况最为重要，因为对许多化合物（如烃）来说生物降解中的第一步是酶催化把氧插入到结构中，并且常常是降解速率的限制步骤。

附加在化合物基本结构如苯环上的取代基的数量和位置对生物降解具有一定程度的影响。取代的程度和生物降解性有确切的联系和指示价值，如间位取代苯比邻位、对位取代难降解，2，4，5-T 比 2，4-D 难降解得多，但一些化合物被取代以后反而更易降解。但总体上难以形成可用于预测的一般性规律。

化合物功能基团对生物降解的影响也被用空间效应和电子效应来解释。空间效应是化合物降解过程中降解酶与底物相接触反应位点被分枝或功能基团堵塞后降解反应速率降低的现象。8 碳的直链烷烃辛烷的两端被氧化成醇或过氧化物，然后被进一步降解，而有甲基支链的同样 8 碳烷烃就会抑制开始于两端的降解（两种结构如图 8-45）。使化合物难以降解。

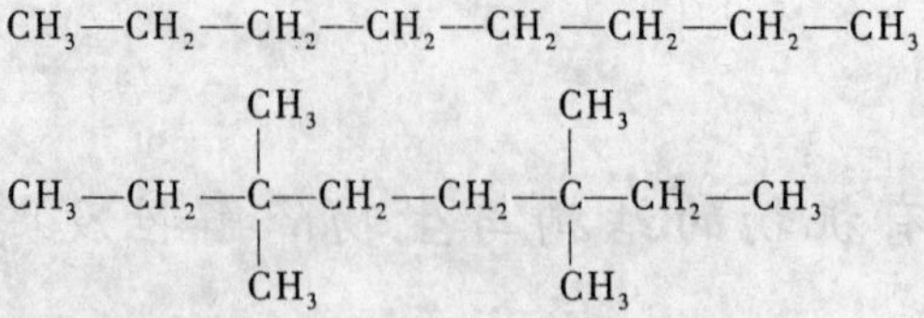

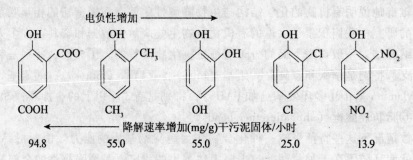

图 8-45　两种空间结构不同的烷烃结构

此外支链或异构功能基团还能影响底物透过细胞膜的运输，特别是当这种运输是连接到酶上的时候，空间效应在功能基团的体积增大通常会得到加强。电子效应是功能基团通过反应位点电子密度的改变而影响生物降解。功能基团可以通过吸电子（如 Cl）和供电子（如 CH₃）来改变反应位点的电子层密度。通常增大反应位点电子密度的功能基团能提高生物降解速率，而减少反应位点电子密度的功能基团则降低生物降解速率。有人比较研究了一系列邻位取代苯酚的电负性和它们降解速率关系，通过对五个不同功能基团的测试发现在取代基电负性增加时，生物降解速率下降（图 8-46）。

图 8-46　不同的邻位取代苯酚及其降解速率

有关学者在大量试验研究的基础上提出了能较快降解的化合物的结构模式。

①分子量少于 74 的所有化合物。

②不带环的所有单元酸。

③所有由 C、H、N 和 O 原子组成，有 1，3 或更多的 C—O 键，但不带季碳的化合物。

④所有由 C、H、N 和 O 原子组成，有至少一个 C—O 键，分子量大于 10^3U，但没有季碳的化合物。

⑤分子量大于 10^3U，有 1，3 或更多 C—O 键，2 或 3 环的化合物。

⑥分子量大于 10^3U，由 C、H、N 和 O 组成，3 环或少于 3 环，但没有季碳，也没有芳香氨基的化合物。

⑦分子量大于 10^3U，由 C、H、N 和 O 组成，有 2 个或 3 个环，但没有季碳。

二、预测生物降解性定量结构生物降解性关系模型的构建

一种化合物的生物活性取决于分子结构及其他生物和环境因素，但分子结构是决定性的，起主要作用的因素，生物活性包括生物降解性、生物毒性及其他性质。分子结构与生物活性的关系被称为 QSARs（quantitative structure activity relationships），1994 年 QSARs 首先用于生物降解，用于生物降解方面的 QSARs（QSARs for biodegradation）就成为 QSBRs（quantitative structure-biodegradability relationships)，也称为 SBRs（structure-biodegradability relation-ships）。一种化合物的生物降解受多种因素的影响，主要是化合物的自身结构、化合物理化性质、降解微生物以及所提供的环境条件。如果能提供充分驯化、适应的微生物及合适的环境条件，则化合物的降解在很大程度上就取决于化合物自身，化合物的自身结构及物理、化学特征是影响生物降解的根本因素，化合物分子结构的信息可以反映在生物降解上。微生物及环境条件是外因影响降解的外部条件。

基于分子结构对生物降解的重要性和结构与生物降解的这种定量关系（QSBRs），科学研究人员就逐步发展出以分子结构中基团为基础的预测化合物降解性的预测用的降解数学模型，利用这些模型可从分子构成特征出发来预测化合物的生物降解性，从而可以进行风险、归宿评价，并为进一步设计环境安全的化合物服务。

1. 模型建立的基础

假设生物降解性是组成化合物分子的一个或更多基团（片段）所贡献的功能，并且每种基团对各种化合物来说是不变的（即设定同一片段在不同化合物中起同样作用，忽略不计片段之间的相互作用）。理想的情况是这种模式中的每个片段对降解活性都有清楚的机理关系。尽管孤立地看待结构与生物降解性之间的关系是不科学的，但通过一定的方法可以消除这些偏差，而且也可以把两个基团或更多基团及它们之间的相互作用作为一类新的基团加以考虑。这样我们就可以发展出一种模型，在这种模型中，生物降解性用一系列的合适大小的可计算值表示，同时以某种方式把生物降解性和结构片段结合起来产生出合理的综合模型。我们以化合物结构为基础的模型仍然存在很多局限性，但有这些模型进行预测要比没有好得多。建立模型也可以认为是对新化合物风险管理和规避风险的一种方法。

2. 建立模型的程序

构建有机化合物定量结构生物降解关系（QSBR）模型的程序一般经过 6 个主要步骤。

（1）选择系列化合物

选择一系列不同类型和不同取代基位置的化合物，化合物取代基常数的值应具有广谱范围的性质，即在选定的取代基参数之间其变化相关性应最小。

（2）分子结构及生物降解试验

选择合适的结构参数研究较为独立的分子结构描述符，确定获取生物降解性速率的测试方法。

（3）分子结构参数的转换和生物降解性速率的获得

分子结构参数转换成数字描述。生物降解速率的获得必须在相同条件下进行，这包括生物降解的终点、方法及所提供的环境条件，获取尽可能多的生物降解性能数据。

（4）建模

选择合适的方法建立生物降解性和结构参数的定量关系模型。采用诸如回归分析等数学统计方法，去除生物降解性影响小的参数，保留重要参数。

（5）模型检验

以大量的化合物的实例结果检验模型，并不断校正模型优化模型，给出模型的适用约束和误差范围。

（6）实际应用

预测新的化合物的生物降解性，评价其归宿、行为，并为合成新化合物提供支持。

3. 建立模型的方法

所有能影响生物降解性的结构及物理、化学特征都能作为构成 QSBR 的参数，现在许多研究 QSBR 的学者都从不同的角度把影响生物降解因素综合到生物降解中，构成 QSBR 来预测化合物的生物降解性。

何菲等把目前较为常见的 QSBR 建模方法概括为：线性自由能相关法（LFER，Hansch 分析法）、基团贡献法（free-wilson 法）、分子连接性指数法（MCI 法）、专家系统（expert system）、人工神经网络法（artificial neural networks，ANN）、比较分子力场分析（comparative molecular field analysis，COMFA）等。

线性自由能相关法（linear free-energy relationship，LFER）：这是 QSBR 研究最为常用的方法，由于 Hansch 研究得最为深入，故而又称其为 Hansch 分析法。其理论基础是基质分子结构的微小改变将导致限速步骤活化能的线性改变，进而影响降解速率的改变，用数学式表达为：

$$\lg K = A_1 X_1 + A_2 X_2 + \cdots + A_n X_n + C$$

式中，K 为生物降解速率常数，$A_1 - A_n$ 为系数，$X_1 - X_n$ 为有机物分子结构描述符，C 为常数。应用这种方法许多学者得到一大批预测模型。

基团贡献法：这种方法是在对化合物亚结构信息和生物活性相关研究的基础上建立的。该法将各种化合物分子按其结构分解为几个官能团或片段，假定每个官能团或片段对化合物的生物降解都有特殊的贡献。生物降解速率常数 K 可用贡献函数 X 表达，对于化合物的每一个基团或片段都可以使下式成立：

$$\ln (K) = f (a_1, a_2, \cdots, a_j)$$

用泰勒级数（Talor Series）将上式展开，若忽略二阶以上的部分，即可获得生物降解速率常数 K 的一级线性模型，表达为：

$$\ln(K) = \sum_L^1 N_j a_j$$

式中，N_j 为化合物中第 j 类基团的数目，a_j 为第 j 类基团的贡献值，L 为化合物中基团的总数。

对于每一种化合物，都可建立一个这样的线性方程，应用最小二乘法可以解出 K 值。这种模型只用了一级近似，但如果基团之间的相互作用很重要，就不能使用这样的模型，可考虑使用二阶或更高阶的方程处理。

分子连接性指数法：分子连接性指数（MCI）方法是目前最常用的建模方法之一。以 MCI 指数建立同生物降解性间的线性相关方程，就是 MCI-QSBR 法，这种方法的优点是完全从化合物的分子信息着手，而不必考虑微生物降解的代谢途径与限速反应，因而可能使 QSBR 不仅仅适用于同系或同族化合物，而且也适应于许多其他化合物。有学者以该法对 29 种不同类的芳香化合物建立了非驯化的生物降解模型，得到如下方程：

$$\lg K = 0.85(^0x - ^0x^v) - 6.51(^5x_e^v) + 0.72G - 0.89A + 0.60$$
$$n = 29, r = 0.93$$

式中，G 与 A 分别为基质与脂肪侧链的指示变量。

专家系统：专家系统对化合物的生物降解性的认定主要依赖于少数技术专家的职业判断。降解数据不是直接的实验研究结果，而是专家的推理及经验的判断。由于缺乏实验数据，对许多化合物来说不确定性仍然很大，这使生物降解途径与速率并不完全明确。但专家的认识从本质上来说是来源于基团对生物降解性的贡献的认识，专家预测生物降解性，常以基团贡献法为基础，特别注意促进降解性和阻滞降解性的结构片段。同时可能结合几类参数，例如理化参数、分子连接指数等。因此专家系统实际上是一种结构生物降解性的人工智能判断。

人工神经网络法：人工神经网络是模拟人脑结构的一种大规模的并行连接机制系统，具有自适应建模学习和自动建模功能。特别对线性问题有良好的拟合预测能力。

比较分子力场分析：比较分子力场分析是最重要的 3D-QSARL 三维定量构效关系，即基于分子的三维结构对其性质或活性进行预测方法之一。这种方法将一组具有相同性质（降解活性）的分子按照其相同的几何作用点，在三维空间进行叠加，计算这一组分子叠加的立体场和静电场，用某种探针原子对这些场进行作用，然后用偏最小二乘（PLS）及交叉验证得到预期模型。即通过比较活性化合物与非活性化合物的有关分子结构信息，可以筛选并确定对分子生物活性起关键作用的化合物电子结构或立体结构特征，进而推测化合物-受体作用机制，建立化合物生物降解模型。

4. 表征结构及理化特征的描述符

QSBR 模型实际上是把有机化合物的结构性质（或理化性质）与其生物降解性之间的关系用数学模型加以解析、表达的过程。有机化合物的结构用化学结构描述符予以表征，目前常用的主要有：

①理化性质描述符：包括分子量（MW）、正辛醇/水分配系数（K_{ow}）、酸解常数（pKa）、碱解常数（K_{OH}）、分子表面积（TSA）、高压液相色谱保留时间（RT）、疏水常数（π）、溶解度和分子连接指数。

②电子效应描述符（电子参数）：包括电子效应参数和量化参数。

③空间效应描述符（空间参数）：空间效应反映的是取代基的位阻效应，这一效应可改变酶反应中心和化合物的接触。空间效应的参数主要有分子量、范德华半径（Yw）、Taft 常数（Es，Es 越负，其对氢原子的空间需求越高，即位阻越高）等。

5. 生物降解性预测

生物降解性预测是利用模型把化合物分子结构的信息转化成生物降解速率数据的过程。预测要提供二种类型的生物降解资料，第一种资料是化合物完全降解还是持久存在，对于持久性化合物要回答其在环境中的积累潜力。从模型得到的数据还要结合环境的条件，把理论上的数据转化成在实际的真实世界中的可能行为。

6. 模型的发展

应用人工智能计算机程序构建有机化合物的结构-生物降解关系的数学模型，是构建更好模型的发展方向。MULTICASE 公司开发出建立在化合物分子结构基础上的预测生物降解产物、代谢产物的潜在毒性和生物降解性的 META-CASETOX 系统。这个系统含有能预测化合物生物转化形成代谢产物的 META 计算机程序。程序实际上是一个带有转化规律词典、multiCASE 人工智能支持的专家系统。系统能自动识别特定化合物的亚结构片段（substructural fragment）和替代片段以及片段的生物活性（降解活性）。当一种新的化合物被提交到程序时，所有可能亚结构片段被识别，并与储存在词典中的识别片段比较。当一种相似物被认定时，程序对母体化合物执行这种规则产生结果代谢物，每种代谢物能被进一步分析，这样产生了代谢物树。对适用不同规则的结构，可根据已知的实验资料预先设定优先的转化规律。程序数据库中好氧降解数据由 385 种分子结构组成，涵盖多样的降解原理和化学模型。每种化合物活性相关成生物活性值，这种值可以是定性的，即具有活性或不具有活性（是可生物降解性或不被生物降解性）；也可以是定量的，如降解速率、反应速率常数、理论需氧量百分数（％THOD）、生物降解半衰期（T50）等。亚结构片段和可经程序计算出来的化合物的亲脂性、水溶性、空间指数、量子力学指数作为变量，再经过线性回归分析就得到 QSBR 模型。

$$Activity = a + \sum bi(n_iF_i) + clgP + dlg^2P + eM_wt + fws + gG_i + h(QM)$$

式中：a，b，$\cdots$，h 为回归系数，n_i 是一种片段 i 出现在一种化合物中的次数，如果片段 i 存在；F_i 等于 1，否则为 0，lgP 是 n-辛醇和水之间的分配系数的一般对数。M_wt 是分子量，ws 是水溶解度，lgP 和 ws 作为化合物的迁移特征包括在模型中。G_i 是拓扑学 graph 指数。QM 代表另外的量子力学参数，包括 HOMO 和 LuMo 系数。

导出可靠和更好的可应用 QSBR 模型，要特别重视化合物在野外经历的生化转化途径，尤其注意可能形成的截止式产物（dead-end products）、持久性中间产物及其毒性潜力。这些相关化合物和它的代谢物的毒性应作为 QSBR 模型的一个描述符。

7. 模型的局限性

应用模型来预测化合物生物降解性从本质上说是一个把有限的实验认知、试验数据、所得到的结论外推到一个有无穷变化的真实环境的过程。挑战是可否得到代表真实的数据和如何把可利用数据外推到相关的真实世界。这就存在一种不可预知性和不确定性，这就是模型的局限性。

①理论认识上的局限性：我们对生物降解的机理、过程以及影响因素的理解认识远远不够，存在着很大的局限性。

②数学模型的不完整性：化合物在环境中的生物降解过程是一个非常复杂的过程，除微生物的作用外，其他的环境因素都对生物降解产生重要影响。实验室得到的试验结果外推到实际的环境是一个更复杂的过程，而目前的模型不能反映这个复杂过程，所以模型缺乏完整性也是局限之一。

③构建模型试验数据的不真实性：实验室和野外模拟实验的数据是建立模型的基础，但实验条件下的数据相对真实环境来说往往是不真实的，因而在建立模型外推过程中存在不确定性。首先至今我们未对影响降解的各种因素进行彻底的研究和完全的了解。此外标准的实验室实验和模拟试验并不类似于野外状况，反映真实环境。例如一般生物降解试验都用野外环境所不存在的高浓度的试验基质和高浓度的培养物。因此试验应尽可能接近野外基质存在的环境条件。例如高疏水性化合物的降解试验在厌氧条件下进行，而亲水非挥发性基质的降解试验在好氧水环境中展开。这将不仅有助于把实验结果外推到真实环境，也有助于发展 QSBR 能力去预测化合物在真实环境中的行为。再就是建模来源于不同的试验研究目标，试验大多零散，不系统，因此数据的数量不足和缺乏可比性。

三、定量结构生物降解模型的应用

以化合物结构参数为基础的生物降解模型主要有二个方面的应用，一是对化合物进行筛选，列出顺序，以便作出评价，二是对设计期化合物作出筛选。

1）把化合物的分子基团代入模型可以算出一个与生物降解性相关的数值。这个数值可以指示化合物的可降解性，从而可对大量化合物的生物降解性排序，为化合物的风险管理和规避风险提供技术支持。

2）设计可生物降解化合物。基于下述理由可生物降解化合物的设计是极为重要的。

①从源头上降低污染的思维方式是设计安全化合物的直接推动思想。②生物降解是土壤、水体和污水处理中大部分有机化合物主要的失去机理。③生物降解性被作为产品设计的一个参数，并与毒性、化合物的功能被放在一起考虑。通过综合（掺合）更大的生物降解性到非毒性产品的分子结构中，环境损害的风险被减少。实际上，生物降解性已经成为一种重要的设计考虑，这种考虑对日常消费品（如日常的化工产品）已引起注意。而在一些工业产品的设计和生产中尚未得到重视。

下面的例子特别说明结构与生物降解性的关系，并说明 BIODEG 模型（一种 QSBR 模型）可被用于化合物底物生物降解性预测。

线性烷基苯磺酸盐的发展使用是说明分子结构与生物降解性相互关系的最显著的例证，其充分说明分子工程学对促进生物降解的重要作用，并说明这样的化合物可被环境接受。20世纪40年代人造的烷基苯磺酸盐（alkybenzene sulfonate，ABS）替代了肥皂。开始烷基链是从煤油中来，但很快就被丙烯四聚物（propylene tetramer）代替。四丙烯烷基苯磺酸盐（tetrapropylene alkylbenzene sulfonate，TPBS）是一种更有效和经济的产品，其是通过 one-step friedel-crofts process 得到的。这种高度分支产品的环境问题很快就表现出来，因为它们不能在城市的污水处理系统中被完全降解，相关研究证明 TPBS 仅能被降解大约50%，结果在活性污泥污水处理槽和受纳水体中产生过量泡沫，而且还以较高的浓度（高达2mg/L）存在于受纳水体中。此外泡沫的存在影响污水处理的有效性，增加处理成本。

新的对环境友好的表活剂 LAS 在20世纪60年代又取代了 TPBS。LAS 的线性烷烃是用分子筛（molecular sieves）从石油中得到的。

LAS 表面活性剂在污水处理厂中几乎可被完全降解。与 LAS 相比，TPBS 较低的生物降解性是由于它的高的分支烷基，而 LAS 的较大的促进生物降解是由于缺乏这种分支。线性 LAS 促进生物降解易于从 BIODEG 模型中预测，LAS 含有促进生物降解的片段（这不存在于 TPBS 中），这就是带有≥4碳的线性末端烷基。

从化合物的分子结构与生物降解性的大量研究可以看到设计更易生物降解化合物的方法是综合促降解的正性因素（如酯键和羟基）、排除抗降解的负面因素（如卤素、叔碳、硝基）。

一种产品的生物降解性和经济性有明显的密切联系。化合物的产品设计实际上是一个多学科的过程。化学品的制造者、拥有者和使用者必须更艰难面对它们的经济问题部分，但这种平衡过程可能受损害。新增的经济性或功能会造成一种新的耗费，而这些经济性或功能是先前所不需要的。这种改变被看做内化（internalizing）环境成本过程的一部分。把完整的环境考虑的愿望放到商业决定中（选择），设计产品使其环境影响达到最低现在已不成为问题，并已在 CMAK'S Responsible care program 中确认。

我们必须使所有的消费品和工业品都应反映扩大到可实践的安全设计原理中。有4种理由说明我们为什么要提出这种目标：

①我们不能预先就知道释放的化合物的可能毒性效应，这不但对研究较少的新化合物如

此，有些得到很好研究的化合物也是可能的，壬基酚羟乙基盐争论就说明这一点。

②一种化合物会释放到环境中，如果产品是成功的则会明显增加释放量。

③随着时间的推移，一种产品的市场份额会不断增大，例如具有非常有限市场生态位的表面活性剂可以在更大范围找到它们的用途（在纺织过程、造纸或其他工业部门中应用）。

④全球市场的开放进一步扩大，全球环境相联系，一个国家生产的产品可以输出到其他国家，输出到环境控制较不苛刻的环境，造成大范围迁移的可能性，环球损害可以不被限于释放的地点。

思 考 题

1. 试述研究微生物对环境有机污染物降解转化的重要意义。
2. 生物降解机理是什么？
3. 生物降解的基本条件是什么？
4. 影响生物降解的环境因素有哪些？
5. 怎样认识和理解微生物降解有机污染物的巨大潜力？
6. 举例说明降解质粒在难降解有机污染物生物降解中的重要作用。
7. 研究生物降解遗传进化在理论和实践上有何重要意义？
8. 生物降解遗传进化的机理是什么？
9. 有机污染物降解过程中的主要降解反应包括哪些？
10. 试述有机污染物生物降解速率的不同表示方式及其意义。
11. 试述环境污染物在环境中的行为以及影响因素。
12. 试述脱卤酶催化脱卤的主要方式。
13. 降解菌及其降解基因的指示系统主要有哪些？
14. 降解酶的工程化改造方法有哪些？
15. 以 TCE 为例说明共代谢降解过程。
16. 共代谢降解的主要特点是什么？
17. 共代谢过程的应用是什么？
18. 比较不同脂肪烃化合物的生物降解性并从中找出其规律性。
19. 生物降解性测定的主要测定方法有哪些？
20. 生物降解性测试中受试化合物浓度及注入方式如何确定？
21. 试述生物降解性研究的完整过程。
22. 说明抗降解性和促进降解的结构特征。
23. 怎样认识预测生物降解性模型的局限性？

环境微生物学

Environmental Microbiology

主编 张甲耀 宋碧玉 陈兰洲 郑连爽

下册

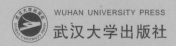

WUHAN UNIVERSITY PRESS
武汉大学出版社